U0187755

“十三五”普通高等教育本科部委级规划教材

# 烹饪工程与设备

曹仲文　主　编

孙克奎　副主编

中国纺织出版社有限公司

**图书在版编目（CIP）数据**

烹饪工程与设备 / 曹仲文主编 .-- 北京：中国纺织出版社有限公司，2021.2

“十三五”普通高等教育本科部委级规划教材

ISBN 978-7-5180-7687-1

Ⅰ.①烹…　Ⅱ.①曹…　Ⅲ.①厨房设备 – 高等学校 – 教材　Ⅳ.① TS972.26

中国版本图书馆 CIP 数据核字（2020）第 133266 号

责任编辑：舒文慧　　　特约编辑：范红梅

责任校对：楼旭红　　　责任印制：王艳丽

中国纺织出版社有限公司出版发行

地址：北京市朝阳区百子湾东里 A407 号楼　邮政编码：100124

销售电话：010—67004422　传真：010—87155801

http: //www.c–textilep. com

中国纺织出版社天猫旗舰店

官方微博 http://weibo.com/2119887771

北京市密东印刷有限公司印刷　各地新华书店经销

2021 年 2 月第 1 版第 1 次印刷

开本：710 × 1000　1/16　印张：27.5

字数：462 千字　定价：58.00 元

凡购本书，如有缺页、倒页、脱页，由本社图书营销中心调换

# 前　言

近年来，随着科学技术的发展和人们观念的进步，特别是国家的有关政策和法规的不断调整和完善，环保、节能、绿色等理念不断深入人心，这在烹饪生产过程中也有所体现，新技术、新材料、新设备在烹饪生产中相继涌现。

马克思主义学说中，生产力包括生产工具、生产对象和生产者。烹饪高等教育培养烹饪行业的高级人才，不仅要掌握各种烹饪工艺内容，而且要熟练运用烹饪生产工具——烹饪设备器具，才能更好地对生产对象——烹饪原料进行加工，从而生产出社会潮流所需要的产品——菜肴。

在经济快速发展的背景下，我国的餐饮业获得了飞速发展，特别是中央厨房的发展态势迅猛，中央厨房正是实现“烹饪工业化”的重要途径，中央厨房的发展改变了传统的烹饪生产形式，使得烹饪生产“工程化”，而中央厨房的发展离不开现代化烹饪设备的支撑。实际上，早在2002年10月我国就提出了“烹饪行业在继承传统特长、发挥优势的同时，要充分利用现代科学技术手段和现代营销理念，努力提高科技和经营管理水平，以更加科学、健康、方便的饮食，不断满足现代社会人民群众工作和生活的需要”的发展方向。这里的科学技术手段即包括烹饪生产过程的现代化，对现代烹饪设备的充分应用。由此，对从事烹饪生产工作的人才也提出了更高的要求。

烹饪设备不仅是进行厨房烹饪工作的物质基础，合理运用设备，还能提升运营效率，优化人员管理，提升菜品质量，增大产品覆盖面，还可以创造更好的环境，有效节约成本。

因此，在烹饪高等教育中开展关于烹饪设备方面的课程就显得尤为必要了。

本书在参考有关教学大纲及相关教材的基础上，根据近几年来烹饪设备发展情况（包括最新的技术、设备、材料以及相关的国家标准）而编写。一方面本书注重实用性，对在烹饪生产中正在应用的重点烹饪设备，如中餐燃气炒菜灶、运水烟罩等进行了详细介绍，而对于一般的设备或由于环保、技术等原因而被淘汰的设备则作简单评价，如电饭锅、燃固设备等。另一方面，对于烹饪生产过程中相关的工程知识作必要的介绍，如制图与看图、材料、厨房通风等内容。

本教材的特色在于针对烹饪专业学生的知识结构而构建烹饪设备认知体系，或按烹饪加工原料的分类，如初加工设备；或按烹饪能源进行分类，如烹饪加热设备，或按烹饪设备用途进行分类，如制冷设备，以利于学生的认识和理解。本书在编写时，采用知识运用、知识补充、案例评析等启发式编写体例，帮助引导学生的学习兴趣和了解设备的实用知识，强调在烹饪活动实践中对设备的正确使用和合理选择。

本书由扬州大学旅游烹饪学院副教授曹仲文博士主编，并对全书进行统筹编定。由黄山学院孙克奎副教授任副主编，协助主编的统稿工作。上海隆誉微波设备有限公司的孙雷高级工程师、扬州大学旅游烹饪学院王恒鹏老师、南京中肯酒店设备有限公司邹海祥经理分别承担微波加热设备部分、烹饪设备与器具管理、厨房设计与布置部分的编写工作。常熟理工学院戴阳军副教授和江苏省扬州旅游商贸学校沈海军老师负责本书烹饪工艺应用的编写工作。

本书在编写过程中，参考了德国 rational 公司、上海酒总厨具公司、安徽顺昌厨房设备厂、无锡金城厨具、南京中肯等诸多单位的技术资料，并参阅了相关研究者的著作和资料，吸收了部分相关教材的成果，参看了相关企业和网页的公开资料，由于篇幅的关系，文中未能全部列出，在此深表感谢！同时，中国纺织出版社有限公司的老师们力促此书的出版，在此一并致谢！此外，本书在编写过程中的调研工作，得到了扬州大学“基于‘蓝墨云班课’的‘烹饪器械及设备’混合式学习的课程设计”的课程项目建设基金的支持，亦予致谢！

由于作者水平和经验有限，书中难免存在不妥之处，恳请相关专家和读者批评指正。

曹仲文

2020.3

## 《烹饪工程与设备》教学内容及课时安排

| 章 / 课时 | 课程性质 / 课时 | 节 | 课程内容 |
| --- | --- | --- | --- |
| 第一章（2 课时） | 时代背景（2 课时） | | 绪论 |
| | | 一 | 烹饪工程 |
| | | 二 | 烹饪设备 |
| | | 三 | 餐饮和烹饪工作者学习本课程的意义 |
| 第二章（8 课时） | 基础知识（8 课时） | | 设备与工程基础知识 |
| | | 一 | 机械基础知识 |
| | | 二 | 烹饪设备与工程常用材料 |
| | | 三 | 电气基础知识 |
| | | 四 | 机械工程图概述 |
| | | 五 | 人机工程学的基本知识 |
| 第三章（4 课时） | 设备知识（18 课时） | | 烹饪初加工设备 |
| | | 一 | 果蔬原料初加工设备 |
| | | 二 | 肉类原料初加工设备 |
| | | 三 | 主食初加工设备 |
| 第四章（6 课时） | | | 烹饪热加工设备 |
| | | 一 | 烹饪热加工设备概述 |
| | | 二 | 典型燃气热设备 |
| | | 三 | 燃油和蒸汽热设备 |
| | | 四 | 厨房电热设备基础 |
| | | 五 | 典型烹饪电热设备 |
| | | 六 | 分子烹饪及其设备 |
| 第五章（4 课时） | | | 烹饪制冷与解冻设备 |
| | | 一 | 烹饪制冷与解冻设备概述 |
| | | 二 | 常用烹饪制冷设备 |
| | | 三 | 解冻 |
| 第六章（4 课时） | | | 烹饪辅助设备与工程 |
| | | 一 | 厨房排油烟系统与通风设备 |
| | | 二 | 清洁与消毒设备 |
| | | 三 | 供电、给排水、照明、消防和储运设备 |

续表

| 章/课时 | 课程性质/课时 | 节 | 课程内容 |
|---|---|---|---|
| 第七章<br>（4课时） | 管理知识<br>（4课时） | | 烹饪设备与器具管理 |
| | | 一 | 烹饪设备管理 |
| | | 二 | 烹饪器具管理 |
| 第八章<br>（4课时） | 综合运用<br>（4课时） | | 厨房设计与布置 |
| | | 一 | 厨房的总体设计 |
| | | 二 | 厨房各功能区设计布局 |
| | | 三 | 厨房平面布局设计的方法和手段 |

# 目　录

# 第一章

# 绪论

**本章内容：** 介绍“烹饪工程”和“烹饪设备”的概念，阐明其特点及其对于烹饪工作者的意义。

**教学时间：** 2课时

**教学目的：** 理解烹饪工程设备含义及特点和对烹饪工作者的意义。

**教学方式：** 课堂讲述。

**教学要求：** 1. 理解烹饪工程概念的合理性与烹饪设备的含义。

2. 掌握烹饪设备的特点和发展方向。

3. 了解烹饪工作者学习本门课程的意义。

**作业布置：** 查阅文献资料，了解目前集团化餐饮企业烹饪生产方式的演变以及趋势。

# 第一节 烹饪工程

一般认为“烹饪是科学、烹饪是文化、烹饪是艺术”，但实际上烹饪活动是一个系统过程，所以有“烹饪工程”的概念。

概念的整合需要输入空间，输入空间有选择地投射产生合成空间（概念整合空间）。其中输入空间的关系是通过映射联通起来的，且概念整合就是空间之间的局部映射的建立。映射的实质就是在一个空间里的成分在其他的空间具有对等物。“烹饪”和“工程”作为输入空间，“烹饪、工程”的之间“映射”的产生要求二者具有“对等物”。可见，构建输入空间“烹饪、工程”之间的映射，是激活烹饪、工程概念整合的关键。

## 一、“烹饪工程”的理论源泉

### （一）基于内容的映射

“科学技术工程三元论”认为，从活动内容和本质来说，科学活动以“发现”为核心，技术活动以“发明”为核心，而工程活动以“造物”为核心。

从我国烹饪的实际过程来看，烹饪工作者（厨师）在生产烹饪产品（菜肴）的过程中，遵循一定的科学原则（如原料的配伍要求），根据社会需要（餐厅点单、宴会主题等）进行菜品设计、宴席设计，运用技术和设备，对原料进行加工成品，最终由消费者消费之。可以看出，这是典型的一个“造物”过程。

### （二）基于成果的映射

“三元论”认为，科学活动的成果是科学概念、科学理论、科学论著等，它们是全人类的共同精神财富。技术活动成果的主要形式是技术诀窍、配方、发明专利等。工程活动的成果则直接表现为物质产品和设施，一般说来，工程活动的成果就是直接的物质财富本身。

由此可知，烹饪成果——主要是菜点，作为一种人为创造的物质财富，更符合工程产品的概念。当然，在经常性的烹饪活动中，也能够形成一些技术诀窍。但在目前中国烹饪研究现状下，要形成一些与烹饪有关的科学理论和科学论著（自然科学），则还有较长的路要走。

### （三）基于评价标准的映射

“三元论”认为，在评价标准上，科学发现、技术发明都以“争第一”为基本原则，社会只承认第一发现人和第一个发明人的贡献，而不承认后续的重复者。在评价工程活动时，则不以“争第一”为基本原则，因为工程活动以“唯一性”为其基本性质和基本特征。每一个工程产品，都有它自身的意义和内涵，具有不可替代的经济价值和社会意义。

我国很多著名菜肴，如“汽锅鸡”“麻婆豆腐”等，食客在品尝时，对其具体创立者不感兴趣，要求的是每个菜品有其自己的特色，或者同一个菜品，但不同的厨师操作，也有不同的特色，此即为“唯一性”。

由此可见，通过三条映射通道，已将烹饪空间和工程空间密切联系起来，构成“烹饪工程”的概念空间。

## 二、从实践看“烹饪工程”存在的合理性

工程的概念较多，但狭义的工程概念，即为“①土木建筑或其他生产、制造部门用比较大而复杂的设备来进行的工作，如土木工程、机械工程、化学工程、采矿工程、水利工程等。②泛指某项需要投入巨大人力和物力的工作。”（《辞海》）从这两条意义上来看，似乎构成工程的要素在于较大而复杂的设备或巨大的人力和物力。由此，为证明烹饪工程概念存在的合理性，有必要说明在现代烹饪实践中是否有涉及复杂的烹饪设备或巨大的人力和物力。

### （一）现代烹饪设备的发展

随着经济和科技的发展，在烹饪初加工、热加工、冷加工方面，有诸多的设备可以帮助厨师提高效率，降低劳动强度，目前各种智能烹饪机器也开始进入厨房生产中，如在一些高校后勤食堂中应用的烹饪机器人，在高星级酒店应用的万能蒸烤箱等，还有真空油炸设备、红外微波加热设备、电磁微波加热设备等，还有烹饪辅助设备，如排油烟系统、给排水系统、餐厨垃圾处理设备系统、清洁消毒设备、照明设备、消防灭火设备系统等。正是这些设备系统的存在，使得现代烹饪与传统烹饪相区别。这些设备涉及材料、传热、电子、机械、控制等诸多学科，结构复杂，并且这些设备的投资、管理、维护、能耗也关系到大量的人力和物力；远不是过去的厨师“一镬闯天下”的时代了。

### （二）现代餐饮业的发展

2014 年的全国餐饮业典型企业调查显示，连锁快餐企业门店覆盖面较广，在营业收入上，连锁正餐企业、连锁快餐企业占餐饮业 45% 左右的比重。因而，向连锁企业发展，通过中央工厂集中生产，锁定中央厨房，发展现代餐饮加工工艺，是现代餐饮经营的必由之路。从操作人员来看，饭店、餐馆的操作人员

是厨师、高级厨师；而烹饪工厂的核心人员是烹饪工程师、烹饪高级工程师；从硬件来看，前者是现代化厨房设备，后者则是中央厨房设备系统，相对而言，后者的复杂程度与投入更大。

可见，随着经济、科技、市场的发展，烹饪过程中涉及大量的现代化的复杂的厨房设备及中央厨房设备系统。由此可见，作为一个完整的烹饪生产过程和消费过程，不仅涉及诸如设备、材料等自然科学工程，也涉及如管理、营销等社会工程，从而“烹饪工程”的概念的确立也就理所当然的了。

正因如此，教育部最新颁布的《普通高等学校本科专业目录（2020年）》，将烹饪高等教育本科层次的烹饪与营养教育专业，作为属于工学门类下的食品科学与工程类中的特设专业（专业代码082708T）。

## 第二节　烹饪设备

由前述可知，烹饪设备对于现代餐饮业和烹饪工程之意义。为此，现代餐饮和厨房工作者有必要认识和学习烹饪设备，以适应现代餐饮发展的需求和烹饪工程实践的需要。

### 一、烹饪设备的定义

所谓烹饪设备，指用以实现厨房生产的全过程所需要的各种、设施和机械装置的总称。

### 二、烹饪设备的分类

在厨房中使用的设备种类繁多，如对原料进行清洗的清洗机，将原料切成需要形状的各种成形机，将原料烹制成熟的各种热加工设备，为保证厨房空气清新的通风设备等。如何将如此繁多的设备进行科学的分类，目前尚无统一的标准。

本书将烹饪设备按用途分为厨房初加工设备、厨房热加工设备、厨房冷加工设备、厨房辅助设备系统。

### 三、烹饪设备的特点

#### （一）种类多，但同种类设备不多

由于烹饪工艺的多样化和厨房环境的要求，决定其设备种类繁多，但作为

烹饪车间——厨房，其同种类设备并不多。

### （二）造价高

设备中与烹饪原料接触的零件表面，一般均采用不锈钢或无毒工程塑料制造，因此制造设备的材料成本一般较其他类机械要高些。

### （三）需要不断更新和维护

由于厨房设备的工作环境多是处在潮湿、高温的条件下，并与侵蚀性介质直接接触，零件表面在活化介质的作用下磨损会加剧，因而设备易磨损而失效，就需要不断更新和维护。

### （四）厨房设备处于非连续性工作状态

厨房生产不同于食品工厂，其设备一般是属于间隙运作状态，这对设备的使用、维护和管理提出了更高的要求。

## 四、烹饪设备的特殊要求

厨房中温度、湿度大，温差大，设备的工作温度高至500℃，低至–24℃；加工中和侵蚀性物质直接接触；原料的加工质量要求高，必须满足色、香、味、意、形、器以及营养价值等，烹饪过程工艺多样化，有些工艺是人为的技巧和经验起决定作用，难以用机械代替。

因厨房的特殊条件，烹饪设备必须满足下列要求。

### （一）安全卫生要求

结构力求简单，便于清洗，以防止残留物质发生霉变，同时要求清洗中机械零件表面与洗涤剂接触不得发生反应。

### （二）机械耐磨性要求

设备的运动机构应具有较高的耐磨性，以避免金属微粒落到被加工的烹饪制品上。

### （三）化学稳定性要求

为满足食品卫生要求，烹饪原料在加工中不能与厨房设备材料间产生化学和生物作用，以防有害人体健康或影响烹饪质量。

### （四）多功能要求

小型多功能，以满足场地小和工艺多样化的要求。

## 五、烹饪设备的发展方向

根据我国厨房设备的现状，结合烹饪的发展趋势及其对设备的发展要求，今后我国厨房设备的总体发展方向是：要尽快建立完整统一的一系列烹饪设备的专业标准，规范烹饪设备的质量，促进设备的集团化生产，使设备的研究、设计、制造和使用向全面优化的技术方向发展；同时，加强专业研究，增加新材料、新工艺和新技术等现代科技手段在厨房设备中的投入，在加强技术改良的基础上，进一步发展通用化、标准化、专业系列化设备，并大力研制适于我国独特风味菜品生产的新型设备，从而促进烹饪设备的机械化、自动化进程。其具体的发展方向可归纳为如下几个方面。

### （一）设备材料的多样优化发展方向

一方面，具有优良品质和特色的器具仍被广泛使用，如陶瓷餐具、铁锅、玻璃器具、竹木器具等；另一方面，带有浓厚时代气息的新材料、新工艺和新技术制品将不断问世并广为使用，如新型瓷器、耐高温陶器、仿瓷器、新型塑料器具、复合金属锅、不粘锅等。

目前，设备的不锈钢化也是一个发展方向，从各种餐具、用具、盛贮器到炉台、案台、厨柜、排烟油系统和加工机械等，全都不锈钢化，在过去的十几年，不锈钢的应用已使厨房卫生状况发生了根本性改变，在今后仍是主流方向。我国学者已经研制出了号称“百年防腐”的材料——稀土铝合金材料，值得引起重视。再者，像无菌水处理器、矿物饮器等保健型器具和可以被生物降解的塑料“绿色”器具为代表的环保型器具也是厨房器具一个发展的新方向。

### （二）设备的节能和环保发展方向

设备的使用，不仅要完成厨房的工艺操作，而且还要符合节能和环保的绿色要求。如排油烟系统不仅要能够很好地完成将厨房内的油烟排尽的要求，而且其能耗要求降低，并且能够将油烟进行分离，以保证排到大气中的油烟符合环保要求。对于其他的设备也是如此，典型的如厨房热加工设备，从燃煤炉灶的被淘汰，燃气设备及电加热设备的普及，无不反映了设备的节能和环保的发展方向。

早在2002年由中国饭店协会组织起草的《绿色饭店等级评定》就已发布，

并于 2003 年 3 月 1 日起正式实施。而旅游行业和国内一些地方也出台了绿色饭店的标准。2017 年颁布的《绿色饭店国家标准》（GB/T 21084—2017），核心要求就是节能环保。

#### （三）单元操作设备的机械化和自动化方向

单元操作是指完成单个烹饪工艺环节的岗位操作，如清洗、切制、调配、热制、冷制、消毒、杀菌等。随着现代烹饪向更广、更深的方向发展，处理过程也日趋复杂化，高效益要求日益突出，而个人的生理条件无论是工作速度、分辨力，还是效率，都有局限性。为追求高品质、低能耗和低成本，单元操作的机械化和自动化是必然趋势。如在初加工设备方面，高效灵巧的手动、半自动或全自动设备正逐渐进入厨房，取代厨师繁重的体力劳动。另外，还有制冷设备、加热设备、清洁消毒设备和通风排气设备等也向自动化方向发展，如微电脑控制的洗碗机、消毒柜、电灶、电饭锅和智能化排烟罩等，以及机器人等。

#### （四）过程控制的电脑全自动化方向

过程控制自动化是指烹饪的分组模式化生产流程和集约化生产流程实现电脑控制的全自动化操作。这方面的应用实例在国外已有报道，其流程结构大致是：置于餐厅的电脑内存标注营养成分、菜品特色和价格的程式菜单，顾客就餐前先在电脑上查阅，并通过键盘点菜，指令传到厨房的电脑中心，中心向生产系统发出生产指令，具有保鲜功能的贮配系统按指令选料并配菜，然后送至计算机控制的熟制生产系统制成菜品，最后在无菌包装系统内装盘包装，通过输送系统将成品送给顾客。这种全自动生产在规模较大的快餐行业或大型厨房生产上较适用。过程控制的电脑全自动化方向尽管离广泛应用的现实还很远，但它至少说明电脑在厨房生产中的应用前景。

## 第三节　餐饮和烹饪工作者学习本课程的意义

### 一、烹饪设备发展的要求

烹饪设备的发展涉及诸多的学科知识，其中包括工艺知识。目前，我们国家的典型情况是懂得设备的人大多不了解烹饪工艺知识，而餐饮工作者则很少参与设备的设计和制造，乃至于布置等工作中。

如在新建或改造厨房时，片面追求设计效果图整齐、买设备看样品光重外表，结果买回的设备板太薄、质太轻，工作台一用就晃，炉灶一烧就坏，冰箱一不小心就升温。还有些设备看似新颖，功能超前，而真正的实用价值不高。往往是施工人员撤出，饭店筹建人员退场，接手的厨师叫苦不迭，厨师成了设备的奴隶。所以厨房设备的发展需要懂得餐饮知识的人的参与，才能更好地将设备与人配合，生产出符合需要的产品。

## 二、现代化餐饮的要求

现代化餐饮不仅仅是现代化的设备，更需要的是现代化的人才。在新时代，厨房工作者和旅游餐饮行业的工作者应当是复合型人才。烹饪设备运作的成本在企业中占有非常高的比例，如厨房的水、电、气一般占餐饮业年营业额的5%，也就是说如果一家饭店全年有1000万元的营业额，那么其中就有50万元的能源开支。了解设备，利用和管理好设备，控制餐饮运作中的成本支出，不仅能够为企业带来经济效益，在全球能源危机和环境危机的背景下，更具有社会效益。

早在20世纪50年代，美国密歇根州立大学的旅馆、饭店和社会管理学院就举办了有关饭店未来的会议，会议所得的其中一个结论是：未来的饭店经理必须成为三个不同领域的专家，这三个领域分别是食物、会计和财务及工程，经理必须在这三个领域平均分配他的时间。

## 三、厨房工作者提升自身地位的要求

随着餐饮业的发展，厨房工作者的经济地位在不断提升，而社会地位的提高也是必然要求。社会地位的提高涉及到厨房的工作环境和条件的改善以及厨房工作者自身的素质。

2006年10月，由四川烹饪协会派到瑞典的“川菜技艺表演使者”在瑞典进行了川菜技艺表演。他们在瑞典厨房中发现，瑞典的厨师在总体上其科学文化素质要比中国的厨师高，不仅能够娴熟合理地利用厨房里面的各种先进设备，而且对其工作原理及其维护保养也能说出一二三来。不同于中餐厨师，在使用先进设备时，主要是靠经验在使用和控制，还处于一种只知其然而不知其所以然的状态。这样的素质也很难说能够利用先进设备生产出统一和标准量化的产品。

厨房的工作环境和条件的改善离不开设备的配备。而了解和充分地使用设备，能够将厨房工作者从许多繁琐和重复性的工作中解放出来，从事更多创造性的工作；这也是“匠”和“师”的区别。餐饮工作者应该将精力投入到对新式菜点、菜单的研发，为人们提供更健康、美味、丰富的食品而思考。

# 第二章

# 设备与工程基础知识

**本章内容：** 机械基础知识、烹饪设备与工程常用材料、电气基础知识、机械工程图和人机工程学的基本知识。

**教学时间：** 8课时

**教学目的：** 初步认识与了解设备与工程的基础性相关知识，培养看图和绘图的初级能力。

**教学方式：** 课堂讲述和上机实践。

**教学要求：** 1. 了解机器的基本组成及各种机构，从而能够认识一个复杂设备的工作过程。

2. 了解与烹饪设备相关的各种材料知识，重点是其中的不锈钢特性。

3. 了解各种低压电器以及电气安全知识。

4. 了解图纸绘制的一般要求，从而能够看图识图，并学习CAD或其他绘图软件能绘制示意图和图例。

5. 了解人机工程理论，从而能够判断机器的人性化设计是否合理，为设备选择和管理奠定基础。

**作业布置：** 观察身边的一些烹饪设备，了解其工作原理及材料，学习绘图软件，构建示意图和图例。

**案例**：中国首例烹饪机器人“爱可”由上海交通大学机器人研究所科研人员进行结构与控制系统的研制，扬州大学旅游烹饪学院进行烹饪工艺与菜肴标准化研究。它是现代机械电子工程学科和中国烹饪学科第一次交叉融合，也是全世界首台实现中国菜肴自动烹饪的机器人。其基本原理是，将烹饪工艺的灶上动作标准化并转化为机器可解读的语言，再利用机械装置和自动控制、计算机等现代技术，模拟实现厨师工艺操作过程。它不仅能实现目前市面上一些烹饪设备能够完成的烤、炸、煮、蒸等烹饪工艺，而且能实现中国烹饪独有的炒、熘、爆、煸等技法。

**案例分析**：爱可的研发首先要将复杂的中国菜烹饪工艺与动作进行分解与定义，并用机器人专业与烹饪专业均能理解的语言进行描述；在此基础上，找出中国烹饪的核心工艺与核心动作；之后设计机器人运动系统，包括锅具动作机构、送料机构、火控机构、出料机构等。如今，研制出的机器人掌握中国烹饪工艺的”十八般武艺”，能熟练地晃锅、颠勺、划散、倾倒，还能娴熟地炒、爆、煸、烧、熘等。机器人控制程序中，还融入了中国烹饪大师的配方与经验。

# 第一节　机械基础知识

## 一、机器的组成

机器是由若干个零部件以某种方式连接而成的机械装置，通过构件或机构的相对运动，完成机械功和转换机械能，在人工或其他智能体的控制下，实现为之设计的功能，如物料的加工、处理、搬运或包装等。因此，机器一般由动力装置、传动机构、执行机构、操作控制系统和辅助系统组成（图 2–1）。而机械则是机器和机构的总称。

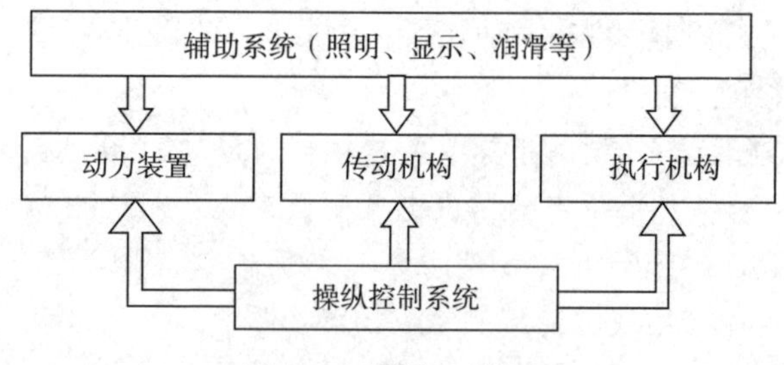


图 2–1　机器组成框图

动力装置：提供动力，把各种形态的能量转变为机械能，以电机的旋转运动为主要输出形式。

传动机构：作为中间装置，将动力装置产生的机械能传送到执行机构上去，可以改变运动规律或转换运动形式。

执行机构：按生产工艺需要的运动规律和方式，进行确定的运动以完成预定的目的。

操纵控制系统：通过人工操作或自动控制使前面三部分彼此协调运行，并准确完成整机功能。

辅助系统：为保证机器正常工作，改善操作条件或延长使用寿命而设的装置，如冷却、润滑、显示、照明、计数、除尘、消声、互锁、安全保护等。

机构一般由两个或两个以上相互配合的构件组成，与机器相比，它具有确定的相对运动，但无实现能量转换的特征，只能实现机械能的传递，如连杆机构、齿轮机构、间歇运动机构等。

构件是组成机构的可做相对运动的各个单一整体或是由几个零件组成的刚性体。构件与零件的区别是，构件是运动单元，零件是制造单元。

零件通常分为通用零件和专用零件两大类，前一类如键、销、轴、轴承、齿轮、螺母、螺栓等，后一类如斩搅机的刀片、搅面机的搅拌叶、挤压成形机中的活塞等。在一个构件中，传入运动的零件称为主动件，被带动的零件称为从动件。

**知识应用：**自行车中什么是动力装置？什么是传动机构？什么是执行机构？

## 二、零件的连接

零件通过各种方式连接组成机器。

机械连接按拆开连接件时是否需要破坏连接件，可分为可拆连接和不可拆连接两种，前者有键、销、螺纹连接等，后者有铆、焊、粘接等。

过盈连接是利用材料本身的弹性变形，在一定装配过盈量下使被连接件套装起来的连接，采用不同的过盈量可得可拆或不可拆连接。

若按被连接件之间有无相对位置的变化可分为动连接和静连接两类，被连接件之间有相对位置变化的称为动连接，相反，无相对位置变化、不允许产生相对运动的称为静连接。

**提示：**机器是由零件组成，零件具有一定的形状、尺寸和材料实体关系，是机器的组成要素和制造单元。为了便于制造、安装、维修和运输，也可以将一台机器分成若干个相互独立，但又相互关联的零件组合，称为部件。显然部件是由一定数量的机械零件组成的。

### （一）铆接、焊接、黏接、过盈连接

#### 1. 铆接

一般在不易焊接的材料结构中或耐冲击载荷下使用铆接，通过铆钉把两个

零件连接起来。通常对小直径的铆钉（$d \leqslant 10$mm）用“冷铆”法，对较大直径的铆钉（$d>10$mm）要将其加热后进行“热铆”。铆钉分实心和空心两类，前者已标准化。

2. 焊接

广泛用于构件、壳体、桁架等制造中，有强度高、密封性好、简单方便的特点。焊接类型很多，主要有熔焊、钎焊、压力焊三大类。

熔焊含气焊、电弧焊、激光焊等，气焊是利用高温喷射火焰、电弧焊利用高强度电弧、激光焊利用高能量密度的激光产生的高温使两零件金属熔化并相互融合达到焊接的目的，可用于连续的缝焊或整体的切割。

钎焊利用熔融钎黏力或熔力进行焊接，适于各种金属。

压力焊有电阻焊、闪光焊、加压气焊等，是在适当压力下使两零件间的电阻等发生变化，达到加热、熔融、焊接的目的，多用于不连续的点焊。

3. 黏接

利用有机黏接剂（如环氧树脂、酚醛、缩醛等）和无机黏接剂（以磷酸盐为主）把零件黏接在一起的方法。黏接具有无破坏性、轻质性的特点，可靠程度和稳定性受环境因素（如温度、湿度或蒸汽、油类等）的影响较大。

4. 过盈连接

利用互相配合零件之间一定的过盈量产生紧压力，以形成很大摩擦力达到连接目的，如曲柄和轴的连接。其特点是承载力高，在振动下亦能可靠工作，连接零件无键槽削弱，但装拆困难。

**小知识** 你知道过盈连接是怎么连接的吗？

比如一根轴与孔的连接，通常只有轴比孔小才能穿得过，过盈连接是轴比孔大。连接前需对有孔的零件加热，使孔受热膨胀，将轴穿过去，冷却后，孔和轴就紧紧连接在一起，再也分不开了。注意：孔比轴小多少根据不同需要是有严格控制的。

铆接、焊接、黏接、过盈连接均属于不可拆连接，一旦连接上，以后的拆卸都是破坏性拆卸。

### （二）键连接和销连接

1. 键连接

机器上有许多零件采用键连接，如飞轮、齿轮、凸轮等。键连接靠形状锁合来连接传动零件与轴，以传递运动和动力。

键是一种标准件，分松键连接和紧键连接两大类。平键、半月键、导键、滑键等是松键；紧键分楔键和切向键两种，靠轴的径向压力产生摩擦力传递转矩。图 2–2 是常见的键连接类型。图 2–3 是平键和半圆键的安装立体图。

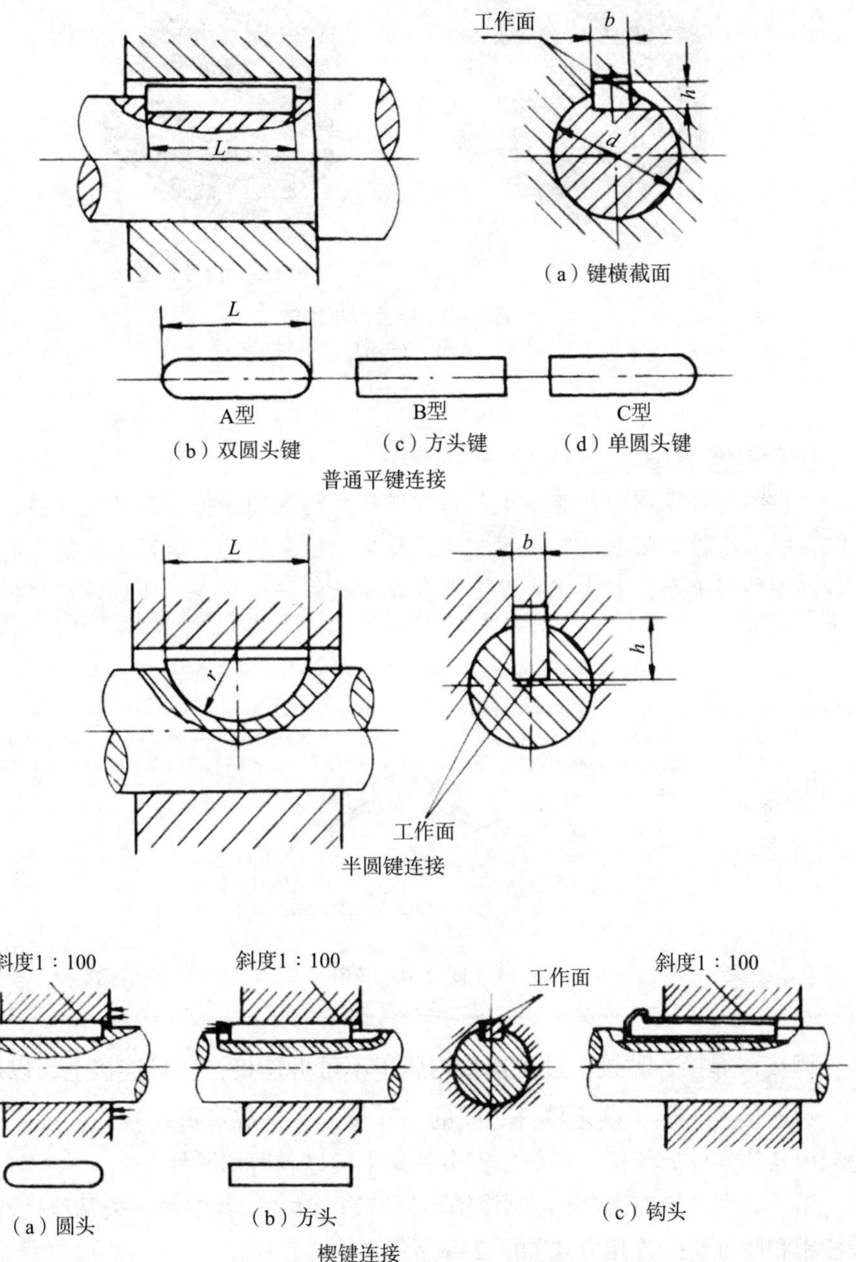


图 2–2　常用键连接类型

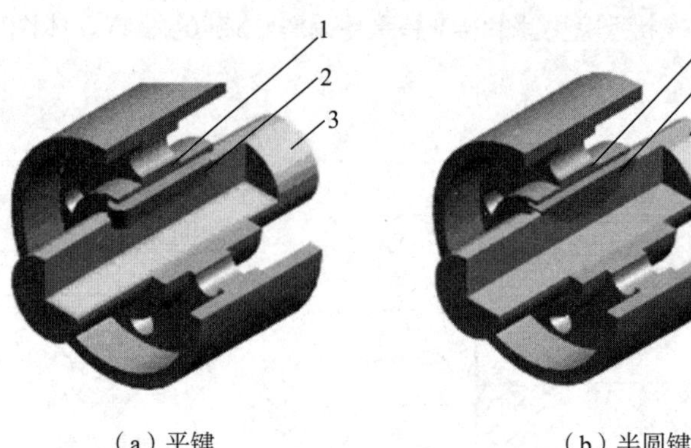


（a）平键　　　　（b）半圆键

**图 2–3　平键和半圆键**

1—轮毂　2—键　3—轴

**小知识** 花键

轴和轮毂孔周向均布多个凸齿和凹槽所构成的连接称为花键连接，如图 2–4 所示。齿的侧面是工作面。由于是多齿传递载荷，所以承载能力高，对轴的削弱程度小，具有定心精度高和导向性能好等优点。所以花键连接相当于一组键连接。

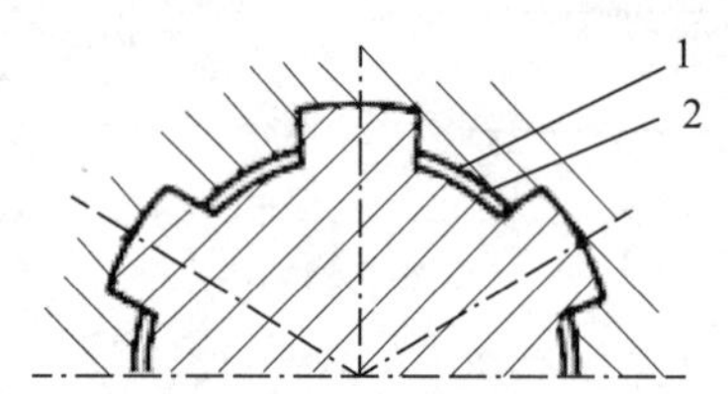


**图 2–4　花键**

1—轮毂　2—轴

2. 销连接

销连接主要用于确定零件之间的相互位置，构成可拆连接，也可用于轴与轮毂或其他零件的连接，还可作安全装置中的过载剪切元件。

销的类型主要有圆柱销、圆锥销和开口销三大类。其中每一类又包括若干种。圆柱销和圆锥销的连接方式如图 2–5 所示。

开口销常和六角开岔螺母配合使用，它穿过螺母上的槽和螺杆上的孔，以防止螺母松动（图 2–6）。

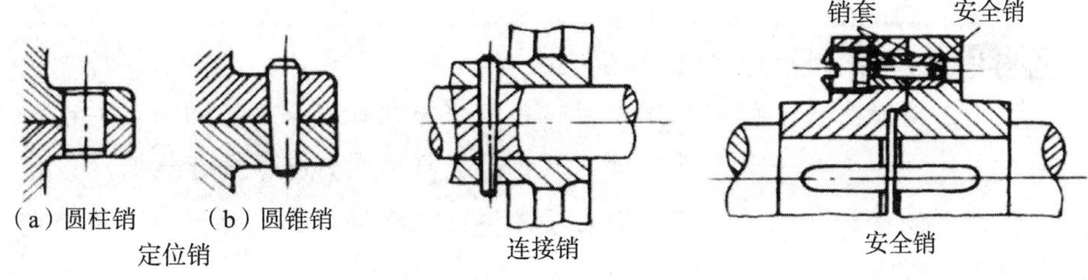


图 2-5　圆柱销和圆锥销连接方式

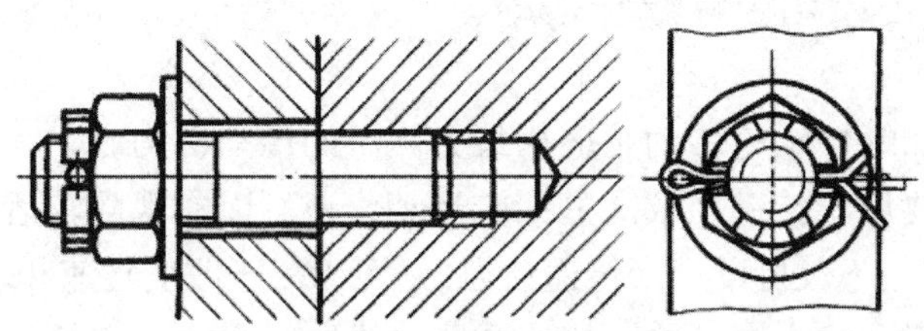

图 2-6　开口销的连接方式

## （三）螺纹连接

螺纹连接属于可拆连接，因具有结构简单、装拆方便、连接可靠的优点而被广泛应用。它以螺栓连接为主要形式，另外还有螺钉连接和紧定螺钉连接。

螺纹有内螺纹和外螺纹之分。根据切制螺旋线的多少，可分为单线螺纹、双线螺纹和三线螺纹。若按螺旋线绕行方向又可分为左旋螺纹和右旋螺纹。螺纹牙的形状有三角形、矩形、梯形、锯齿形等多种。各种螺栓、螺钉、螺母都已标准化。螺栓连接常使用垫圈，以增大支撑面、减少压力并能降低对被连接线的磨损。

常用螺纹紧固件及螺纹连接示意图如图 2-7 所示。

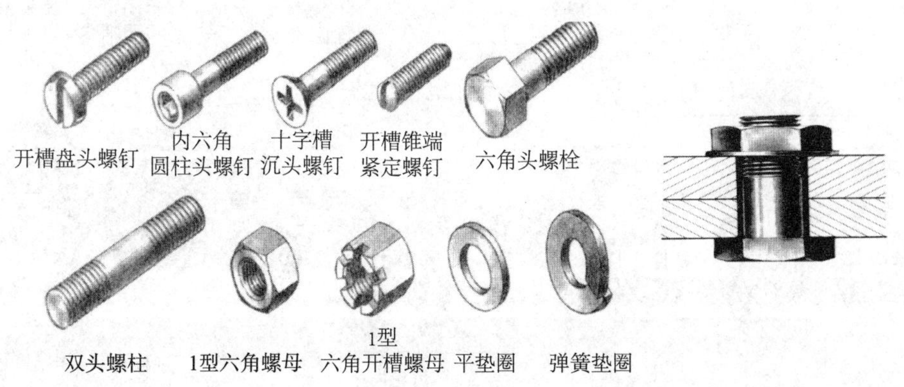


图 2-7　常用螺纹紧固件及螺纹连接示意图

**小知识** 螺栓、螺钉和螺柱连接之区别

螺栓连接如图 2-7 的连接图所示，是螺钉与螺母配合，把两个零件连接起来的方法；如果在一个零件上加工螺纹孔，只用螺钉拧紧的连接叫螺钉连接；螺柱连接是将双头螺柱的一端先拧进零件上的螺纹孔，另一端拧紧螺母的连接方法。

## 三、齿轮传动和蜗杆蜗轮传动

齿轮传动和蜗杆蜗轮传动是应用最为广泛的传动机构之一，以渐开线齿轮传动为主，主要用于传递两轴间的回转运动，还可以实现回转运动与直线运动之间的转换。齿轮不仅可以用来传递动力，还可以用于改变转速和改变回转方向。

齿轮的齿廓形状有渐开线、摆线和圆弧线，其中绝大多数是渐开线齿轮传动。渐开线啮合因其啮合线为直线，啮合角为常数，故渐开线齿轮在每个啮合瞬间所传递的速度都是不变的，因而可以保证瞬时传动比的恒定，这在高速运转的条件下尤为重要。因为齿轮的传动是靠主动轮的齿廓推动从动轮的齿廓来实现的，如果瞬时传动比不稳定，当主动轮等速转动时，从动轮将为变速运动，产生惯性力，不仅影响齿轮强度，还会引起振动和噪声。

### （一）齿轮传动的分类

按齿轮的形状和两轴线间的相对位置，齿轮传动可作如图 2-8 所示的分类。下面，我们将对圆柱齿轮、圆锥齿轮和蜗杆蜗轮传动的特点分别加以叙述。

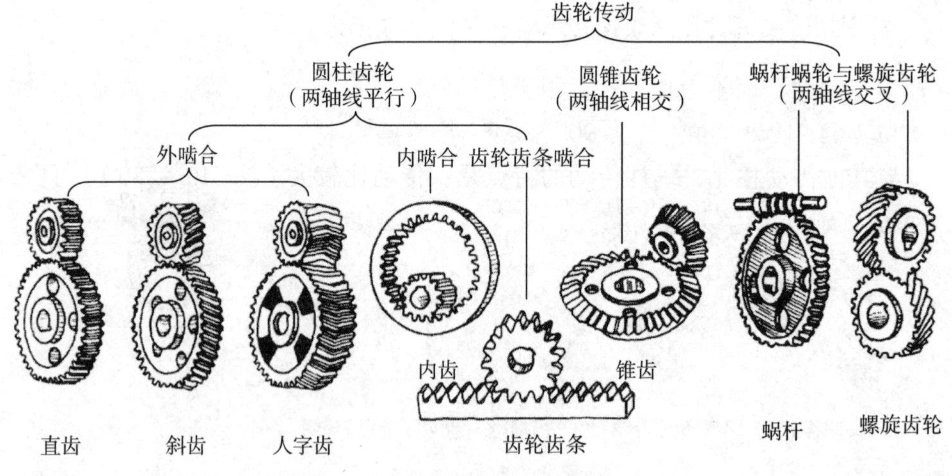


图 2-8　齿轮传动的分类

1. 圆柱齿轮传动

圆柱齿轮在齿轮传动中属于两轴平行的传动，它可以用来传递动力和改变转速，但不能改变回转方向。圆柱齿轮传动如图 2-8 所示，有直齿、斜齿和人字齿之分，其中运用最广泛的是直齿圆柱齿轮。根据结构需要，可以为外啮合、内啮合和齿轮齿条啮合。外啮合最普遍，内啮合主要用于行星传动的特殊场合，齿轮齿条可实现回转运动与直线运动之间的转换。

由于直齿圆柱齿轮的齿间啮合是单齿啮合，当一对齿廓的啮合结束以后再开始第二对齿廓啮合，所以传递扭矩的平稳性较差、冲击噪声和振动较大，当传递动力较大时，单齿的负担也重，影响齿轮的承受力和寿命。

斜齿圆柱齿轮可以同时几对齿廓参与啮合，因此，传动平稳，受力均匀，承载能力大。缺点是斜齿在传递扭矩的同时出现轴向分力，这会增加支撑轴承的成本负担。

在必须使用斜齿圆柱齿轮传动又增加支撑轴承负担的情况下，可以采用人字齿轮传动。它相当于两个反向的斜齿轮合成，由于两个斜齿轮的轴向分力大小相等，方向相反，互相抵消，不对支撑轴承形成轴向压力。但人字齿轮制造复杂，成本较高，一般很少采用。

2. 圆锥齿轮传动

锥齿传动的一对圆锥齿轮，其齿轮轴垂直相交，故不但与圆柱齿轮一样用于传递动力和改变转速，还可以改变回转方向，如将水平传动改变为垂直传动等，这对于机器上一个动力的多向传递和传动机构在机器上的合理布置是非常必要的。

圆锥齿轮也和圆柱齿轮一样有直齿和斜齿之分，斜齿圆锥齿轮传动也是为了传动平稳、受力均匀和增大承载能力而设计的。

3. 蜗杆蜗轮传动

蜗杆蜗轮传动是齿轮传动的一种特殊方式，它由蜗杆和蜗轮组成，一般以蜗杆为主动件，蜗轮为从动件，用于传递空间垂直交错（交叉）的两轴之间的运动和转矩，两轴交角通常为 90°。

与其他传动相比，蜗杆传动的特点是：传动比较大（$i = 10 \sim 80$），且传动平稳无声，当蜗杆分度圆柱上的螺旋导程角很小时具有自锁性，即只有蜗杆带动蜗轮，而蜗轮不能带动蜗杆。蜗杆传动的缺点是传动效率较低（因摩擦损失较大），故不适用于大功率传动，且发热量高，磨损严重，需要有良好的润滑以及使用耐磨金属制造摩擦面。

### （二）齿轮传动优点

齿轮传动与其他形式的传动装置相比，其主要优点是：

①能在空间任意两轴间传递运动和动力；

②传动准确，能保证恒定的瞬时传动比；

③适用的圆周速度和功率范围广（速度可达300m/s，功率可达 $1 \times 10^5$kW）；

④传动效率高；

⑤工作可靠，使用寿命长；

⑥结构紧凑，适合于近距离传动。

其缺点是制造和安装精度要求高，成本较高，且不适用于远距离传动。

## 四、带传动

### （一）带传动的类型

由带和带轮组成的传递运动和（或）动力的传动称为带传动（图2-9）。

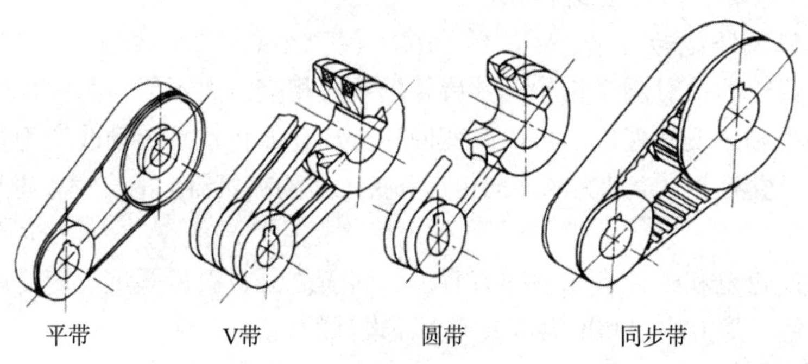


图2-9　带传动的类型

根据工作原理的不同，带传动可分为摩擦传动和啮合传动两类。依靠张紧轮的张紧作用，利用带和带轮之间的摩擦力来传动的称为摩擦传动。摩擦传动按带的横截面形状的不同，又可分为平带传动、V带传动和圆带传动。依靠带齿和轮齿相啮合来传动的称为啮合传动，如同步带传动。

### （二）带传动的特点

1. 摩擦带传动

（1）主要优点

①胶带具有弹性，能缓冲、吸振，因此传动平稳、噪声小。

②传动过载时能自动打滑，起安全保护作用。

③结构简单，制造、安装、维修方便，成本低廉。

④可用于中心距较大的传动。

（2）主要缺点

①不能保证恒定的传动比。

②轮廓尺寸大，结构不紧凑。

③不能传递很大的功率，且传动效率低。

④带的寿命较短。

⑤对轴和轴承的压力大，提高了对轴和轴承的要求。

⑥不适宜用于高温、易燃等场合。

2. 同步带传动

同步带传动是靠带内侧的齿与带轮的齿相啮合来传递运动或动力的，属啮合传动，较其他带传动准确。

### （三）带传动的应用

根据上述特点，带传动适用于在一般工作环境条件下，传递中、小功率以及对传动比无严格要求且中心距较大的两轴之间的传动。根据摩擦带的材质不同，有橡胶带、帆布带、皮革带、化纤、棉布带等。

摩擦传动中，在同样大小的张紧力下，V 带传动较平带传动能产生更大的摩擦力（约为平带传动的 3 倍），因而传动能力大，结构较紧凑，且允许较大的传动比，因此得到更为广泛的应用。根据 V 带的楔角和相对高度的不同，V 带又可分为普通 V 带、窄 V 带、半宽 V 带和宽 V 带等多种。

圆带常用皮革制成，也有棉绳带和锦纶带，一般适用于低速、轻载的场合。

### （四）带传动的张紧装置

带传动中，无论是平带还是 V 带，在长期拉力的作用下，会发生塑性变形而伸长，导致带的松弛和初拉力的减小，从而使传动能力降低甚至引起打滑而不能正常工作，因此必须及时张紧，才能保证正常的工作状态。常见张紧装置有图 2-10 所示几类。定期调整中心矩的张紧装置是在发现初拉力不足时，用调节螺钉调整（增大）中心矩，这种装置结构简单，调整方便，应用普遍；自动张紧装置利用电动机和托架的自重产生对支撑点 $O$ 的旋转力，从而使带始终处于张紧状态，适用于中、小功率传动；采用张紧轮的张紧装置，用于中心矩不可调节的场合，张紧轮通常设置在带的松边，这样所需张紧力较小。

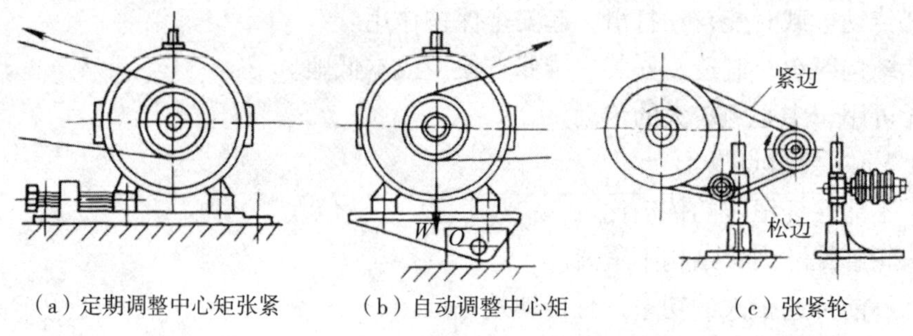


（a）定期调整中心矩张紧　（b）自动调整中心矩　（c）张紧轮

图 2-10　带传动的张紧装置

**提示：**带传动的传动比不如齿轮传动准确，但是可以用于中心距较大的传动，因此，在需要多级传动的场合通常在第一级采用带传动，后级采用齿轮传动。这样可以随意调整中心矩的大小。由于带传动可能出现“打滑”，在有意外负荷的情况下，该传动方式可避免过载引起的破坏现象。

## 五、链传动

图 2-11 所示为链传动的组成，链传动由主动链轮、从动链轮和链条组成，并依靠链轮的轮齿与链条的链节之间的啮合来传递运动和动力，所以它是一种具有中间挠性件（链条）的啮合传动。

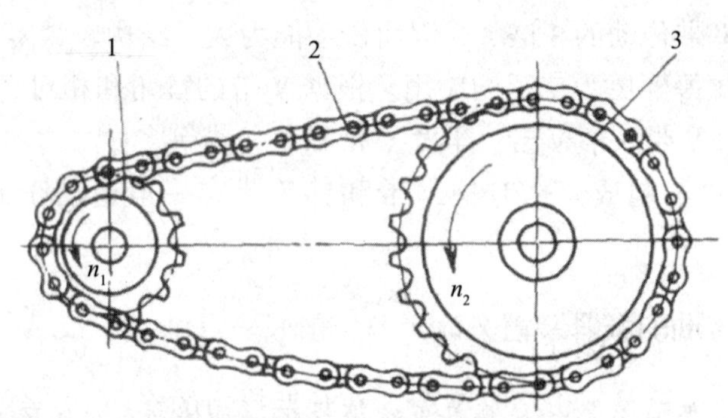


图 2-11　链传动的组成

1—主动链轮　2—链条　3—从动链轮

### （一）链传动的特点

1. 链传动的优点

①由于链传动是啮合传动，没有弹性滑动和打滑，所以平均传动比准确，并能传递较大的功率，同时安装时不需要很大的张紧力，故工作时压轴力较小。

②可根据需要选取链条长度（链节数），因而中心距的适用范围大。

③能在较恶劣的条件下（环境温度高、多油、多尘、湿度大等）正常工作。

④与带传动相比，传动效率较高，结构较紧凑、工作较可靠、使用寿命较长。

2. 链传动的缺点

①不能保证恒定的瞬时链速和瞬时传动比，因此传动不平稳，传动中有周期性的啮合冲击，易于产生振动和噪声。

②只能用于平行轴之间的传动。

③与带传动相比，制造、安装较困难，成本较高。

根据上述特点，链传动适用于要求平均传动比准确（对瞬时传动比无严格要求）、工作条件较差、距离较远的平行两轴之间的传动。

### （二）链传动的种类

传动链的种类很多，如按结构可分为短节距精密套筒滚子链（简称滚子链）和齿形链两种，其中滚子链应用最广（图 2-12）。

滚子链由若干内外链节（一般为偶数）依次铰接而成。内链板与套筒过盈连接，套筒与滚子以间隙配合连接，它们共同组成内链节；外链节由过盈连接的外链板和销轴组成。内外链板皆为∞形，它们首尾相接，链条端接处用开口销或弹簧卡将轴销锁紧。当链节为奇数时，应用过渡链节连接。

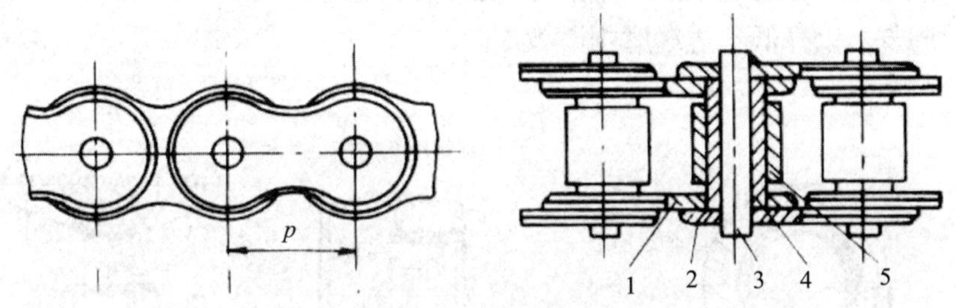


**图 2-12　套筒滚子链**

1—内链板　2—外链板　3—销轴　4—套筒　5—滚子

**知识应用：**在已经介绍的传动系统中，哪一种传动系统的效率最高？

**提示：**链传动介于齿轮传动与带传动之间，不会打滑，总传动比恒定，但瞬时传动比不恒定，因此运转时冲击和噪声较大。由于这一致命缺点，链传动不能用于高速运动的传递。

## 六、轴和轴承

轴和轴承广泛用于各种机器和机构中，轴是实现回转运动的主要机械零件之一，轴类零件的作用通常用于装配齿轮，以传递运动和动力，或者装配工作部件以实现规定的回转运动。而轴承的作用则用于支撑轴或传动件，以减小传动摩擦，使转动中的摩擦损失尽量降低。轴根据工作性质不同，分为阶梯轴、曲轴等。轴承根据工作时摩擦性质的不同，分为滑动轴承和滚动轴承两大类。

### （一）滑动轴承

滑动轴承的摩擦状态根据轴颈和轴瓦接触面之间润滑状态的不同，分为液体摩擦状态和非液体摩擦状态。前一状态接触面因隔一层油膜而不直接接触，摩擦只发生在油膜分子间，所以摩擦力较小，效率高，寿命长；后一状态因油膜很薄，无法将轴颈和轴瓦完全隔开，金属面直接接触，所以摩擦力大，轴磨损大。按轴承受载荷方向的不同，滑动轴承分为向心滑动轴承和推力滑动轴承两大类。

1. 向心滑动轴承

向心滑动轴承是以承受径向力为主的滑动轴承。这类轴承包括整体式向心滑动轴承、剖分式向心滑动轴承和调心式滑动轴承三种。整体式的轴承孔内装有带油沟的轴套，顶部开油孔或装油杯（图 2–13），应用范围较广；剖分式轴承一般由轴承盖、轴承座、上下轴瓦和润滑装置组成（图 2–14），主要用于大型设备，以便于轴类零件的安装；调心式向心滑动轴承是把轴瓦的支撑面做成球面，或内装“柔性轴瓦”，或用膜板式轴承座等，使之能随轴或机架的变形而自动调节，以降低“边缘磨损”效应。

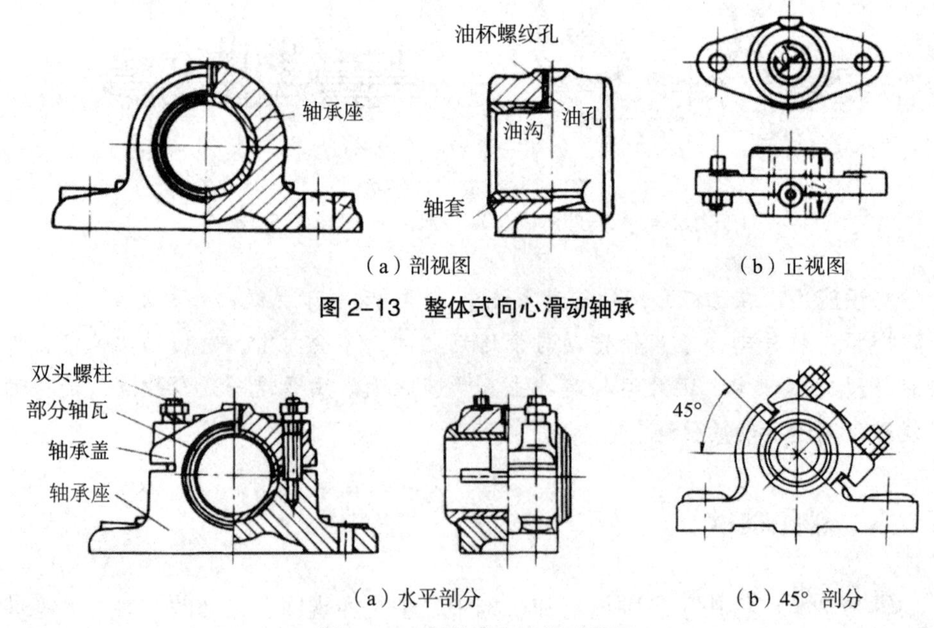


图 2–13　整体式向心滑动轴承

图 2–14　剖分式向心滑动轴承

2. 推力滑动轴承

推力轴承主要用于承受轴向载荷，按推力轴径支撑面形式的不同，分实心形、环形和多环形三种。

### （二）滚动轴承

滚动轴承因具有摩擦阻力小、效率高（可达 99%）、启动轻快、润滑简单的优点而被广泛应用。与滑动轴承相比，其抗冲击能力稍差，运转时噪声较大，寿命不长。

1. 结构

滚动轴承一般由内圈、外圈、滚动体和保持架组成，内外圈上都有滚道，滚动体沿滚道滚动。多数轴承的滚道还可以限制滚动体的侧向位移，并降低滚动体与内外圈的接触应力。保持架的作用是将滚动体彼此隔开，避免运转时互相碰撞，减少滚动体磨损。有的轴承无内圈或外圈，有的带防尘密封结构，滚动轴内圈与轴配合，外圈与机座配合，工作时一般是内圈转动而外圈固定，也有外圈转动而内圈固定的情况，或内外圈皆转动的情况。

2. 分类

滚动轴承按滚动体的形状和受力状况，可分为球轴承、滚子轴承和推力球轴承三大类（图 2–15）。滚动体为球体的称球轴承，工作时球与内外圈为点接触，故其承载力、耐冲击力、刚度等都不高；滚子轴承的滚动体多为圆柱体或圆锥体，滚子与内外圈为线接触，故其承载力、耐冲击力和刚度均较球轴承高，其中圆锥滚子轴承不但可以承受径向力，还可以承受轴向力，通常用于斜齿圆柱齿轮和圆锥齿轮传动之类的既有径向力又有轴向力的场合。推力球轴承和推力滑动轴承，主要用于承受轴向载荷。

（a）球轴承

（b）滚子轴承

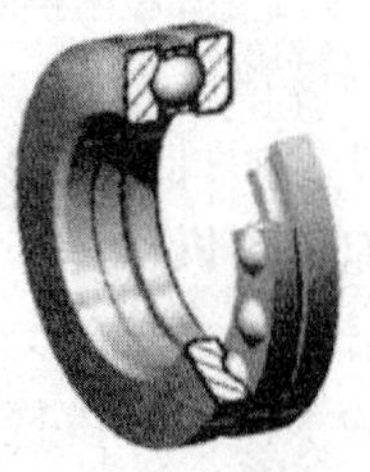
（c）推力球轴承

图 2–15　不同种类的滚动轴承

**知识应用**：滚动轴承的核心部件是什么？

**提示**：效率和承载能力是一对矛盾。滚动轴承效率高，因为滚动比滑动省力。

球轴承因为是点接触，效率最高但承载能力最低；滚子轴承是线接触，效率稍低而承载能力增强；滑动轴承是面接触，因此承载能力最高且传动平稳、噪声小，但动力损失大、效率低，且对润滑要求高。选择轴承时应根据情况，在满足工作要求的情况下，尽量选用效率较高的滚动轴承。

## 第二节　烹饪设备与工程常用材料

以金属为主体的各种材料是设备与工程的基础。烹饪生产的环境和工艺条件复杂多样，所以烹饪设备所使用的材料非常广泛，除各种金属材料外，还有陶瓷、玻璃、木材、石材、石墨、塑料等各种材料。这些材料应用于设备与工程时，需符合包括食品卫生和安全等一般性要求。

### 一、设备对材料的一般性要求

#### （一）安全卫生要求

根据国家食品安全相关法规、标准和良好操作规范（GMP），烹饪设备对材料最基本的要求是与食品物料接触的材料不含有害物质、不因相互作用而产生有害物质或超过食品卫生标准中规定数量而有害于人体健康的物质，更不应因相互作用而产生产品污染，不得产生影响产品气味、色泽和质量的物质，不得对产品加工的工艺过程产生不良影响。

#### （二）机械性能

机械性能包括强度、刚度、硬度等。烹饪设备一般属于轻型机械，大多数零件受力不大。但由于轻型机械整机重量、体积的限制，零部件尺寸要尽量小，且在设定的温度范围内保持不变，所以对材料机械性能的要求比较高。烹饪设备往往需要处理大批量物料，因此在高速运动的构件的选择上，要考虑零件的疲劳强度。如切割机械中，对刀片选用材料的硬度和耐磨性有极高的要求；如烘焙机械的温度高达200℃左右；而冷冻机械的温度低至 –30 ～ –50℃，液氮接触冷冻设备的工作温度更低。这类机械或零部件，就必须综合考虑材料在高、低温下的物理、化学性质和机械性能。

#### （三）物理性能

烹饪设备材料的物理性能包括密度、比热容、导热系数、线膨胀系数、弹性模量、热辐射波普、磁性、表面摩擦特性、抗黏着性以及软化温度等。在不同的使用场合，要求材料有不同的物理性能，如传热装置要求有较高的导热系数；温差大的传动件要求较高温度的线膨胀系数，以保证设计要求的配合性质；食品成形装置的模具要求有好的抗黏着性，以便脱模等。

#### （四）耐腐蚀性能

烹饪设备经常遇到酸、碱等腐蚀性物质。首先，有些食品本身或添加剂就是酸、碱或盐，如醋酸、乳酸、小苏打、食盐等。这些物质对金属材料都有腐蚀作用。其次，有些食品物料本身没有腐蚀性，但是在微生物生长繁殖时会产生带有腐蚀性的代谢物等；再次，食品及其加工过程中用到的洗涤剂，消毒剂与材料相接触，会在机械零件表面或深层形成某些化合物而腐蚀零件；最后，腐蚀不仅造成机器本身的损坏，而且还会直接或间接造成食品的污染。有些金属离子溶出进入食品中，有损食品风味或者破坏食品的营养，影响人体健康。

烹饪设备的耐腐蚀程度取决于材料的化学性质、表面状态、受力状态，以及物料介质的种类、浓度和温度等参数。

#### （五）制造工艺性

材料的制造工艺性指所选用材料加工制造成所需形状和尺寸精度的难易程度。不同材料、形状和精度要求的零件有不同的制造工艺性能。用于与食品接触的表面零部件的材料应有良好的弹性，有对液体的抗渗透性和容易清洗的性能；焊接件的材料要有好的可焊性和切削性能；要求表面具有高硬度的零件，材料要有好的热处理性能；要求涂装的零件要有好的附着性能等。

有些情况下，对于某一具体材料，上述这些性能要求之间可能发生矛盾，一种材料往往难以兼具。此时，可通过复合材料或涂层的方法来解决，发挥不同材料的优点，以满足所需的性能安全。

### 二、金属材料

金属材料是指金属元素或以金属元素为主构成的具有金属特性的材料的统称。烹饪设备主要使用合金材料，合金材料通常分为钢铁、有色金属和特种金属材料。特种金属是指具有特殊性能的材料，一般通过特殊加工或成分设计获得，在烹饪设备中获得典型应用的是形状记忆合金（见第四章烹饪热加工设备），在本部分不再展开介绍。

#### （一）钢铁材料

钢铁是由铁、碳及少量其他元素所组成的合金，也称铁碳合金或黑色金属，是工程技术中最重要、用量最大的金属材料。钢铁种类很多，通常按用途、化学成分或金相组织来大体分类，以牌号命名并有相应标准。使用者可按牌号分辨并选择所需钢材。

国内外常见的编号方法有两种：一种是用国际化学元素符号和本国的符号来表示化学成分，用阿拉伯数字来表示成分含量，如中国、俄罗斯的 12CrNi3A、40Cr 等牌号；另一种是用固定位数数字表示钢类系列，如美国、日本的 200、300、400 等系列。

具体而言，我国的钢铁编号规则主要利用元素符号配合用途、特点用汉语拼音表示，如平炉钢（P）、沸腾钢（F）、镇静钢（Z）、甲类钢（A）、特种钢（T）、滚珠钢（G）等。

合金结构钢、弹簧钢用两位数字表示平均含碳量的万分之几，其后再加上主要的化学元素，如 20CrMnTi 表示合金钢含碳 0.2%，及含有规定含量的 Cr、Mn、Ti 等。

不锈钢、合金工具钢用千分之几表示 C 含量，如 1Cr18Ni9 千分之一表示合金钢含碳 0.1%。

烹饪设备中常用普通钢铁和不锈钢。

1. 普通钢铁

普通钢铁通常是指除不锈钢和特种钢以外的钢和铸铁。普通钢铁材料在耐磨、耐疲劳、耐冲击力以及价格等方面有其独特的优越性，但是耐腐蚀性不好，在大气和水汽条件下容易生锈，更不宜直接接触具有腐蚀性的食品介质。一般烹饪设备中，普通钢铁一般作为不与食品直接接触的机架、传动、动力等零部件。在承受干物料的磨损构件中，钢铁是理想材料，因为铁碳合金通过控制其成分和热处理的程度，可以得到各种耐磨的金相结构。铁元素本身对人体无害，但是会影响食品的色泽，如遇含有单宁的食品，如香蕉、苹果等会促进食物褐变。根据化学成分的不同，钢铁分为碳素钢和铸铁。

（1）碳素钢

①碳素钢是指含碳量小于 1.35%，除了铁、碳外，还有硅、硫、锰、磷等限量内的杂质，不含其他合金元素的钢类。碳素钢的性能主要取决于碳的含量，含碳量增加，钢的强度、硬度升高，塑性、韧性和可焊性降低。

碳素钢按品质可分为普通碳素钢和优质碳素钢。优质碳素钢中硫、磷及其他非金属杂质含量低于 0.035%，普通碳素结构钢表示方法由 GB/T 700—2006 规定。钢的牌号由代表屈服强度的字母、数值、质量等级符号、脱氧方法符号 4 个部分按顺序组成。常用的是钢号是 Q195，Q235，相当于旧标准牌号的 A2、A3 钢。普通碳素钢的化学成分和脱氧方法如表 2–1 所示。

优质碳素结构钢（表 2–2）标准 GB/T 699—2015，牌号用两位数字表示，即是钢中平均含碳量的万分位数，如20钢表示平均含碳量为0.20%的优质碳素钢。

**表2-1　普通碳素钢的化学成分和脱氧方法**

<table>
<tr><th rowspan="2">牌号</th><th rowspan="2">等级</th><th rowspan="2">脱氧方法</th><th colspan="5">化学成分（质量分数%，不大于）</th></tr>
<tr><th>C</th><th>Si</th><th>Mn</th><th>P</th><th>S</th></tr>
<tr><td>Q195</td><td>——</td><td>F、Z</td><td>0.12</td><td>0.30</td><td>0.50</td><td>0.035</td><td>0.040</td></tr>
<tr><td rowspan="4">Q235</td><td>A</td><td rowspan="2">F、Z</td><td>0.22</td><td rowspan="4">0.35</td><td rowspan="4">1.4</td><td rowspan="2">0.045</td><td>0.050</td></tr>
<tr><td>B</td><td>0.22b</td><td>0.045</td></tr>
<tr><td>C</td><td>Z</td><td rowspan="2">0.17</td><td>0.040</td><td>0.040</td></tr>
<tr><td>D</td><td>TZ</td><td>0.035</td><td>0.035</td></tr>
</table>

注：表中0.22b表示经需方同意，Q235B的碳含量可不大于22%。

**表2-2 优质碳素结构钢**

| 牌号 | 含碳量（%） | 特性 | 主要用途 |
|---|---|---|---|
| 08 | 0.05 ~ 0.11 | 极软低碳钢，强度、硬度很低，塑性、韧性极好，冷加工性好，淬透性、淬硬性极差 | 宜轧制成薄板、薄带、冷变型材、冷拉、冷冲压、焊接件、表面硬化件 |
| 10 | 0.07 ~ 0.13 | 强度低（稍高于08#钢），塑性、韧性很好，焊接性优良，无回火脆性。易冷热加工成形、淬透性很差，正火或冷加工后切削性能好 | 宜用冷轧、冷冲、冷镦、冷弯、热轧、热挤压、热镦等工艺成形，制造要求受力不大、韧性高的零件，如摩擦片、深冲器皿、汽车车身、弹体等 |
| 15 | 0.12 ~ 0.18 | 强度、硬度、塑性与10F、10#钢相近。为改善其切削性能需进行正火或水韧处理，适当提高硬度。淬透性、淬硬性低、韧性、焊接性好 | 制造受力不大，形状简单，但韧性要求较高或焊接性能较好的中小结构件、螺钉、螺栓、拉杆、起重钩、焊接容器等 |
| 20 | 0.17 ~ 0.23 | 强度硬度稍高于15F，15#钢，塑性焊接性都好，热轧或正火后韧性好 | 制作不太重要的中小型渗碳、碳氮共渗件、锻压件，如杠杆轴、变速箱变速叉、齿轮，重型机械拉杆、钩环等 |
| 25 | 0.22 ~ 0.29 | 具有一定的强度和硬度，塑性和韧性好。焊接性、冷塑性、加工性较高，被切削性中等、淬透性、淬硬性差。淬火后低温回火后强韧性好，无回火脆性 | 焊接件、热锻、热冲压件渗碳后用作耐磨件 |
| 30 | 0.27 ~ 0.34 | 强度、硬度较高，塑性好、焊接性尚好，可在正火或调质后使用，适于热锻、热轧。被切削性良好 | 用于受力不大，温度低于150℃的低载荷零件，如丝杆、拉杆、轴键、齿轮、轴套筒等，渗碳件表面耐磨性好，可作耐磨件 |

续表

| 牌号 | 含碳量（%） | 特性 | 主要用途 |
| --- | --- | --- | --- |
| 35 | 0.32 ~ 0.39 | 强度适当，塑性较好，冷塑性高，焊接性尚可。冷态下可局部镦粗和拉丝。淬透性低，正火或调质后使用 | 适于制造小截面零件，可承受较大载荷的零件，如曲轴、杠杆、连杆、钩环等，以及各种标准件、紧固件 |
| 40 | 0.37 ~ 0.44 | 强度较高，可切削性良好，冷变形能力中等，焊接性差，无回火脆性，淬透性低，易生水淬裂纹，多在调质或正火态使用，两者综合性能相近，表面淬火后可用于制造承受较大应力件 | 适于制造曲轴心轴、传动轴、活塞杆、连杆、链轮、齿轮等，作焊接件时需先预热，焊后缓冷 |
| 45 | 0.42 ~ 0.50 | 最常用中碳调质钢，综合力学性能良好，淬透性低，水淬时易生裂纹。小型件宜采用调质处理，大型件宜采用正火处理 | 主要用于制造强度高的运动件，如透平机叶轮、压缩机活塞，以及轴、齿轮、齿条、蜗杆等 |
| 50 | 0.47 ~ 0.55 | 高强度中碳结构钢，冷变形能力低，可切削性中等。焊接性差，无回火脆性，淬透性较低，水淬时，易生裂纹。使用状态：正火，淬火后回火，高频表面淬火，适用于在动载荷及冲击作用不大的条件下耐磨性高的机械零件 | 锻造齿轮、拉杆、轧辊、轴摩擦盘、机床主轴、发动机曲轴、农业机械犁铧、重载荷心轴及各种轴类零件等，以及较次要的减振弹簧、弹簧垫圈等 |
| 55 | 0.52 ~ 0.60 | 具有高强度和硬度，塑性和韧性差，被切削性中等，焊接性差，淬透性差，水淬时易淬裂。多在正火或调质处理后使用，适于制造高强度、高弹性、高耐磨性机件 | 齿轮、连杆、轮圈、轮缘、机车轮箍、扁弹簧、热轧轧辊等 |
| 60 | 0.57 ~ 0.65 | 具有高强度、高硬度和高弹性。冷变形时塑性差，可切削性能中等，焊接性不好，淬透性差，水淬易生裂纹，故大型件用正火处理 | 轧辊、轴类、轮箍、弹簧圈、减振弹簧、离合器、钢丝绳 |
| 65 | 0.62 ~ 0.70 | 适当热处理或冷作硬化后具有较高强度与弹性。焊接性不好。易形成裂纹，不宜焊接，可切削性差，冷变形塑性低，淬透性不好，一般采用油淬，大截面件采用水淬油冷，或正火处理。其特点是在相同组态下其疲劳强度可与合金弹簧钢相当 | 宜用于制造截面、形状简单、受力小的扁形或螺形弹簧零件。如汽门弹簧、弹簧环等也宜用于制造高耐磨性零件，如轧辊、曲轴、凸轮及钢丝绳等 |
| 70 | 0.67 ~ 0.75 | 强度和弹性比 65# 钢稍高，其他性能与 65 # 钢近似 | 弹簧、钢丝、钢带、车轮圈等 |
| 75 | 0.72 ~ 0.80 | 性能与 65# 钢、70# 钢相似，但强度较高而弹性路低，其淬透性亦不高。通常在淬火、回火后使用 | 板弹簧、螺旋弹簧、抗磨损零件、较低速车轮等 |
| 80 | 0.77 ~ 0.85 | | |
| 85 | 0.82 ~ 0.90 | 含碳量最高的高碳结构钢，强度、硬度比其他高碳钢高，但弹性略低，其他性能与 65# 钢，70# 钢，75# 钢，80# 钢相近似。淬透性仍然不高 | 铁道车辆、扁形板弹簧、圆形螺旋弹簧、钢丝钢带等 |

锰能改善钢的淬透性，强化铁素体，提高钢的屈服强度、抗拉强度和耐磨性。根据含锰量的不同，优质碳素结构钢又可分为普通含锰量（0.25% ~ 0.8%）和较高含锰量（0.7% ~ 1.0% 和 0.9% ~ 1.2%）两种钢。通常在含锰高的钢的牌号后附加标记“Mn”，如 16Mn、65Mn，以区别于正常含锰量的碳素钢。

②合金钢是在普通碳素钢的基础上，根据性能需求添加适量的一种或多种合金元素而构成的铁碳合金。常添加的金属元素如铬、镍、钼、钛、铌等，有的还添加硼、氮等非金属元素。

合金钢种类很多，按合金含量可分为低合金钢（含量<5%）、中合金钢（含量 5% ~ 10%）、高合金钢（含量 >10%）；按质量可分为优质合金钢和特质合金钢；按特性和用途分为合金结构钢、不锈钢、耐酸钢、耐磨钢、耐热钢、合金工具钢、滚动轴承钢、合金弹簧钢和特殊性能钢（如软磁钢、永磁钢、无磁钢）等。

（2）铸铁

铸铁是指含碳量在 2% 以上的铁碳合金。工业用铸铁一般含碳量为 2% ~ 4%。碳在铸铁中多以石墨形式存在，有时也以渗碳形态存在。除碳外，铸铁中还含有 1% ~ 3% 的硅，以及锰、磷、硫等元素。合金铸铁还含有镍、铬、钼、铝、铜、硼、钒等元素。铸铁种类见表 2–3。

**表 2–3 铸铁的种类**

| 名称 | 由来和碳形式 | 特性 | 用途 | 代号 |
|---|---|---|---|---|
| 灰口铸铁 | 片状石墨存在，断口灰色 | 抗压强度和硬度接近碳素钢，耐磨性和减震性好 | 用于机座、压辊以及其他要求耐震动、耐磨损的地方 | HT+ 最低抗拉强度值（MPa），如 HT200 |
| 白口铸铁 | 渗碳体存在，断口银白色 | 硬度高、脆性大、不能承受冷加工 | 用作可锻铸铁的胚件和制作耐磨损的零部件 | |
| 可锻铸铁 | 白口铸铁石墨化退火后获得，分为铁素体基（H）或珠光体基（Z）两种 | 耐磨损、有良好的塑性和韧性，但不可以锻造 | 用作形状复杂、能承受强动载荷的零件，如棘轮、曲轴、连杆等 | KT+ 最低抗拉强度（MPa）+ 延伸率（%），如 KTH350-10，KTZ650-02 |
| 球墨铸铁 | 灰口铸铁的石墨球化后获得 | 较高的强度、韧性和塑性 | 用于制造内燃机、汽车零部件等 | QT+ 最低抗拉强度（MPa），如 QT500 |
| 蠕墨铸铁 | 灰口铸铁蠕化后获得 | 力学性能与球墨铸铁相近，铸造性能介于灰口铸铁与球墨铸铁之间 | 用于制造汽车零部件等 | RuT+ 最低抗拉强度（MPa），如 RuT400 |
| 合金铸铁 | 普通铸铁加入合金元素获得 | 具有相应的耐热、耐磨、耐腐蚀、耐低温或无磁特性 | 用于制造化工机械和仪器、仪表的零部件 | |

2. 不锈钢

通常，将耐中弱腐蚀介质的钢称为不锈钢，而将耐化学介质腐蚀的钢称为耐酸钢。一般不锈钢含碳量 <0.08%，含铬量必须大于 12%，因为不锈钢的耐腐蚀性与铬含量密切相关。

不锈钢的分类方法很多。按室温下的组织结构分类，不锈钢分为奥氏体、铁素体、马氏体、双相不锈钢和沉淀硬化不锈钢；按化学成分和晶体结构分类，不锈钢有铬—锰—镍奥氏体不锈钢、马氏体耐热铬合金钢、马氏体沉淀硬性不锈钢、铬不锈钢和铬镍不锈钢等。烹饪设备中最常用铁—铬系不锈钢和镍铬系不锈钢。

（1）铬系不锈钢

铬系不锈钢（对应日、美牌号的 400 系列，见表 2–4），从组织成分上分为铁素体和马氏体，二者都是以铁—铬为基本成分，但在比例上有所不同，具有磁性。

①铁素体分为低 Cr 和高 Cr 两种。一般低 Cr 的含铬量在 17% 以下，耐腐蚀性能较差，硬度较低，但退火后有极好的塑性，不会因热处理而硬化，焊接性能好。

高 Cr 的含铬量在 17% ~ 28%，含碳量在 0.15% 以下。机械性能好，强度高，随着含铬量的增加，耐腐蚀性和热稳定性也增强。但脆性大，不适于冲击载荷，且不适于焊接，故应用于完全不需要焊接的零件较好。

②马氏体，理论上马氏体的含碳量超过 0.15%，但实际上一般都超过 0.2%。耐腐蚀性高，特别是淬火后磨光性能好，具有高强度和高冲击韧性，切削加工和压力加工性能也好，但焊接性能不好。

表 2–4　典型的 400 系列不锈钢

| 代号 | 特性 | 典型应用 |
|---|---|---|
| 409 | 最便宜 | 汽车排气管 |
| 410 | 具有良好的耐腐蚀性和机械加工性 | 刃类、阀门类、餐具 |
| 416 | 易切性能较好 | 电磁阀、微特电机和电气元件 |
| 420 | 硬度高，耐磨性性好，表明光亮 | 外科手术刀具 |
| 430 | 良好的成形性，耐温性和抗腐蚀性较差 | 汽车饰品 |
| 440 | 最硬的不锈钢 | 剃须刀片 |

（2）铬镍系不锈钢

该系列不锈钢又称为镍铬钢（对应美、日牌号的 300 系列，见表 2–5），不锈钢加入镍，能够促进形成奥氏体晶体结构，从而改善可塑性、可焊接性和韧性等，其耐腐蚀性优于前述的低 Cr 不锈钢，与高 Cr 不锈钢相当。其产量和用量约占不锈钢总量的 80%，钢号最多。烹饪设备中最为广泛使用的是 1Cr18Ni9，有时简称 18/8 钢。常温时结构为奥氏体，没有磁性，热膨胀系数大，导热系数低。

表 2–5 典型的 300 系列不锈钢

| 名称 | 特性 | 典型应用 |
|---|---|---|
| 301 | 延展性好，焊接性好，抗磨性和疲劳强度优 | 列车、航空器、传送带、车辆、螺栓 |
| 302 | 对强氧化性酸具有优越的抗腐蚀性能，对碱性溶液及大部分有机酸和无机酸都有一定的抗腐蚀性。在焊接后耐腐蚀性能有所降低，强度高于 304，历史最悠久 | 用于制造各种要求不高的结构件及非磁性部件 |
| 303 | 添加了少量硫、磷，更易切削加工 | 各种车床件 |
| 304 | 耐腐蚀性好，应用最广泛 | 制造深冲成形零件、输酸管道、储罐和储酸容器，大量用于烹饪设备工程中 |
| 309 | 有更好的耐温性 | 锅炉、化工等行业 |
| 316 | 添加了钼，能抗氯腐蚀，应用较为广泛 | 食品、钟表、制药和外科手术行业 |
| 321 | 添加了钛，降低焊缝腐蚀，其他同 304 | 制造耐酸容器和耐酸设备衬里、输送管道，也大量用于烹饪设备工程中 |
| 347 | 添加了铌，增加了安定性 | 航空器焊接件和化学设备 |

（3）其他类型不锈钢

①奥氏体、铁素体双相不锈钢（200 系列）：铬—锰—镍不锈钢，奥氏体和铁素体组织约各占一半，含碳量较低，含镍量也较低，兼具奥氏体和铁素体不锈钢的特点。

与铁素体相比，塑性、韧性更高，无室温脆性。与奥氏体不锈饮相比，强度高，且耐氯化物应力腐蚀有明显提高。

②马氏体不锈钢（500 系列）耐热铬合金钢，该不锈钢因含碳较高，基体以马氏体为主，常用牌号为 1Gr13、3Cr13 等，有较高的强度、硬度和耐磨性，但耐腐蚀较差，用于力学性能较高、耐腐蚀性能一般的零件，如弹簧、汽轮机叶片、水压机阀以及食品机械中的刃具、粉碎机刀片等。

③沉淀硬化型不锈钢（600 系列）：基体以奥氏体或以马氏体为主，常用牌号有 630，含 17%Cr 和 4%Ni，通常也叫 17–4 钢。

（4）不锈钢的特点

①不锈钢抗锈及耐腐蚀性强，对液体有良好的抗渗透性，不产生有损于产品风味的金属离子，无毒性。

②不锈钢还可以得到理想的表面粗糙度，表面能抛光处理，美观易于清洁，能很好地满足食品卫生的要求。

③不锈钢加工性能与焊接性能良好，易于拉伸，易于弯曲呈现。

④不锈钢种类较多，选择性较好，可以满足食品机械的多种需要。

所以不锈钢是烹饪设备中与食品接触表面的首选材料，也常用于设备外部防护与装饰，以保持设备外形良好的卫生状况。不锈钢的主要性能如表 2-6。

表 2-6　几种不锈钢的主要性能

| 分类 | 主要成分（%） | | | 导热性 | 耐腐蚀性 | 加工性 | 可焊性 | 磁性 |
|---|---|---|---|---|---|---|---|---|
| | Cr | Ni | C | | | | | |
| 奥氏体 | >16 | >7 | <0.25 | 差 | 优 | 优 | 优 | 无 |
| 铁素体 | 16 ~ 27 | — | <0.35 | 好 | 良 | 良 | 可 | 有 |
| 马氏体 | 11 ~ 15 | — | <1.2 | 好 | 可 | 可 | 不可 | 有 |

铁素体型和马氏体型不锈钢具有较高的韧性与冷变能力，并有良好的塑性、焊接性、抗氧化性和加工性，是制造厨房不锈钢设备的常用钢种，如橱柜、案台、洗槽、烟罩、灶台等。其中 9Cr18Mn 属于马氏体型不锈钢，常用来制造餐刀、切肉刀等刀具，具有良好的切削性、耐磨性和很高的硬度。

奥氏体型和沉淀硬化型不锈钢是目前生产不锈钢烹饪器具使用最多的钢种，尤其是高级餐具，常用材料如 1Cr18Ni9、1Cr18NiTi、1Cr18Mn8Ni5N 等，它们都具有很好的耐腐蚀性、防污染性、韧性、抛光性和较高的强度，即使在 800 ~ 850℃温度下仍保持上述良好特性。铁素体、马氏体、奥氏体、奥氏体铁素体双相不锈钢及沉淀硬化不锈钢这五类产品中只有奥氏体和一部分沉淀硬化不锈钢是无磁的，所以当用吸铁石敲击时，有抗拒吸铁石的能力。剩余类型的则是有磁性的，因此完全可以用吸铁石吸住。

GB 16798—1997《食品机械安全卫生》推荐采用 GB/T 3280—2015 中规定的 0Gr18Ni9 等牌号不锈钢或与上述材料性能相近似的不锈钢。食品用不锈钢管与配件应符合 QB/T 2467—2008、QB/T 2468—2008 的相关规定。我国颁布的不锈钢食具容器卫生标准（GB 9684—88）规定了：各种存放食品的容器和食品加工机械应选用奥氏体型不锈钢（1Cr18Ni9Ti，0Cr19Ni9，1Cr18Ni9）；而各种餐具应选用马氏体型不锈钢（0Cr13，1Cr13，2Cr13，3Cr13）。

### （二）有色金属

有色金属通常是指除去铁（有时也除去锰和铬）和铁基合金以外的所有金

属。有色金属可分为重金属（如铜、铅、锌）、轻金属（如铝、镁）、贵金属（如金、铂）及稀有金属（如钨、钼、锗等）。烹饪设备中常用的为铜与铜合金以及铝与铝合金。

1. 铜和铜合金

（1）纯铜

纯铜呈紫红色，又称为紫铜，特点是导热系数特别高，常被用作导热材料，制作各种换热器。还有较好的冷压及热压加工性能，用弯管器可以弯各种角度，最适宜制造燃气管路。对食品具有很高的抗腐蚀性能，能抗大气和淡水的腐蚀，对中性溶液及流速不大的海水都具有抗腐蚀性能。对于一些有机化合物，如醋酸、柠檬酸、草酸和甲醇、乙醇等醇类，紫铜都有好的抗腐蚀稳定性。紫铜还易于保持表面光洁和清洁卫生，故铜材在烹饪设备中得到广泛应用，如蒸煮锅、蒸汽器、蒸发管、螺旋管等。

但是，紫铜的铸造性能不好，不用作铸件。紫铜不耐无机酸和硫化物腐蚀，故在介质中存在氨、氯化物及硫化氢时，不宜选用紫铜。铜质设备和容器不适于加工和保存乳制品，当乳或乳制品中含铜量达 $1.5\times10^{-3}$mg/L 时，奶油会很快酸败，加热时也会加强氧化。铜对维生素 C 也有影响，极少量的铜也会使维生素 C 很快分解，故处理富含维生素 C 的蔬菜汁和水果汁时，忌用铜制设备。

（2）铜合金

铜合金有黄铜、青铜和白铜三大类。

青铜是在铜中加入锡、铅、铝、硅等以调整其性能。烹饪设备中主要用锡青铜，但含有铅的青铜不允许与食品直接接触。

青铜中的锡青铜铸造性好，容积收缩率小，一般在大气中腐蚀速度很慢，但在无机酸中不耐腐蚀。

青铜中的铝青铜在大气中和碳酸溶液以及大多数有机酸（醋酸、柠檬酸、乳酸等）中有高耐腐蚀稳定性。铝青铜中如加入铁、锰、镍等成分，可影响合金的工艺性和机械性能，但对耐腐蚀性影响不大。铝青铜的浇铸性好，但是收缩率大。铝青铜不易焊接。

黄铜是由铜和锌组成的合金，称为普通黄铜。在此基础上加入其他元素，如锰、镍等，就称为特殊黄铜。黄铜具有较强的耐磨性能，常用来制造各种阀门、喷嘴及其他小零件。

白铜是以镍为主要添加元素的铜基合金，呈银白色，有金属光泽，故名白铜，主要用于晶体壳体、电位器用滑动片、医疗器械等。

2. 铝和铝合金

（1）铝

铝是一种银白色或灰白色轻金属。工业纯铝是指纯度在 99% 以上的铝，俗称“熟铝”或“钢精”，而“生铝”一般指含较多杂质的铸铝。密度小，导热系数高，具有良好的冷冲压和热冲压性，焊接性好，纯铝机械性低，在强度要求不高的炊具、容器、热交换器及冷冻设备中应用很广，允许工作温度 150℃以下。

铝不是人体的必需元素，人体缺乏铝时，不会给人体带来什么损害，反之，铝盐能致人体中毒。铝制烹饪器具一般是安全无毒的。因为用于制造食品器具的铝制材料都有严格的规定，其含铅、镉、砷等成分不得超过 0.01%。铝在空气中氧化成 $Al_2O_3$ 薄膜，白色无毒，耐腐蚀性能较纯铝高出许多，也不影响食品品质。所以铝和铝合金在 $Al_2O_3$ 薄膜作用下，在许多浓度不高的有机酸（如醋酸、柠檬酸、酒石酸、苹果酸、葡萄糖酸、脂肪酸等）以及在酸性的水果汁、葡萄酒中腐蚀性不显著，但草酸和蚁酸例外。$Al_2O_3$ 膜在草酸和蚁酸、无机酸及碱性溶液中被迅速破坏。一般来说，铝制烹饪器具如果用来盛水基本不溶出铝。熟铝锅用来做米饭和烧水时溶出铝的分量也是极微小的。

铝的耐腐蚀稳定性决定于其成分中的杂质含量及表面粗糙度。同时，在热加工中，退火铝比压延铝较少受到腐蚀。在酸性条件下，铝制品铝的溶出量会随酸度的增高而逐渐增多。温度也是影响铝溶出的重要因素，用铝锅在高温下长时间加热食物也会使铝溶出。此外铝制品直接接触食盐后会有明显的腐蚀的现象。在各种铝制品中，以铸铝（生铝）制品铝溶出量最多，熟铝（精铝）较低，而合金铝几乎无溶出。因此为了防止铝制器具对人体健康造成的危害，铸铝锅最好只用于蒸食品或贮存干食品，熟铝锅可用来盛水或蒸食品，煮饭、煮粥可用高压合金铝锅或不锈钢锅。由于铝制炊具，质轻软，易刮伤，能与糖、盐、酸、碱、酒等发生缓慢的化学反应而溢出较多的铝元素，从而增加了人们摄入铝元素的机会。因此用铝制炊具盛放盐、酸、碱类食物的时间不要过久。

（2）铝合金

烹饪设备中的铝合金主要有成形铸造铝合金及压力加工铝合金两类，主要用于形状复杂的、具有产品接触表面的零部件。

成形铸造铝合金用来制造批量较大的小型食品机械的机身，可以得到良好的造型和光洁美观的表面。较多使用的压力加工铝合金为硬铝，强度高，加工性好，焊接时要采用惰性气体保护。

防锈铝中含有镁、锰或铬等成分，具有较高的耐腐蚀性。经过退火或时效处理的防锈铝塑性好，焊接性好，疲劳强度较高。在对耐腐蚀性和强度要求不太高的烹饪设备中可以使用防锈铝，以代替价格贵的不锈钢。

烹饪设备中的铝铸件可采用不含铜的硅铝合金，铸造性好，并具有较高的耐腐蚀性，用作下水口组件，经济耐用。

## 三、非金属材料

### （一）非合成材料

所谓非合成材料，一般指天然材料及其制品，一般无毒无害，成本较低。

1. 木材

木材的种类很多，具有耐酸、加工性能好、轻便等性质，既可以制造容器，也可以作为各种机械的支撑结构。目前主要用作分割原料的硬木砧板和酿酒生产中的储酒容器（橡木桶）。

2. 石墨和陶瓷

石墨和陶瓷具有惰性，耐刮伤，无渗透性、无毒性、无溶解性，并能在特定工作条件下，在清洗和杀菌过程中，承受住周围环境和介质的作用而不改变其固有形态。常用于密封和润滑等。

3. 金刚砂制品

金刚砂制品的硬度介于刚玉和金刚石之间，是机械行业的模具磨料，在烹饪设备中也用作模具材料，如在碾米机中用作碾辊材料，在大豆磨浆机中用作磨盘材料。当金刚砂的粒度配比和黏结材料改变时，可以得到不同性质的表面状态。金刚砂的另一特点是具有自锐性，可以在工作时保持表面特征。缺点是性脆，不耐冲击。

4. 橡胶

一种橡胶是天然橡胶树、橡胶草等植物中提取胶质后加工制成，属于柔性、弹性、绝缘性、不透水和空气及表面滞涩性均较好的材料。用在烹饪设备中常作为密封、传动或减震减冲击的材料。直接接触食品的构件的橡胶，必须是食品级无毒橡胶。

还有一种合成橡胶，由各种单体经聚合反应得到。橡胶除了作为传动带、传送带、密封件、隔振器之外，在碾米工业中大量用于脱壳机胶辊，由于连续不断的磨损，每年消耗量巨大。

5. 玻璃钢

玻璃钢即纤维强化塑料，一般指用玻璃纤维增强不饱和聚酯、环氧树脂与酚醛树脂基体。由于所使用的树脂品种不同，因此有聚酯玻璃钢、环氧玻璃钢、酚醛玻璃钢之分，质轻而硬，不导电，机械强度高，耐腐蚀。可以代替钢材用于冷却水设备、食品储罐、冷库材料和轻型烹饪设备的防护罩等。

### （二）合成材料

多种合成材料具有高度的化学稳定性，相对密度小，不生锈，容易成形，无毒，选择性大，如聚乙烯、聚丙烯、聚苯乙烯、聚四氟乙烯等。这些材料的许多优越性是不锈钢和其他金属所不具备的。

1. 概述

（1）种类

根据理化性质，合成材料可分为硬塑料和软塑料，根据热反应和成形方法分为热塑性和热固性两类。

（2）优点

与传统烹饪设备的构件材料相比，合成材料有以下优点：

①加工性能好（可注塑、压塑、切削、焊接等）；

②良好的化学稳定性（对水、海水、酸、碱、辐射等）；

③相对密度比金属小很多（如制成泡沫体更小），平均密度为金属的1/5 ~ 1/8；

④有良好的吸震消音和隔热性能；

⑤光学特性好，有些有一定透明度，表面光泽，并可加入各种色彩；

⑥机械性能好；

⑦电阻极大。

2. 尼龙

尼龙（Nylon）学名聚酰胺（polyamide，PA），是一种热塑性材料。与一般合成材料相比，尼龙具有强韧、耐磨、相对密度小、耐化学品、无毒、相对耐热耐湿、有自润滑性能、运转无噪声、易染色等优点。

尼龙本身有相当好的强度，如加入 30% 的玻璃纤维，则其抗拉强度可提高 2 ~ 3 倍，抗压强度提高 1.5 倍，本来较高的抗冲击强度也可以得到进一步提高。尼龙的缺点是由于热膨胀性和吸水性导致尺寸变化，不耐强酸，不耐氧化剂，在光照下易老化，故一般不作耐酸材料使用。尼龙的韧性随分子质量、结晶结构、制品设计和吸湿量而变。

尼龙零件具有自润滑性能，能在无油润滑条件下工作。无油润滑的摩擦系数通常为 0.1 ~ 0.3，是酚醛树脂的 1/4，是巴氏合金的 1/3。油润滑时，摩擦系数更小，但水润滑时，摩擦系数增大。尼龙的耐磨特性可因加入二硫化钼或石墨而得到改善。尼龙 1010 的耐磨程度为铜的 8 倍，但相对密度只有铜的 1/7。

尼龙的工作温度可达 100℃左右，因此在一般的食品常压蒸煮设备中可用。在一般设备中，尼龙可制造的零件极其广泛，如轴承、齿轮、辊轴、滑轮、泵叶轮、风机叶片、涡轮、密封件、垫片、传动带、管件、凸轮、衬套等。

3. 聚烯烃

最常见的聚烯烃有聚乙烯（PE）、聚丙烯（PP）、聚苯乙烯（PS）等。

（1）聚乙烯

聚乙烯可耐一般酸碱及有机溶剂，但不耐具有氧化性质的酸侵蚀。可制成薄膜，广泛用作包装材料。

超高分子质量的聚乙烯是塑料中吸收能量最高的一种，具有高抗冲击能力和耐磨性，可代替部分皮革、木材、硬塑料及金属材料，常用来制作机器上要求耐磨、耐冲击的零件。低压聚乙烯还可用作容器设备的涂层衬里。

（2）聚丙烯

聚丙烯比聚乙烯相对密度小，透明度更高，是价廉广用树脂中耐温最高的，可以在100℃条件下连续使用，断续使用耐温可达120℃，无负荷使用耐温可达150℃。

聚丙烯的特点是易受光、热和氧化作用而老化，但添加稳定剂后可得到改善。由于价廉和耐热性能，聚丙烯大量用于食品包装和食品的蒸煮加热容器，也可用作荷重包装及各种机器零件的材料。

（3）聚苯乙烯

具有透明、价廉、刚性、绝缘、印刷性好等优点，可做各种零件。由于它可以加入发泡剂做成泡沫塑料，因此在食品工业中可以用来制作冷冻绝缘层，每立方米仅重16kg。

改性聚苯乙烯即ABS工程塑料，无毒、无臭、坚韧、质硬、刚性好，在低温条件下抗冲击，机械性能较好，使用温度范围大（–40 ~ 100℃），应用广泛。

4. 聚碳酸酯

聚碳酸酯（PC）具有优良的工程性能，密度为1.2kg/m$^3$，本色微黄、透明或半透明，着色性好，不易老化。

聚碳酸酯的重要机械特性是刚而韧，无缺口冲击强度在热塑性塑料中名列前茅。聚碳酸酯的成形零件可达到很小的公差，并在很大的温度范围内保持尺寸稳定性，成形收缩率很多为0.5% ~ 0.7%，线膨胀系数低。最高使用温度可达135℃（干），热变形温度为135 ~ 143℃，当使用玻璃纤维增强后，热变形温度可提高到150 ~ 160℃。

聚碳酸酯的缺点是具有一定的吸湿性。室温空气吸湿0.15%，室温水中吸湿0.35%，沸水中吸湿0.58%。聚碳酸酯在60℃以上水中会因开裂而失去韧性，在水蒸气中反复蒸煮将导致其物理机械性能显著下降。

由于以上特性，聚碳酸酯在烹饪设备中常用来制作需要承受冲击载荷的食品模具和托盘，具有良好的使用性能。例如，各种冲压模和成形模等，还可以用来制作其他各种饮料器具、容器、离心分离管、泵叶轮等。

5. 氟塑料

氟塑料是各种含氟塑料的总称，包括聚四氟乙烯、聚三氟氯乙烯、乙烯—四氟乙烯共聚物以及全氟烃等。

（1）聚四氟乙烯

聚四氟乙烯（PTFE，F4）是氟塑料中最重要的一种，它呈乳白色蜡状，不亲水，光滑不沾，摩擦特性像冰，外观似聚乙烯但相对密度大（2.2），是塑料中相对密度最大者，有良好的耐热性及极好的化学稳定性，能耐王水侵蚀，所以有“塑料王”之称。

聚四氟乙烯的摩擦系数极低，且不受润滑剂的影响，可以自润滑，载荷越大则静摩擦系数反而越小。聚四氟乙烯允许的工作温度范围很大，最高连续使用温度可高达260℃，最低工作温度可达-260℃，在液氢中也不发脆。有关资料介绍加热到415℃以上，聚四氟乙烯可分解出有毒气体，不过在一般工作条件下是绝对无毒的，对食品十分安全。

在许多烹饪加工过程中，物料常常容易黏结在机器的工作表面而影响制品的质量和操作过程，采用聚四氟乙烯作为与物料接触工作构件的表面，则可有效地避免黏结。用作食品成形模具的材料，有较理想的脱模效果。

（2）聚三氟氯乙烯

聚三氟氯乙烯（PCTFE，F3）同样具有抗黏结和化学稳定的性能，与聚四氟乙烯相比，相对密度相似，摩擦系数大（对钢材为0.3 ~ 0.4），硬度大，耐热性稍差，长期使用温度-200 ~ 200℃。

聚三氟氯乙烯比聚四氟乙烯容易成形，可以注塑，但要求较高的加工温度和压力，也可以涂覆。F3和F4在烹饪设备中的用途相似，且可制造比F4形状复杂的制品。

6. 有机硅

有机硅材料是一组功能独特、性能优异的化工新材料，具有耐低/高温、耐老化、耐化学腐蚀性、绝缘、不燃、无毒等性能，产品种类繁多，按其基本形态分为四大类，即硅油、硅橡胶、硅树脂和硅烷。对烹饪设备来说最重要的是硅油和硅橡胶。

有机硅油有许多种，耐热温度不一样。硅油不燃，热稳定性高，在-40 ~ 150℃温度范围内，硅油的黏度与温度的关系曲线呈平缓的倾斜线，黏结随温度的变化很小，因此可用作-60 ~ 250℃温度的润滑剂。

硅橡胶适于在食品的冷处理条件下工作，用来作密封件和垫圈等构件。硅橡胶的抗粘特性极有利于作为食品输送带的防粘层，也可以用于其他需要防粘的部件。

# 第三节　电气基础知识

## 一、低压电器

### （一）概述

1. 概念

低压电器包括配电电器和控制电器两大类，他们是组成机电设备的基础元件。本节主要简单了解控制电器。

所谓低压电器，即根据使用要求及控制信号，通过一个或多个器件组合，能手动或自动分合直流在 1500V 和交流在 1200V 以下的电路，以实现对电路中被控制对象的调节、变换、检测、保护等作用。

2. 分类

低压电器的分类方法很多，本节按电气传动控制系统的作用进行分类。

①低压断路器（俗称自动空气开关），有框架式（万能式）低压断路器、装置式（塑壳式）低压断路器、模数化小型低压断路器、智能化断路器等类型。

②接触器，有交流接触器、直流接触器、切换电容器接触器、真空接触器、智能化接触器等类型。

③刀开关（隔离器）、转换开关，分为单极、三极、多极等形式，并有多种安装形式。

④熔断器，有插入式熔断器、螺旋式熔断器、填料密封式熔断器、无填料密封式熔断器、快速熔断器、自复熔断器等类型。

⑤主令电器，包括按钮、指示灯、微动开关、接近开关、行程开关、主令控制器、转换开关等。

⑥继电器，有电磁式、电子式、双金属片式、热继电器、温度继电器、时间继电器、可编程控制继电器、特种继电器等。

⑦执行电器，如电磁铁、电磁阀、电磁离合器、电磁抱闸等。

⑧电器安装附件，包括各种工业用插头插座、端子排、母线排、接线端子、连接器、连接导线等。

⑨成套电器，主要有低压控制屏（柜）、低压配电屏（柜）、动力配电箱（柜）、照明配电（柜）四大类。

⑩电工仪表，如电流表、电压表、功率表、智能仪表等。

### （二）典型低压电器简介

1. 自动空气开关

自动空气开关又称自动空气断路器，是低压配电网络和电力拖动系统中非常重要的一种电器，它集控制和多种保护功能于一身。除了能完成接触和分断电路外，尚能对电路或电气设备发生的短路、严重过载及欠电压等状况进行保护，同时也可以用于不频繁地启动电动机。自动空气开关具有操作安全、使用方便、工作可靠、安装简单、动作后（如短路故障排除后）不需要更换元件（如熔体）等优点。因此，在工业、住宅等方面获得广泛应用。

2. 按钮

按钮是用来接通或断开控制电路的手动开关，属于发送主令电器，它的触点额定电流较小，不能接入大电流的主电路中，只能接在控制电路上。

3. 交流接触器

交流接触器利用电磁力使触点闭合或断开，从而达到接通或断开主电路的目的，它可实现远距离控制，具有失压保护的功能，因而在自动控制电路中获得广泛应用。

交流接触器的触点分主触点和辅助触点，主触点用来通断大电流的主电路，辅助触点用来通断小电流的控制电路。

4. 压力继电器

图 2–16 是一种压力继电器的结构简图。润滑油是经入油口而进入油管，施压于橡皮膜的。当油管内的压力达到某一定值时，橡皮膜便受力向上凸起，推动滑杆向上，压合微动开关，借其触点给出相应的控制信号。调节弹簧上的螺帽，就可改变动作压力的数值，以适应控制的需要。

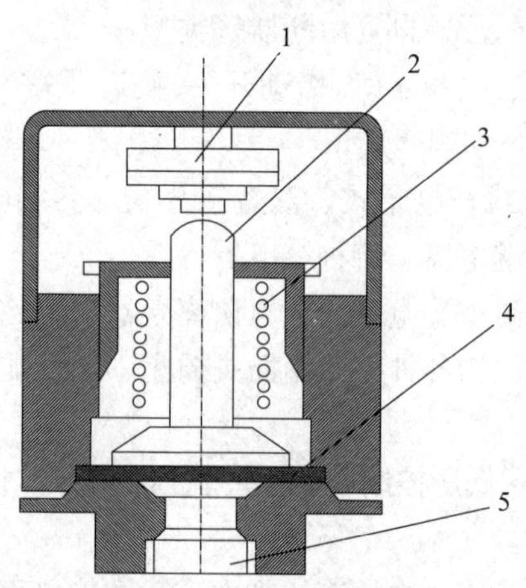


**图 2–16　压力继电器**

1—微动开关　2—滑杆　3—弹簧　4—橡皮膜　5—入油口

压力继电器是一种应用在流体管路上非常方便的控制电器，比如在厨房的蒸箱内，当蒸箱内蒸汽压力过大时，为防止发生意外，可利用压力继电器自动切断供热电路。

**提示：**对于低压电器的介绍，本书的相关章节仍有所涉及，如第三章的第四节等。

**知识应用：**根据压力继电器的原理，设计一个能够在发生火灾时自动启动水泵的控制系统原理简图。

## 二、电气伤害事故的种类及安全措施

### （一）电流伤害事故

电流伤害事故的主要形式可分为电击和电伤两大类。

1. 电击

电击（通称触电）是电流通过人体内部，破坏人的心脏、肺部以及神经系统，直至危及人的生命。人体触及带电导线、漏电设备的外壳和其他带电体，以及雷击或电容器放电，都可能导致电击。

对低压系统而言，在通电电流较小、通电时间不长的情况下，电流引起人的心室颤动是电击致死的主要原因；在触电时间较长、触电电流更小的情况下，窒息也会成为电击致死的原因。

常见的触电形式有单相触电、两相触电和跨步电压触电三种。

（1）单相触电

人站在地上或接地物上，而人的某一部分又接触一根相线，电流从相线流经人体到地，这是最常见的触电形式。

（2）两相触电

人体的不同部位同时接触两根相线，这时加在人体的电压为380V的线电压，极其危险。

（3）跨步电压触电

电力线（特别是高压电力线）落地后，当人走近接地点附近时，两脚站在不同的地点，而使两脚之间形成跨步电压，这种情况是很危险的。

2. 电伤

电伤是指由电流的热效应、化学效应或机械效应造成的伤害，直接原因是电能转化为其他形式的能量对人体产生的伤害。电伤多见于肌体外部，而且往往在肌体上留下伤痕，属于局部伤害。常见的电伤有电弧烧伤、电烙印等。

电弧烧伤是最常见也是最严重的电伤。在低压系统中，带电负荷（特别是感性负载）拉开裸露的刀闸开关时，产生的电弧可能烧伤人的手部和面部；线路短路，跌落式熔断器的熔丝熔断时，炽热的金属微粒飞溅出来也可能造成灼伤；错误操作引起短路也可能导致电弧烧伤人体等。在高压系统中，由于错误操作会产生强烈电弧，把人严重烧伤；人体过分接近带电体，其间距小于放电距离时，会直接产生强烈电弧对人放电，人被击后当时离开，虽不一定因电击致死，但也可能被电弧烧伤而死亡。

电烙印也是电伤的一种，当通过电流的导体长期接触人体时，由于电流的化学效应或机械效应的作用，在接触部位，人体的皮肤会变质，形成肿块，如同烙印一般，称作电烙印。此外，金属微粒因某种化学原因渗入皮肤，可使皮肤变得粗糙而坚硬，导致皮肤金属化，形成所谓“皮肤金属”。电烙印和皮肤金属化都会对人体造成局部伤害。此外，还有电弧的辐射线会伤害眼睛等。

3. 安全措施

安全措施主要是接地和接零。电气设备的金属外壳，正常情况下是不带电的，当因电气设备绝缘损伤、老化或过压击穿等原因使外壳带上了电，若此时人体接触到外壳时，就有发生触电的危险，为防止此类事故，要对电气设备的外壳进行保护接地或保护接零。

（1）保护接地

即将电气设备的外壳用导线同大地连接起来。与大地连接的接地装置是由埋入地下的金属接地体和引线组成，接地电阻要求不大于4Ω。保护接地只用于中性点不接地的三相电力系统。

即使电气外壳带电被人触及，因人体电阻远大于设备的接地电阻，漏电流绝大部分通过接地体，从而避免人体触电。若不接保护接地，当外壳带电时，由于线路与大地间存在的分布电容，电流通过人体，发生触电事故。

（2）保护接零

即将设备的外壳与供电系统的中性线（零线）接起来，此法适用于中性点接地的三相四线制供电系统。

当机壳带电时，即产生很大的短路电流而使保护装置（空气自动开关，熔断器）迅速工作切断电源，保证人身和设备安全。

（3）重复接地

每隔一定的距离，就将零线接地。这种方式安全可靠，是三相四线制供电系统中较好的保护法。

**提示：**在同一台变压器供电系统中，绝不允许有的电气设备采用保护接零，而有的电气设备采用保护接地。否则接地的设备漏电时，接零的设备外壳将有较高的对地电压，人体触及将有危险。

### （二）电磁场伤害事故

1. 电磁场伤害

专家研究认为，空间电磁波可以通过人体皮肤及其他器官，汇集于大脑，干扰人们的植物神经和中枢神经，从而影响人们大脑接收外界信号，使人产生神情烦躁、恐慌、心律紊乱等不正常的生理现象，导致多种疾病。

国外有医学文献记载，经常工作于高频装置附近的人员，会出现精神疲倦、手抖、头痛、失眠等现象，要在工作结束很长时间后上述症状才能消除，身体才能恢复，所以高频电磁场对人体有影响。

2. 对于电磁场伤害事故的防护

主要采取屏蔽与接地的方法。比如在微波炉上，就将两种方法进行了综合。

**提示：**对于微波炉的电磁场防泄漏措施，可参看本书第四章和第五节的相关内容。

### （三）雷击事故

1. 雷击伤害

雷击是一种自然灾害，强大的雷电流通过被击物体时，产生大量的热量，使物体遭到破坏。

（1）对人体的伤害

人体遭到雷击时，会立即引起心脏纤维性颤动，导致死亡或者人体组织受到严重破坏，雷击触电者下肢皮肤常有焦死或者树枝状的放电痕迹；雷击还可以使人心理上发生变化而引起中毒，有时会在雷击触电发生几小时后突然死亡。

（2）对设备的伤害

雷电对设备主要有三种伤害形式。

①直击雷：雷电直接击中建筑物或其他物体，对其放电，强大的雷电流通过这些物体入地，产生破坏性很大的热效应和机械效应。

②感应雷：由于雷电的静电感应或电磁感应而引起危险的过电压。

③雷电波：由于输电线路上遭受直击雷或发生感应雷，雷电波便沿着输电线侵入变电所、配电所或用户，产生高电位。这是雷电对设备伤害的主要形式。

2. 避雷措施

一般的避雷装置由以下部分构成。对于直接雷：接闪器＋引下线＋接地装置；对于侧击雷：均压环＋引下线＋接地装置。

接闪器和均压环的作用是吸引雷电波，避免雷电直接击在建筑物或设备上；引下线的作用是将接闪器和均压环截获的雷电引至接地装置，流入大地。饭店建筑多利用钢筋混凝土结构内的钢筋作为引下线。

接地装置多采用角钢、圆钢或钢管作接地极。地极一般都深埋在地面 0.8m 以下，也可利用钢筋混凝土基础中的钢筋作接地极。接地电阻应小于 5Ω。

### （四）静电事故

1. 静电伤害

静电现象是一种常见的带电现象，如雷电或电容器残留电荷、摩擦带电等。在生产和生活中，一些不同的物质相互接触和分离或互相摩擦就会产生静电。例如厨房中和面机对面团的搅拌、切菜机对蔬菜的切割，以及喷溅、流动和过滤，都会产生静电。

静电有一个很大的特点就是静电电量不大而静电电压很高，有时可高达数万伏，甚至十万伏以上，很容易发生放电，出现静电火花。因此在有可燃液体的作业场所（如炉灶上的油锅），可能因静电火花引起火灾；在有气体、蒸汽爆炸性混合物或有粉尘（如面粉）、纤维爆炸性混合场所，可能因静电火花引起爆炸。另外，当人体接近带电物体的时候，或带静电电荷的人体接近接地体时，就会发生电击伤害。

2. 安全措施

静电防护一方面是控制静电的产生，另一方面是防止静电的积累，主要有以下几种方法。

（1）静电控制法

静电控制法主要有以下几种。

①保持传动皮带的正常拉力，防止打滑。

②以齿轮传动代替皮带传动，减少摩擦。

③灌注液体的管道伸至容器底部或紧贴侧壁，避免液体冲击和飞溅。

④降低气体、液体或粉尘物质的流速。

（2）自然泄漏法

自然泄漏法就是使静电从带电体上自行消散的方法，有以下几种。

①易于产生静电的机械零件尽可能采用导电材料制成。必须使用橡胶、塑料和化纤时，可在加工工艺或配方中适当改变其成分，如掺入导电添加剂炭黑、金属粉末、导电杂质，从而制成导电的橡胶、塑料和化纤。

②在绝缘材料的表面喷涂金属粉末或导电漆，形成导电薄膜。

③在不影响产品质量的情况下，适当提高空气的湿度，物质表面吸湿后，导电性增加，加速静电自然泄漏。一般情况下，空气相对湿度保持在 70% 左右即可防止静电的大量积累。此法仅适用于表面易于吸湿的物质。

④对于表面不易吸湿的化纤和塑料等物质，可以采用各种抗静电剂，其主要成分是以油脂为原料的表面活性剂，能赋予物质表面以吸湿性（亲水性）和

电离性，从而增加导电性能，提高静电自然泄漏的效果。

（3）静电中和法

利用相反极性的电荷中和（消除）。由于不同物质相互摩擦能产生不同的带电效果，因此，对产生静电的机械零件适当选择组合，使摩擦产生的正、负电荷在生产过程中自行中和，破坏静电积累的条件。

（4）防静电接地

这是防止静电积累、消除静电危害的十分简易且有效的方法。

①燃气管道、厨房通风管道上的金属滤网、以及厨房内的加工机械等厨房设备应有可靠的接地。

②厨房各种金属管道上的接地线，受到法兰上填料的绝缘而使电路中断，因此在法兰上应设置金属连接线。用非导电材料制成的管道，必须在管外或管端缠绕铜丝或铝丝，金属丝末端应固定在金属导管上，与接地系统相连接。

③厨房内，最好采用环形接地网，用金属丝将各个设备的接地线连接起来。接地装置的引下线可采用条钢，接地极采用 2 ~ 3m 长的铁管或带形的铁管。管型接地极垂直打入地下，其上端离地面 0.5 ~ 0.8m，接地极至少需要由两根铁管组成。

④电阻很大的土壤，应施加食盐。一切接地装置的导电线连接处，均应焊接牢固或用螺丝拧紧，其总电阻一般不应超过 10Ω。

**知识应用：**向炉灶的热油中添加冷油时，为什么要注意控制倒油的速度？

### （五）电器故障及安全措施

1. 电器故障

包括电路中电气设备发生事故和电路发生事故，如短路、断路等。在电路故障时，可能会出现爆炸或电弧伤人及电击等严重情况。

2. 安全措施

①严格按照设备的操作规程进行操作。

②对电路的敷设和维护要按照安全等级进行。

③对设备进行接地和接零保护。

④有完善的防火和防爆措施。比如排除可燃易爆物质，排除电气火源等措施。

**提示：**厨房的电气基础知识除了低压电器及电气安全知识外，还应包括电路和电动机知识，可课外阅读相关文献。

## 第四节　机械工程图概述

工程图样是按照规定的方法表达出机器设备或建筑物的形状、大小、材料和技术要求，是表达和交流技术思想的重要工具，是工程技术部门的一种重要文件。在现代工业中，设计、制造、安装各种机械设备都离不开工程图样，我们使用这些机器、设备和仪表时也常常需要通过阅读工程图样来了解它们的结构和性能。因此，阅读工程图样是一项基本功。

本课程主要涉及中西餐行业常用的烹饪设备，这些设备都是以机械工程图的方式在书中展开和描述的，因此，在学习它们的结构和工作原理以前，有必要学习阅读机械工程图样的原理和方法。

**提示：**关于机器设备的表示方法，我们通常所知的是实物或相关照片，这些东西生动、形象、直观，但是要了解它的内部结构、工作原理、机器内部各部分之间的相互关系，照片远远不够，实物又不可能“随叫随到”。机械工程图就是把立体的物体用平面图形来表示的一种方法。

## 一、立体图形的投影表示法

一台设备如果按照绘画的方式描绘出来的图形，就称为立体图形。立体图形具有直观、形象的优点，但是，在精确表达内部结构和尺寸、材料等方面遇到了不可逾越的障碍。因此，我们采用投影法来表示立体图形的结构和尺寸。

**提示：**投影法表现的是立体图形的“影子”，但不会仅是一团黑影而已，就像X光的透射一样，还可以清楚地显示出物体的“内部骨架”。

### （一）投影法的基本知识

所谓投影法，就是通过空间某点S，向某物体发射投射线，投射线通过物体向选定的平面投射，并在该投影面上得到物体图形的方法。

在投影法中，投射点S称为投射中心；发自投射中心且通过被表示物体上各点的直线称为投射线；在选定平面上得到投影的图形称为投影图。

平行投影法又分为正投影法和斜投影法。正投影法是投射线与投影面相垂直的平行投影法，所得图形称为正投影或正投影图；斜投影法是投射线与投影面相倾斜的平行投影法，所得图形称为斜投影或斜投影图。由于投射线相互平行，投影面上的图形大小与物体和投影面之间的距离无关，度量性较好。工程图样主要采用正投影法绘制，简称投影。

### （二）投影法的分类

投影法的分类如图2–17所示，可分为中心投影法和平行投影法两类大类，平行投影法中又有斜投影和正投影两种。

图2–18是中心投影法示意图。中心投影法的投射中心$S$位于被投射物体的

有限远处，投射线汇交于一点，所得投影图称为透视图。根据投射中心和投影面与物体之间的位置不同，所得图形的大小也不一样，度量性较差。该投影法通常用于绘制建筑物或物体的富有逼真感的立体图形。

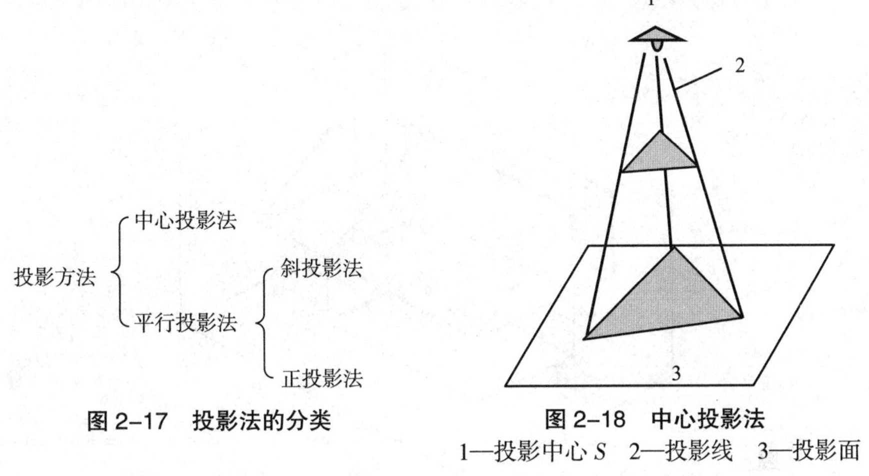


图 2-17 投影法的分类

图 2-18 中心投影法

1—投影中心 $S$ 2—投影线 3—投影面

平行投影法的投射中心位于无限远处，投射线按给定的投射方向互相平行，用平行投影法所得的投影称为平行投影，如图 2-19 所示。

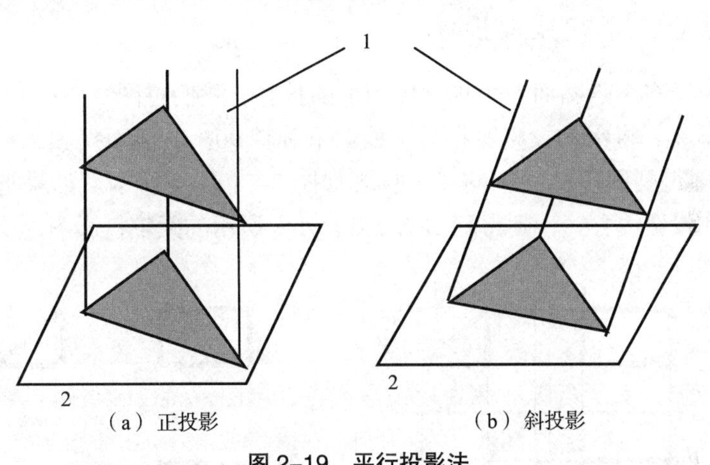


（a）正投影 （b）斜投影

图 2-19 平行投影法

1—投影线 2—投影面

## 二、立体图形的三面投影

### （一）立体图形的有轴投影

如图 2-20 所示，将一个立体图形三棱柱放在三个互相垂直的投影面之间，用正投影法由前向后投射所得的投影称为正面投影，是一个矩形；由上向下投射所得的投影称为水平投影，也是一个矩形；由左向右投射所得的投影称为侧面投影，是一个三角形。通过阅读这三个图形，就可以判断出空间的几何图形是一个三棱柱。

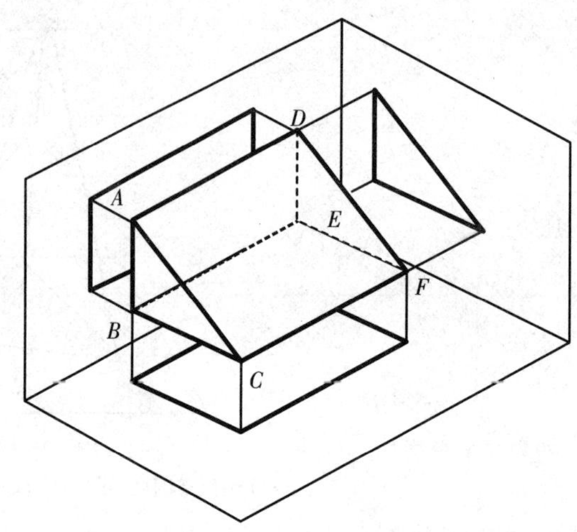


图 2–20　立体图形的有轴投影

## （二）立体图形的无轴投影

为了便于在一张图面上表现立体图形的投影，我们将图 2–20 中的正面投影位置保持不变，将水平投影所在的平面向下旋转 90°，侧面投影的平面向右旋转 90°，则得到同一平面上的三个投影如图 2–21（a）所示。如果把表示坐标轴的线条和投影线去掉，则得到如图 2–21（b）所示的无轴投影图。

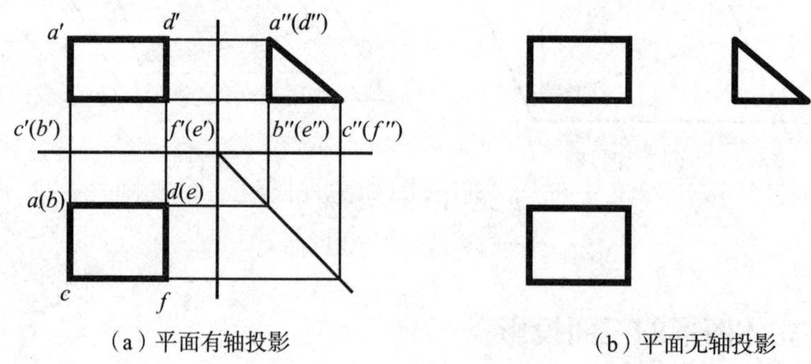


（a）平面有轴投影　　（b）平面无轴投影

图 2–21　立体图形的投影

**提示：**一个空间立体图用三个平面图形表示。三个平面图形在头脑中结合成空间立体图形。

## 三、三面投影与三视图

### （一）立体图形的三视图

根据 GB/T 14692—2008《技术制图　投影法》规定，用正投影法所绘制的物体的图形，称为视图。图 2–22 所示为三棱柱的三个视图。其中左上图的矩形是由前向后投射所得的三棱柱的正面投影，称为主视图，通常反映所画物体的主要形状特征，也是表示物体信息量最多的视图；左下图的矩形是由上向下投射所得三棱柱的水平投影，称为俯视图；右上图的三角形是由左向右投射所得三棱柱的侧面投影，称为左视图。

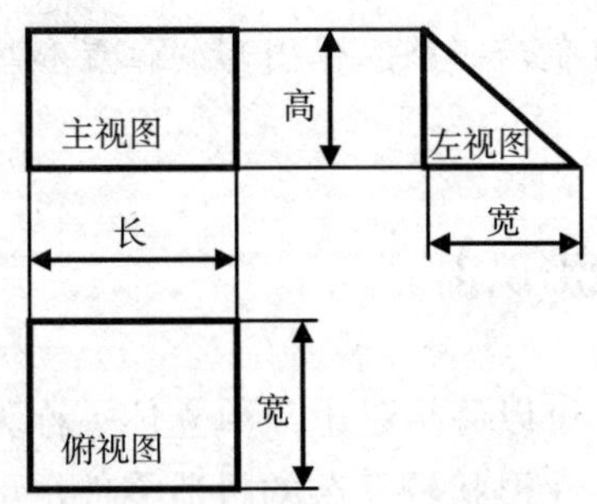


图 2–22　三视图及其度量关系

### （二）三个视图的度量关系

由投影面展开后的三视图如图 2–22，如果按照规定位置配置，可以不注示图名称。其规定的位置配置关系是：主视图和俯视图都反映物体的长，主视图和左视图都反映物体的高，俯视图和左视图都反映物体的宽。三个视图的投影特性可以概括为：主、俯视图长对正；主、左视图高平齐；俯、左视图宽相等，前后对应，简称长对正，高平齐，宽相等。这个特性不仅适用于物体整体的投影，也适用于物体局部结构的投影。

工程图样中除了以上主视图、俯视图和左视图这三个视图外，对于结构复杂的物体，还可以增加仰视、右视、后视等补充图形。

### （三）三个视图的方位对应关系

三个视图之间除了长对正、高平齐、宽相等的三等关系以外，俯、左视图的前、后位置也要符合对应关系。如图 2–23 所示，主视图反映物体的上、下、左、右关系，俯视图反映前、后、左、右关系，左视图则反映上、下、前、后的关系。

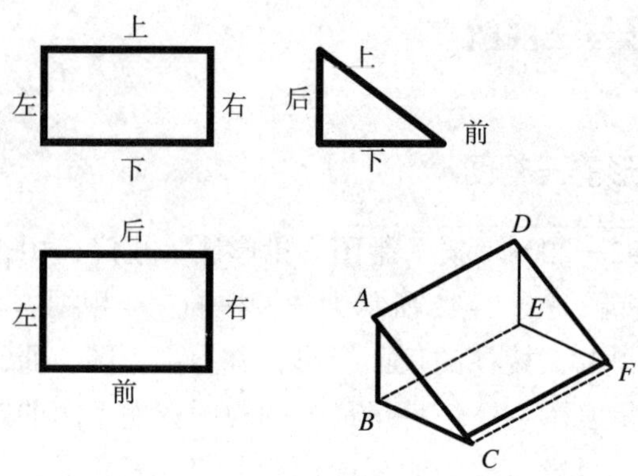


图 2-23　三个视图的方位对应关系

**提示**：三个视图共同表示一个立体图形的位置和度量关系，每个视图各表示其中的一部分。

## 四、立体图形的投影识别

形状较复杂的立体，可以假想是由简单立体（称为基本体）经过叠加、切割等方式而形成的组合体，形状较复杂的机器零件也可以抽象成几何模型——组合体。因此，一个复杂立体——组合体的三视图，可以看成是由若干基本体的三视图结合而成，我们可以通过识别构成组合体的基本体的三视图，再想像它们的空间构成形式，从而判别立体图形的实际形状。

### （一）组合体的三视图

1. 组合体的分解读图

组合体的分解读图如图 2-24 所示，图 2-24（a）为形状较复杂的组合体的立体图形，它可以看成是图 2-24（b）所示的底板、半圆槽板和两块筋板等 4 个较简单图形的组合，该组合体的三个视图如图 2-24（c）。组合体的底板是有两个对称小孔的折边板，它在三视图中的位置是主视图的下半部分矩形（图中虚线表示看不见的两孔和折板边），俯视图的周边矩形，左视图的下边折板，三个视图之间的对应关系符合长对正，高平齐，宽相等的原则；半圆槽板是主视图上的上半段中部（矩形被半圆所截的部分），俯视图上的中上部分，左视图上的上部分；两块三角形筋板分别是主视图上半段的左、右边三角形，俯视图上左、右上角的矩形，左视图上左上角的矩形。

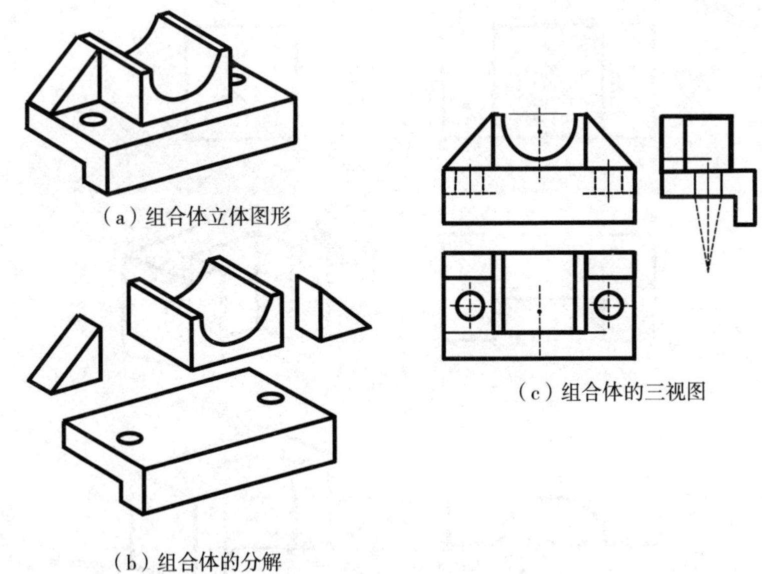

（a）组合体立体图形

（b）组合体的分解

（c）组合体的三视图

**图 2–24　组合体的分解读图**

**提示：**这种假想的组合可以有多种形式，刚开始的时候，可以分得细一些，熟练以后或者空间想像能力强的人，可以分得粗一些。例如底板，还可以分成面板和边板，再分出两个孔；半圆槽板可看成一个矩形块被半圆柱相截的组合体。

2. 视图的图线规定

机械制图为国家标准规定，立体图形的可见轮廓线，在视图上用粗实线表示。如图 2–23 中三棱柱三个视图的轮廓线。立体图形中的不可见轮廓线，用虚线表示，虚线的粗细规定为粗实线的一半，图 2–24 主视图中横向的虚线，表示底板折边的内角线，竖向虚线则表示底板上的两个孔。此外，图形的对称中心线用点划线表示，点划线的粗细也是粗实线的一半，如图 2–24 中主、俯视图的中线，表示图形左右对称；主视图上两孔的中心线和俯视图上孔的交叉中心线均为点划线。

3. 三个视图的联系读图

图 2–25 右下方的两个立体图形，上边一个图形的中间为矩形缺口，下边一个图形的中间是半圆缺口，但是它们三视图的主视图和左视图没有区别，区别在俯视图上表现为不同形状的缺口。因此，俯视图称为该立体图形的特征视图，我们读图的时候，一定要三个视图相结合进行分析、判断。

**提示：**以上介绍的对于复杂图形的分析，属于形体分析法，就是根据组合体的形状，将其分解成若干部分，弄清各部分的形状和它们的相对位置及组合方式，分别画出各部分的投影。此外，还有线面分析法等方法。

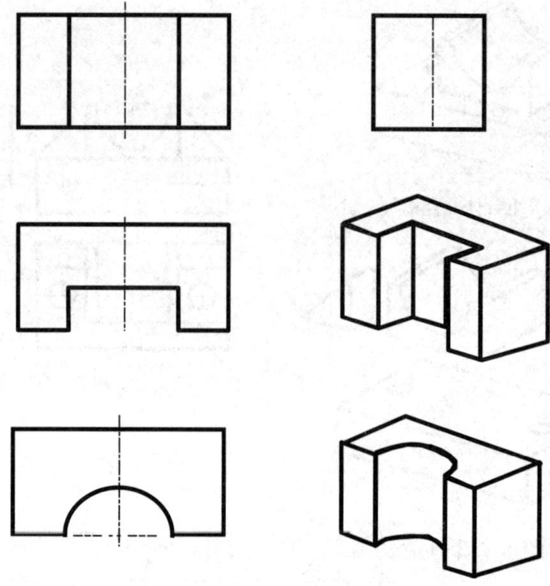

图 2–25　三个视图的联系读图

## （二）剖视图

如图 2–26 中的机件，由于孔的形状比较复杂，在主视图上出现孔的不可见轮廓线虚线较多，影响了看图的直观性以及尺寸的标注，因此，当机件的内部形状较复杂时，通常采用剖视图来表达。

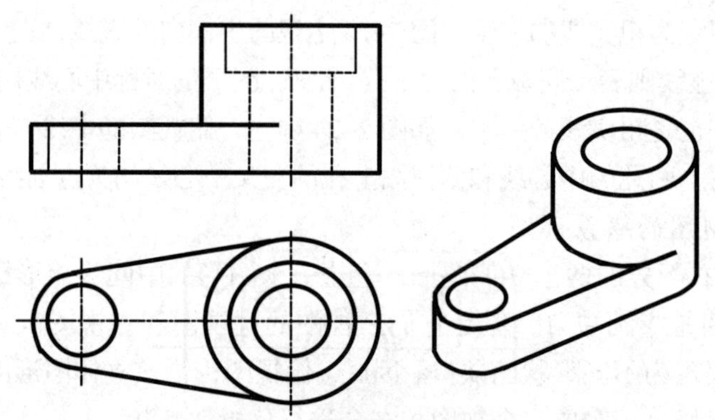

图 2–26　复杂物体的视图

剖视图的表示方法如图 2–27 所示。假想用一剖切面将机件剖开，移去剖切面和观察者之间的部分，将其余部分向投影面投射，这样得到的投影图称为剖视图。图中的假想平面称为剖切面，剖切面所剖切到的区域叫剖面区域。剖面区域内应画上剖面符号，如金属材料用倾斜的细实线表示。

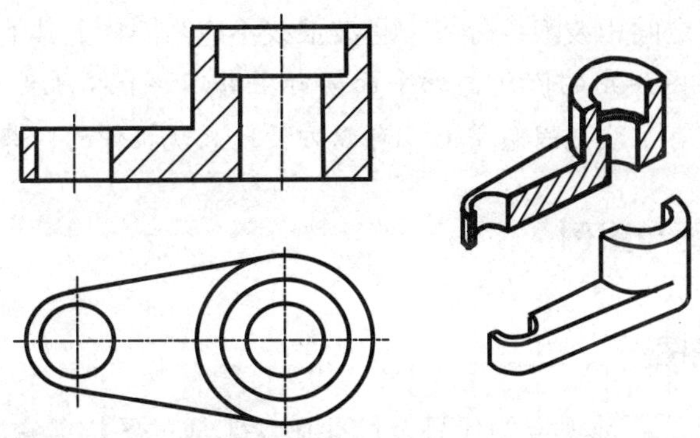

图 2–27　剖视图的表示方法

按照剖切面不同程度地剖开物体的情况，剖视图分为全剖视图、半剖视图和局部剖视图。

全剖视图如图 2–27，是用剖切平面完全地剖开物体所得的剖视图。适用于外形比较简单，内形较比复杂物体的表达。

当物体具有对称平面，且内外形都比较复杂时，可以以对称中心线为界，一半画成视图，一半画成剖视图，这种剖视称为半剖视图，如图 2–28 所示。在半剖视图中，半个外形视图和半个剖视图的分界线应用点划线区分开来，看图时可以分别通过半个图形想像出另外一半物体的外形和内部结构。

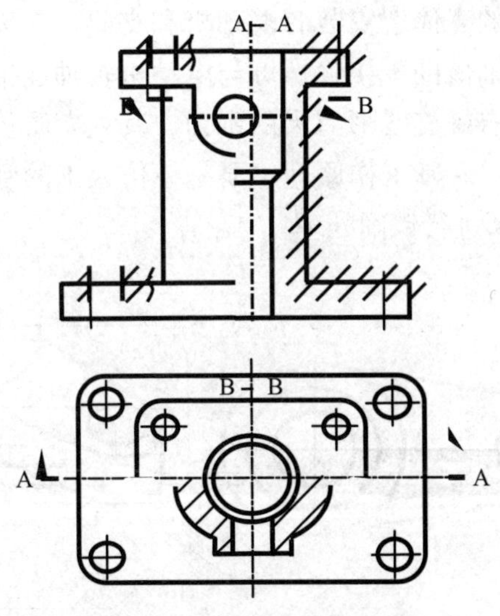


图 2–28　半剖和局部剖视图

用剖切平面局部地剖开物体所得的剖视图称局部剖视图。这是一种比较灵活的表达方法，当需要表达的内部结构在剖视图中既不宜采用全剖视图，又不宜采用半剖视图时，则可采用局部剖视图表达，如图 2–28 上的两个孔。局部剖视图与外形表达之间用波浪线分界，且波浪线不应与图样上其他图线重合。

**提示：**剖视图使用的假想剖切平面实际上并不存在，机件本身依然是完整的整体，但由于有了这个假想平面，可以方便地表现机件的内部结构。

## 五、示意图与图例

### （一）示意图

机器示意图是一种规定的代号及简化画法汇成的图样，它能简要而清楚地表达机器的传动系统和机器结构。示意图简明易懂，在机器产品说明书中以及有关专业书籍中经常使用。此外，在设计机器、测绘机器和讨论结构方案时也常用示意图来作说明或记录。

示意图一般是单线图，是按国标 GB/T 4460—2013《机械制图　机构运动简图用图形符号》的规定表示的。其中包括基本符号和可用符号，其中可用符号比基本符号更为简洁。当应用国标规定的代号仍感不足时，也可以按习惯画法或简化画法来绘制。

机构运动简图主要用来表达机器的传动系统，一般是画成单线展图的形式，也是机器示意图中的重要组成部分。

图 2-29 是一台去鱼鳞机示意图，该机器由壳体、盖、工作刀具、软轴、和电动机组成。在机器的壳体上安装有电动机和支架。支架式用来将壳体夹在工作台上的夹具上，软轴借助于接管螺母与电动机转轴连接起来。工作刀具是由不锈钢制成的纵向带有螺旋线形刀齿的刮刀，其上有防护罩，以防工作时鱼鳞飞溅，保护手不受伤害。其工作原理主要是模仿人工的刮鱼鳞的方法，利用由软轴带动的刮刀对鱼鳞进行铣削处理。

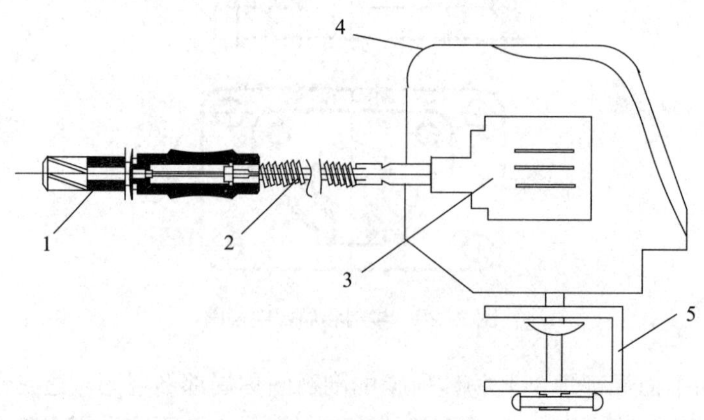


**图 2-29　去鱼鳞机示意图**

1—刮刀　2—软轴　3—电动机　4—支架　5—手柄

## （二）图例

在厨房及烹饪设备工程的制图中，厨房烹饪设备平面布置图、厨房烹饪设备用电位置图、烹饪设备给排水系统图及厨房给排风系统图是非常重要的技术资料。它们不仅是厨房烹饪设备工程安装施工的蓝图，也是今后维修保养的依据。

为了简明方便地绘制这些图纸，对每种厨房烹饪设备和其他设备及零配件都规定了相应的简单图形符号，称为图例。目前对于图例国家没有统一的规范和标准，各行业各地区都有不同的习惯图例。目前比较流行的厨房设备图例可见附录。

如图 2–30 所示，分别是炒菜灶的示意图和图例，由图中可以看出，图例比示意图更为简单，一般设备的图例多应用于系统图或设备平面布置图中。

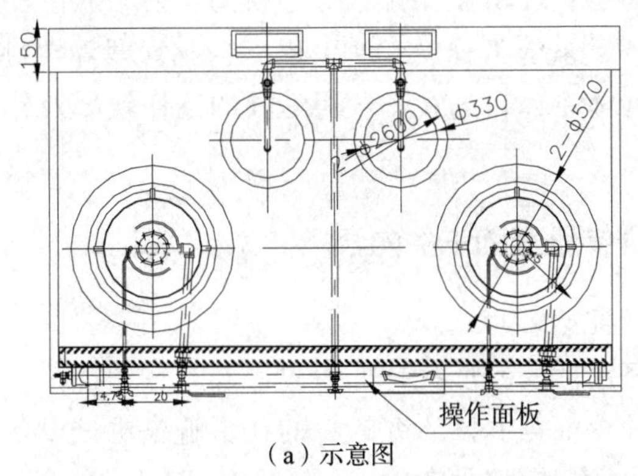

（a）示意图

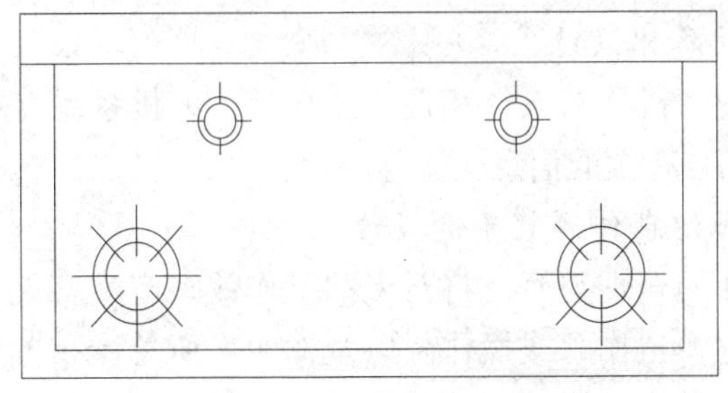
（b）图例

图 2–30　中餐四眼炒菜灶的示意图和图例

# 第五节　人机工程学的基本知识

## 一、人机工程学概述

### （一）人机工程学

人机工程学是研究“人—机—环境”系统中人、机器、工作环境三大要素之间的关系，为解决系统中人的效能、健康问题提供理论与方法的科学。

实际上，这一学科就是人体科学、环境科学不断向工程科学渗透和交叉的产物，它是以人体科学中的人类学、生物学、心理学、卫生学、解剖学、生物力学、人体测量学等为“一肢”；以环境科学中的环境保护学、环境医学、环境卫生学、环境心理学、环境监测技术等学科为“另一肢”；以技术科学中的工业设计、工业经济、系统工程、交通工程、企业管理等学科为“躯干”，形象地构成了本学科的体系，目的在于获得最高的工作效率及作业时的安全感和舒适感。

### （二）人机工程学研究的主要内容

1. 人体特性的研究

人体特征的研究包括人的形状特征参数、人的感知特性、人的反应特性以及人在劳动中的心理特征等。该研究的目的在于解决机械设备、工具等的设计如何与人的生理、心理特点相适应。

2. 人机系统的总体设计

即在整体上使“机”与人体相适应。显然，人机系统基本设计解决的是人与机器之间的分工与有效的信息交流等问题。

3. 工作场所和信息传递装置的设计

工作场所设计的合理与否，将对人的工作效率产生直接影响。工作场所包括工作空间、座位、工作台或操作台以及作业场所总体布置等。信息传递包括显示器向人传递信息和控制器则接收人发出的信息两个方面。显示器有听觉、视觉、触觉显示器等，其形状、大小、位置以及作用力等的设计必须考虑到人体解剖学、生物力学和心理学等方面的问题。

4. 环境控制与安全保护设计

从环境控制方面，人机工程研究的是保证照明、微气候、噪声和振动等常见作业环境条件适合操作人员的要求。保护操作者免遭“因作业引起的病痛、疾患、伤害或伤亡”则是安全保护设计的基本任务。

**小知识** 未来的人机工程学

迄今为止，人机工程学研究的人、机器、环境三大要素之间的关系中，主要是让机器和环境适应人，而人是唯一不改变的一方。但从生物科学的发展来看，在人的技术化方面，一方面人自觉和主动地进行学习、接受训练和选拔，从而获得更大的能力；另一方面也会被动地和不自觉地接受技术的约束，以及形成对技术的依赖，后者例如使用计算器后人类心算能力的减退，以及使用电脑记事后记忆力的减退。英国科学家霍金说，由于人类社会和技术环境复杂性的不断提高，人类作为一种生物所具有的有限能力和这种复杂性越发难以适应，因而利用基因技术来改造和提高人类的素质将成为必然的选择。这将对人类未来的演进带来复杂和深远的影响。

## 二、厨房设备设计的人机工程学原理

### （一）人体结构与厨房设备使用的关系

图 2-31 是根据我国成年人人体尺寸国家标准绘出的成年男性除体重外各主要部位尺寸图，表 2-7 是图中编号的含义，具体尺寸略。

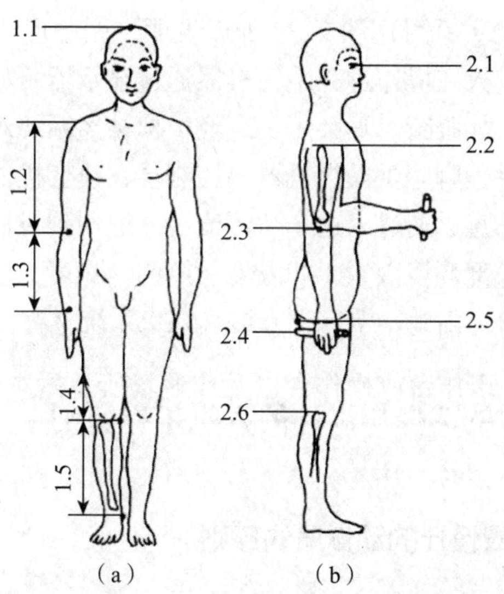


图 2-31 人体尺寸图

表 2-7　人体尺寸编号与含义

| 编号 | 1.1 | 1.2 | 1.3 | 1.4 | | 1.5 |
|---|---|---|---|---|---|---|
| 含义 | 身高 | 上臂长 | 前臂长 | 大腿长 | | 小腿长 |
| 编号 | 2.1 | 2.2 | 2.3 | 2.4 | 2.5 | 2.6 |
| 含义 | 眼高 | 肩高 | 肘高 | 手功能高 | 会阴高 | 胫骨点高 |

人在各种工作时都需要有足够的活动空间，工作位置上的活动空间设计与人体的功能尺寸密切相关。

如厨师在案板上操作时的最舒适案板高度是略低于 2.3 所示的肘高。案板高于肘高则操作会吃力并不能持久。太低则工作时需要弯腰，同样会感觉吃力，也不能持久。由于活动空间应尽可能适应于绝大多数人的使用，所以设计时一般按 18 ~ 60 岁，以身高百分位人体尺寸为依据进行设计。工作中常有立姿（普通工作姿势）、坐姿（个别工作姿势）、跪姿（设备部分安装检修姿势）等不同姿势，厨房设备设计时不但要保证人在各种姿势工作条件下动作所能达到的空间，还必须保证身体的平衡动作和肌肉的适当松弛。国家标准不但给出了我国成年男女的人体基本尺寸，还给出了立姿、坐姿、水平尺寸以及上肢功能尺寸等参数供设计人员参考。

### （二）人与人机系统的关系

人与人机系统的关系可用图 2–32 加以说明。图中虚线以上是人体系统，虚线以下是机器系统。人在操作过程中，机器通过显示器（如声、光等）将信息传递给人的感觉器官（如眼睛、耳朵等），经中枢神经系统对信息进行处理后，再指挥运动系统（如手、脚等）操纵机器的控制器，改变机器所处的状态。由此可见，从机器传出的信息，通过人这个“环节”又返回到机器，从而形成一个闭环系统。人机所处的外部环境因素（如温度、照明、噪声、振动等）也将不断干扰和影响此系统的效率。因此，从广义来讲，人机系统又称为人—机—环境系统。

## 三、操纵装置的选择与设计的人机工程原则

### （一）操纵装置设计的动作节约原则

为了提高人机系统的综合效率，使设计出的操纵装置符合人的使用要求，必须先按人的使用要求设计操纵动作，以保证操纵装置设计的合理性。为了减少操作疲劳，缩短操作时间，提高工作效率，需遵循最节约操作动作的原则。

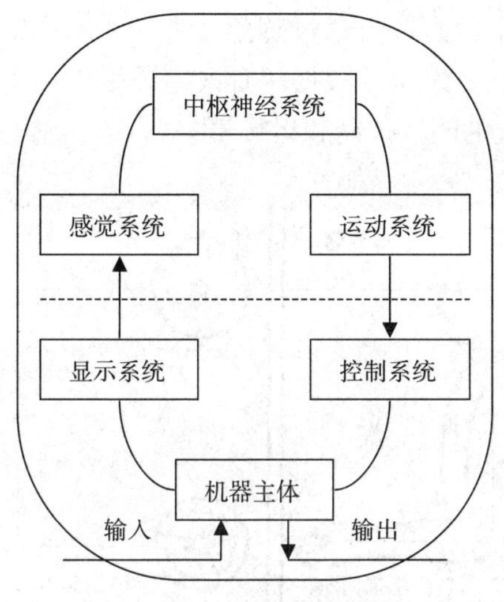


图 2–32　人机系统示意图

①双手动作应该是同时的和对称的，手的动作应以简单而又能得到满意结果为最佳。连续流畅的曲线运动动作，比有方向突变的直线动作更佳。

②工具和物料应放在操作者面前近处，使它们处于双手容易达到的位置。操纵装置的布置应使手的移动距离越短越好，移动次数越少越好。

③工具和物料必须有明确、固定的存放点，以节约思考、反应时间。

④工作台和座椅的高度应方便、舒适，工作面应有适当照明，以减少差错。

### （二）操纵装置的选择原则

操纵装置的选择应考虑两种因素，一种是人的操纵能力，如动作速度、肌肉力量大小、连续工作能力等；另一种是操纵装置本身，如操纵装置的功能、形状、布置、运动状态及经济因素等。按人机工程学原则选择操纵装置，就是要使这两种因素协调，达到最佳工作效率。关于反映人体操作能力的特征参数和操纵装置的有关选择依据都有相关表格可查，如各种操纵装置的最大允许用力、各种操纵器的功能、使用情况和相互距离等。

## 四、操纵与显示仪表的相合性设计

机器设备的显示装置和操纵装置在很多情况下有关联关系，这种关系称为“操纵—显示”的相合性。

人机系统中，人、操纵装置、显示装置（或执行机构）共同构成了物化的人机界面，如图 2–33 所示。在此界面中，人作为系统的控制者，根据任务指令操纵机器的操纵器，机器接受由操纵器输入的信息进行处理，并将结果通过显示装置或执行机构显示给人，人通过感觉器官和大脑进行感知、判断所显示信息是否与操纵预期目标一致，并根据两者误差评估进行下一次操纵时间和控制量，如此形成人机系统的闭环控制和运行模式。

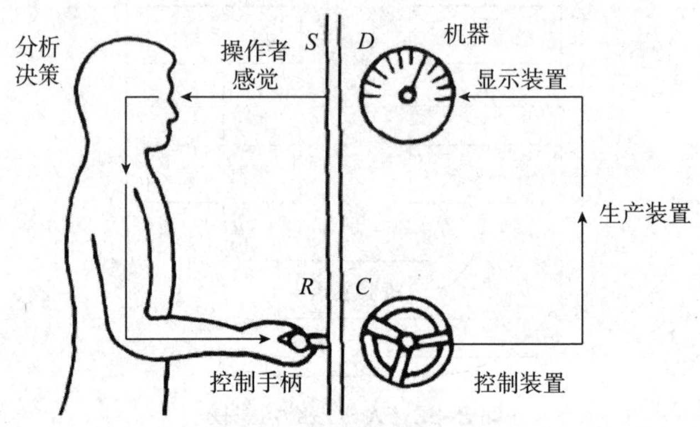


图 2-33　人机系统中的操纵与显示

## （一）运动相合性

根据人的生理与心理特征，人对操纵器与显示器的运动方向有一定的习惯定式。如顺时针和自下而上的方向，人自然认为是增加的方向，烘焙设备的温度和定时旋钮，顺时针为高温和增时方向。操纵器的运动方向与显示器或执行机构的运动方向在逻辑上的一致性设计应符合人感知的“习惯定式”。

## （二）空间相合性

操纵器和显示器配合使用时，操纵器应该与其相联系的显示器紧密布置在一起，操纵器一般布置在显示器下方。以西餐燃气炉的四眼灶为例，以四个灶眼作为显示器，煤气开关作为控制器，在四种不同配置情况下控制器与显示器的空间相合性如图 2-34 所示。图 2-34（a）中，由于灶眼排列顺序与燃气开关具有位置上的直观对应关系，在 1200 次开火试验中没有发生控制错误；图 2-34（b）和图 2-34（c）所示方式发生错误次数分别为 76 次和 116 次；图 2-34（d）所示方式由于控制器与显示器之间位置关系混乱，发生错误次数最多，达 129 次。平均反应时间也与错误数的顺序完全一致，图 2-34（a）的反应时间最短。

## （三）操纵—显示比

在操纵中，通过操纵装置对机器进行定量调节或连续控制，操纵量则通过显示装置（或执行机构）来反映。操纵—显示比就是操纵器与显示器移动量之比，即 *C/D* 比。移动量可以是直线距离（如操纵杆的移动量），也可以是旋转角度或圈数（圆形刻度盘指针等）。如果操纵器位移量大而显示器位移量小，则称灵敏度低或 *C/D* 比高，反之则灵敏度高或 *C/D* 比低。

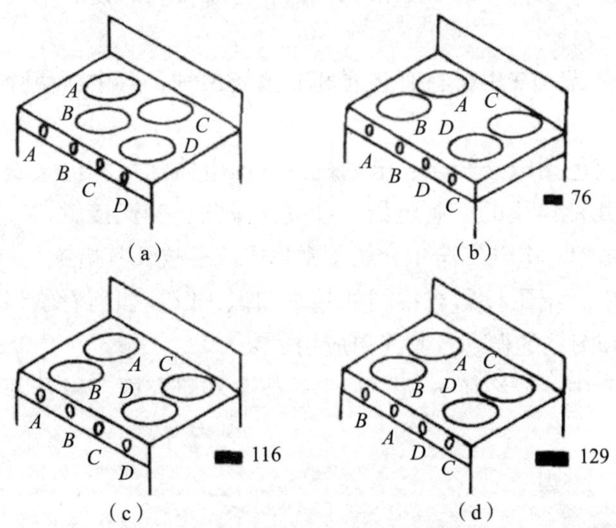


图 2–34　灶眼和开关排列的关系

最佳 *C/D* 比的选择受到许多因素影响，一般来讲，旋钮的最佳 *C/D* 比范围为 0.2 ~ 0.8，对于操纵杆或手柄，应在 2.5 ~ 4.0 之间较为理想。

**提示：**随着信息技术的发展和电子计算机的普及，利用计算机及其图形设备可以帮助设计人员进行设计工作。在工程和产品设计中，计算机可以帮助设计人员担负计算、信息存储和制图等多项工作。在设计中通常要用计算机对不同方案进行大量的计算、分析和比较，以决定最优方案；各种设计信息，不论是数字的、文字的或图形的，都能存放在计算机的内存或外存里，并能快速地检索；设计人员通常用草图开始设计，将草图变为工作图的繁重工作可以交给计算机完成；利用计算机可以进行与图形的编辑、放大、缩小、平移和旋转等有关的图形数据加工工作。

为实现此功能，有诸多软件可供选择，如 CAD、SOLIDWORKS、PRO/ENGINEER、UG 等，其中最简单和应用最普遍的是 Autodesk 公司出品的 CAD 软件，其简单易学，功能强大，在机械设计及平面布置等方面得到了广泛的应用。

## 本章小结

本章对机械和电气基础知识以及人机工程学进行了介绍。

机械基础知识主要包括机械工程图、机械零件知识。在机械工程图中着重介绍了投影和视图的知识，这是我们认识工程图的基础。机械零件包括连接件、传动件、轴和轴承以及离合器和连轴器。本章主要介绍了常见的连接件（可拆和不可拆）以及传动件中的常见形式（齿轮、带传动、链轮）的原理及其特点和应用。

在工程与设备上常用材料有金属和非金属两种，其中着重介绍了不锈钢及其特性。

电气知识应包括电路知识、电动机、低压电器知识和电气安全，主要介绍了低压电器中几种典型的控制电器（开关、按钮、交流接触器、压力继电器）的工作原理及结构。电气安全中介绍了常见电气事故及其措施。

工程制图中介绍了投影与视图的基本知识，以及如何看图识图。另外，还介绍了示意图和图例的概念及其简单应用。

人机工程学中，介绍了人机工程学的概念和研究内容以及其在厨房设备设计中的应用。

## 思考题

1. 机械工程图名词解释：投影法、基本视图、剖视图。
2. 零件的连接方式有哪些？螺纹连接和键连接有什么异同？
3. 说明滑动轴承和滚动轴承各自的类型和特点。
4. 齿轮传动的作用和齿轮的类型各有哪些？并说明各种类型齿轮的适用场合。
5. 齿轮传动和带传动相比各有哪些优缺点？
6. 蜗轮蜗杆传动的特点是什么？
7. 带传动和链传动各有什么特点？
8. 各种不锈钢的特性是什么？
9. 压力继电器的工作原理是什么？
10. 电器防止触电的方法有哪些？
11. 什么叫“人机工程学”？它主要由哪些相关学科所构成？
12. 画图说明人与人机系统的关系。

# 第三章

# 烹饪初加工设备

**本章内容：** 介绍各类典型烹饪初加工设备的结构与原理及其应用。

**教学时间：** 4 课时

**教学目的：** 理解烹饪初加工设备的工作原理，掌握各种不同烹饪初加工设备的使用特性。

**教学方式：** 课堂讲述。

**教学要求：** 1. 了解果蔬原料初加工设备，掌握典型设备的正确使用要求。

2. 了解肉类原料初加工设备，掌握典型设备的正确使用要求。

3. 了解主食初加工设备，掌握典型设备的正确使用要求。

**作业布置：** 通过网络检索，观看一些相关烹饪初加工设备的视频，了解其工作原理和应用。

**案例**：据《学习导报》报道，江苏省阜宁县条河农林站职工季天华发现了一个商机。一般饭馆的师傅每天都得花费两三个小时把土豆切成丝，腰酸腿痛不说，还可能切破手指。他找到一家食品机械厂，请他们设计一台土豆切丝机。每小时可切260～265kg土豆丝。土豆丝上市后十分畅销，工厂、学校、机关食堂及饭店纷纷上门定货。土豆丝每天销量都在1000kg左右，纯利润在500元以上。季天华说土豆切丝有三赚：一赚土豆批量进货与零售的差价，二赚土豆切丝后的增值，三赚土豆切丝带来的副产品——淀粉。

**案例分析**：对烹饪初加工设备的合理利用，不仅能够给厨房生产上带来“革命”，而且也能够带来显著的经济效益。

## 第一节　果蔬原料初加工设备

果蔬作为烹饪中的主要原料，在加工前不可避免地会受到微生物及固体灰尘等一些污物的污染，所以要进行清洗方面的粗加工。同时，作为食物原料，对其不可食部分（非食用部分和腐败部分）要进行除杂。此外，要符合烹饪中对菜肴的色、香、味、形等外观和品质方面的要求，就必须对原料进行切割等方面的细加工。由此，果蔬的初加工设备分为粗加工设备和细加工设备两大类。

### 一、果蔬原料粗加工设备

果蔬原料的粗加工，主要包括清洗和分离（去皮、去渣）等方面的工作。

厨房所用的清洗设备，按其工作方式可以分为清洗机、手动涡流清洗器和人工（气流）清洗槽。其中清洗机有连续式和间歇式两种，按照洗涤方法可分为浸泡法、喷射法（压力喷嘴）、摩擦法（旋转滚筒、旋转毛刷、螺旋推进器等）、振动法等。按照工作介质又可分为水流、气泡、臭氧和超声波等形式。实际应用中的清洗机，大部分情况是对各种工作方式的综合，以提高其清洗效率和效果。

#### （一）清洗设备

1. 臭氧食品清洗机

图3-1是某公司开发的一款食品清洗机。该机集自动清洗、水处理、杀菌消毒、降解残留农药的技术于一身，从而达到干净卫生、提高清洗效率、节省劳动力、节约用水等目的。专门清洗蔬菜瓜果、海产、肉类食品，也可以消毒清洗过的餐具。

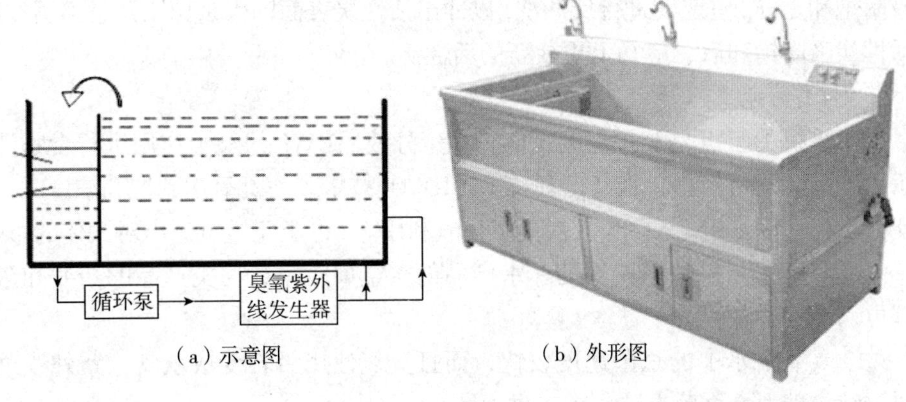

（a）示意图　（b）外形图

**图 3–1　食品清洗机**

（1）结构与工作原理

该机由清洗槽、处理池、循环泵及臭氧紫外线发生器、紫外线发生器等组成。

水槽分为清洗槽和处理池两个部分，清洗池中放满清水，处理池上部是垃圾收集箱，下部是活性碳过滤器，水槽底部安装有循环泵和臭氧、紫外线发生器。

上部垃圾收集箱内的粗滤器的作用是去除水中粒径较大的悬浮杂质，避免这些杂质进入活性炭过滤器，覆盖活性炭表面，使活性炭的毛细孔结构失去吸附水中杂质的能力。

活性炭过滤器的作用主要是去除大分子有机物、铁氧化物和余氯。

（2）使用

工作时将需清洗的食品放入清洗槽（不超过容积的一半），按下启动按钮，从循环泵送出的水经紫外线和臭氧消毒杀菌后流向清洗槽进行清洗，由于水中带有大量的空气，食品物料在清洗槽中猛烈翻转，使泥沙和杂质与食品物料分离，被溢流的水带入处理池，经垃圾收集箱粗滤，再经活性炭过滤器过滤后进入循环泵，如此往复，循环洗涤。

（3）维护

每次使用后需对垃圾收集箱粗滤网进行清理。如果是砂过滤器，需要进行反冲和适当补砂；如是无纺布或 PP 纤维滤芯，滤孔被堵塞后一般很难用水冲干净，须定期更换滤芯。

活性炭吸附器的过滤作用是不可逆的，即活性炭有一定的饱和吸附容量，一旦吸附饱和后，活性炭就失去吸附性能，无法用反冲洗的方法冲去污染物。另外，活性炭吸附有机物后，为细菌提供了丰富的营养，造成细菌在活性炭过滤器内大量繁殖，水中的微生物含量经活性炭过滤后反而升高。所以在活性炭吸附饱和之前，应定期进行反冲洗，以冲出活性炭表面的大量菌团及悬浮固体物。活性炭吸附饱和后，应马上更换新的活性炭。

（4）特点

①该机的特点是利用臭氧（$O_3$）和紫外线（UV）的复合作用进行食物消毒杀菌和降解残留药物，且其专利技术（UV/$O_3$ 技术）使臭氧达到饱和浓度时，仍能大量存在于水中，从而大大提高了臭氧利用率，也避免臭氧逸出对人体的影响。

②对蔬菜瓜果的残留农药、水产品的重金属污染、肉类产品的药残和激素都可以清除和降解。

③臭氧在水中的杀菌速度较快，而且臭氧使用后转变成氧气；紫外线杀菌属于纯物理消毒杀菌方法，无二次污染。

④本机不使用洗涤剂，使用臭氧和紫外线复合杀菌，是符合环保要求的较为先进的清洗方式。

---

**小知识** 臭氧及臭氧洗菜

臭氧是人类已知的仅次于氟的第二位强氧化剂，其氧化分解的产物具有很强的活性，对病毒、细菌等微生物有较强的氧化作用，与常规消毒灭菌方法相比具有高效性、高洁净性、方便性和经济性等优点。

利用臭氧杀菌消毒没有二次污染，在处理过的水、空气、食品、器具等中不残存有害物质，这也是其他杀菌剂无法比拟的优点。

---

2. 超声波清洗机

（1）工作原理与结构

超声波清洗的原理是由超声波发生器发出的高频振荡信号，通过换能器转换成高频机械振荡，产生数以万计的微小气泡，存在于液体中的微小气泡（空化核）在声场的作用下振动，当声压达到一定值时，气泡迅速增长，然后突然闭合，在气泡闭合时产生冲击波，在其周围产生上千个大气压强，破坏不溶性污物而使它们分散于清洗液中。果蔬表面的污染物主要有尘土、肥料、腐殖质和残余农药。如果上述果蔬表面的污染物是不易溶解的，稳态空化和微声流可以在果蔬表面处提供一种溶解机制而使污染物溶解，在污染物层和果蔬表面之间形成的稳态空化泡会使腐殖质等污染物脱落。瞬态空化能击碎尘土和肥料等不溶污染物，达到清洗的目的。

超声波清洗设备主要由超声波发生器、超声换能器和清洗槽 3 个部分构成，其结构如图 3–2 所示。超声波发生器将市电转换成高频电振荡信号并馈送给超声换能器，超声换能器将其转换成同频率的机械振动，并通过清洗槽底板向清洗液体中辐射超声波。清洗槽是一种用来盛装清洗液和被清洗物的容器。一般被清洗物放在专用网孔框中或者专用支架上并悬于清洗液中，从而避免清洗物直接压在清洗槽底板上。清洗槽一般由耐腐蚀而且透声的不锈钢板制成。超声换能器通常用专门的胶直接粘在清洗槽底板上，或者根据清洗要求粘在清洗槽壁上。根据不同的清洗要求，清洗槽上还可以安装加热和温控装置以及冷凝、蒸馏回收和循环过滤等附加设备。

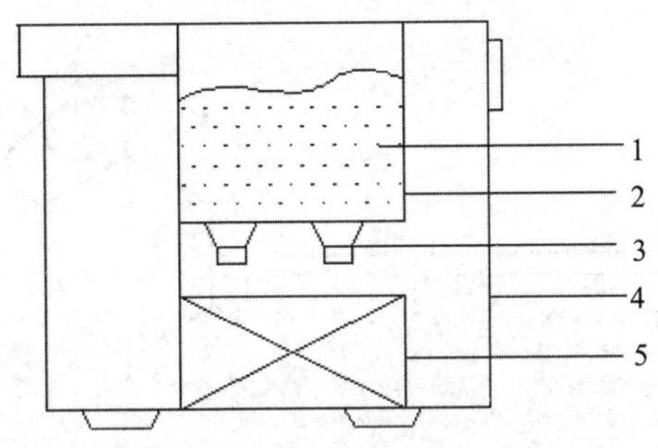


**图 3–2　超声波清洗设备示意图**

1—清洗液　2—清洗槽　3—超声换能器　4—机壳　5—超声波发生器

（2）特点

超声波清洗设备的特点有以下几个。

①清洗效果好。超声波清洗被国际上公认为是当前效率最高、效果最好的清洗方法，其清洗效率达到了 98% 以上，清洗洁净度也达到了最高级别，而传统的手工清洗的清洗效率仅为 60% ~ 70%。

②安全和环保。清洗液可以使用清水，不需要加酸或碱，清洗后废液可以直接排放，不会对环境造成污染。

③对形状不规则的果蔬清洗优势明显。超声波清洗利用其空化效应，克服了手工清洗、喷淋式清洗、毛刷式清洗和滚筒式清洗无法有效清洗形状不规则的果蔬的缺陷。

④对果蔬表面损伤小。传统的毛刷式和滚筒式清洗只适用于块状果蔬的清洗，对果蔬表面损伤较大，基本不能用于叶类蔬菜的清洗，而清洗原理完全不同的超声波却可以胜任这一工作。

⑤节省溶剂、热能、工作场地和人工等，还可改善作业环境，避免劳动损伤，减轻劳动强度。

**提示：**超声波清洗技术不仅可应用于果蔬的清洗，现有学者还将其应用于果蔬灭菌。有研究表明，超声波清洗不仅可去除污垢，还可降解有机农药。有学者将超声波技术与其他清洗技术（如气泡、臭氧等）相结合，从而达到最大的耦合效果。超声波清洗不仅可以应用于果蔬清洗，在厨房中，还可应用于餐具清洗等方面。在肉品加工中，利用超声波处理技术可作为滚揉的辅助手段，促进盐溶性蛋白质的萃取，加快肉品干燥速度。

3. 刷洗机

在传统果蔬清洗中，利用水流冲洗达到清洗效果的机械有滚筒式、鼓风式清洗机。为了在清洗的时候增强机械力的作用以提高清洗效果，还有以刷洗为主的清洗设备，如 XGJ–2 洗果机（图 3–3）。

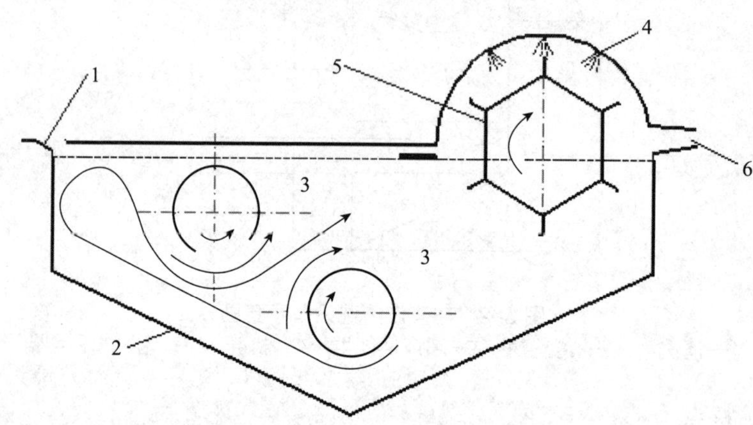


**图 3–3　XGJ–2 洗果机示意图**

1—进料口　2—清洗槽　3—刷棍　4—喷水装置　5—出料翻斗　6—出料口

（1）结构与工作原理

该机器主要由清洗槽、刷辊、喷水装置、出料翻斗、机架等构成。原料从进料口 1 进入清洗槽 2，在两个转动刷辊 3 产生的涡流中得到清洗，同时由于两个刷辊之间间隙较窄，液体流速提高，压力降低，被清洗的物料在压力差的作用下通过两刷辊间隙时，在刷辊摩擦力的作用下得到进一步刷洗。而后，物料在出料翻斗 5 中又经过高压水 4 得到进一步喷淋清洗，最终由出料口 6 出去。

（2）特点

该设备主要适用于如萝卜、土豆、苹果等根茎、果实类原料的清洗。生产能力可达 300 ~ 500kg/h。

## （二）去皮设备

1. 原料去皮概述

原料，尤其是根茎类原料，根据烹饪的要求，大部分情况下需要去掉外皮。去皮的方法主要有手工去皮、机械去皮、热力去皮和化学去皮。厨房手工去皮多采用削、刨、刮等方法。对于成熟度较高的桃、番茄、枇杷等原料，可采用高压蒸汽或沸水短时加热的方式，使果蔬原料的表皮突然受热松软，与内部组织脱离，然后迅速冷却去皮。化学去皮是指利用酸、碱、酶制剂，在一定条件下使果蔬脱皮的方法。此外，利用激光束烧焦土豆皮成一氧化碳薄膜，然后将土豆放入水里便可立即加工的方法也已出现。

2. 机械去皮设备概述

机械去皮设备，按其工作方式可分为连续式和间歇式两种；按照去皮方式可分为摩擦式（旋转滚筒、旋转毛刷、螺旋推进器）、浸泡法（碱液）、喷射法（压力喷嘴）、振动（一般是辅助作用）等；按照工作介质又可分为热蒸汽、水流、真空等。在实际应用中的去皮机，大部分情况是各种去皮方式的综合，以提高其去皮效率和效果。此外，针对不同的物料，还有一些有针对性的去皮设备，如南瓜切条去皮机，柑、橙类水果去皮机，大蒜去皮机等。

3. 摩擦式去皮机

适用于各种根茎类蔬菜和水果进行清洗去皮工作。使用人工进行剥皮作业时的材料损失会达到 20% ~ 30%，但使用该机器的材料损失只有 5% 左右，所以单位食堂、宾馆饭店、酱菜制作行业及罐头加工厂使用该机器不仅可以提高效率，而且可以减少损耗，降低成本。摩擦式去皮机（图 3–4）一般剥皮的时间只需要几分钟，生产能力为 200 ~ 1000kg/h 不等。

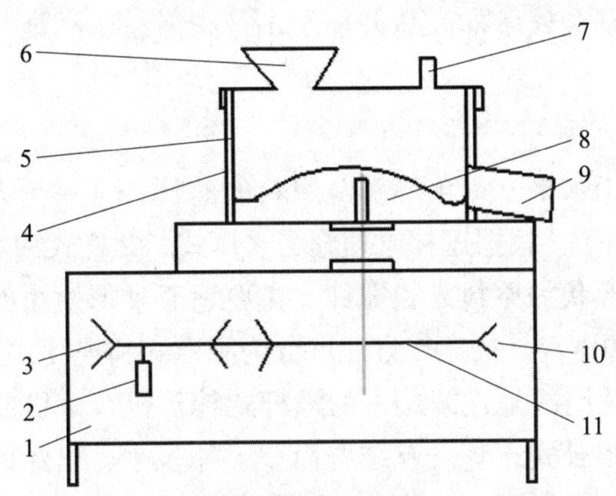


**图 3–4　摩擦式去皮机结构示意图**

1—机体　2—电机　3—小带轮　4—摩擦外筒　5—摩擦内筒　6—进料斗
7—注水管　8—波轮磨盘　9—出料口　10—大带轮　11—污水出口

（1）基本结构与工作原理

摩擦式去皮机的基本结构如图 3–4 所示，主要由料筒（摩擦筒）及其内的波轮磨盘构成剥皮机构、传动系统、电动机等组成。料筒 5 内表面带有竖条状粗糙波纹，波轮磨盘 8 上表面为波纹状，波纹由圆盘中心向边缘呈辐射状。圆盘同转轴固连，在电动机通过传动系统的带动下，随轴一同旋转。

其工作原理是利用原料在旋转的波轮磨盘 8 上与摩擦内筒 5 之间的摩擦碰撞，磨去原料表皮。同时从注水管 7 流进的水，完全散布在筒体内，将已经剥皮的原料清洗干净，而污水从污水出口 11 排出。

（2）使用

①使用时，剥皮室内的原料应八分满，太长的根茎原料应切割成段，每段 15cm 左右。

②当圆盘旋转时，不要将手伸进剥皮室内。

③要保证排水管时刻通畅，因此安装的排水管直径应较大。

④剥皮完成后，在电机工作的时候，打开出料口，利用离心力放出净料，此时不能再喷水，防止水随净料溅出。

（3）维护

①使用完毕后用水冲洗在圆盘和圆盘下的容器底部残存的皮屑或沙土。

②要使地线有效地接地。

③定期加注润滑油，检查皮带的松动和老化情况。

**知识应用：** *磨擦式去皮机综合运用了哪几种清洗方法？*

### （三）固液分离设备

固液分离主要是指在烹饪原料的加工中，将原料中的液汁与原料固体本身相分离的设备。

1. 榨汁机

该机器主要用于水果、蔬菜等新鲜原料的渣汁，常用于大酒店、宾馆、酒吧、咖啡店、果汁店等。根据压榨原理分为水压式、螺杆式和对辊式三种方式，可以分别针对不同形状的原料。如螺杆式主要适于外形短小的原料，而对辊式则适于长条形原料的压榨。按操作方法可分为间歇式和连续式。

目前，餐饮业常用的是连续式中的螺杆式榨汁机，该机器又可分为卧式和立式两种。本书介绍卧式，其具有结构简单、体积小、出汁率高、操作方便，适应范围广等特点。

（1）基本结构与工作原理

其结构如图 3–5 所示，主要由压榨螺杆、圆筒筛、传动控制机构、压力调整机构、传动机构、汁液收集斗和机架等组成。通过螺杆旋转对物料的推进和螺杆锥形部分与圆筒筛产生共同挤压，可以产生 12Pa 的挤压压强，使被压榨出来的液汁经筛孔流向收集器。

为清洗、拆装方便。圆筒筛由上下两个半圆组成，中间接缝同机壳叠接。筛孔直径为 0.3 ~ 0.8mm，由不锈钢或青铜材料制成，强度要求能承受螺杆工作时产生的最大压力。

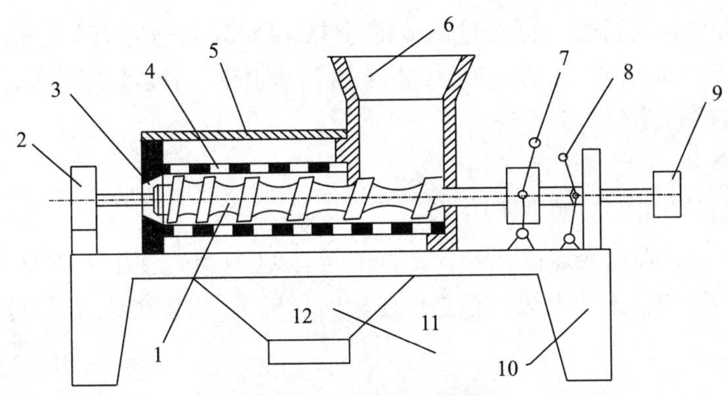


图 3–5 螺旋榨汁机简图

1—螺杆叶 2—压榨螺杆 3—环形出渣口 4—圆筒筛 5—机盖 6—料斗
7—压力调整手柄 8—传动控制手柄 9—皮带轮 10—机架 11—汁液收集斗 12—出汁口

（2）使用

使用前检查机器额定电压与电源电压是否匹配，接好保护地线。先将出渣口环形间隙调至最大，以减少负荷。启动正常后再加料，然后逐渐调整出渣口环形间隙，达到榨汁工艺要求的压力。

（3）维护

维护时有以下几个注意事项。

①每次使用后都要进行清洗，清洗时，在机器转动的情况下将大量水灌入料斗。

②长期不用时，要按说明书保管。在拆装上下圆筒筛时，要按次序。

③定期给轴承盒、传动控制与轴承连接处、压力调整与轴承接触部分加润滑油。

④若长期使用后出现出汁率低和压榨不净的情况，可调整压力和手柄。若还不能达到出汁率要求时，要更换螺旋叶片或圆筒筛。

⑤发现电动机皮带老化、开裂等现象时，要及时更换。

2. 磨浆机

磨浆机在餐饮行业主要用于米、面、豆、花生、芝麻、杏仁等物料的湿磨浆。目前，此类设备根据工作方式有单式碾磨和复式碾磨两种，其区别在于旋转的磨盘数不同。按操作工艺也可分为纯磨浆、磨浆及浆渣分离组合设备。

（1）基本结构与工作原理

如图 3–6 所示，为浆渣分离单式磨浆机的结构示意简图。该机主要由磨浆结构——上下砂轮、浆渣分离结构——滤网及动力和传动机构组成。

其工作原理是利用物料的自身重量进料，到达上下砂轮 6 和 5 之间的间隙。电动机带动下砂轮 5 转动，使其与上砂轮 6 之间发生相对运动，因此磨制浆料。

为控制磨浆浆液的目数，可通过调节螺母 11 和弹簧 7，达到调节两砂轮之间距离的目的。符合质量要求的浆液通过滤网 13 到达出浆口，而滤渣则不能通过滤网，从而实现浆渣自动分离的效果。

（2）使用

磨浆机的使用方法如下所述。

①在工作前必须经过试运转，把调节螺母 11 拧紧，使上下砂轮分离，同时打开视孔盖板 12，接通电源，检查砂轮转向与机盖上的转向标志是否一致。

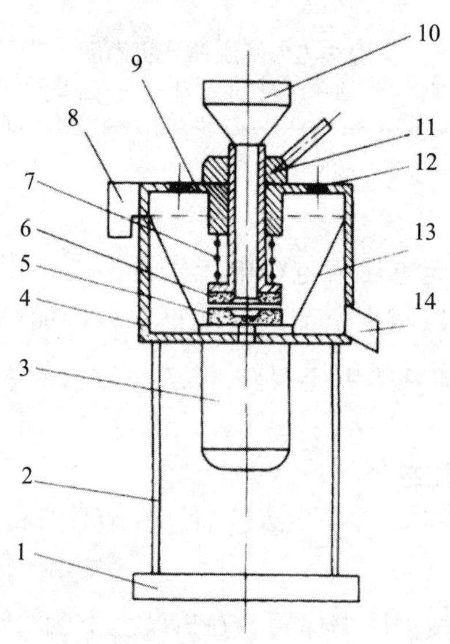


**图 3–6　浆渣分离磨浆机**

1—底座　2—支柱　3—电机　4—机体　5—下砂轮
6—上砂轮　7—调节弹簧　8—出渣口　9—机盖　10—料斗
11—调节螺母　12—视孔（盖板）　13—滤网　14—出浆口

②而后，关闭视孔盖板 12，加水至出浆口 14 有水流出，再慢慢放松调节螺母 11，使上下砂轮 5 和 6 有轻微接触，即可投料磨浆，待出浆正常后再调节水量控制浆液的浓度。

③在工作完毕后，应及时清除浆渣、拧紧调节螺母，打开视孔盖板，清洗干净，保持机器内部干燥、通风。

（3）维护

磨浆机可按如下所述进行维护。

①整机外壳要保护接地，并加装漏电开关及电源开关。

②使用后，打开磨浆机上盖，将残渣清洗干净。磨浆机内各部件一定要清洗干净，放置在通风干燥处。调节螺母处应加食用润滑油。重新使用时，开机

后再将水加注到进料斗进行冲洗。

③对磨浆机冲洗时，不可堵塞出浆口和出渣口。冲洗水量不能过大过猛，严禁停机冲水清洗，以免烧坏电动机。

④每年向机内滚动轴承加注高速润滑油一次。

⑤烧浆主要原因是用水量不足和调节螺母过紧，调节水量和调节螺母即可。

⑥出料慢主要是砂轮磨损严重或过滤筛网堵塞，更换修磨砂轮和清洗筛网即可。

⑦浆料过粗主要原因是砂轮距离过大或磨损不均，调节螺母和重新修磨砂轮即可。

**提示：**在分离设备中，除了浆渣分离，还有一类设备是液汁分离，通常有离心分离法（有卧式、立式两种设备）和压榨法。其中，压榨法主要用于对水果等新鲜原料的液汁进行分离，根据压榨原理分为螺杆式和对辊式两种方式，分别针对不同形状的原料。如螺杆式主要适于外形短小的原料，而对辊式则适于长条形原料的压榨。它们一般用于酒店的酒吧、咖啡厅或果汁店，工作效率高。

## 二、果蔬原料细加工设备

根据菜肴烹调的要求，一般在将果蔬粗加工完成后，需要将果蔬切割成各种片、丝、丁粒及馅状，此过程都可以由机械加工来完成。这些工作由切菜机、斩拌机等完成。

### （一）切菜机

切菜机一般可分为两大类，一类是通用设备，另一类是专用设备。所谓通用设备，即是能够将所有物料或某一大类物料（如根茎类原料）分解成片、条、丝、丁等物形的设备；所谓专用设备，即是针对某种具体物料进行分解工作的设备，如有辣椒切丝机、土豆切丝机、莲藕切片机、海带切丝机等。根据工作原理，切菜机主要有圆盘式、转子式、冲头式和组合式等工作方式。

**提示：**切割是食品物料在外力的作用下，克服分子间力而分裂破碎的过程。在此过程中物料的体积由大变小，单位体积的表面积由小变大，而物料的化学性质却几乎不发生变化。不管是何种形式的切割机械，都是通过动力作用，使果蔬物料同切刀做相对运动，达到对物料的切割的目的。

1. 多功能瓜果切割机

该机器（图3–7）主要适用于根茎类果蔬物料的切割，使得物料成丝、片、粒及蓉状，为圆盘式切菜机的一种。该机器结构紧凑，操作简便、可靠，功能齐全，通过更换切刀，可将根茎类物料一次性切成各种规格的片、丝、块等。同时还可实现干酪、杏仁、巧克力、面包刨蓉。

（1）工作过程

工作时以机体 10 内的电动机作为动力，通过传动系统，带动转轴 8 转动，在转轴上依次安装有拨料盘 7、动刀盘组 6 和 5。物料通过进料口 3，而后利用定位手柄 4 将物料推向动刀盘组 5，通过动刀盘组 5 的切制，到达拨料盘 7，将物料拨到出料口 9。

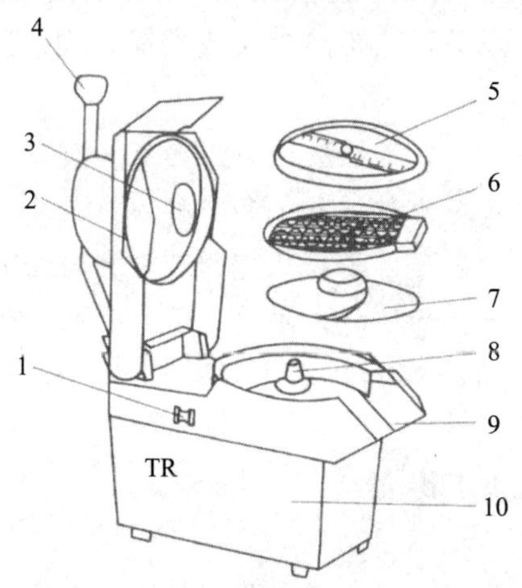


**图 3–7　多功能瓜果切割机工作结构图**

1—开关　2—机盖　3—进料口　4—定位手柄　5—动刀盘
6—定刀盘　7—拨料盘　8—切刀转轴　9—出料口　10—机体

（2）使用

在使用时，根据配菜物料的形状和规格要求，需要选用不同的切割刀使用。常用的切刀主要有切片刀、切丝刀、切粒组合刀以及刨蓉刀（图 3–8）。

①切片刀主要用于水果蔬菜的切片，其结构是一把一字形切刀，将其安装在圆形动刀盘上，通过切刀的调整更换，可以把原料切成不同厚度的片。

②切丝刀主要用于果蔬切丝，其结构是在横向一字形切刀口前加装竖向组排刀，安装在动刀盘上，通过动刀盘的旋转，横竖切刀同时工作，一次性把物料切成丝状。

③切粒的时候需要用到组合刀组，将切粒刀安装在定刀盘上，与切片动刀盘配合使用，方可将果蔬原料切成粒状。

④刨蓉刀为 2 ~ 3 对一字形切刀，安装在动刀盘上，刀刃同刀盘面距离比单独切片时小一些，可用于干酪、面包、坚果等刨蓉。

定位机构起到定位和进料的双重作用，通过定位手柄 4 和安全盖上的两个进料口来完成。

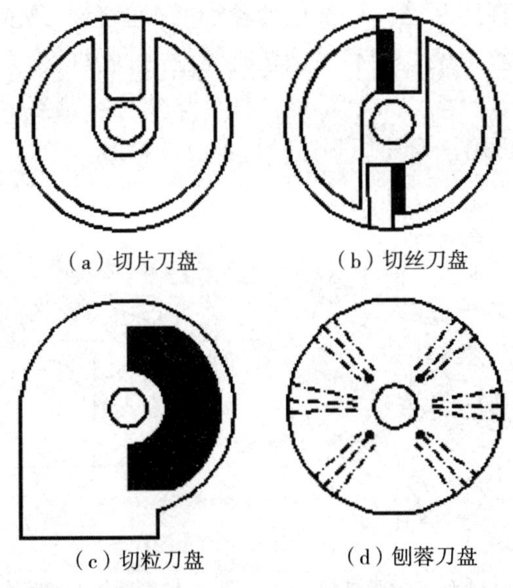

（a）切片刀盘　（b）切丝刀盘

（c）切粒刀盘　（d）刨蓉刀盘

**图 3-8　果蔬切割刀盘附件**

长形进料口可以使得物料自然横放，适于切割长片和长丝操作；圆形进料口需将物料竖直放进去，适于切割短片或圆形物料。进料口必须使用专用进料定位器。

同时，在开机前还须注意检查接地和装置的安装是否完好。在使用后须及时进行清洗并抹干水分，以备下次使用。

2. 多切机

该机器属于圆盘式切菜机，其特点是动刀片刃口线的运动轨迹是一个垂直于回转轴的圆形平面。多用途、多功能，可完成对果蔬、薯类、豆制品、面包、烙饼、熟肉、甚至中药材等的丝、条、片、段以及馅料的切制。

（1）结构与工作原理

该机外形如图 3-9 所示。该机由上下输送带、切割器、外罩和传动部分等组成。工作时，物料由上、下输送带夹持向前输送，到达喂料口时，即被旋转的刀具（切割器）切割，切碎的物料由下方出料口排出。

（2）使用

当对原料有不同的料形要求时，可安装不同的切割器完成，一般切割器分双刀片切割器和丝刀片切割器，分别如图 3-10 和图 3-11 所示。丝刀片切割器由梳齿刃口刀组和直刃口刀组组合而成。梳齿刃口刀组由梳齿刀片和垫片相间排列，紧固在丝刀架上。切割块状物料时，梳齿刃口刀片先在物料上切出一定深度的条状口子，紧接着后面的直刃口刀切下，完成块状物料的切丝、切条的操作。通过改变丝刀架上梳刀的间距，可以调整所切丝、条的粗细。对于白菜等茎叶类蔬菜，可直接制馅。若长径比较小的根茎类蔬菜或水果的作业，可卸下丝刀切割器上的丝刀架，仅利用该切割器上的直刃口刀，其效果更好，双刀片切割器的工作原理与丝刀片切割器一样。这两种切割器也可组合使用，即先用双刀片切割器，再用丝刀片切割器，得到所需料形。

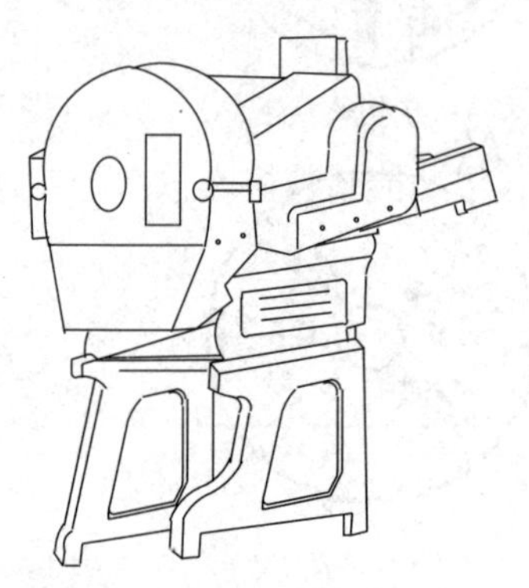

图 3-9　GQ-1 型高效多切机

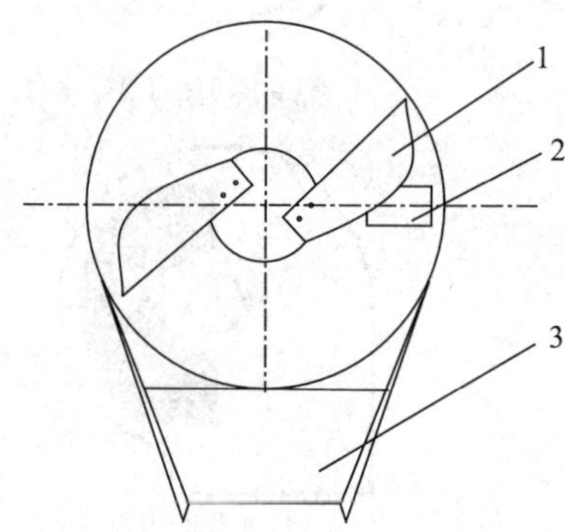


图 3-10　双刀片切割器左视图

1—动刀片　2—喂入口　3—出料斗

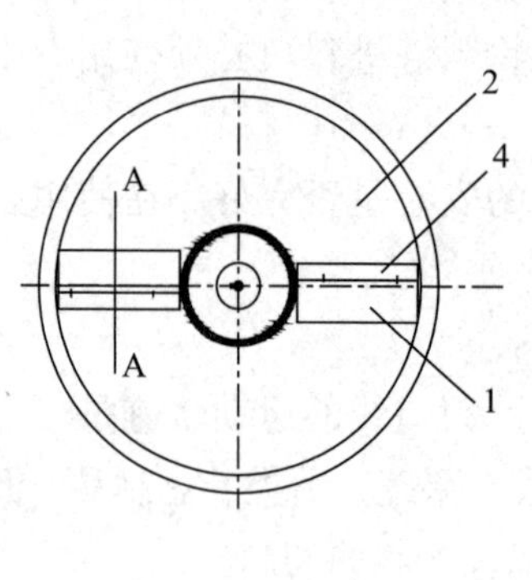


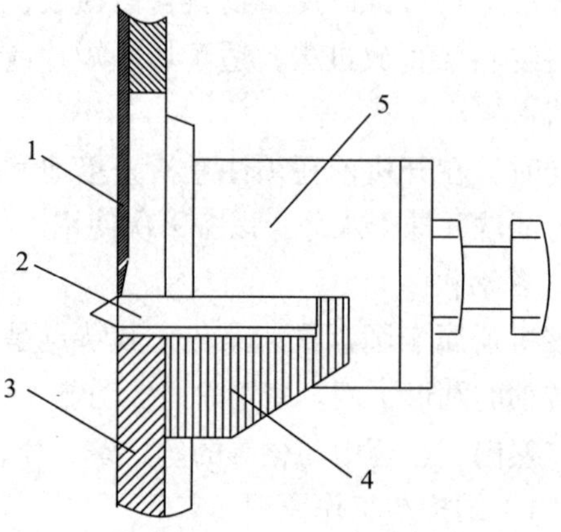


图 3-11　丝刀切割器

1—直刃口刀片　2—标齿刃口刀片　3—刀盘　4—丝刀架　5—轴套

（3）维护

多切机按如下方法进行维护。

①使用前一定要检查机外接地是否正常。

②使用完毕后应清洗输送器、上盖、内腔和切割器并擦干水分，盖好上盖，以备下次使用。

③定期对传动系统加注润滑油。

④使用前，要保证切割器的刀刃锋利，否则刀具会使原料组织细胞锤裂，影响菜馅风味。

## （二）斩拌机

斩拌机广泛应用于各种去骨或去皮肉类、蔬菜、瓜果、调味品等食品原料的切、绞、搅、斩等操作，并可同时拌入其他辅料、调味品以及用于降温的冰块，用于加工肉丸、肉饼、肉馅和灌肠等，是现代厨房机械中用途最为集中的一种。斩拌的目的一是对肉类原料进行刻切，使肉馅产生黏着力。二是将原料与各种辅料进行搅拌混合，形成均匀的乳化物。斩拌机按旋转刀轴的安装方式，可分为卧式斩拌机和立式斩拌机两种类型，较常用的是立式多功能斩拌机。

### 1. 立式多功能斩拌机

（1）基本结构与工作原理

立式多功能斩拌机由斩拌驱动机构、斩拌机构、物料桶、操作控制台、机座等组成（图 3–12）。在料筒的刀轴上安装有若干刀片，开机后刀轴在电动机的带动下带动斩拌刀高速旋转，在切割、搅拌、捶打等力的综合作用下，完成对原料的斩拌。

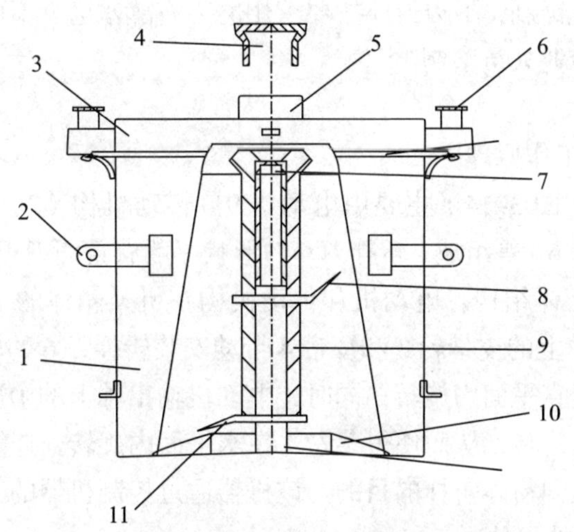


**图 3–12　立式多功能斩拌机结构简图**

1—料桶　2—提手　3—桶盖　4—胶盖　5—气孔　6—手轮
7—转轮　8—上斩刀　9—隔套　10—料桶锥形底　11—下斩刀

（2）使用

立式多功能斩拌机的使用方法如下。

①根据原料对象安装适配刀具。多功能斩拌机的刀具有三种（图 3–13）：四折线平刃刀具，常用于果蔬和肉类切割；弧形平刃刀具，常用于肉类及其他类似的弹性含水物料；弧形锯齿刀具，多用于水果、蔬菜、鸡蛋糊、豆类的打浆和搅拌。

②开机前必须锁紧桶盖，否则无法开机。

③通过操作台开、停机，原料符合成品要求后，打井桶盖，再打开压紧口，取下料桶清洗。

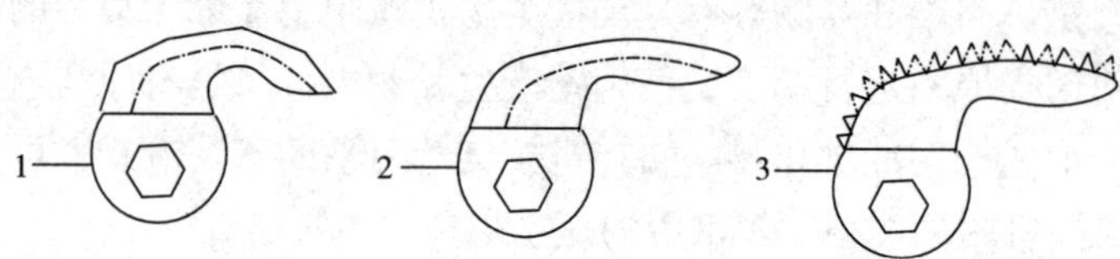


**图 3–13　斩拌刀具**

1—四折线平刃刀具　2—弧形平刃刀具　3—弧形锯齿刀具

（3）维护

该设备的维护方法如下。

①将接触原料的部位清洗干净，并擦干水分；注意不能用大量水冲洗，以免操作台进水。

②发现刀具不锋利，平刃刀应按要求用磨刀石蘸水磨，不可用电砂轮打磨，而锯齿刀则要由专业人员磨制。

2. 卧式斩拌机

（1）结构与工作原理

卧式斩拌机（图 3–14）主要由电动机 9、传动机构（2、3、4、8）和工作部分斩拌机构（5、6）等组成。斩拌刀 6 的形状一般有直面刀刃和弯面刀刃两种。其机架 2 一般为箱体结构，电动机和传动机构在机架箱体的下半部分。传动机构通过电机输出轴上的皮带轮 3 和皮带 4 带动安装斩拌刀 6 的旋转轴 5 旋转，从而使得斩拌刀在竖直平面内旋转；同时，电动机输出轴上的伞形齿轮带动连接菜盆 7 的伞形齿轮 8 旋转，从而使得菜盆 7 在水平面内旋转，连续改变斩拌刀同原料的相对位置，达到粉碎斩拌的目的。该机器通过控制机器的工作时间达到控制斩拌馅的粗细程度的目的。

（2）使用

该机器的使用方法如下所述。

①使用该机器时，为尽可能减少刀具对原料组织细胞的锤裂效果，保持菜馅风味，需要使斩拌刀保持锋利的状态。

②需要对原料进行清洗和精选等预处理的工作，把一些粗老纤维组织去除，以防损坏刀具。

③开机前应将菜盆上盖锁死，保证原料的卫生和操作上的安全。

④使用完毕后应及时清洗，抹干水分，防止微生物繁殖和生长。

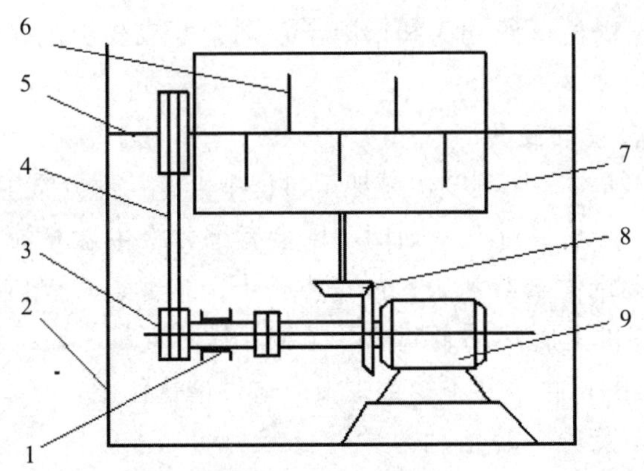


图 3-14 卧式斩拌机

1—轴承 2—机架 3—皮带轮 4—皮带 5—斩拌刀轴 6—斩拌刀 7—菜盆 8—伞形齿轮 9—电动机

**知识应用：**蔬菜在切制成馅的加工中，为防止维生素损失过大，需对斩拌机如何处理？

**拓展阅读：**真空斩拌机

真空斩拌机是指在真空条件下对原料进行斩拌工作，在发达国家熟肉制品加工行业应用已有40多年的使用历史，真空技术在香肠制馅工序中的应用，使香肠内在质量得到很大提高。肉馅在真空状态下斩切、搅拌和乳化，可以防止各种营养成分被氧化破坏及细菌的滋生，从而最大限度地保持原料肉中的营养成分，提高产品的细密度、亲水性及弹性，延长产品货架期，是真空定量灌肠生产线不可缺少的重要设备。我国于2002年将该设备自主研发成功，已供应国内一些著名的食品生产商。

## 三、机械加工对蔬菜原料特性的影响及改善措施

蔬菜在机械加工后，原料的性质会发生变化，这些变化与菜肴的烹调质量密切相关。

### （一）机械加工对蔬菜原料特性的影响

1. 容重的变化

蔬菜被加工后，由于水分流失的缘故，其容重一般会减小。以白菜为例，一整颗新鲜白菜的容重在切割前为419kg/m$^3$，切碎后其容重为272kg/m$^3$。显然，这一变化对于后续工序（如输送设备、加热设备等）的选择均会发生影响。

2. 颜色的变化

蔬菜的颜色在机械加工中，遇到金属离子会产生颜色变化。蔬菜如果遇到

铁离子，会变成深褐色；遇到锡和铝离子，则会变成浅灰色；遇到铜离子，蔬菜则会变成鲜绿色。

3. 维生素 C 含量的变化

蔬菜在整修、清洗和切割的机械加工过程中，有一部分维生素 C 遭到破坏；如果蔬菜因清洗而含水量过大，则切割中会有部分维生素 C 流失掉；切后泡在水中，会有 40% 的维生素 C 流失；如果再挤干，维生素 C 要再损失 60%。在机械加工中，机械零件上脱落的金属离子（铜、铁、锰等）对维生素 C 的氧化起到催化作用。优质的铝合金和不锈钢则没有这种催化作用。

4. 加工菜馅（菜泥）的结构力学特性的影响

切碎后的蔬菜的结构力学特性，如附着性、黏性、弹性、松弛度等均有变化，比如菜泥的黏性不足，对被加工产品的混合、冲压成形等加工效果产生不良影响。

### （二）改善措施

1. 切削加工前的预处理

比如将原料冷冻到一定的温度，放在沸水中加热一定的时间或在一定浓度的盐水中处理一定时间等，都可以改变物料的力学性能。合理的处理不会改变物料的化学成分、味道、颜色等性质，但却可以减小切削加工中的切削力，并降低功耗，从而提高加工质量和生产效率。

2. 选择刀具的合理几何参数

为了保持物料有一定的形状、尺寸，保持食品的风味和一定的含水量，一般要求物料在切削中不能受到过大的挤压力，否则物料的水分，甚至组织液被挤出后，会降低产品的加工质量，严重时还会失去食用价值。为了减少刀具对物料的影响，对刀具的几何角度、刃形、刃口的锋利度提出了很高的要求。

3. 选择刀具的合理运动参数

虽然提高刀具的切削速度和物料送进速度可以提高生产效率，但是速度选择不合理时，刀具对物料的冲击作用力也会破坏物料的组织，影响产品质量。同时由于摩擦作用的影响，不合理的运动参数会增加消耗，导致温度提高而影响产品质量。

4. 选择合理的刀具材料

与肉类加工刀具相比较，蔬菜类刀具虽然受力状况比较好，切削力、冲击力及功耗均很小，但是由于蔬菜水分多、组织软，要求刀具不能有很大的挤压力，所以刀刃的楔角很小，一般≤12°，而且刃口要非常锋利。由于楔角小，刃口锋利，刀刃的金属体积也很小，因而耐磨性必然下降。为此，要求菜类刀具应具有足够的硬度和耐磨性，一般洛氏硬度 HRc ≥ 50。另外，菜类对刀具的腐蚀作用较强，故要求此类刀具材料应具有足够的抗蚀性能。

## 第二节　肉类原料初加工设备

肉类原料的初加工主要包括肉类的解冻、清洗、分割和切配四个方面。

肉类食品通常是由动物的肌肉组织、结缔组织、脂肪组织和骨骼组织所构成的，具有肉类的强度、弹性、韧性、黏性等物理特性，它与果蔬类食品不同，因此一般与果蔬初加工设备不能通用。

目前，在烹饪行业中，解冻和清洗以及对肉类的初加工基本都是传统手工操作和部分操作的机械化生产并存的方式。根据目前的机械加工水平，解冻和清洗可以实现机械化操作，肉类的切块、切片、切丝、切粒、斩拌、绞碎、锯骨等基本上都可以用机械设备进行，从而大大减轻厨房原料处理操作中的劳动强度，使烹饪食品的质量和管理水平上了一个新的台阶。

本节将对厨房肉类加工中的锯骨、切割、斩拌、绞肉以及制作肉丸等设备进行介绍。而解冻则于第四章中进行介绍。

### 一、肉类切配设备

肉类切配设备是指对肉类原料进行切块、切片、切丝、切粒等操作的设备，是厨房必备设备之一。

#### （一）冻肉切割设备

1. 锯骨机

锯骨机是一种采用锯齿状刀刃在高速运转下对肉块或骨骼进行分割处理的切割机械，可以快速锯断大块骨头、肉块及冻结的肉类、家禽、鱼类等块状物料，也可以进行冻肉切片，是厨房冻肉分解设备。根据切割刀具及运转方式分为带式锯骨机和圆盘式锯骨机两种，外形有立式和卧式的区别。

（1）基本结构与工作原理

图 3–15 为带式锯骨机及结构简图。该机由驱动机构、切割机构、给料机构及机架四部分组成。在电机的驱动下，通过上下导轮使锯带（一般大约 1mm 厚度）保持惯性高速运转，对肉块实施切割，上下导轮同锯带的松紧可通过调节手柄调节。肉块置于工作台上，根据所需切割肉块的厚度调节定位挡板与锯带刃口间的距离，通过推料手柄把肉块向前推进，直至锯断为止。

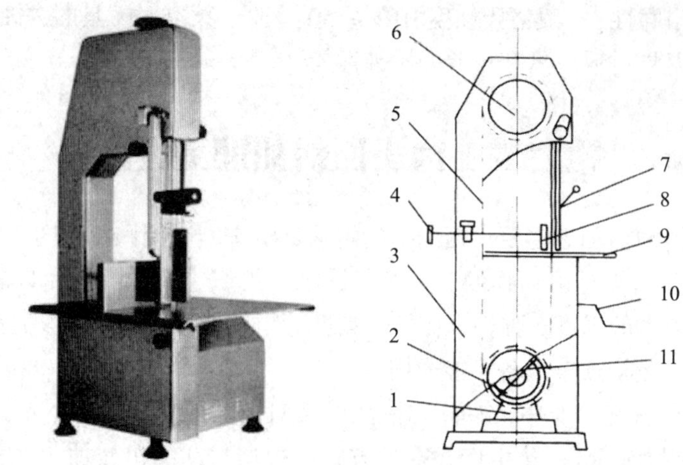


图 3–15 带式锯骨机及结构简图

1—电机 2—下导轮 3—机体 4—定位手柄 5—带锯 6—上导轮
7—推料手柄 8—定位挡板 9—工作台 10—导轮调节手柄 11—清刮器

（2）使用

锯骨机的使用方法如下所述。

①每次开机前需检查锯带的松紧度，通过调节手柄 10 将其调节到合适程度。

②锁紧上下机盖上装有的连锁装置，只有在锁紧状态时，机器才能启动，从而保证安全性。

③在锯带上安装有锯带清刮器，保证锯带在工作时黏附的肉末和骨屑能及时清除，因此每次使用前需调整清刮器同锯带的贴紧程度。

④根据使用要求调节定位手柄 4，从而确定定位挡板与带锯之间的距离，从而确定切割肉块的大小。

⑤机器开动后，锯带运转，将原料放在工作台上，通过推料手柄 7 把肉块向前输送，从而被锯带切割。

（3）维护

锯骨机维护的方法如下。

①每次使用完毕后，需打开机盖，冲洗清除工作时残留的骨屑和肉末等，以保持机器内的卫生。

②及时给导轮轴上加注润滑油。

③发现锯带不锋利时要立刻停机，并由专业人员取下锯刀进行处理。

**提示：**用锯骨机切冻肉片有什么不好？锯骨机既然可以将带骨冻肉切断、切块，当然也可以切片。但是由于锯条有约 1mm 的厚度，如果切 2mm 厚的肉片，每次切掉的厚度却是 3mm，另外的 1mm 冻肉变成了 “锯末”；其次，这种切片不能满足肉片厚薄均匀性方面的要求，同时很难实现切薄的要求。

2. 刨肉机

刨肉机是切、刨肉片以及脆性蔬菜片的专用工具。近年来用于厨房对各式去骨冻肉和土豆、萝卜、藕片等脆性蔬菜片的切割，尤其是刨切涮羊肉、小牛肉片等。切出的片厚薄一致，省时省力。一般采用齿轮传动方式，外壳为整体不锈钢结构，维修、清洁极为方便。刀片为一次铸造成形，锐利耐用。刨肉机按结构形式有落地式和台式两种，按使用方式有全自动和半自动两种，全自动与半自动的区别在于送料机构是否可实现自动化处理。

（1）基本结构与工作原理

图 3-16 为台式半自动冻肉刨肉机，由动力（电机）及传动系统、切割刀盘、送肉机构及调节装置等组成。

电动机通过齿轮传动系统，带动工作部件——切割刀片轴，从而使固定在轴上的圆形切割刀片高速旋转，对原料进行切割。送肉机构由滑动刀架、顶肉杆、压肉架、滑动刀架手柄等组成，通过刀架手柄上下往复滑动刀架，使得滑动刀架上被压肉架压住的肉块往切割刀处输送。

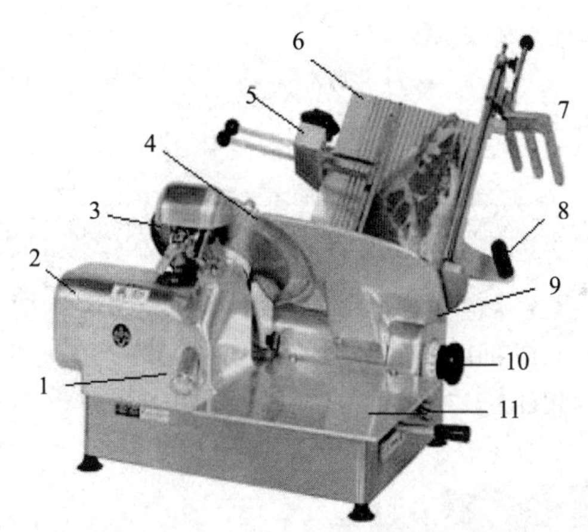


**图 3-16 台式半自动冻肉刨片机**

1—切割刀轴 2—动力传动 3—磨刀砂轮 4—切割刀盘
5—顶肉杆 6—滑动刀架 7—压肉架 8—滑动刀架手柄
9—切割工作台面 10—肉片厚薄调节旋钮 11—肉片承接工作台

（2）使用

刨肉机的使用方法及注意事项如下。

①将无骨冻肉块用锯骨机切成合适的大小，用可以上下滑动的顶肉杆 5 顶住原料，用压肉架 7 将原料固定在滑动刀架 6 上。

②转动肉片厚薄调节旋钮 10 使切割刀片与切割工作台面 9 离开适当距离（与

肉片厚薄相当）。

③按下启动按钮，圆形切割刀片 4 高速旋转，手动滑动刀架手柄 8，使滑动刀架带动肉块向切割刀片方向运动，受高速刀片切割，一块块肉片被切下，掉入放在承接工作台 11 上的容器内。

④肉块切割到极限，将滑动刀架手柄复位，再重新夹持肉块向切刀处输送。

⑤工作完毕时，先复位滑动刀架手柄，然后再停机。

⑥使用后，要用手不能捏出水的湿布清理残留在机器上的肉末、油迹、污物，但不能用水冲洗。

（3）维护

刨肉机的维护方法如下。

①定期给滑动刀架的滑动导轨加注润滑油。

②刀轴油箱和减速器箱每年换油一次。

③若刀刃已钝，会使切出的肉片厚薄不均、切不出肉片甚至断片（也可能是肉坯过硬引起的），这时应及时磨刃（按说明书操作），两眼直视刀刃，如果刀刃上看不到白色光泽，表明刀已磨好。

④若滑动刀架不能移动，一方面及时加注润滑油，另一方面适当调整导轨与刀架之间的调节螺母的松紧度。

### （二）鲜肉切配设备

1. 鲜肉切片机

肉类切片机主要用于肉类和其他具有一定强度和弹性的物料的切片、切丝、切粒，广泛应用于宾馆、食堂、肉类加工厂等肉类加工场所，是一种不可缺少的常用设备。按切刀工作轴的构造的不同，可以分为立式肉类切片机和台式肉类切片机两大类型。如图 3-17 所示为台式双孔切肉片机。

（a）外形图

（b）投料口

图 3-17　台式双孔切肉片机

（1）结构

该机主要由切割机构、动力传动机构、给料机构三部分组成，电动机通过动力传动机构使切割机构的双向切割刀片相向旋转，对给料机构供给的肉料进行切割。可根据烹饪工艺要求将肉块切成规则的片、丝、粒状。图 3–17 的双投料口可以使两边切出的肉片有不同的厚度。

切割机构为该机的主要工作机构。由于鲜肉质地柔软且肌肉纤维不容易切断，不适合使用蔬果切割机上的旋转刀片，此类鲜肉切片机一般采用同轴圆形刀片组成的切割刀组，这是一种双轴相向的切割组合刀组（图 3–18）。

该刀组的两组圆刀片沿轴向平行，刀片相互交错，并有少量错入，每对错入的圆刀片形成一组切割刀组，通过主动轴上齿轮的传动，两轴上的刀组做相向运动，既可方便进料，同时又达到自动切割的目的。肉片的厚度通过调节圆刀片之间的间隙来保证，而这个间隙又是由压在每块圆刀片之间的垫片厚度决定的。刀片数目与肉片厚度的关系如表 3–1 所示。

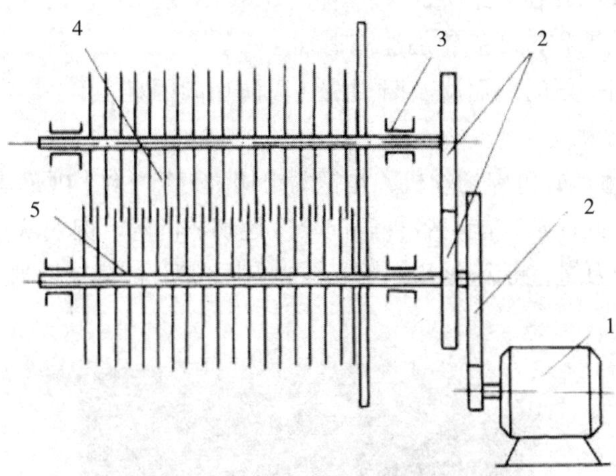


**图 3–18　切肉片机切割刀组传动原理**

1—电动机　2—传动齿轮　3—轴承

4—从动圆片刀组　5—主动圆片刀组

**表 3–1　刀片数目与肉品厚度的关系**

| 肉片厚（mm） | 2.3 | 3 | 4.5 | 6 | 8 |
|---|---|---|---|---|---|
| 刀片数（组） | 24 | 20 | 14 | 11 | 9 |

（2）使用

鲜肉切片机的使用方法和注意事项如下。

①接通电源，检查两组刀是否相向向内运动，如发现反方向转动，应调整电动机的接线。

②该机在使用前应先将需要切割的肉类原料分解成与进料口尺寸适合的肉块，当机器运转正常后（注：空转运行时间不能超过 2min，以防刀片发热，损伤刀刃），再将肉块按顺序投入，在刀片的带动下进料切割，在刀片组下部即可得到相应规格的肉片，通过出料口排出。如果是切肉丝，则把切好的肉片按顺序平整地重新送入刀组，即可切成肉丝。同样，如果需切肉丁（粒），则把切好的肉丝按刀轴方向平行再投入刀组中切割，即可把肉块切成肉丁（粒）。

③该机器不能直接切割冷冻肉块，否则将损伤刀刃。如冷冻肉块需切制，应先解冻，解冻的程度以两指能较易捏动为宜。

④如切出的原料粘连，则是因为两组刀未贴紧，按说明书调整。

⑤如原料绕在刀轴上，则是因为刀片隔垫外圈未贴紧，按说明书调整。

（3）维护

鲜肉切片机的维护方法如下。

①每次使用完毕，应拔掉电源，取下安全盖、刀组等，并用热水全面清洗，用棉布擦干水分，并在刀组上涂上清油。

②定期给轴承和传动齿轮加注润滑油。

③刀组使用一段时间后应及时刃磨，以防切削困难。

2. 鲜肉切丝机

图 3–19 为落地式鲜肉切丝机，是把两组切割刀组（结构原理与鲜肉切片机相同）上下交错装配而成，能将各种鲜肉一次性切成肉丝。肉块从投料口喂入后经上部第一组切割刀组，将肉块切成肉片，再顺势下落，被第二切割刀组切成肉丝。

图 3–19 落地式鲜肉切丝机

其特点是刀具组设计为悬臂式，可轻易拆卸、清洗，并能快捷方便地更换不同规格的刀组。加装有紧急开关和安全开关，可有效地保护使用者的安全。底部设有脚轮方便移动。适合酒楼、超市、肉类市场、小型加工厂等使用。

3. 绞肉机

绞肉机是肉类处理中使用最为普遍的一种机器，主要利用不锈钢格板和十字切刀的相互作用，将肉块切碎、绞细形成肉馅。广泛用于餐馆、饭堂、烧腊工厂等行业绞制肉糜。

根据其结构特征，绞肉机可以分为单级绞肉机、多级绞肉机、自动除骨和除筋绞肉机、搅拌和切碎组合绞肉机等。在餐饮行业中以使用单级或二级绞肉机较多，尤其以单级绞肉机最多，它可以通过调换不同孔径的绞肉格板，达到调节粗细的目的，可避免因经连续多次绞肉使肉原料温度升高而影响肉质。

（1）结构

图 3–20 为单级绞肉机的结构图，主要由进料系统、绞肉筒、绞切系统及传动系统组成。

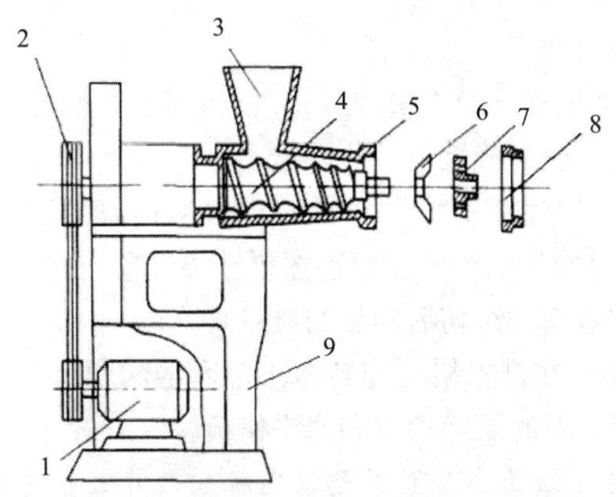


**图 3–20 单级绞肉机结构图**

1—电机 2—皮带轮 3—料斗 4—螺旋送料辊
5—绞肉筒 6—切肉刀 7—绞肉格板 8—锁紧螺母 9—机架

进料系统包括螺旋强制送料辊和料斗。在料斗中的肉料借助自身的重力和螺旋送料辊的旋转，被不断送到绞肉筒内的绞切系统进行绞切。为使螺旋送料能达到强制状态，通常改变送料辊的螺距和直径，即前段辊螺距大，辊轴直径小；后段辊螺距小，辊轴直径大。这样就可以保证对肉块产生一定的推压力，保证进料的平稳和绞切的肉糜（馅）能顺利从格板孔中排出。

绞切系统包括十字切刀、绞肉格板和锁紧螺母等。十字切刀通常有四个刀刃，由碳素工具钢或合金工具钢制造，中间孔是正方形，安装在同是方形的轴上，与送料辊一起旋转，而绞肉格板则由定位销固定在绞肉筒上，由于送料辊带动十字切刀强制旋转，与绞肉格板紧密配合，形成切割副，达到绞切肉馅的目的。格板通常用不锈钢或优质碳素钢制成，为了保证有足够强度，要求厚度不小于10mm，格板上有规格的孔眼，孔眼直径大于10mm为粗绞格板，孔眼直径在3 ~ 10mm之间的为中细绞格板，孔径小于3mm为细绞格板。在实际生产操作中，可以根据不同要求选用不同规格的格板配合使用。

（2）使用

根据绞切肉糜的粗细，选择不同的格板并确定转速。切刀的转速与送料辊相同，其转速需要与选用的格板孔眼直径大小相配合，孔眼直径大的格板，出料容易，切刀转速可以大些，反之，转速可小些，一般可控制在150 ~ 300r/min，最高不应超过500r/min。

将肉去骨去皮切成小长条形，装入入料口，一次装料不能太满，塞压入料要用机器专配的塑料棒或木棒，不可用手，也不可用金属棒（铁丝），以免发生人身事故或损坏机器。

另外，要注意普通绞肉机绞肉的时间不宜过长，否则会影响肉馅的质量。

（3）维护

绞肉机的维护方法如下。

①工作结束后，要立即将绞肉机的螺母、格板、切刀、螺旋送料滚等拆卸下来，与绞肉筒等一起清洗，晾干或擦干，装好待用。

②在安装的时候，要注意安装顺序和方向。先装切刀，且刀口朝外，再装格板，最后上锁紧螺母，锁紧螺母的松紧度以手摇轮轻快为宜，否则会影响格板的位移，从而影响切刀的工作效率和绞切后肉品的质量。

③若发现切料慢，在排除格板与转速不配套的问题后，检查切刀是否已钝或格板表面是否平滑，及时更换切刀和磨平格板。

**提示：**影响肉糜粗细的主要因素是绞肉机切刀片数和转速等参数，但决定性的因素是格板孔眼直径。因为切刀切断的总是陷入格板孔内的部分，孔径越大，可能陷入得越多。而切刀片数和转速由设计决定，能够保证肉料的喂入。

**知识应用：**为什么绞肉机出来的馅料没有人工斩切的馅料好吃？

## 二、肉品制备设备

将肉类原料经过初加工后，制成各式肉品，如西餐中有培根、早餐肠、肉面包等，而中餐中主要有火腿、肉丸等。以下主要介绍肉丸成形加工必备的设备。

在国人的饮食消费中，各类肉丸是一大食品种类。由于肉糜的黏滞、流变特性，用肉糜制作丸子是较复杂的操作，尤其是包心丸子，生产效率低，技术难度高，形状、大小难于统一。肉丸机可以大大提高生产效率，保证成品质量，由于不用手工操作，也减少了污染环节，清洁卫生。

制作肉丸需经过肉类原料打浆和肉丸成形两个步骤，可通过肉丸打浆机和肉丸成形机完成。

### （一）肉丸打浆机

肉丸打浆机是将做肉丸的肉类原料与配料一起进行斩拌、混合的设备，如图 3–21 所示。

本机下部电机直接与料桶内斩拌刀轴连接，刀轴上对称安装若干圆弧刃口刀片，一次装肉量为 1 ~ 4kg。从投料口投料，开机后电机带动斩拌刀高速旋转，在切割、搅拌、捶打等力的综合作用下，2 ~ 3min 即可完成打肉、配料、搅拌成浆，肉桶外罩和桶底装有冷却装置，通过夹层换热，可确保肉浆新鲜。该机生产的肉浆比手工锤打的肉浆精细，所生产的肉丸、鱼丸弹性好，色泽洁白，可加工牛肉丸、大肉丸、鸡肉丸、弹性肉丸、潮州肉丸、普通肉丸等。

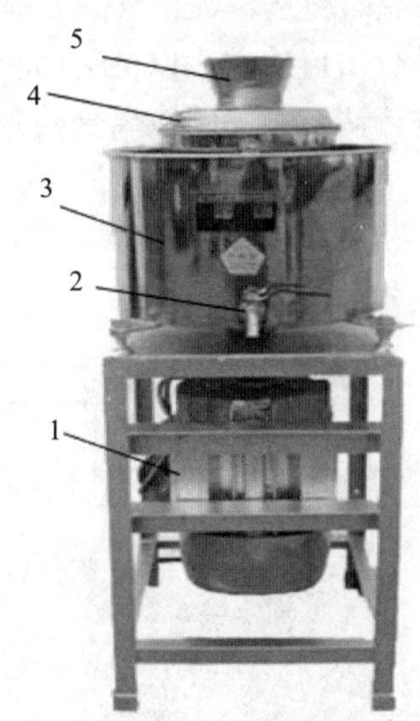


图 3–21　肉丸打浆机

1—电机　2—冷却水口　3—料桶　4—桶盖　5—投料口

### （二）肉丸成形机

肉丸机属于肉类食品初加工中的成形机械，有单桶、双桶之分。

单桶肉丸成形机采用不锈钢材质，可以制作各类爽脆、有韧性、有弹性的猪肉丸、牛肉丸、鸡肉丸、鱼肉丸等。品种多，肉丸直径可达 15 ~ 35mm，口味可根据需要自行调整。

双桶肉丸机也叫包心肉丸机，用于制作复合肉丸，其中一个桶做面料，一个桶做心料，通过复合机构成形为包心肉丸。可自动生产台湾包心贡丸、香港撒尿牛丸、包心鱼丸等。如只用单桶则可生产各种实心肉丸。

图 3–22 为双桶包心肉丸机。该机由电机、传动机构、输送机构、肉料馅料桶、包心成形机构、调节机构等组成。

工作时，将斩拌好的肉料和心料分别装入肉料桶 4 和心料桶 13，启动电机后，传动机构带动两个桶中的推料杆旋转，推料杆上部有可调节推料板，对桶内肉料进行搅拌，下部是变容积螺旋送料器，分别将肉料和心料定量送入包心成形装置，通过转动齿轮模头 10 和刀架、铜板、活动刀片 8 的综合作用，旋转包心、成形、切割，做成的包心肉丸从铜板下部落入放置在机架转盘上的容器中。

推料杆的转速、包心成形装置内齿轮模头的转速以及活动刀片的切割速度都是预先调整和匹配好的，传动系统内有无级调速装置，通过调速手轮可改变肉丸的生产能力（150 ~ 250 粒 /min）。可调弹簧螺母 7 用于调节铜板上刀架、活动刀片的往复距离，改善成品质量。旋转机器上部的肉量调节杆 16，可以升降推料杆，改变送料螺旋环行出口的大小以调节肉料供给，左侧的包馅副机离合档 5 可对心料的供给量进行调节，关闭该离合档则可制作实心丸子，相当于单桶肉丸机。

**图 3–22　包心肉丸机**

1—电机　2—推料杆　3—切丸调速轮　4—肉料桶　5—包馅副机离合档
6、12—螺旋送料器　7—可调弹簧螺母　8—刀架、铜板、活动刀片　9—机架转盘
10—转动齿轮模头　11—心料输送管　13—心料桶　14—推料杆　15—传动链罩
16—肉量调节杆

### 三、机械加工中肉的微观结构变化

肉在机械加工时，无论加工成何种形状，其微观性质均发生变化。这一变化将影响肉食的烹调质量，其中绞肉馅的微观结构变化最大。当绞肉机的栅格板孔径为 5mm 时，严重地破坏了肌肉组织的正常结构，在某些肉束上棱角已经没有明显的棱线。肌肉纤维已变形，被压弯曲和破坏。结缔组织变形较大，它位于肌肉纤维之间，从中还可以看出为数较多的血液循环管。如果将此肉馅投入栅板孔径为 3mm 的绞肉机里，加工出来肉馅形状更加紊乱，可看到杂乱的结缔组织，粗糙纤维的碎块和排列紊乱的肌肉纤维。铰刀的结构形式对肌肉纤维的变化也有影响。试验表明，用三头绞刀比用四头绞刀加工效果要好，其肌肉纤维破损较少，肉馅质量较高。由于肉馅中的水分对其质量影响很大，绞肉时间过长，水分损失将增加。为了保证肉馅的质量，一般规定普通绞肉机的绞肉时间不超过 14min，牛肉为 12 ~ 13min。

## 第三节　主食初加工设备

通常我们将主食分面食和大米两大类，其中面食初加工设备又分原料处理和成形加工两部分。面食初加工设备主要有和面机、打蛋机、面条机等，成形加工设备主要有蛋糕机、馒头成形机、面条成形机、饺子成形机等。大米初加工主要是大米清洗设备、浸泡设备，如洗米机等。

### 一、面食初加工设备

面食中的面点是烹饪的重要组成部分，以面粉为原料的西点也受到人们的欢迎。西点和面点的加工设备经过多年的发展和经验总结，已经标准化、系列化。目前，在西点和面点的加工定型中使用的机械主要包括原料处理、成形加工、熟化、包装四个方面的机械设备。

#### （一）原料处理设备

面食原料主要是各种规格的面粉。根据面食产品的需要，面粉的面筋蛋白含量和麸星含量等指标各不相同。本小节主要介绍各式和面机、搅拌机、辊压机的结构原理和工作过程。

1. 和面机

和面机主要用于原料的混合和搅拌，并以此调节面团面筋的吸水胀润，控制面团韧性、可塑性等操作性能，所以和面机又称调粉机或搅拌机。由于调制面团的黏性大，流变性能差，因此要求和面机各部件结构强度大，工作轴转速较低，一般为 20 ~ 80r/min，广泛应用于面包、饼干、糕点、面条及一些饮食行业的面食生产中。

和面机主要有两大类型，即卧式和面机和立式和面机，卧式和面机结构简单，加工量大，使用较为普遍。

（1）卧式和面机

卧式和面机结构简单，清洗、卸料操作方便，制造维修简便，主要由机架、和面斗、搅拌器、传动装置、主电机、料斗翻转机构等组成，其结构如图 3–23 所示。

卧式和面机的拌料主轴主要通过电机传动，以蜗轮蜗杆和齿轮传动降速，根据搅拌物料性质和面团特性要求，选择不同类型的搅拌器。

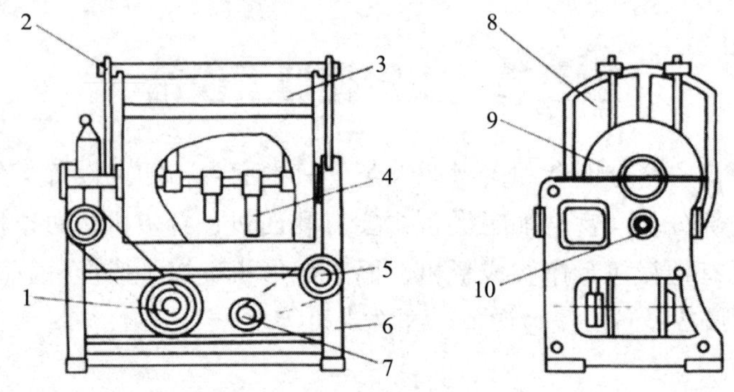


**图 3–23　卧式和面机**

1—主电机　2—固定盖　3—可开启盖　4—搅拌桨　5—翻转机构
6—机架　7—副电机　8—搅拌传动机构　9—蜗轮箱　10—和面料斗

和面机的传动装置主要由电机、减速器、联轴节等组成，传动装置有主电机和副电机两个。主电机输出的动力经减速箱减速后，带动搅拌轴旋转。主电机配置功率一般以空载功率不超过最大额定功率的 25% 为宜，和面机容量与配置电机功率的经验参考值如表 3–2 所示。副电机通过蜗杆涡轮减速后，带动和面料斗翻转，用于和面结束后的面团卸料。有的和面机也可以不配副电机，通过和面料斗外侧齿轮或手柄与涡轮传动相配合，在外力作用下使料斗翻转。

**表 3–2　和面机容量与电机额定功率配置经验值**

| 容量（kg） | 25 | 50 | 75 | 100 | 150 | 200 |
|---|---|---|---|---|---|---|
| 额定功率（kW） | 2.2 | 3.0 | 4.0 | 5.5 | 7.5 | 10.0 |

根据调制面团的用途，搅拌轴上配置的搅拌器类型有如图 3-24 所示的三种。

S 形搅拌器，如图 3-24（a）所示，其桨叶的母线与轴线偏离一定角度，以增加物料搅拌时的轴向和径向流动概率，促进物料混合，构型基本为整体锻铸而成，适用范围广，各种高黏度物料都可获得较好的搅拌效果。

桨叶式搅拌器，如图 3-24（b）所示，这种搅拌桨对面团的剪切作用较强，拉伸作用较弱，对面筋网络和成形的面团具有极强的撕裂作用。在水调面团的调制过程中，应严格控制桨叶转速和操作时间，比较适宜于油酥性面团的调制。

直辊笼式搅拌器，如图 3-24（c）所示，直辊的安装有与搅拌轴线平行、倾斜两种形式。倾斜安装时，倾角一般为 5° 左右，以利于面团调和时的轴向流变。直辊的分布依赖于搅拌轴上的连接板形状，一般以 S 型和 X 型为多。安装使用时，其回转的轴线半径不同，有利于物料混合，避免面团抱死现象的出现。同时，在调制过程中可对面团进行压、揉、拉、延等操作，对面筋的机械撕裂作用较弱，有利于面筋网络的形成，适用于面包、饺子、馒头等水调面团的操作。

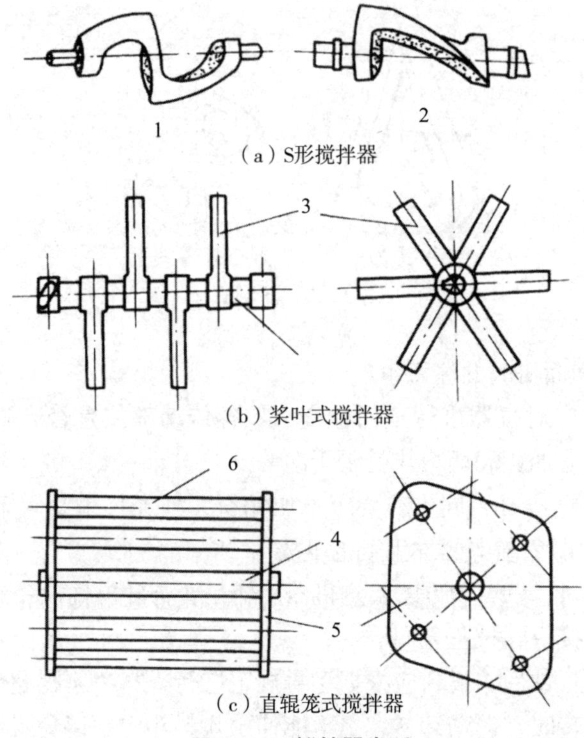


**图 3-24 搅拌器类型**

1—S 形桨 2—Z 形桨 3—桨叶式叶片 4—搅拌轴 5—直辊连接板 6—搅拌直辊

和面料斗也称搅拌槽，根据调粉量可分为大、中、小型，一般有 200kg、100kg、75kg、50kg、25kg 等，料斗一般以不锈钢焊接或铆接而成。有的料斗还设置夹层水控调温装置，控制面团的中心温度，但国内大部分和面机都以调节物料（如水、面粉、糖浆等）混合前的温度的方式来控制面团的中心温度。

（2）立式和面机

立式和面机的搅拌器沿搅拌轴的轴线设置，结构简单，但同卧式结构相比，其卸料和清洗操作较烦琐。搅拌器以扭环式为主，如图 3-25 所示。此外，搅拌器还有扁形、钩形等，这类搅拌器对面团的作用力较大，可以促进面筋网络的形成，适用于韧性面团、发酵面团的调制，一般适合小规模制作面点时使用。同时，通过更换搅拌桨，还可用于其他搅拌操作。

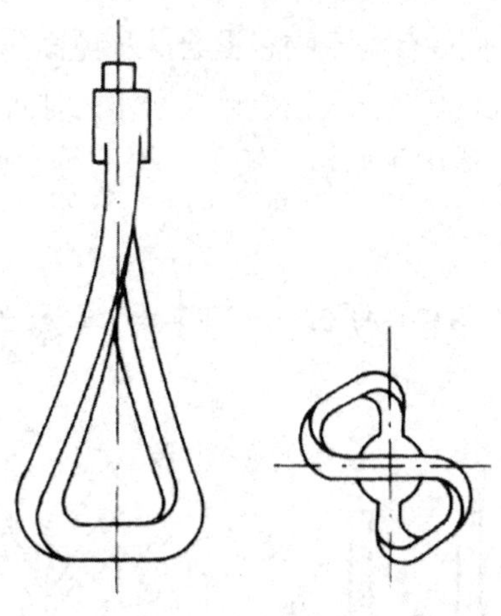

图 3-25 扭环式

（3）使用和面机时的注意事项

①使用前，应对机器进行全面检查，如各传动部位是否有障碍物，转动部位应定期加注润滑油，和面料斗是否干净等。

②检查电源电压是否同本机要求电压相符，外壳接地是否牢固，接地电阻不能超过 1kΩ，以免漏电而发生触电事故。

③接通电源时，以点动方法检查机器旋转是否与转向箭头一致，如果相反，则可调换电源线接头，校正方向。

④机器运转正常后，投料应根据型号规定进行投料，不得超载。

⑤在主轴旋转时，严禁卸料，更不能伸手入料斗内，以免受伤。

⑥工作完毕，及时清理料斗内残余物料，并对整机进行清洁、保养。

**提示：**所谓真空和面机，即和面过程在真空负压下进行，使面粉中的蛋白质在最短时间充分吸收水分，形成最佳的面筋网络，面团光滑，使面团的韧性和咬劲均达到最佳状态。面团呈微黄色，煮熟的薄面带（条）呈半透明状。

真空和面机在搅拌混合的状态下，脱除面斗与面粉中的空气。在真空脱气过程中，水分能较好地渗透至面粉的中心，成熟更快。由于水分能渗透到面团的中心，即使多加水，制成的面条仍然很紧凑致密。只需稍加揉捏，面团就很有筋力。由于和面机内处于真空状态，水可自然地吸入，并在瞬间转化为雾状，直接同面粉粒子结合。搅拌混和时的真空脱气，缩短了历来较为费时间的成熟工序，短时间内就可制得优质的面条。

2. 多功能搅拌机

多功能搅拌机在面制品加工中主要用于液体面糊、蛋白液等黏稠性物料的搅拌，如糖浆、蛋糕面糊和裱花乳酪等的搅拌与充气，也可以用于调制面团。

多功能搅拌机可以分为立式和卧式两种，在中西点小型企业中以使用立式搅拌机为主，多功能搅拌机被广泛用于液体面浆、蛋液等搅拌，且通过更换搅拌器，可适应不同黏稠度物料的使用，达到一机多用的目的。

（1）多功能搅拌机的结构

图 3–26 为立式搅拌机结构示意图，由机座、电机、传动机构、搅拌桨、搅拌锅以及装卸机构组成。立式搅拌机的机座、机架及传动调速箱一般由整体锻造而成，以增加机器运转时的整体平稳性，其他同食品物料直接接触的部位均采用不锈钢材料。

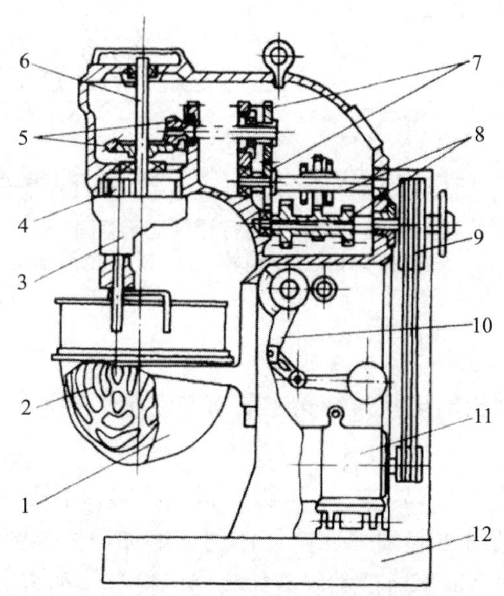


**图 3–26　立式搅拌机结构示意图**

1—搅拌锅　2—搅拌浆　3—搅拌头　4—行星齿轮
5—锥齿轮　6—主轴　7—斜齿轮　8—齿轮变速箱
9—皮带轮　10—搅拌锅升降机构　11— 电机　12—机座

搅拌机工作时，以电机作为动力源，通过传动箱内的齿轮传动来带动搅拌器，使搅拌器在高速自转的同时又产生公转，对物料进行强制搅拌和充分摩擦，以实现对物料的混匀、乳化和充气作用。

（2）行星搅拌头的传动原理

如图 3–27（a）所示，皮带传动系统通过斜齿轮 1 将运动传递给横轴 6，横轴 6 通过锥齿轮 7 改变轴Ⅰ的方向，轴Ⅰ穿过固定齿轮 5，连杆 4 的一头固定在轴Ⅰ上，另一头则铰接于轴Ⅱ上，轴Ⅱ的齿轮 2 上端同固定齿轮 5 啮合，下端则根据搅拌物料选择安装搅拌桨。在轴Ⅱ上的齿轮 2 与固定齿轮 5 的啮合回转及横杆的共同作用下，使齿轮 2 上的搅拌桨在绕齿轮 5 公转的同时又形成自转，从而实现行星运动，搅拌桨上某点的运动轨迹如图 3–27（b）所示。由于这两种运动的同时存在，搅拌锅中产生一种复杂的搅拌运动，大大增强了其搅拌效果。搅拌桨的转速可通过三级变速机构来调节，以满足不同工艺操作的需求。

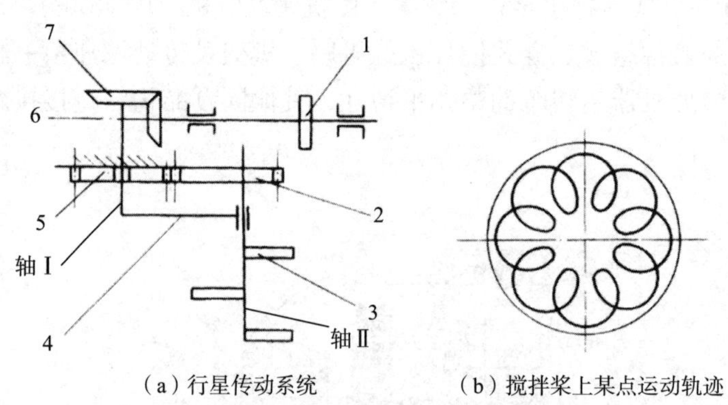


（a）行星传动系统　　（b）搅拌桨上某点运动轨迹

**图 3–27　搅拌头的行星传动示意图**

1—斜齿轮　2—齿轮　3—搅拌桨

4—传动横连杆　5—固定齿轮　6—横轴　7—锥齿轮

（3）使用

目前，立式搅拌机的搅拌桨结构主要有花蕾形、拍形和钩形三种形式，如图 3–28 所示。

花蕾形搅拌桨如图 3–28（a），由很多粗细均匀的不锈钢钢条制成，桨的强度相对较低，在旋转时可起到弹性搅拌作用，增加液体物料的摩擦机会，利于空气的混入。适宜在高速下对低黏度液体物料的搅拌，如蛋面糊的搅拌。

拍形搅拌桨如图 3–28（b），其结构一般是整体锻铸而成，强度较高，且作用面较大，适宜于中速运转下对黄油、白马糖等中等黏度糊状物料的搅拌。

钩形桨如图 3–28（c），是一种高强度整体锻造的搅拌桨，外形结构一般与搅拌锅的侧壁弧线相吻合，此类搅拌桨截面扭矩均较小，应在低速下运转，适宜于糖浆、面团等高黏度物料的拌打。

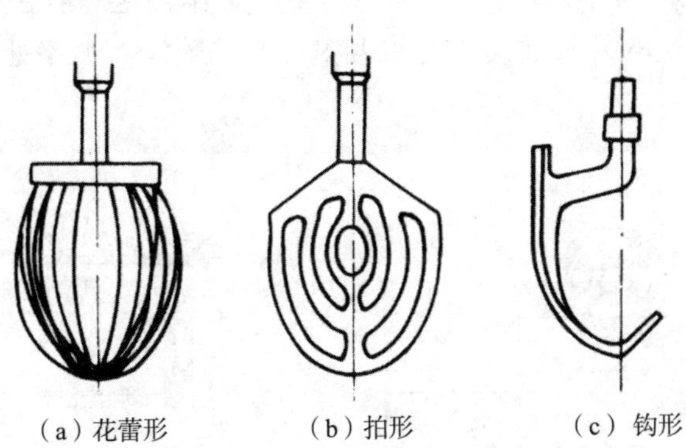

（a）花蕾形　（b）拍形　（c）钩形

图 3–28　典型的搅拌浆

搅拌机的搅拌锅以不锈钢材料制成，同机架上的升降机构配合，以达到装卸物料方便和工作时的自锁的目的。

操作时，先将搅拌桶下降，转好对应的搅拌器，将桶提升，再放原料，开机。

使用后，要对搅拌桶和搅拌桨进行清洗。

（4）维护

要定期检查传动机构的齿轮、轴承和升降机构的齿轮，及时添加润滑油。

**知识应用：**为什么说和面机有逐步被搅拌机取代的可能？

3. 辊压机

辊压机又叫起酥机，在中西烹饪操作中是专门用于完成辊压操作的机械，主要用于压片和成形，中餐如方便面条、夹酥面点的生产，西点如丹麦酥等起酥面皮的压制成形，也可用于面包面坯的辊压操作。根据其对面团的作用，可以分为卧式辊压机和立式辊压机两类。下文介绍的是卧式辊压机。

（1）基本结构与工作原理

卧式辊压机的式样有多种，但都是通过对辊或辊与平面之间的对压作用来对面团进行压扁与压延，其结构比较简单。图 3–29 所示为单台卧式辊压机结构示意图。主要由机架、电机、上下压辊、间隙弹簧调节装置、输送带、工作台及传动装置等组成。

该机上、下压辊安装在机架上，由电机带动皮带轮 2，经一次减速后，再由齿轮对 8、9 第二次减速并带动下压辊 3 转动；下压辊通过背面等速齿轮对 10、11 带动上压辊，使上下压辊等速相向旋转；放置于工作台上的面团通过上下压辊碾压可得到相应厚度的面带。面带的厚度通过旋转调节手轮 5，带动圆锥齿轮对 12、13，使锥齿轮 13 轴上的升降螺杆 14 旋转，通过上压辊轴承螺母 15 调节上下压辊的间隙，以适应不同工艺性质和面片厚度的需求。一般调节范围：

小型压辊（直径在 120mm 以下）可调间隙为 0 ~ 15mm，大型压辊（直径在 150mm 以上）可调间隙为 0 ~ 40mm。压辊的工作转速一般在 0.8 ~ 30r/min 范围内无级调速，辊的外表面需进行聚四氟乙烯的喷涂或镀铬处理，以增加其光洁性。

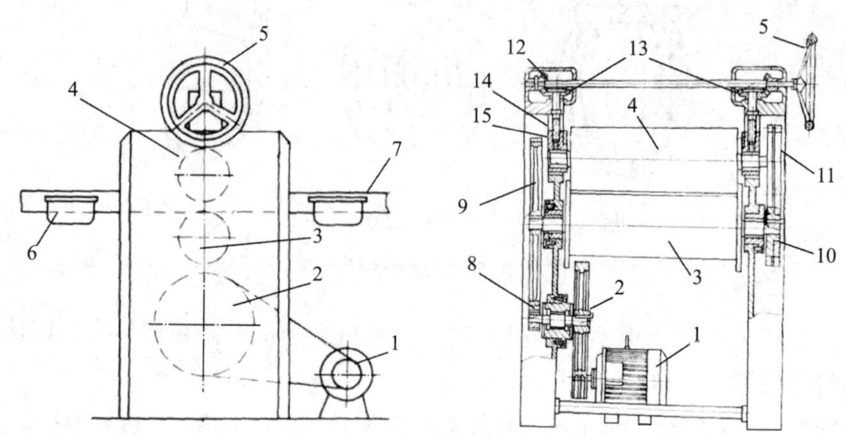


**图 3-29　卧式辊压机结构示意图**

1—电机　2—皮带轮　3—下压辊　4—上压辊　5—调节手轮　6—干粉箱　7—工作台　8、9—齿轮对　10、11—等速齿轮对　12、13—圆锥齿轮对　14—升降螺杆　15—上压辊轴承螺母

该机工作台上的干粉箱可防止面带在辊压过程中与压辊粘连。现在的辊压机多把干粉箱置于压辊之上，干粉箱底部有孔，通过干粉箱内毛刷的转动自动撒粉。工作台设计成皮带输送工作台，工作台上的平皮带随压辊的转动同方向同速度运动，起到输送面带的作用，电机开关为双向开关，当面带由一边向另一边辊压完成后，调节压辊间隙，按下反向开关，压辊和工作台输送带反向运动，进行再次辊压。

传递运动的等速轮对 10、11 为大模数标准齿轮，齿廓宽厚，可以保证对辊间隙调节后，从动辊与主动辊齿轮间的正确咬合，保证传动的平稳进行。

（2）使用

辊压机的使用方法和注意事项如下。

①只允许专人操作，严禁两人同时上机操作。

②连接电源，并检查机器额定电源与电源电压是否相符，是否接地线。

③压面机在使用前，应对滚压轮及各种附件按需要在断电的情况下进行安装调整，确认正确牢固时，方可运行。

④按需求调整两压辊筒间的距离；间隔大所压出的面就厚，间隔小所压出的面就薄。

⑤将需压制的面团和好，放入工作台。面团既不能太干，又不能太软。

⑥不得在运转时用手送压面条及扣压轴轮。发现有杂音，应立即停机，由专业人员维修。

⑦使用完毕，关掉电源，再清理面辊工作台，清理时不能用水或湿布擦，要用扫帚或干布清扫。

（3）维护

辊压机的维护方法如下。

①定期给齿轮、轴承等处加注润滑油。

②检查皮带松紧度。

③启动前后要清理电机和皮带上的面粉。

④压辊表面应保持清洁、光滑，及时清洁压辊上的面屑。

## 二、成形加工设备

### （一）成形加工设备概述

在餐饮行业中，面食成形机械的类型较多，主要分为中式面点设备和西式西点设备两大类。

按其所成形的产品，大致可形成以下几类：一是蛋糕浇模成形机，月饼包馅成形机等软料糕点类成形机械；二是面条机、馒头机、包子机、饺子机和蛋卷成形机等以生产大众主食的饮食成形机械；三是面包、饼干、面条、米线等成形机械，此类机械已形成整套生产线设备，自动化程度较高。

如按其成形方式，面食成形机械可以分为浇注成形、灌肠式成形、感应式成形、折叠式成形、钢丝切割成形、真空吸入式成形、卷切式成形以及辊印、辊切等成形方式。本节着重介绍与厨房生产联系密切的常见产品面条机、馒头成形机和饺子成形机的成形方式及结构原理。

### （二）典型成形加工设备

1. 面条机

面条机分工业面条机和餐饮行业使用的小型面条机。工业面条机生产能力大，工艺流程分工细，且配有干燥、切断、包装等设备。餐饮业使用的小型面条机主要生产即食性湿面条。湿面条也有中式面条和西式通心粉两种不同设备。

图 3-30 为餐饮业使用的中式面条机，是用和面机和好的面团制作湿面条的机器。该机是先将面团压制成合适厚度的面带，然后将面带纵向切割成

面条。

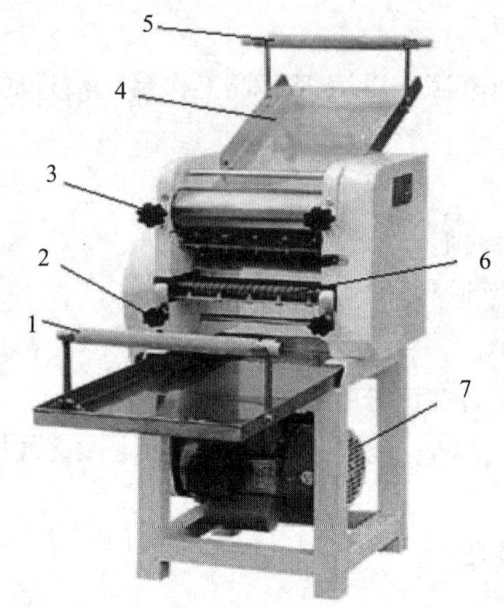


**图 3–30　面条机**

1—下面辊　2—切面刀调节　3—面带厚薄调节
4—面料斗　5—上面辊　6—切面刀　7—电机

通过面带厚薄调节旋钮调小压辊间隙，将上面辊上的面带放入压辊再次辊压，薄面带又裹在下面辊上，如此反复，直至面带厚度合适。

切面时，从压辊下落的面带通过切面刀，被纵向切成长面条，根据使用需要人工切成合适的长度即可。

切面刀和压辊一样，也是成对布置，相向旋转，刀辊表面有等距离分布的环状凹陷和凸起，上辊的凸起与下辊的凹陷正好吻合，形成切割组，将面带纵向切割成面条，面条的宽度与凹陷和凸起的宽度一致。更换切面刀则可以得到不同宽度的面条。

2. 馒头成形机

馒头是大众主食，特别是在北方地区，已经形成了馒头的批量化生产。馒头成形机就是为适应这种大规模消费需要而产生的。按馒头的成形原理，分为辊压成形和刀切成形两类。

**提示：**辊压成形中有对辊式、盘式和辊筒式等方法。

（1）基本结构与工作原理

在目前所使用的馒头成形机械中，辊压成形的方式较多，如图 3–31 所示为螺旋对辊式馒头成形机，主要由电机、螺旋供料机构、辊压成形机构及传动系统组成。

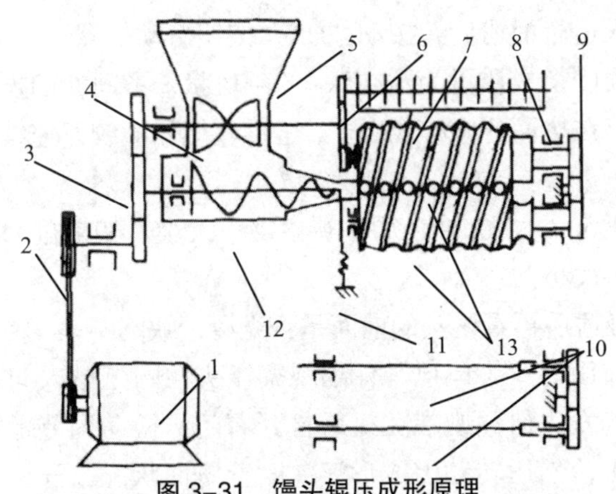


图 3–31 馒头辊压成形原理

1—电机 2—皮带轮 3—齿轮组 4—搅拌浆液
5—料斗 6—传动轮 7—粉刷 8—干粉槽 9—压辊齿轮组
10—前后档杆 11—面团闸门调节旋钮 12—供料螺旋 13—成形辊

其工作原理是面团投入料斗，由重力喂入螺旋供料器中，经变容积螺旋的强制供料，把面推进至锥形出面嘴，被挤出的面团经出口处的切刀周期切割成定量的面块，然后直接进入一对螺旋成形辊中成形。成形对辊相对旋转（旋转方向相同），使面团块在成形的同时逐渐向成形辊另一端推进，从辊的另一端出料，完成馒头成形操作。另可通过更换对辊表面成形槽的方法，达到改变成品外形的目的。

为了使对辊推送过程中面坯不会掉下，在垂直对辊的中央两侧安装了前后档杆 10，此外，对辊手柄的干粉槽中有粉刷 7，通过传动轮带动旋转，使干粉从干粉槽底部筛孔漏下，防止成形过程中的黏结。

馒头辊压成形机传动路线是：电机轴通过皮带传动 1 次降速，经传动齿轮组 2 次降速后带动搅拌浆轴和螺旋供料辊轴转动；供料辊轴另一端通过传动轮 6 带动粉刷轴和上成形辊转动；上成形辊另一端的齿轮组 9 又通过中间舵轮，使下成形辊与上辊以相同速度同向转动，将两辊间面团搓圆成形。

（2）使用

馒头成形机的使用方法和注意事项如下。

①使用前，检查机器电压和接地线。确保面斗中没有异物。

②打开左侧门，用手转动大槽轮几周，看是否有卡滞现象。查看变速箱油尺，确保油位在正常高度，确认机器正常后方可开机。

③开机后若发现反方向旋转，则立即停机，将三相线任意两相对调，调整好旋转方向。

④松开出面口上的紧定螺钉，打开出面口，出面口下放置适当容器接盛滚落的馒头。

⑤面粉斗加入适量面粉后，按动“ON”按钮启动机器。

⑥将和好的面团切成质量为1~1.5kg的条块状，不间断的投入料斗，使料斗内的面团始终保持在拨面片中心线以上，这样才能保障绞龙连续均匀的输出面，使馒头大小一致。

⑦待出馒头正常（大约20个后）观察馒头大小，如果过大，打开前门右旋调整手轮直至适当大小。

⑧馒头大小合适后再看馒头的前面是否光滑，缺陷不多于2处为合格。

⑨若馒头的前面有“小尾巴”仔细观察馒头在圆弧槽内向前运动过程中两脊处是否研面，若发生研面则在关机后打开右门，松动调节螺母（位于自上向下第二个齿轮上），然后转动上成形滚，改善研面状况。开机，投面试机，若仍有“小尾巴”则重复此过程，再次调节，直至“小尾巴”消失。

⑩电源接通后的使用过程中左右侧门、前后门都要关闭。手或硬物切勿伸进料斗，以免发生意外或损坏设备。

⑪ 关机前要使机器空转1min，排尽料斗中残余面团。

⑫ 按动“OFF”按钮停机后，清理面粉斗里的剩余面粉，以防霉变。

（3）维护

馒头成形机的维护方法如下。

①使用前，外露齿轮要添加适量润滑油。变速箱使用HJ-40机械油或HJ-20、HJ-30齿轮油，半年更换一次。

②使用完毕后，要将成形滚等擦拭干净，但不能用水冲洗。清洗时，要用毛刷或植物性原料做成的刷子。

③长时间停用要拆卸出面口，清理输面道内的余面。

④要定期检查传动皮带，定期更换。

3. 饺子成形机

该机通过机械作用来代替传统的手工操作，完成饺子的包馅成形的操作过程。国内常用的成形机中，以灌肠式辊切成形为主。图3-32为饺子成形机外形图。由输馅机构、输面机构、辊切成形机构、传动机构和各种调节辅助机构组成。工作时由输馅机构通过输馅管将馅料定量输入输面机构制成的面坯内，再由辊切成形机构将包馅的饺子切断并压模成形，从振动的出料板排出。

（1）输馅机构

输馅机构主要由定量输馅泵和输馅管组成。由机械作用把馅料斗的馅心通过输馅管直接送至输面机构形成的面管，同时进行馅心的充填过程。输馅泵常用的有两种形式，一种是齿轮泵，另一种是肉糜滑片叶片泵。目前用于饺子成形机上的均为滑片泵，它可以克服齿轮泵对肉糜造成的直接机械挤压，有利于保持肉馅的原有汁液和风味，其工作原理图如图3-33所示。

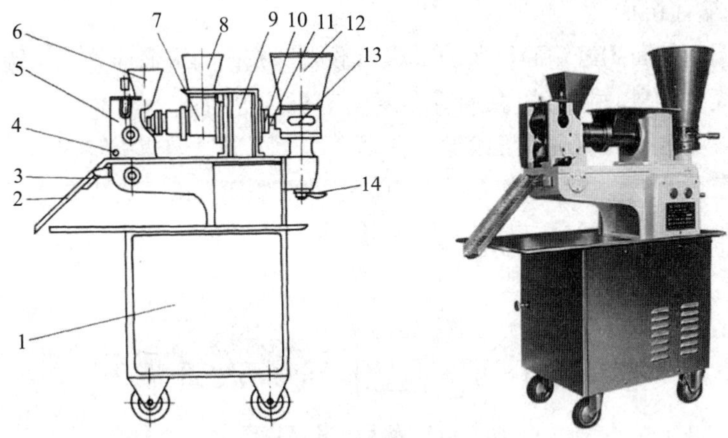


**图 3-32　饺子成形机**

1—机架　2—出料板　3—振动杆　4—固定销　5—成形机构
6—干面斗　7—输面机构　8—湿面斗　9—涡轮传动机构
10—调节螺母　11—输馅管　12—馅料斗　13—定量输馅泵　14—传动控制手柄

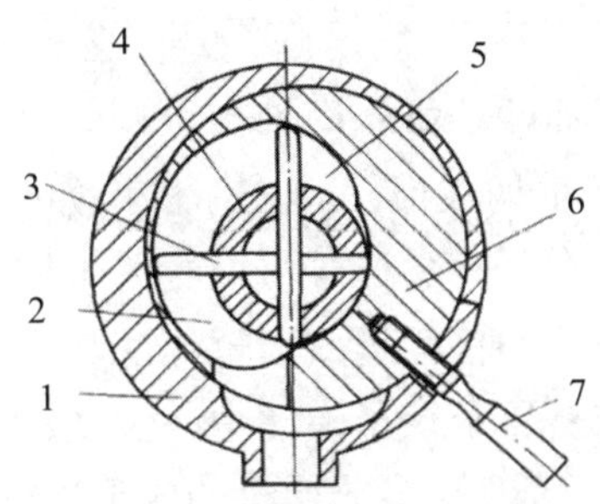


**图 3-33　输馅叶片泵工作原理**

1—泵体　2—压力排料腔　3—滑动叶片
4—转子　5—吸料腔　6—定子　7—定量调节手柄

此种泵属于定量容积泵，具有压力大、噪声小、振动小、流量稳定、定量准确等特点。在饮食机械中，滑片泵专用于肉糜输送，其结构主要由转子、定子、滑动叶片、调节手柄等组成。其工作原理是肉糜以自身重量和输馅绞龙向泵内送料，也有的通过泵体与真空管连接，使泵体内形成负压而把肉馅等吸入。其中转子是具有径向槽的圆柱体，槽内装有可伸缩滑动的滑片，其旋转轴心同泵体内腔中心偏离，在动力驱动下旋转时，转子中的滑片受离心力的作用向外滑出，紧压在泵体内壁，形成一个封闭空间。前半转时，泵体内相邻的两滑片间的体积逐渐增大，不断吸入馅料，在后半转时，泵体内相邻两滑片间的容积逐渐减小，使该腔内压力增大而不断通过馅管排出馅料。流量调节可以通过调节手柄调节定子同转子间隙容积来实现。

（2）输面机构

把预调制的面团经输面绞龙的挤压而形成可充馅的直通面管，由输面绞龙、螺旋槽外壳、内外面嘴套以及面管厚度调节机构等组成（图 3-34）。其工作过程是具有一定锥度的螺旋输面绞龙，在动力作用下通过匀速旋转均匀地改变绞龙同螺旋槽壳间的工作体积，使在绞龙中输送的面团所受的压力逐渐增大，保证面团被匀速地从内外面嘴套中挤出而形成可充馅的直通面管，从而完成输面操作。

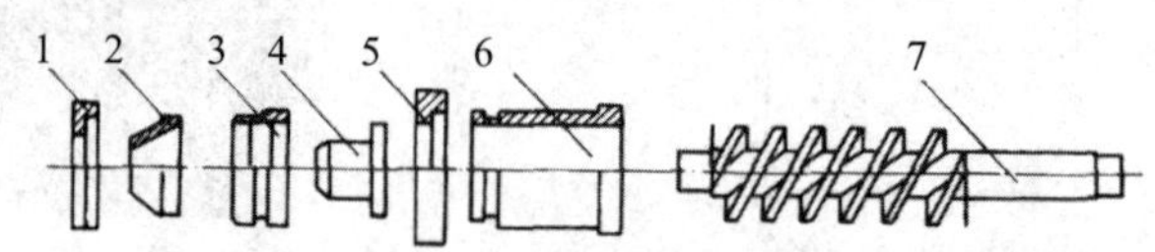


**图 3-34　输面机构示意图**

1—面管厚度调节螺母　2—外面嘴　3—面嘴套
4—内面嘴　5—固定螺母　6—螺旋槽外壳　7—螺旋输面绞龙

输面机构面团流量和面管壁厚度的调节，可通过调节图 3-32 中的调节螺母 10 和图 3-34 中的面管厚度调节螺母 1 改变面嘴套间隙来实现。

（3）成形机构

采用辊切成形方式，即输馅机构同输面机构共同形成的含馅面柱，通过传输机构进入成形机构进行辊切成形，其工作机构如图 3-35 所示。成形机构主要由底辊和成形辊组成。在从动成形辊上设置若干饺子凹模，通过饺子捏合边缘同底辊相切成形。当含馅面柱经过成形辊与底辊之间时，面柱内的馅料先在饺子模的感应下，逐渐被挤压至饺子模坯中心位置，然后在旋转过程中同时辊切捏合成形为饺子生坯。目前，很多成形机的成形辊同其辊上饺子模独立设置，可以根据实际需要现场装配，减少因改变饺子外形而拆装机器的困难。另外，为了成形辊的辊切和饺子脱模顺利，在成形辊上方设置振动撒粉装置。

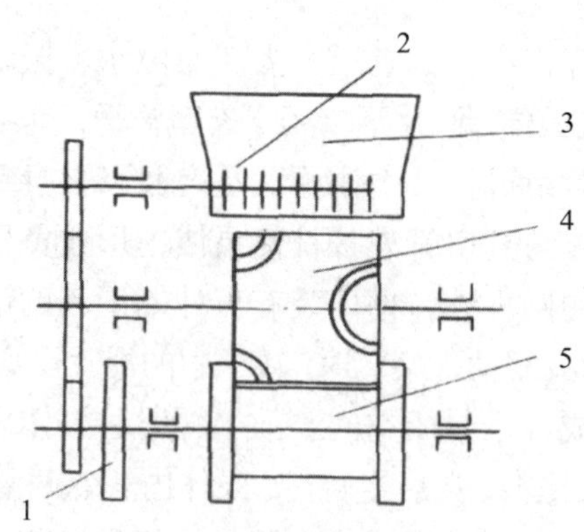


**图 3-35　饺子成形机构示意图**

1—齿轮　2—粉刷　3—干粉斗　4—成形辊　5—底辊

**提示：**上述饺子成形机是传统的灌肠式成形方法，现在市场上还有注馅式成形的。

**知识应用：**如果包饺子的时候，面皮太薄该如何调节？

（4）使用

饺子成形机的使用方法和注意事项如下。

①操作人员衣帽整齐，衣袖不能过长，戴好套袖，该机器应专人专用。

②使用前，将输面绞龙用专用扳手停在后端，叶片泵离合手柄在停的位置，检查电源与接地。

③接通电源后，要检查机器是否有漏电现象，成形辊运转方向是否正确，向外转即为正常。

④将机器空运转 3 ~ 5min，其间检查叶片泵的离合手柄和调节手柄按指示方向调节，看是否正常。

⑤机器运转正常后，要试机包饺子。首先是试馅，将成形辊打开 90°，将叶片泵的离合手柄扳到开的位置，调节手柄调节馅料的合适量。看中心馅管出馅的情况是否均匀、稳定，没有间断的现象。饺子机的馅料要求不得有未切断的肉筋。在输馅正常后，将离合手柄扳到停的位置，而后再试面。

⑥试面的目的是确定面量和面皮的厚薄。首先通过调节螺母将面绞龙推到适当位置，将面切成 5 ~ 7cm 宽的面条，将面条投入面斗，开机（车）后，面管从内外面嘴之间出来，通过旋转螺母，使面皮厚度保持在 1mm 左右为宜。

⑦将成形架、干面斗、底面盒内放入干面粉，将叶片泵的离合手柄停在开的位置，并通过调节手柄使馅料量合适，开始包饺子。

⑧操作过程中，身体不能碰饺子机的转动部位，身体站在开关一面，便于遇到情况时处理。

（5）维护

饺子成形机的维护方法如下。

①使用完毕，要进行清洗。面嘴、绞龙、馅桶等应用水浸泡清洗干净。在清洗输馅机构时，可在热水中加入食用清洁灵液，开机情况下倒入输面斗数次，再用清水冲洗。

②应保持传动系统的良好状态，如裸露在外的齿轮要加注润滑油，对部分轴承要每半年加注润滑油，对面绞龙尾部的轴承要每月涂抹润滑油，对机体箱内的机油，每三个月要换一次。

4. 包子机

包子机的成形方法与饺子机类似，也有注馅式和灌肠式两种。本文介绍灌肠式包子机。

（1）基本结构与工作原理

图 3–36 为灌肠式包子机基本结构示意简图，其与饺子机的基本结构非常相似，由输面机构、输馅机构、成形部分、机体等组成。

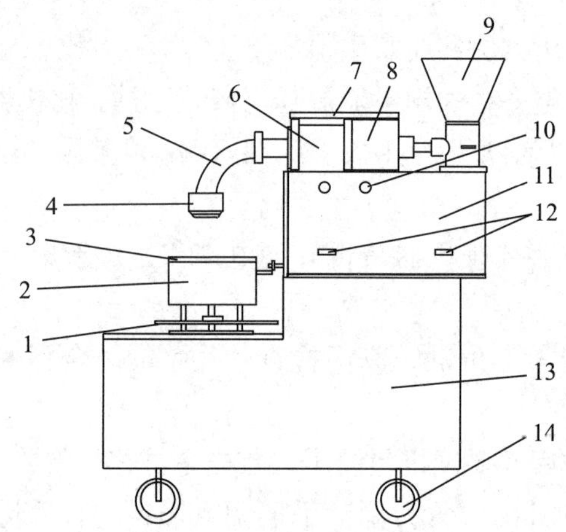


**图 3–36　包子机结构示意简图**

1—接盘　2—成形块　3—压盖　4—外面嘴　5—弯头　6—面斗　7—面盘　8—箱体　9—馅斗　10—电源开关　11—护罩　12—离合手柄　13—机身　14—脚轮

输面部分由面斗、绞龙、绞龙壳、机头、出面嘴等组成，面斗中的面团经输面绞龙（一般是双绞龙）通过机头送出空心面管。其输面的量和面皮的厚薄都可以调节。

输馅部分由馅斗、输馅绞龙、叶片泵、输馅软管和馅管组成，馅料由叶片泵输送至空心面管。其输馅的量可以通过叶片泵进行调节。

成形部分由成形盘、花键轴、星形凸轮、转臂、正反扣螺丝、导杆、导杆销、成形块组成，工作时由导杆带动成形块一张一合，将含馅面管割断，包子即做成了。

机体部分包括电机、传动系统和控制柜等。

（2）使用

包子机的使用方法如下。

①试馅，将调试好的馅料装入馅斗，开启叶片泵，利用调节手柄逐步加大馅料量，同时左手一根手指置于馅管出口，右手在叶片泵的开关上，待左手感觉到馅料到达出口时，右手立即关闭叶片泵。

②将和好的面团送入面斗，逐步加大输面绞龙的转速，待空心面管从面嘴出口出来时，开启成形部分，这时出来了空心包子。用小型厨房秤称空心包子的重量，调整输面绞龙速度，直至空心包子符合重量要求。

③开启叶片泵，调节叶片泵转速，使成品包子的重量符合要求，而后包子

机可以正式开始工作。

（3）维护

包子机的维护方法如下。

①机器的转动部分，如齿轮、链条等每半年涂抹一次润滑油。

②机器的轴承，包括电机轴承，每半年检修一次，涂抹一次润滑油。

③机器使用前后，对成形部分活动和转动部分，必须加食用油润滑。其凸轮槽内必须有足够的食用油润滑。

④机器每次使用后，必须清洗输面、输馅、成形部分，成形块的五个面必须刷食用油。

## 三、大米初加工设备

在餐饮行业，大米作为主食之一，是以米饭的形式提供给消费者的。

米饭的生产工艺看似简单，但是要做出松软可口的米饭，对炊饭工艺和参数的要求并不低。米饭的科学炊饭工艺是：

洗米（淘米）→浸泡→炊饭→焖饭→搅拌→分装

作为米饭的初加工，主要是洗米（淘米）和浸泡工艺。

### （一）洗米和洗米机

大米的主要成分是淀粉，其淀粉的颗粒状结构使干燥的米粒具有硬、脆的物理特性。而米粒吸水以后，随着淀粉颗粒膨润，机械强度会迅速降低，因此洗米时间不宜超过3min。此外，为了避免米粒表面附着的米糠混入米饭中，洗米时间也应尽量缩短。洗米过程中应避免过分揉搓，除了容易使米破碎以外，过分揉搓还会使米粒中的可溶性矿物质和维生素 $B_1$ 溶于水。用尽可能少的水起到最好的洗米效果，这也是洗米工艺中必须考虑的问题。

在传统的加工中，洗米是手工劳动，不仅劳动强度大，而且效果差。而洗米机不仅适用于大米，也可用于小麦、玉米、豆类等颗粒粮食的淘洗。

1. 工作过程

某机械厂生产的SZX系列水压式洗米机采用自来水作为洗米机的动力，自来水通过该机的主体水阀进行加压，将大米送入U形洗米机管内腔进行冲洗，米粒随着水流在管内流动过程中与管壁或米粒相互间摩擦，达到清洁的效果，并在洗米过程中将大米的上浮物质通过洗米机溢水面进行排放。不仅节约了动力传动，也避免了机械搅动对米粒的伤害。

2. 结构和工作原理

该机的结构如图3–37所示。工作时，洗米机进水口与自来水接管连接，排水开关阀调节到关闭位置，将要清洗的大米放入洗米机洗桶内（放入大米数量不能超过洗米桶内凹线位置），将U形洗米管出米口对准桶内大米分散架，打开连接自来水的球阀开关，自来水通过洗米机主体水阀进行加压（主阀体带有流量调节开关，按需求进行流量调节），从主体水阀高速冲入U型洗米管，通过高速流水造成的负压将洗米桶内的大米吸入U形洗米管内腔，随水流在管内进行冲洗，然后从出米口回流到洗米桶内，完成一次洗米流程，回流的大米通过分散架被分散到桶内边缘，避免与未清洗的大米混合，这样反复冲刷直至洗净为止。洗米的过程中，溢流的自来水会将大米上的浮杂物通过溢水面排出洗米机外，确保所清洗的大米干净卫生，完成冲洗流程后（每桶10kg的米，洗米机工作2 ~ 3min），将不锈钢洗米箩放在分散架上对准U形管口，冲洗完的大米从出米口自动装入洗米箩。也可将U形管口旋转到洗米机主体外，使出米装入其他容器，直至洗米管内无大米冲出，此时洗米过程全部完成。

洗米过程完成后，将洗米机排水开关阀打开，将桶内余下的水全部排放，排放完毕后，打开洗米机的自来水连接开关，旋转U形管口，用自来水将洗米机冲洗干净，以确保洗米机的卫生清洁。

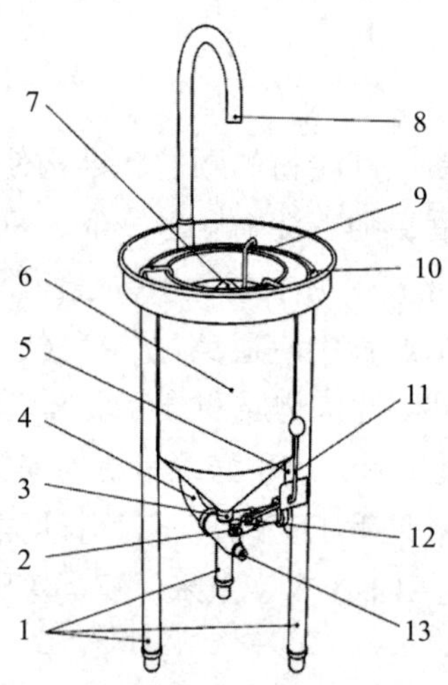


**图3-37 水压式洗米机示意图**

1—支撑脚 2—流量调节开关 3—主体水阀 4—U型洗米管
5—排水管 6—洗米桶 7—大米分散架 8—出米口
9—排水槽 10—溢流面 11—排水操纵杆 12—排水开关阀 13—进水口

3. 产品规格与技术标准（表 3–3）

表 3–3　SZX 系列洗米机产品规格和技术标准

| 型号 | 外形尺寸（mm） | 洗米能力（kg） | 作业时间（min） |
| --- | --- | --- | --- |
| SZX–10 | 350 × 250 × 600 | 10 | 2 ~ 3 |
| SZX–15 | 400 × 300 × 700 | 15 | 2 ~ 3 |
| SZX–25 | 450 × 350 × 750 | 25 | 3 ~ 5 |
| SZX–35 | 500 × 400 × 800 | 35 | 3 ~ 5 |
| SZX–50 | 550 × 450 × 850 | 50 | 3 ~ 5 |
| SZX–75 | 600 × 500 × 900 | 75 | 5 ~ 8 |
| SZX–100 | 650 × 550 × 950 | 100 | 5 ~ 8 |

使用水压：1.5kg/cm$^3$　进水量：25 ~ 35L/min　进水管：Φ32mm　排水管：Φ38mm

4. 产品特点

该机的优点是不用动力装置，利用自来水压力即可进行水压式冲洗；洗米原理不是靠旋转元件或搅动装置进行清洗，而是靠流动过程中米粒与洗米管、米粒与米粒之间的摩擦力进行清洗，也叫自清洗原理；该机结构简单，并可同时排除糠屑等上浮杂物，清洁卫生，操作方便。

由于洗米动力来自于自来水压，在自来水压力不够的地方必须另配水泵。此外，大米靠自来水在输送的过程中清洗，耗水量较大，所以大型洗米机都配置循环泵，一方面不受自来水压力波动的影响；另一方面，在初洗浊水排出后，可切换自来水为溢流水进行冲洗，以节约用水。

### （二）浸泡工艺与设备

浸泡是使米粒充分吸水的操作。一般认为做饭时要洗米，炊饭时米粒自然会吸水，没有浸泡的必要，这是一种误解。如果大米淘洗以后直接蒸煮，在米粒中心尚未充分吸水以前，米粒表面淀粉吸水糊化，出现糊粉层，该糊粉层是水和热的不良导体，炊饭后容易出现夹生的硬芯。若多加水或延长炊饭时间，则会由于米粒内外吸水膨胀不均造成爆裂，影响外观和口感。

假定冬天的水温为 5℃，夏天水温为 30℃，其中间值 20℃，根据实验数据，粳稻大米的浸泡水温和时间与吸水率的关系如表 3–4 所示。

表 3-4　大米不同浸泡时间和水温与吸水率（%）

| 水温（℃）＼时间（min） | 10 | 20 | 30 | 60 | 90 | 120 |
|---|---|---|---|---|---|---|
| 5 | 15.55 | 18.89 | 25.40 | 26.97 | 27.46 | 28.57 |
| 20 | 18.09 | 23.96 | 25.71 | 28.09 | 28.25 | 28.57 |
| 30 | 25.87 | 27.93 | 28.32 | 29.04 | 29.37 | 31.27 |

从表 3-4 中可见，在 3 个温度条件下，30min 内大米的吸水率都非常高，2h 以后基本饱和。因此单从饱和吸水率来看，2h 以上的浸泡没有必要，如果急需用饭，浸泡时间不足 2h 的情况下，可用 30 ～ 40℃的温水至少浸泡 30min。

以上是指精白米的浸泡参数。用糙米炊饭的时候，由于糙米表面种皮的阻碍作用，浸泡到饱和状态需要约 20h。

一般家庭和小型餐饮企业通常使用电饭煲炊饭，洗米后适当加水，在电饭煲中自然浸泡即可。

大型的自动化炊饭生产线上有专用浸泡设备。用水压式洗米机洗米后，不用沥出，用水流直接送入浸泡槽内，浸泡槽为上部圆柱、下部倒圆锥形，浸泡 2 ～ 3h 后，与水一起放入锥下部的定量充填装置，经称量、沥水后装入炊饭釜中进入自动加水和炊饭流程。

炊饭前的加水量也是影响米饭口感的因素之一。新米和陈米、粳米和籼米、甚至使用的炊饭器具不同，所需的加水量也不相同。一般认为，米饭含水率在 60%左右时，松软适度，颗粒晶莹，口感较好。

## 本章小结

本章主要介绍了果蔬原材料、肉类原材料和主食初加工设备。

在果蔬原材料粗加工和细加工设备中，分别介绍了清洗机、去皮机、磨浆机、切割机及蔬菜斩拌机的结构、工作过程和使用，并简要介绍了机械加工对于原料特性的影响。

肉类初加工设备中，对肉类的切配、肉馅制备要求及相关设备，如食品清洗机、鲜肉切片机、鲜肉切丝机、冻肉刨片机、绞肉机、肉丸机、肉丸打浆机、肉丸成形机等设备的相关情况作了介绍，并简要介绍了机械加工对于原料特性的影响。

主食初加工方面介绍了面食初加工的要求及设备，如原料处理设备（和面机、搅拌机、辊压机）及成形加工设备（馒头成形机、饺子成形机）；大米初加工的要求及设备，如洗米和洗米机、浸泡工艺与设备。

## 思考题

1.XGJ–2 清洗机是如何对果蔬原料进行清洗的？适用于什么原料的清洗操作？

2. 臭氧清洗机的清洗原理是什么？它适合于哪些食品原料的清洗？与 XGJ–2 清洗机相比有何特点？

3. 浆渣分离式磨浆机主要用于什么物料的磨浆？其浆渣分离有何特点？

4. 多功能果蔬切割机由哪几部分组成？有哪些切割功能？它们都是怎样实现的？

5. 卧式蔬菜斩拌机传动有何特点？其斩拌菜馅的粗细程度是由什么因素决定的？

6. 肉类的解冻和冻结速度有何差别？理想的解冻条件有哪些？

7. 试述鲜肉切片机的切割刀组结构和工作原理。该机如何实现肉类的切片、切丝和切丁？

8. 绞肉机如何实现对肉糜的绞切？决定肉糜粗细的主要因素是什么？

9. 试述卧式斩拌机的组成、工作原理和主要用途。

10. 和面机的 S 形、桨叶式和直辊笼式搅拌器各适用于什么面团的调制？为什么？

11. 多功能搅拌机的行星传动系统对提高搅拌效果有何作用？立式搅拌机的 3 种搅拌桨各适用于什么物料？应在何种转速下工作？

12. 简述螺旋对辊式馒头成形机的系统组成和工作原理。

13. 饺子成形机由哪些主要机构组成？各有什么作用？

14. 水压式洗米机的洗米原理是什么？洗米时间和揉搓程度对洗米质量有何影响？

# 第四章

# 烹饪热加工设备

**本章内容：** 介绍各类典型烹饪热加工设备的结构与原理及其应用。

**教学时间：** 6课时

**教学目的：** 理解烹饪热加工设备的工作原理，掌握各种不同烹饪热加工设备的使用特性。

**教学方式：** 课堂讲述和案例研讨。

**教学要求：** 1. 了解烹饪加热制熟设备的总体概况。

2. 掌握目前在厨房中可得到实际应用的烹饪加热熟制设备的基本原理及结构、工作过程、加工对象及操作和维护要领。

3. 理解在烹饪加热熟制加工过程中对于相应加工设备的选用。

4. 了解分子烹饪及其相关设备。

**作业布置：** 1. 通过网络检索，观看一些相关烹饪热加工设备的视频，了解其工作原理和应用。

2. 针对烹饪加热设备的工作原理和使用要求，讨论在实际工作中，烹饪加热设备的使用特点及使用要求。

**案例：** 万能蒸烤箱预熟鸡丁的工艺研究

2013年《美食研究》第3期的论文研究结果表明：以万能蒸烤箱为加热设备，食品感官评定为试验指标，通过单因素试验确定鸡丁预熟工艺的加热温度、加热时间和加热湿度的因素水平，并运用正交试验优化工艺参数，确定了预热鸡丁的最佳工艺。结果表明：在万能蒸烤箱的加热过程中，最佳工艺的加热温度为115℃，加热时间为5min，加热湿度为90%。湿度成为预热鸡丁的重要影响因素，这有别于与传统加热设备相关联的火候。

**案例分析：** 传统的中式烹饪认为刀工、调味和火候为三大核心技术，其中火候主要与温度和时间相关联。但是现代烹饪加热设备，如万能蒸烤箱的应用，颠覆了这种认识，通过数据分析等相关研究，得到湿度的重要性高于温度和时间的影响，因此，可认为现代烹饪加热设备会引发厨房"革命性"的变化。

烹饪的最终目标是把原材料加工成符合所谓"色、香、味、形、器、意、养"的成品美食让人享用，而要达此效果，加热制熟是其中一个重要的环节，所谓"以木馔火，烹饪也"。

# 第一节　烹饪热加工设备概述

烹饪原辅料通过热加工设备的处理，直观上是其温度、结构、外形、色泽等发生了改变，从传热学角度看，其实质是内能发生了改变，这种改变是厨房的加热设备通过热传递实现的。

**提示：** 内能是指物体整个系统内部所具有的能量，通常内能是指分子无规则运动的动能、分子的转动的动能和分子之间相互作用的势能之和。改变内能的方式主要有传热和做功两种。

## 一、传热的基本方式

传热或热交换是不同温度的两个物体之间或同一物体的两个不同温度部分之间所进行的热量的转移。温度差是传热的推动力。厨房热加工设备将热源的热量传递到原辅料，是一个极其复杂的传热过程，根据其传热机理可分为热传导、热对流和热辐射三种。

### （一）热传导

热传导发生的条件是：当不同温度的两个物体直接接触，或物体内部不同部分之间存在温度差时，即可发生热传导。

其实质是分子或自由电子相互碰撞而传递动能的结果。温度较高部分的分子（或自由电子）具有较大动能，通过碰撞将动能传递给温度较低部分的分子（或自由电子）。热传导是物体内部分子微观运动的一种传热方式。

不同物体导热的能力是不同的，一般用导热系数进行表征。金属的导热系数最大，固体非金属次之，液体较小，气体最小。

同一物质，其导热系数还随该物质的结构、密度、湿度、压力和温度而变化。金属的导热系数会随着纯度的降低而迅速降低，随温度的升高而降低。在液体中，纯水的导热系数最高；溶液的导热系数随浓度的增加而降低。除水和甘油外，大多数液体的导热系数随温度的升高而降低。气体的导热系数随温度的升高而升高。

**知识应用：**为什么在烹饪中，我们需要急火时都采用金属锅具，而在蒸、焖时可考虑采用砂锅等非金属锅具？为什么不锈钢锅烧菜明显不如铁锅快呢？

### （二）热对流

在烧肉时，与锅壁接触的汤水通过热传导得到锅壁的热量，而后我们可以看到汤水产生流动，最终锅内的汤水都得到了热量，这就是热对流的过程。热对流发生的条件是：当流体中的质点（大量分子）发生相对位移时，就会产生热对流。

热对流分为自然对流和强制对流。自然对流的实质是流体内部温度不同而产生密度差（轻者上升、重者下沉），而强制对流是由于受到外力作用（如泵、风机、搅拌），流体的质点发生了运动而引起的传热现象。当然，在强制对流中，也存在自然对流，只有当速度很大时，自然对流的影响才可以忽略。

对流传热过程也伴随着流体质点间的热传导。工程上习惯将流体与固体壁面之间的传热称为对流传热，实际上包括对流和传导两种形式。

**知识应用：**风扇在旋转时，房间内的各处温度降低是因为热对流。那么这种热对流和锅内汤水的热对流是否一样呢？将热水器的加热管设置在水箱的上方是否合理？

### （三）热辐射

热辐射是通过电磁波将能量传递到原料，被原料吸收，使原料获得热能而升温，达到对原料进行加热、熟制的目的。热辐射实质上属于电磁辐射，原则上所有从零到正无穷波长的电磁波被原料吸收后均可转化为热能。

实际上，对传热有效的电磁波的波长范围为0.5 ~ 50μm，在这一波长范围内，根据波长的不同，将辐射加热分为红外线加热、高频加热和微波加热。

1. 红外线加热

红外线的波长在0.75 ~ 1000μm之间，位于无线电波与可见光之间。食物原料之所以能够吸收红外线，是由于构成原料的分子总以自己固有的频率在运动，如果射入的红外线频率与分子本身固有的频率相等，会引起分子、原子的运动加剧，此过程被称为晶核共振，其外部表现为温度升高。据研究，水、有机物及高分子物质能有效地吸收红外线，所以红外线加热对食品的热处理有特别重要的意义。

2. 高频加热

原料是由分子构成的，而分子是由带正电的阳离子（或构成分子的原子中的原子核）和带负电的阴离子（或构成分子的原子的电子）相对存在，即所谓偶极子。在外加的强大电场中，偶极子就会进行定向排列，带正电端朝向外电场的负极，反之亦然，此过程称为极化。若所加外电场方向高频变化，则偶极子也会以同样的高频随之改变方向，在此过程中，由于分子的交互摆动产生摩擦力，转化为热能，以热的形式表现出来，使原料的温度升高，这就是高频加热的原理。

3. 微波加热

微波是指波长为 0.1mm ~ 1.0m，频率为 300MHz ~ 3000GHz 的电磁波。微波加热的工作机理同高频加热一样，都是由于偶极子的极化。但微波是一种辐射现象，而高频加热是静电现象。国际上规定微波加热的频率远大于高频加热的频率。

**知识应用：**热辐射加热过程为什么一般比热传导和热对流的过程要快？

## 二、现代烹饪加热设备分类

要想更好地了解现代烹饪加热制熟设备，必须对它们进行分类，可按设备的生产用途、所供能源的不同以及厨房功能等特征来加以区分。

### （一）按生产用途分

1. 专用设备

可分为食品蒸煮设备（蒸汽蒸煮箱、咖啡蒸煮器）、煎烤设备（煎锅、油炸锅、煎烤箱）、烧水设备（开水器）、食品分发设备（保温柜、加热柜台）等。

2. 炉灶类

按功能可分为炒灶、蒸灶、煲灶、烘炉、烤炉等，但实际上炉灶的烹饪功能遍及炒、蒸、煮、烤、炖、焖、烧等各个方面。

3. 分子烹饪设备

分子烹饪过程是近年来较为新颖的烹饪生产过程，在现代化学、物理知识的基础上，结合设备的利用，让烹饪产品达到传统烹饪方法所未能达到的效果，因而所涉及的烹饪设备也与传统的烹饪设备有所不同。

### （二）按所供能源分

1. 电能加热设备

电能设备将电能转化为热能，有安全、卫生、方便等优点，如炒菜的设备有电磁炉，蒸饭的设备有电蒸箱，烧烤的设备有电烤箱等。

2. 明火设备

明火设备的燃料主要有固体、液体、气体燃料等。以固体作为热源的热加工设备主要有木炭灶、糠壳灶、燃柴灶、烟煤灶、无烟煤灶等，以液体作为热源的热加工设备主要有煤油炉、油炉。以气体作为热源的燃料主要是燃气（煤气、天然气、液化石油气）和沼气炉灶等，其中燃油和燃气被称为“清洁能源”，但是相对于电能加热设备而言，其在安全、卫生、方便及效率等方面还存在一定的差距。

3. 其他形式的热源加工设备

其他形式的热源包括蒸汽和太阳能等生物质能源。严格意义上讲蒸汽实际上是二次热源，由一次热源将热量传递给蒸汽，而后蒸汽在加热设备中对原料加热。太阳能具有卫生、环保、安全、经济等优点，在生活及烹饪中的运用主要是太阳能热水器、太阳能灶等。

**知识运用：**既然电加热设备具有环保、安全、卫生、方便及效率的优势，为何目前在中餐厨房中还尚未普及？

### （三）按厨房功能分

中餐烹饪设备可分为中式红案热加工设备、中式白案热加工设备、中式烘烤热加工设备，西餐厨房可分为西式菜肴热加工设备、西式点心热加工设备等。

1. 中式红案热加工设备

中国烹饪博大精深，烹饪方法非常丰富，常见的有炒、蒸、煎、炸、炖、焖等，热加工设备以灶为主，如炒灶、蒸箱、煲仔炉、保温车、消毒柜、微波炉等。随着社会的发展和人民生活水平的提高，人们对烹饪中的一些特定的烹饪方式或菜品有了特别的要求，烹饪热加工设备也就进行了更明确、更细致的分工，如煲汤用的煲汤炉、做烤乳猪用的烤乳猪炉以及煎炸炉、烙饼炉等。

2. 中式白案热加工设备

中式白案主要是发酵面团、水调面团、米粉等三大面团的点心制作，烹调方法主要包括蒸、煎、煮、炸、烤等。主要热加工设备有燃气蒸灶、蒸箱、中式燃气炒灶、烤箱、油炸炉等。

3. 中式烘烤热加工设备

中式烘烤主要是加工烤羊腿、烤羊肉串、烤鸭、烤乳猪、烤肉等中国传统烤制品的场所，主要设备有烤炉（电烤炉、炭烤炉）、烤鸭炉、烤乳猪炉等。

4. 西式菜肴热加工设备

西式菜肴主要烹饪方法有烤、焗、扒、烩、炸等，因此西餐热加工设备有扒炉、烤炉、平板炉、焗炉、汁板、热汤池、四头炉、恒温油炸箱等。西餐热加工设备主要是用电热加热，也可以是管道燃气热加工，西餐灶具一般是由几种设备组合而成，一般扒板、四头炉等设备下方都配烤箱。

5. 西式点心热加工设备

西式点心主要是制作糕点、面包、曲奇、冰激凌、巧克力等食品，主要制作设备有醒发箱、烤箱、层烤箱、冰激凌机、巧克力融化机、四头炉以及烘焙食品所使用的隧道炉、旋转炉等设备。

## 三、烹饪加热设备的要求

### （一）工艺要求

工艺要求主要包括对热负荷、温度、时间等的控制。所谓热负荷（热流量）是指加热设备在单位时间内能够产生的热量，即通常所说的火力大小。在烹调过程中，炉灶上对于不同的烹调方法以及用同一种烹调方法烹调不同的菜肴时，火力、温度和时间都不相同；相同的菜肴在不同的加热阶段时，所需要的火力、温度和时间也是需要调节的。

只有火力、温度、时间能够自如操控的加热设备，才能符合厨房加热的需求。

### （二）热效率要求

热效率就是设备所释放出的总热量中能够用于烹调的部分所占的百分比。

热效率的高低反映了加热设备对能源的有效利用程度。目前厨房中使用的明火加热设备，燃料往往不能充分燃烧，燃烧后所产生的热量也只有一部分能够用于烹调，大部分都散失到空气中，不仅浪费了能源，而且污染了环境。

**提示：**总体而言，燃气热设备的效率低于电热设备。家用燃气灶具的热效率一般为 50% ~ 60%，普通的中餐燃气灶的热效率很少能够达到 40%，而一般的电加热设备的热效率可达 60% ~ 70%，微波炉的热效率可达 70%，电磁灶的热效率可达 80% 以上。

### （三）安全要求

加热设备在使用过程中要确保其安全性。例如在使用过程中温度很高，制造材料是否能够承受高温；明火加热设备在使用过程中燃料的泄漏量；以及是否有自动熄火装置；烟气中一氧化碳含量、接口和焊口的气密性如何；点火燃烧器稳定性如何等，都是要考量的安全问题。而对于电热设备而言，其电气的安全性要求以及辐射的要求，也都必须符合国家的有关规定。

### （四）清洁卫生要求

因为厨房的产品是食物，所以确保厨房中加热设备的清洁和卫生就是一项非常重要的工作。厨房设备在结构上必须保证与食品接触的部分和外表部分易于清洗，在使用中还必须达到食品的卫生要求。

**小知识** 辐射对人体的危害

超过安全范围的辐射会危害人体健康早已是科学定论。在国家标准GB 4706.29—2008《家用和类似用途电器的安全　便携式电磁灶的特殊要求》中对辐射、毒性和类似危险的条例里就明确指出，电磁辐射是一些疾病，如心血管病、癌症等的诱发因素之一。另外中国室内环境监督检测中心也发出过“电磁辐射六大危害”的警告。

为了预防微波辐射对人体的伤害，国际电工委员会（IEC）规定微波炉泄露量安全标准为：在距微波炉5cm的空间测得的微波辐射强度，每平方厘米不超过5mW。

## 第二节　典型燃气热设备

燃气和燃油热设备被称为“第二代清洁能源”，在储存、输送及使用安全、效率等方面较传统的燃煤和燃柴炉灶有了很大改善，因而目前在中西餐厨房中得到了普遍应用。相对于燃油而言，燃气设备的应用更为广泛，因而本节主要介绍第二代清洁能源中的燃气热设备。

### 一、燃气

人类发现和使用气体燃料的历史可追溯到2000多年前。约在公元前100多年，我国的四川盆地就发现了天然气，并开始了简单的应用。18世纪初，随着冶金工业的发展，人们将煤加工成焦炭的炼焦过程中产生了一种副产品气体，即煤气，它是可以燃烧的。后来，随着石油工业的发展，液体石油气也随之产生。从此，气体燃料进入工业供热和民用燃料的应用范围。

### （一）燃气的种类

燃气按材料来源的不同，可分为天然气、人造煤气和液化石油气等。

1. 天然气

从狭义上说，天然气是埋藏在邻接石油产区或煤矿区的地壳内的有机物，经过化学分解而形成。如果开采出来的燃气中不含有石油就叫纯天然气，如果含有石油，就叫石油气。

天然气的主要成分是烷烃，其中甲烷占绝大多数，还有少量的乙烷、丙烷和丁烷，此外还含有氮、二氧化碳、硫化氢以及微量的氦气等。通常把甲烷含量在 90% 以上的天然气称为干气，反之称为湿气。

天然气的特点是热值高，一般在 33350 ~ 41860kJ/$m^3$，其开采成本低，产量大，输气压力高，毒性小，适于远距离输送，并且天然气中含杂质比较少，不易对管道和燃气灶造成堵塞及腐蚀，是一种优质的气体燃料。

2. 人造煤气

人造煤气是从固体燃料或液体燃料加工中取得的可燃气体，相比于天然气，其具有强烈的气味和毒性，泄漏时容易向上扩散。因含有硫化氢、氨、焦油等杂质，容易腐蚀输送管道和灶具。按原料和制取方法的不同，人造煤气又可分为以下几类。

（1）干馏煤气

干馏煤气又称炼焦煤气，是把煤在隔绝空气的条件下加热而产生的可燃气体，主要成分是甲烷、氢、一氧化碳等，热值为 16750kJ/$m^3$。这种煤气有毒，使用时须注意安全。

（2）气体煤气

气体煤气又称发生炉煤气，是将固体燃料在高温下与氧或氧化物作用而产生的氢和一氧化碳等可燃气体收集而成。这种煤气热值低，而且一氧化碳含量高，一般用于工业。以烟煤、无烟煤、焦炭和木柴等原料在发生炉中加热，如果鼓入发生炉的是空气，则制取的煤气称为空气煤气，热值在 3760 ~ 4600kJ/$m^3$ 之间；如鼓入的是水蒸气，制取的煤气称为水煤气，热值在 10030 ~ 11270kJ/$m^3$ 之间；如鼓入的是空气和水蒸气，则制取的煤气称为混合煤气，热值在 5020 ~ 5230 kJ/$m^3$ 之间。

（3）油裂解煤气

使用轻油或重油经高温裂解而制取的煤气称为油裂解煤气。这种煤气的可燃成分和热值视不同的原料油而异，但都包含烷烃、烯烃等碳氢化合物，其热值在 16700 ~ 18800kJ/$m^3$，毒性较小，是城市理想的气源之一。

（4）高炉煤气

高炉炼铁过程中伴生的煤气称为高炉煤气，其主要成分是一氧化碳，热值很低，在 3300 ~ 4200kJ/$m^3$ 之间，宜供加热炉使用。

3. 液化石油气

液化石油气主要来源于天然气的湿气、油田伴生气及炼油厂的石油气。其主要成分是丙烷、丁烷、丙烯、丁烯等。这种燃气在常温常压下是气体，当加压至 0.79 ~ 0.97MPa 时变成了液体，可将其储存于钢瓶中。

液化气热值 87900 ~ 108900kJ/$m^3$，热值比人造煤气高，是一种优良的民用气源。但在燃烧时所需要的空气量也相应增加。液化石油气比空气重 1.5 ~ 2 倍，泄漏后不易扩散，易沉积于低处，较为危险。其体积随着温度升高而增大，热体积膨胀系数较大，以丙烷为例，在 15℃时其体积膨胀系数比水大 16 倍。

**提示：**流体的热体积膨胀系数是指流体温度变化 1℃时其体积的相对变化率，即：

$$\beta = \frac{1}{V} \times \frac{\Delta V}{\Delta T}$$

式中：$\beta$——流体的热体积膨胀系数，1/℃；

$V$——流体原有体积，$m^3$；

$\Delta V$——流体因温度变化膨胀的体积，$m^3$；

$\Delta T$——流体温度变化值，℃。

## （二）燃气燃烧原理

1. 燃烧过程

燃气是由多种碳氢化合物组成的，燃烧时各组分与氧气激烈反应，产生热和光，其反应方程式可用如下通式表示：

$$C_nH_n + (m + 3/4)\ O_2 = mCO_2 + nH_2O$$

由于燃气燃烧时的烟气温度超过 100℃，因此烟气中由氢与氧化合生成的水都以水蒸气的形式消失在大气中。燃气在燃烧时所需的空气量与燃气的组成有关，一般分子中含碳多的需空气量大。

**知识应用：**同样体积的天然气和液化气，哪一种需要的空气量大？

当燃气喷离火孔的速度大于燃烧速度时，火焰就不能维持稳定，会出现颤动，并离开火孔一段距离。若燃气离开火孔的距离继续增大以致最后完全熄灭，这称为脱火。当燃气离开火孔的速度小于燃烧速度时，火焰将缩入内部，导致混合物在燃烧器内进行燃烧，形成不完全燃烧，这种现象称为回火。回火和脱火均为不正常燃烧过程。

燃烧完全时，火焰呈蓝色，也不会产生有毒的一氧化碳。空气量过大时，火焰不稳，易产生脱火。空气量过少时，燃烧不完全，呈黄焰和冒黑烟，且温度不高，会生成大量的一氧化碳，易造成燃气浪费，且易使人中毒。

**知识应用：**为什么当烟气中一氧化碳含量过高时，表明燃烧不完全？

当燃烧温度达 1500 ~ 1600℃时，烟气中的二氧化碳一部分会分解成一氧化碳和水，而水的一部分会分解为氢气和氧气。当燃烧温度超过 2000℃时，烟气中会有更多的成分分解，出现原子氧、原子氢、羟基（—OH）及氮的化合物。通常，燃烧温度都在 2000℃以下，燃气灶的温度一般都在 1000℃左右。

2. 燃烧条件

燃气的燃烧必须具备温度（着火温度）和空气（氧气）的条件。

着火温度即燃点，取决于某种燃气中各组分的含量，燃气与空气的扩散转移速度、燃烧室形状和大小、混合物的加热方法和速度等。如果在燃气中加入二氧化碳或氮气等，则着火温度将提高，即难以点燃。

当混合气体的温度超过燃点时，燃气和空气在任何比例下均能迅速着火。

**知识应用：**为什么房间内燃气产生泄露时，不能用打火机、蜡烛或者打开电灯？

3. 燃气的燃烧方式

在燃烧器中，燃气未燃烧之前就供给的空气量称一次空气量，用 $V_1$ 表示。而燃烧所需的另一部分空气量，称为二次空气。一次空气量与理论空气（用 $V_{理论}$表示）量之比称为一次空气系数，用 $\alpha$ 表示。其式如下：

$$\alpha = V_1/V_{理论}$$

根据 $\alpha$ 的大小，燃气的燃烧方式通常有三种：扩散燃烧、部分预混空气燃烧和无焰燃烧。

（1）扩散燃烧

当 $\alpha$=0 时为扩散燃烧，燃烧所需的空气完全依靠扩散作用从周围大气中获取。其火焰长而无力，分为三层（图 4–1）。中心未达到着火温度而较暗，中间一层发光明亮，碳氢化合物受热分解生成碳化氢，游离在高温下灼热发光；最外层由可燃气体扩散在空气中燃烧形成。这种方式混合速度慢，所以火焰温度较低，会发生不完全燃烧。此时可采用机械鼓风的方式予以解决。

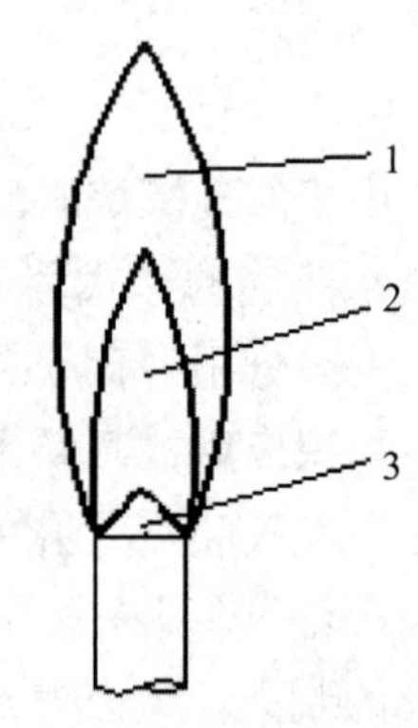


**图 4–1　扩散燃烧火焰**

1—外层　2—中层　3—内层

（2）部分预混空气燃烧

当 $0 < \alpha < 1$ 时，为部分预混合空气燃烧（大气式），燃气与所需的空气预先部分混合，然后混合气体从火孔流出，一经点燃就有部分燃气依靠一次空气首先燃烧形成火焰的焰心，即内锥。其余的燃气与内锥生成的产物混合在一起，以便与空气进行扩散燃烧，形成外锥。这种燃烧方式的温度要高一些。正常时，火焰的内锥一般呈淡绿色，轮廓清晰，外锥呈淡蓝色，有些风动。

（3）无焰燃烧

当 $\alpha$ 在 1.05 ~ 1.1 之间时，为无焰燃烧。燃烧所需的全部空气可预先得到充分混合。燃烧进行得十分迅速，化学能转化为热能的过程中，损失最小，几乎看不到火焰。它的燃烧温度很高，可用于热负荷比较集中的地方，如外辐射器和高温加热炉灶等，是较先进的燃烧方式。但要求气源压力较高，且燃烧的稳定性较差，易发生回火。

### （三）燃气的输配

1. 管道供气

城市供气系统由气源分配、输配部分和用户三部分组成。我国现行供气系统是以输送压力来划分等级的，用户所需的压力一般在 8 ~ 16kPa 之间，气源的燃气要经由输配系统的调压室降压后，才能进入低压管网输送到用户。

（1）低压引入系统

低压引入系统是指庭院内的低压燃气管道直接进入楼栋内，经室内燃气管道系统将低压燃气供应给居民生活用户。用户引入管应采用无缝钢管，水平干管、立管和用户支管等，可采用低压流体输送用钢管。室内燃气管道系统的控制阀一般采用球阀，也可采用旋塞阀。

（2）中压引入供气系统

中压引入供气系统是指庭院内的中压燃气管道敷设至楼前或直接引入楼栋内，经调压箱（或调压器）调至低压，再经室内燃气管道输送至用户。根据调压箱（调压器）的安装位置又分为楼栋调压箱式和中压直接引入式。

（3）液化石油气的燃气管道系统

利用液化石油气钢瓶对公共建筑用户供燃气时，因用户的用气量大，需建立储气瓶库，以瓶库为气源，通过管道系统将燃气输送至用户厨房操作间，用户的各种燃气炉灶使用的液化石油气均通过从瓶库接出的燃气管道系统供应。

液化厂油气瓶库又可称作瓶组站，钢瓶之间用管道连接，两组之间的管道末端连接调压器，将气相液化石油气压力降至 5kPa 以下送至各燃气炉灶。调压器最好具有自动切换功能。瓶库内应有直接通往室外的门窗，室温在 5 ~ 45℃，具有良好的通风条件。建筑结构及电器设备等应符合防火防爆要求。

2. 钢瓶和减压阀

（1）钢瓶

钢瓶是专门储存液化石油气的高压钢瓶，它是一种有缝的焊接容器。液化石油气应用于民用燃具的钢瓶的规格有三种：YSP-10（10kg 装）、YSP-15（15kg 装）和 YSP-50（50kg 装）。

钢瓶的结构如图 4-2 所示，由底座、瓶体、护罩、瓶嘴等组成。一般钢瓶的材料采用 16Mn 低碳合金结构钢或 20 号优质碳素结构钢，以防止在低温环境中钢瓶焊缝发生冷脆裂痕。设计工作环境温度为 -40 ~ 60℃。

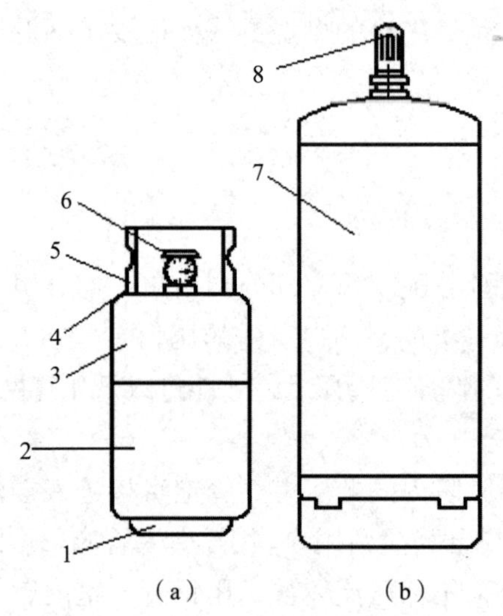


**图 4-2 钢瓶示意图**

（a）YSP-10 YSP-15 型 （b）YSP-50 型

1—底座 2—下封头 3—上封头 4—瓶阀座 5—护罩

6—角阀 7—筒体 8—瓶帽

钢瓶在工作时，打开角阀，则液化气在环境温度的作用下变成气体，此时气化后压力可高达 196 ~ 980kPa。但是对于家用燃气灶和中餐燃气炒菜灶，其压力变化范围（对于液化石油气）一般分别为 2800 ~ 3000Pa 及 2800 ~ 5000Pa。故需要在角阀和灶具之间设置减压阀。

（2）减压阀

减压阀（图 4-3），又称为减压器、调压器、调压阀，其作用是为从钢瓶出来的燃气降压，并调节稳定在适应燃烧器燃烧的一定范围之内。所以它实际上一种自动调压装置。常用的减压阀有往复式和杠杆式两种。

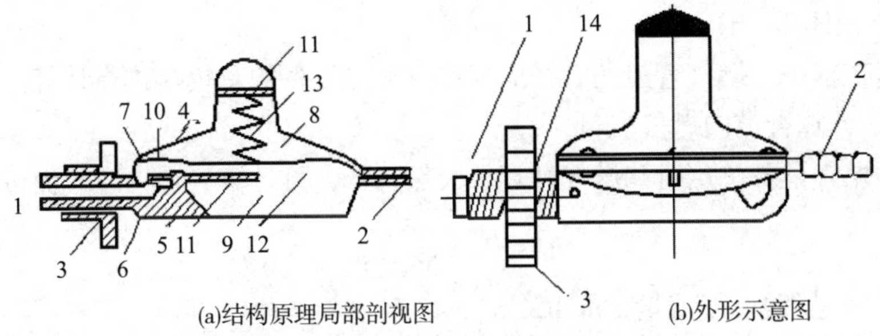


(a)结构原理局部剖视图 (b)外形示意图

图 4-3 减压阀的结构原理与外形示意图

1—进气口 2—出气口 3—手轮 4—上阀盖 5—下阀盖 6—进气喷嘴 7—呼吸孔 8—上气室 9—减压室 10—阀垫 11—杠杆 12—橡胶薄膜 13—弹簧 14—反扣连接

## （四）燃气用量和管道计算

1. 燃气用量

影响公共建筑用气指标的重要因素包括公共建筑的性质、功能、燃烧设备的性能、热效率、加工食品的方式以及地方的经济发展水平和气候条件等。表 4-1、表 4-2 分别列出了我国几种公用单位用气量标准和常用燃气用具的耗热量。

表 4-1 公用单位用气量标准

| 类别 | 单位 | 用气量指标 |
|---|---|---|
| 职工食堂 | $\times 10^4$kJ/kg 粮食 | 1.68 ~ 2.10 |
| 饮食业 | $\times 10^4$kJ/（座位 × 年） | 796 ~ 921 |
| 全托 | $\times 10^4$kJ/ 人 | 168 ~ 209 |
| 日托 | $\times 10^4$kJ/ 人 | 63 ~ 105 |
| 医院 | $\times 10^4$kJ/（床位 × 年） | 272 ~ 356 |
| 旅馆（无餐厅） | $\times 10^4$kJ/（床位 × 年） | 67 ~ 84 |

表 4-2 常用燃气用具的耗热量

| 燃气用具名称 | 耗热量（MJ/h） | 燃气用具名称 | 耗热量（MJ/h） |
|---|---|---|---|
| 单眼炒菜灶 | 144 | 六头煲仔灶 | 108 |
| 中餐三眼炒菜灶 | 252 | 自动热水器（159 ~ 270L/h） | 49.9 |
| 鼓风三眼炒菜灶 | 288 | 快速热水器（240 ~ 250L/h） | 41.9 |
| 单眼大锅灶 | 162 | 开水炉（热水 150L） | 167.6 |
| 75kg 蒸饭箱 | 216 | 容积式沸水器（沸水 20L/h） | 21.0 |
| 双眼低汤灶 | 180 | 自动沸水器（沸水 200L/h） | 100 |

2. 管道计算

厨房工程中，燃气管道的直径应根据燃气热设备的总负荷进行计算。

（1）计算管道内燃气流量

根据燃气设备总负荷和燃气种类（天然气），可计算管道内燃气流量：

$$Q = Q_R \times \frac{3600}{35000}$$

式中：$Q$——所需燃气流量，$m^3/h$；

$Q_R$——总热负荷，kW；

35000——天然气低热值，$kJ/m^3$。

（2）计算管道直径

$$D = 18.8\ \sqrt{Q/v}$$

式中：$D$——燃气管道直径，mm；

$v$——燃气在管道中的流速，低压供气时取 6 ~ 8m/s。

根据管内允许流速来确定管径必须经过验算，以校验燃气的终端压力是否得到保证。当燃气管道过长而造成燃气管道终端压力不能满足所安装燃气设备的要求时，应适当增加管道直径。

### （五）燃气的安全使用与燃气中毒急救

1. 燃气的安全使用

（1）公共建筑用户申请燃气安装应具备的条件

营业、公共福利事业单位，申请安装燃气设备必须具备以下条件。

①公共建筑用燃气的厨房、茶炉房必须具有相当大的空间，以便合理安装燃气设施，并且满足的换气通风条件（如有排风装置或有天窗、宽大门窗等）。

②敷设燃气管道时，不允许与热力管道、自来水管、排水管、电缆等同沟敷设。

③燃气管道的布置，应避开地下室、排烟道等容易发生事故和一旦造成事故带来严重后果的部位安装。

④用燃气的厨房不允许与煤火炉并用，也不允许有其他火源。

⑤蒸锅灶、开水炉、烤炉必须安有烟囱等排烟装置。

⑥安装燃气设施的厨房，要远离电气配电盘、高压变电室、仓库等易起火的重要设施。

⑦使用燃气的单位必须配备经过燃气知识专业培训、获得燃气安全使用资质的管理人员和操作人员。

（2）室内燃气供应系统的安全规定

①用户引入管不得敷设在卧室、浴室、地下室、易燃易爆仓库、有腐蚀性介质的房间、配电室、变电室、电缆沟、烟通和进风道等地方。

②用户引入管为地上引入时，室外引入管上端设置带丝堵的三通作为清扫口。在寒冷地区，引入管的室外部分要砌砖台保护，砖台内填充保温材料，砖台外抹水泥砂浆。用户引入管为地下引入时，在室内离地面 0.5m 处安装一个带丝堵的斜三通作为清扫孔。无论是地上引入还是地下引入，引入管的水平段要以一定的坡度坡向庭院管道。为了便于检修，在管道穿越墙壁或地板时，要加一个套管。

③为便于及时发现漏气，便于检修，室内燃气管道都采用明装，并与室内其他管道间有一定距离。室内立管一般在靠近墙角的地方竖向安置。水平管一般安装在靠近屋顶处，距顶棚不小于 15cm。表前水平管要坡向立管，表后水平管坡向接灶立管，以防表内积水，免于表腐蚀。

④燃气表安装在厨房内或靠近厨房的走廊墙上。厨房内表底距地面高表位不小于 1.8m，表的背后与墙面要离开 25 ~ 50mm。燃气表不得安装在堆放易燃、易爆品和其他危险品的地方。公共建筑用户的燃气表要布置在温度不小于 5℃、干燥和通风状况良好、查表方便的地方，不得布置在卧室、危险品库、有腐蚀性气体和经常潮湿的地方。安在地面上的表，表底距地面不小于 0.1m。

⑤食堂炒菜灶的灶面高度一般为 80 ~ 85cm，大锅灶的灶面高度为 80cm。当布置两台以上灶具时，灶台水平净距不应小于 40cm。双眼炒菜灶上两灶眼净距不应小于 25cm。灶膛应分开，彼此不可连通，每个炉膛应留有二次空气进风口。食堂燃烧器额定流量大于 $6.5m^3/h$，产生废气量多时应设烟道；若没烟道，应加强排烟设施。

⑥在居民住宅和公共建筑的进气总管上有总阀门，设置在离地面 1.5m 处，以便发生故障时切断气源。在燃气表前及接灶立管的末端也要设置阀门。

⑦燃烧装置采用分体式机械鼓风，或者使用加氧、加压缩空气的燃烧器时，应当按照设计位置安装止回阀（防止回火），并在空气管道上安装泄爆装置。

⑧燃气管道以及空气管道上应当按照设计要求安装最低压力和最高压力报警装置和切断装置。

（3）液化石油气瓶库的安全使用规定

液化石油气瓶库在使用时有如下规定。

①安装液化气瓶库应单独使用一个房间，并建在远离明火的地方。

②液化气瓶库要专人负责管理，经常检查设备的运行情况，发现问题及时排除后方可使用。

③集气管的高压端要安装压力表，并接有压力表开关，管理人员要随时检

查压力是否正常。

④集气管的输出端要安装水柱压力计，管理人员要经常检查运行状况，保证有足够的输出压力。

⑤瓶库的照明应使用防爆灯具和电气元件。

⑥瓶库的房间应保证良好的通风，房间下方要有足够面积的排风口，保证泄漏气体及时排散。

⑦严禁用明火或其他加热方式对液化气瓶进行加热。

⑧严禁将液化气瓶倒置使用。

⑨严禁在瓶库的房间内抽烟和使用明火。

⑩下班时或长时间不使用应关闭所有气瓶的角阀。

2. 燃气中毒急救

（1）燃气中毒原因

因一氧化碳无刺激性味道，人们很难察觉，特别是在燃气不完全然烧及热水器质量不合格排放出大量的一氧化碳时，很容易发生燃气中毒。因使用燃气而造成缺氧窒息的事故时有发生。因为燃气燃烧要大量氧气助燃，在安装使用燃气设备的房间、厨房、浴室，如果通风换气和排烟设备不合格，时间长了就会使空气中氧的含量降低。如果空气中氧气浓度在15%以下，对人稍有影响；如降至10%以下，就会造成呼吸困难；在7%以下则可导致死亡。

（2）急救

当发生燃气中毒时，应采取如下急救措失。

①了解中毒的原因，切断气源，将中毒人员拖离现场，并通知救护人员立即到现场。

②若由于燃气设备或管道损坏，致使燃气大量外泄时应及时抢修或用湿毛巾堵住再行处理。将中毒者抬至空气新鲜处进行抢救。

③若查明属于轻度中毒时应做下列操作：稍饮带有刺激性的饮料，如茶、咖啡等。用冷毛巾敷头部使其清醒。盖上衣被，使其不要受凉，同时设法使其清醒，不要入睡。必要时给以氧气支持。

④对重度中毒者，除做上述工作外，若发现呼吸停止，应做人工呼吸，并送往医院急救。救护时应头脑冷静、忙而不乱，不要加重中毒者的症状。

## 二、燃气热设备基本结构

燃气热设备是中餐厨房的主体设备，如炒菜灶、大锅灶、煲灶、矮汤炉等燃气热设备，无非是在火力和外形及应用上的区别而已。

如大锅灶通常使用80cm以上直径的大锅，主要用于学校、工厂等单位的大型食堂，用于炒、烧大锅菜。一般功率在 60 ~ 80kW，带有鼓风装置。而燃气矮汤灶是以燃气（煤气、石油气、天然气）为燃料，借助风机助氧燃烧，具有火力缓和、调节方便、噪单低、矮小、简单等特点，特别适合于饭店和企事业单位的专业厨房做汤及卤水，也可煮稀饭及炸制各类食物，功率一般在 20 ~ 30kW 之间。

我国目前民用燃气灶具系统基本上由供气系统、燃烧器、点火装置、熄火保护装置和其他部件（如外壳、支架、灶盘和锅架等）等组成。

## （一）燃烧器

燃气加热设备的燃烧器按一次空气系数分为：扩散式燃烧器、大气式燃烧器、完全预混式燃烧器。

1. 扩散式燃烧器

扩散式燃烧原理、种类及特点前文有所叙述。扩散式燃烧器一般适用于温度要求不高，但要求温度均匀、火焰稳定的场合。如用于沸水器、热水器及在食品行业中的加热设备等。由于其结构简单、操作方便，也常用作临时性加热设备。

2. 大气式燃烧器

大气式燃烧器通常为引射式，主要由引射器和头部组成，如图 4–4 所示。通常是利用燃气引射一次空气，即燃气在一定压力下以一定的流速从喷嘴流出，进入吸气收缩管，靠燃气的能量吸入一次空气，在引射器内混合成为预混可燃气，然后经头部流出，进行部分预混式燃烧，形成火焰。

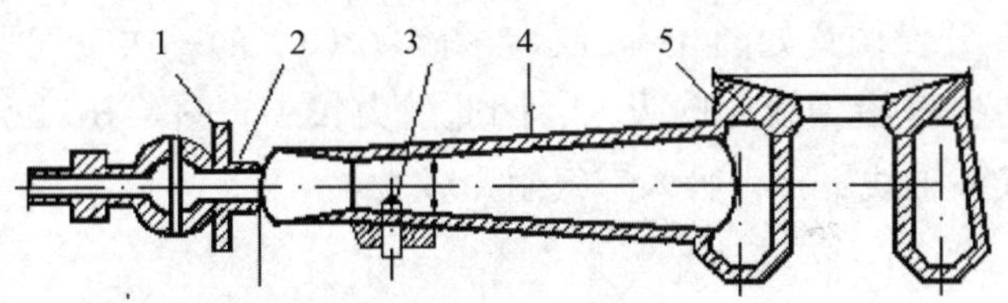


**图 4–4　大气式燃烧器示意图**

1—调风板　2—喷嘴　3—调风螺钉　4—引射器　5—火盖

大气式燃烧器的 $\alpha$ 范围通常在 0.45 ~ 0.75。根据燃气压力不同，大气式燃烧器又可分为低压与高（中）压两种。大气式燃烧器主要由引射器和燃烧器头部两部分组成。

（1）引射器

引射器主要由喷嘴、吸气收缩管、一次空气吸入口、混合管、扩散管等组成。

喷嘴（图 4–5）的作用是输送所要求的燃气量。喷嘴的形式很多，其形状和孔径大小直接影响燃烧器的热负荷和引射空气的流动。一般喷嘴分为固定和可调两种。固定的喷孔面积不能调节，但制造容易，引射空气性能较好，适用于家庭使用的燃气种类基本稳定的灶具。而可调喷嘴引射空气能力相对差，但适用于燃气种类可更换的、同时要保持稳定热负荷的灶具。

**知识应用：**当原本用于液化气的喷嘴改用于天然气的灶具时，喷嘴孔径该如何变化？

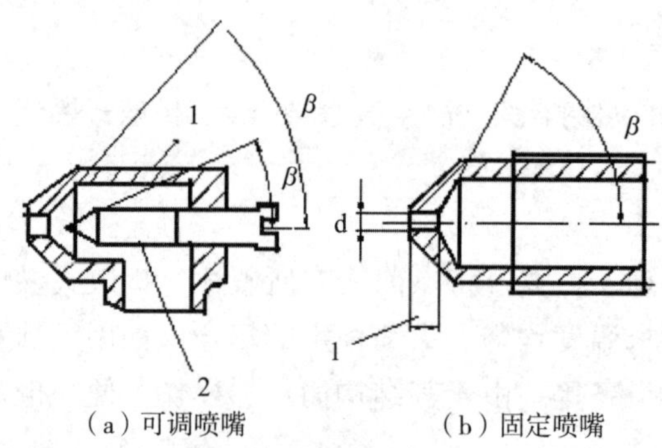

（a）可调喷嘴　　（b）固定喷嘴

**图 4–5　喷嘴示意图**

1—固定部分　2—可调部分

吸气收缩管的作用是减少空气吸入时的阻力，可做成流线形或锥形，二者阻力损失相差无几。为制造方便，一般做成锥形。在收缩管中，压力下降，速度上升，当降低到一个大气压以下时，外界空气通过一次空气吸入口进入。

一次空气吸入口设在收缩管上，其开口面积一般为燃烧器火孔总面积的 1.25 ~ 2.25 倍，开设位置如图 4–6 所示。图 4–6（a）的一次空气吸入口截面与喷嘴轴线垂直，空气沿轴线方向吸入，因此阻力较小。图 4–6（b）的一次空气吸入口截面与喷嘴轴线平行，吸入空气阻力较大。

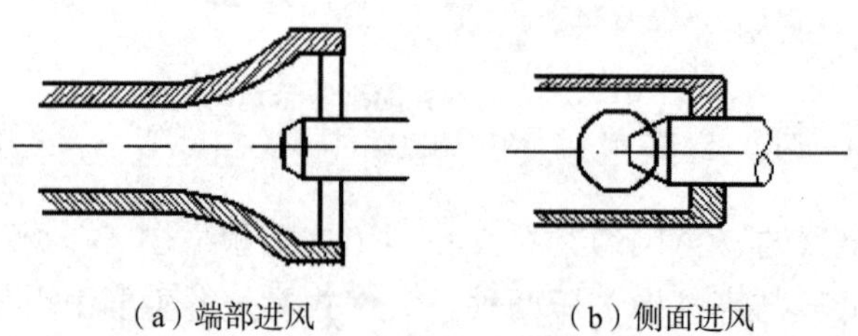
（a）端部进风　　（b）侧面进风

**图 4–6　一次空气吸入口及喷嘴的安装位置示意图**

调风板对一次空气的吸入量进行调节，可在空气吸入口外安装调风板。通过调风板的前后移动［图 4–7（a）］或与吸入口的重合程度［图 4–7（b）］来调节进风量，也可在混合管上安装调风螺钉或弯曲钢条，通过螺钉或钢条的上下运动来改变燃气射流的能量损失，从而调节一次进风量。

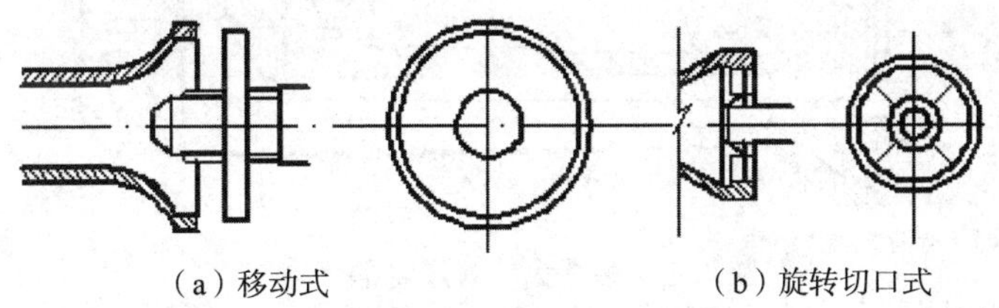

（a）移动式　　（b）旋转切口式

**图 4–7　调风板示意图**

混合管，又称为喉管，其作用是使燃气与空气混合后分布均匀，一般采用圆柱形。有些引射器没有混合管。

扩散管，也称扩压管，将气体的部分动压能转换为静压能，以满足燃烧器头部所需要的压力。同时还可使燃气与空气能进一步混合均匀。

（2）燃烧器头部

作用是将燃气和空气混合物均匀地分布在各火孔上，并进行稳定和完全燃烧。为此要求头部各点混合气体的压力相等，要求二次空气能均匀畅通地到达每个火孔上。此外，头部容积不宜过大，否则会噪声过大。根据用途不同，大气式燃烧器头部可做成多火孔或单火孔。

对于大气式燃气灶，其头部主要有三种形式，即多嘴立管式燃烧器（最适于天然气），如图 4–8 所示；多火孔式燃烧器和缝隙型燃烧器（适于人工煤气），如图 4–9 所示。

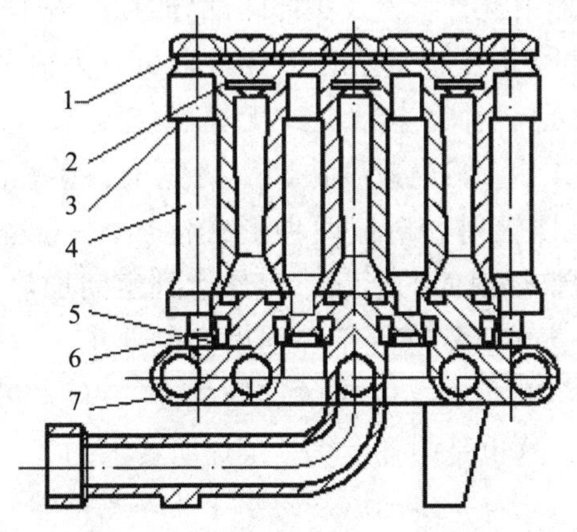


**图 4–8　多嘴立管式燃烧器示意图**

1—燃烧器顶盖　2—沉头螺钉　3—燃烧器头部
4—引射器　5—喷嘴　6—垫片　7—集气盘管

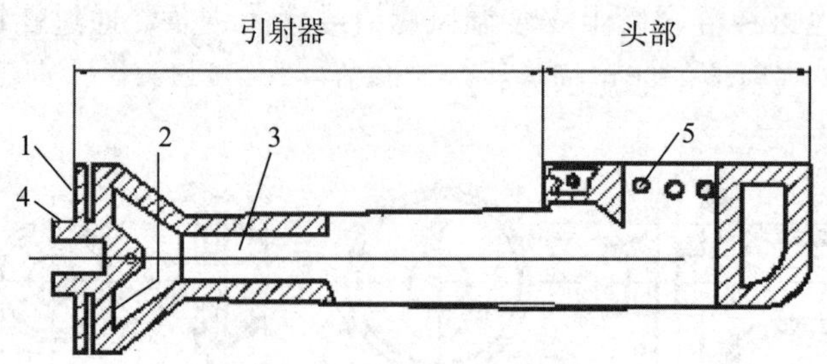


图 4–9　多孔大气式燃烧器示意图

1—调风板　2——次空气入口　3—引射器喉部　4—喷嘴　5—火孔

（3）大气式燃烧器的特点及应用

大气式燃烧器由于预混了一部分空气，所以比自然引风式燃烧器火焰短、火力强、燃烧温度高。可以燃烧不同性质的燃气，燃烧比较完全，燃烧效率比较高，且烟气中一氧化碳含量比较少。

多火孔大气式燃烧器的应用非常广泛，在家庭及公用事业中的燃气用具如家用灶、热水器、沸水器及炒菜灶上都有使用。

**提示：**现有的中餐燃气炒菜灶绝大多数采用的是大气式或鼓风式燃烧方式，这些燃烧方式主要通过烟气以对流形式加热锅底进行传热，但烹饪中餐菜肴一般使用的是尖底锅，烹饪时仅使用锅深 1/3 ~ 2/3 以下的部位，而锅底的有效利用面积较小，仅靠对流传热，大部分热量不能被有效利用，因而导致热效率低。

3. 完全预混式燃烧器

按照完全预混合燃烧方式设计的燃烧器称为完全预混式燃烧器，在燃烧时实现全部预混，即 $\alpha \geqslant 1$。

完全预混式燃烧器由混合装置及头部两部分组成。根据燃烧器使用的压力、混合装置及头部结构的不同，完全预混式燃烧器可分为很多种。

红外线无焰燃烧是一种完全预混式无焰燃烧技术，具有过剩空气系数较小（大约为 1.05 ~ 1.1）、燃烧速度快、燃烧完全、燃烧温度高、燃烧噪声低等特点。这种燃烧是以辐射和对流两种形式传热，一般辐射热量占总热量的 45% ~ 60%。通过调整辐射面的形状，容易达到定向加热的目的，能够满足中餐燃气炒菜灶对火力集中、锅底局部热强度高的要求，有利于提高燃烧设备的热效率。此外，由于红外线具有一定的穿透能力，可以穿透锅底进行加热，因而可以缩短加热时间，这也是中餐燃气炒菜灶所要求的。

**提示：**过剩空气系数就是实际燃烧的空气量和理论空气量的比值。

哈尔滨工业大学建筑学院燃气教研室研制的采用红外线无焰燃烧技术的中餐燃气炒菜灶燃烧器，结构见图 4–10，其热效率能达到 42%，烟气中的一氧化碳含量大幅度减少，燃烧噪声有所降低。

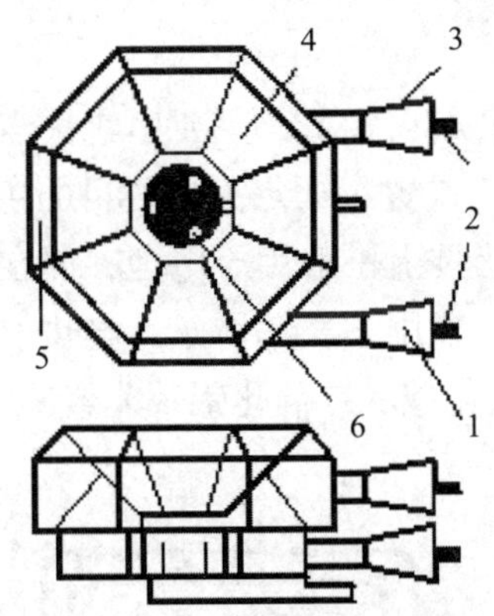


图 4-10　红外线燃烧器结构示意图

1—多环引射器　2—喷嘴　3—内环引射器　4—多孔陶瓷板
5—燃烧器外壳　6—辅助燃烧器

红外线无焰燃烧的主要缺点是热负荷的调节范围窄。为增加热负荷的调节范围，可将燃烧器设置成多环结构，按需要进行使用。也可以配置热负荷较小的大气式燃烧器作为辅助燃烧器，从而增大热负荷的调节范围。采用组合燃烧方式对提高灶具的热效率更为有利。

### （二）点火装置

自动点火装置按点火源的不同，通常有下列三种。

1. 小火点火

小火点火器是一种早期的简单点火装置。其机理是由点火源向燃气混合物传递热量。主要有直接式和间接式两种。

如图 4-11 所示，只有一个固定的小火引火器，有时为了防止被风吹熄，加一个耐热金属网罩。在小火点燃后，将长明不灭。当需点燃主燃烧器时，打开主燃烧器阀门 4 即可。

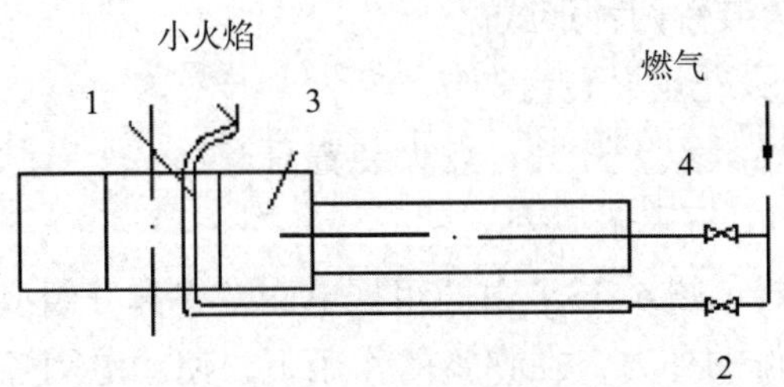


图 4-11　直接式小火点火装置示意图

1—小火点火器　2—点火器阀门　3—主燃烧器　4—主燃烧器阀门

小火点火结构简单，结构可靠，但因小火长明，既浪费，又可能被风吹灭。不适于自动化技术发展的要求。

2. 热丝点火

大多数情况下，与小火点火相似，主要由小火点火器、电源与开关、热丝点火元件组成（图 4–12）。设置小火点火器的目的主要是为防止热丝长期接触火焰而损坏。电源在家用灶具上一般用干电池，而在大灶上一般多用市电。热丝即电阻丝，在民用灶具上多用铂、铂铹丝。电热丝点火时点火可靠，缺点是需外加电源。此外，也有碳化硅和二硅化铝等非金属电热丝。

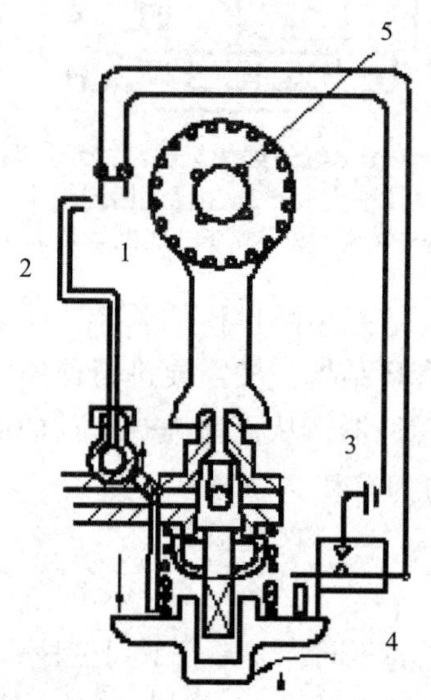


**图 4–12　热丝自动点火装置示意图**

1—热丝　2—小火点火器　3—电池　4—电开关　5—主燃烧器

3. 电火花点火

目前在民用燃具上主要使用电火花点火方式，即利用点火装置产生的高压电在两极间隙产生电火花，来点燃燃气。电火花点火装置可分为单脉冲点火装置和连续电脉冲点火装置两种形式。

（1）单脉冲电火花点火装置

即每操作一次燃具点火开关，点火装置只产生一个电脉冲。单脉冲点火装置主要有压电陶瓷和电子线路两种。

压电陶瓷点火器（图 4–13）由两组压电陶瓷Ⅰ和Ⅱ组成，需要点燃时，凭借旋转点火开关动作的外力，在弹簧的作用下，使压电陶瓷Ⅰ和Ⅱ发生撞击，把机械能转化为电能，输出 8 ~ 18kV 瞬时高压。高压导线与安装在小火口或主燃烧器旁边的电极相近，电极由绝缘陶瓷包起来，露出针状尖端。与针状电极间隔一定距离的是接地放电端子，它可以是片状铁片式针体。瞬时高压击穿 4 ~ 6mm 电极间隙，产生电火花，燃气从电极旁边喷出，即被点燃。

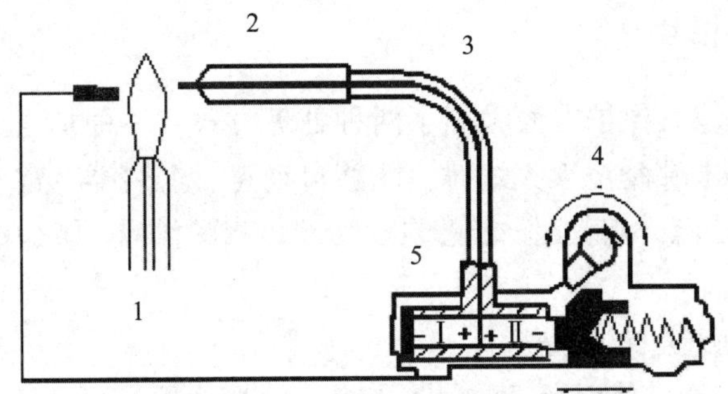


图 4-13　单脉冲陶瓷点火装置示意图

1—燃气喷嘴　2—绝缘陶瓷　3—高压导线　4—撞锤机构　5—压电陶瓷

**提示：** 压电陶瓷是 20 世纪 50 年代发现的一种信息无机材料，其受冲击力作用时将产生高电压。

（2）连续脉冲点火装置

连续脉冲点火装置（图 4-14）是指当按下燃具点火开关时，点火装置可以连续不断地放出电脉冲火花。其优点是操作方便，点火着火率高达 100%。

目前应用于民用燃具上的有以干电池的晶体管电子电路点火装置，有以市电作电源的自动控制系统。这些点火装置大致分为可控硅式和电压开关管式两种。其工作原理基本相同，但放电频率的控制形式上有所不同（图 4-14）。以可控硅式为例，点火开关 S 闭合，由 $R_1$、$V_1$ 和 $T_1$ 初级线圈组成的振荡电路起振，经 $T_1$ 的次级线圈升压，二极管 $V_1$ 整流后，一路到电容 $C_1$ 储能，另一路通过 $R_2$ 对 $C_2$ 进行充电。因双向触发二极管 $V_3$ 的阻断特性，当 $C_2$ 两端的电压达到 $V_3$ 的开通电压时，$V_3$ 导通，$C_2$ 储存的能量击发可控硅导通，$C_1$ 通过可控硅 $V_4$ 和 $T_2$ 的初级线圈回路放电，在 $T_2$ 的次级线圈中感应出一个高压脉冲，击穿两极间隙产生一个电火花。$C_2$ 在触发 $V_4$ 后，因端电压低于 $V_3$ 的开通电压，$V_3$ 断路，电路再进行第二次充放电。改变 $R_2$、$C_2$ 的大小，可以改变放电电火花的放电频率。

**知识应用：** 当采用连续脉冲的家用燃气灶发现打不出火花时，首先该如何处理？

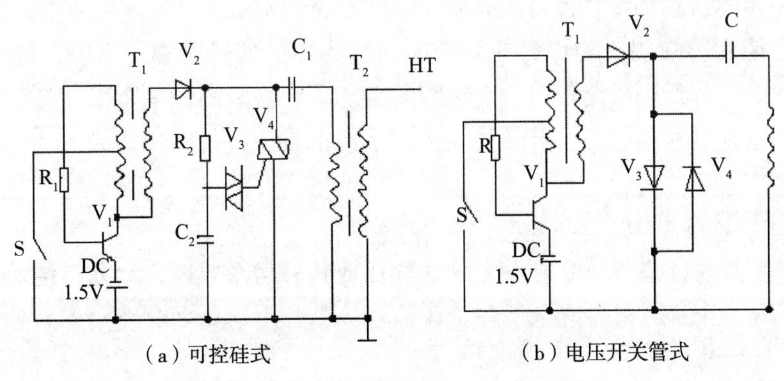


图 4-14　连续电脉冲点火装置电路图

### （三）熄火保护装置

现代燃具在熄火保护方面采用了两种处理方式，一种是当意外熄火时，如风吹或炉灶上汤水沸腾浇灭火焰时，能够自动点燃燃烧器，常应用于家用燃气灶。另外一种是当意外熄火时，能够自动切断燃气的供应，如《中餐燃气炒菜灶》的标准所规定的。

1. 自动点燃熄火保护装置

如图 4–15 所示，使用灶具前，先点燃小火燃烧器。当打开旋塞 1 时，燃气与空气的混合气体进入燃烧器头部 2，并由喷孔 3 流出，进入小火管 4，同时引射空气，形成能够燃爆的混合气体。该混合气体遇到小火即能点燃，火苗通过小火管 4 窜到主燃烧器，将其再次点燃。

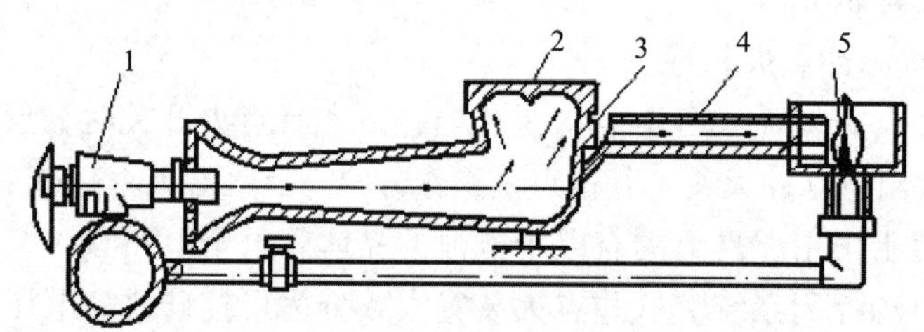


图 4–15　火眼燃烧器自动点燃系统示意图

1—旋塞　2—头部　3—喷孔　4—小火管　5—小火

2. 自动切断熄火保护装置

按检测元件检测原理，熄火保护装置有双金属片式、热电偶式、光电式和火焰导电式（离子针）等。其中热电偶式熄火保护装置又有直接关闭式和隔膜阀式两种。下面简单介绍直接关闭式热电偶式熄火保护装置（图 4–16）。

按下气阀钮时，点火装置产生的电火花点燃火种，热电偶的感热部分被加热，由于热电偶的“热惰性”，需保持此状态一段时间，直到热电偶产生的电流能触发电磁阀的铁芯和衔铁保持吸合状态，再松开气阀钮。

如在使用中常明火种熄灭或其他原因造成热电偶热端温度下降，导致热电偶产生的电流降低到一定值时，电磁阀的铁芯和衔铁脱离，在弹簧力的作用下，电磁阀的密封垫切断气路，有效防止人身事故的发生并能节省能源。

**小知识** 热电偶

利用两种成分不同且有一定热电特性的材料构成回路，如果相接的两端温度不同，在回路中即有电动势（即热电势）产生，此电势经放大后可用来控制执行机构。

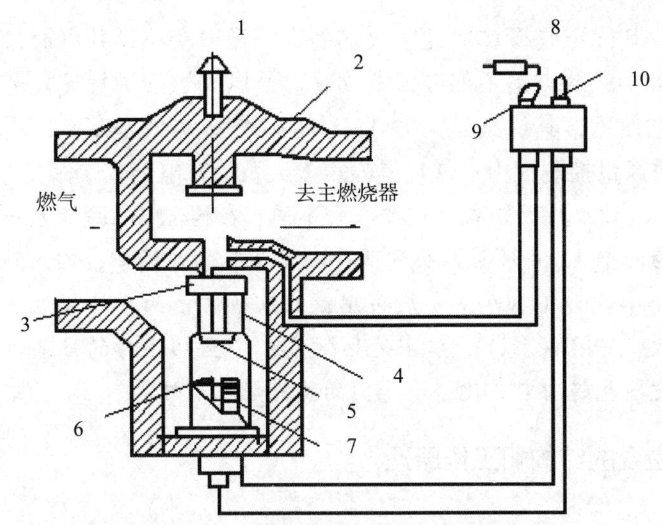


图 4-16　直接关闭式热电偶式熄火保护装置示意图
1—气阀钮　2—气体阀　3—密封垫　4—弹簧　5—衔铁
6—铁芯　7—感应线圈　8—高压放电针　9—长明火种　10—热电偶

**提示：**目前市场上在售的燃气灶，基本上采用的意外熄火保护装置都是“热电偶熄火保护”。随着科技的不断发展，一种全新的安全技术“离子熄火保护装置”——即“离子针”技术正式诞生。“离子针”是基于火焰导电的原理而发明的。当意外熄火时，离子针会在 0.1s 内感应电流状况，感应不到电流时电磁阀会在 4s 内切断气源。

## 三、中餐炒菜灶

商用燃气用具指的是在酒店、餐饮、学校和大型公共设施内用于烹饪、沸水、烘干等以燃气为热源的设备。主要有中餐炒菜灶、中餐大锅灶、煲仔灶、汤灶、燃气烤箱、燃气油炸炉、西餐灶和沸水器等。近年来，有些外商投资的服务项目，进口了用于衣物烘干、辐射取暖的大型商用燃气用具。

**提示：**汤灶，汤灶又称矮子灶，它比一般的炉灶低，主要是便于烧制汤料，一般汤桶加水后自重较大，不适宜常移动，多数汤桶加满水后或炖成汤后，汤桶直接放置在灶上。正是因为汤灶的特殊性，一般汤灶的灶口为正方形，炉眼比煲仔灶要大，火力相对较猛。

### （一）中餐炒菜灶类型

根据一次空气的供给方式来分，炒菜灶可分为直燃式燃气灶（引射式燃烧器）和鼓风式燃气灶（一般为铸铁鼓风式旋流燃烧器）。直燃式燃气灶比较适合中小饭店使用，其优点是操作简便、火焰稳定、噪声较小，并可通过调节燃气阀控制火力的大小；缺点是不如鼓风式火旺。鼓风式燃气炉灶比较适合各类大中型饭店或食堂使用，其优点是火力旺，火焰稳定，热效率高，可通过调节炉头的燃气阀和进风量控制火力；缺点是噪声太大及消耗电能。

**提示**：中式炒菜灶因菜式烹调要求的不同，在构造与款式上有一定的差别。如广东一带为两个 12 寸炒菜灶头配两个利用余热的热汤炉；四川地区为两个炒菜灶头配一个小炮台（有炉头）焖菜用；北京地区是两个炒菜灶头配三个小炮台（两个支火，一个汤灶）；江浙地区做成三个呈品字形的灶头。当然，现在中餐厨房的设备也趋向专业化，有专门的煲仔灶、汤灶等。

### （二）主要的结构和工作原理

1. 主要结构

炒菜灶由燃气供应系统、灶体和炉膛等几大部分组成。燃气供应系统包括进气管、燃气阀、主燃烧器、常明火和自动点火装置等，灶体包括灶架、后侧板、灶面板等，炉膛包括灶膛（特级的耐火砖）、锅圈等。

对于鼓风式燃气灶（图 4–17）还有鼓风系统（鼓风机、风管、调风开关）。此外，还有附属设施，如灶面上有调料板、后侧板上有供水龙头，还有排水槽等。高档的燃气灶为防止因长时间加热，灶体不锈钢板发生变形，设有喷淋装置，以降低温度。

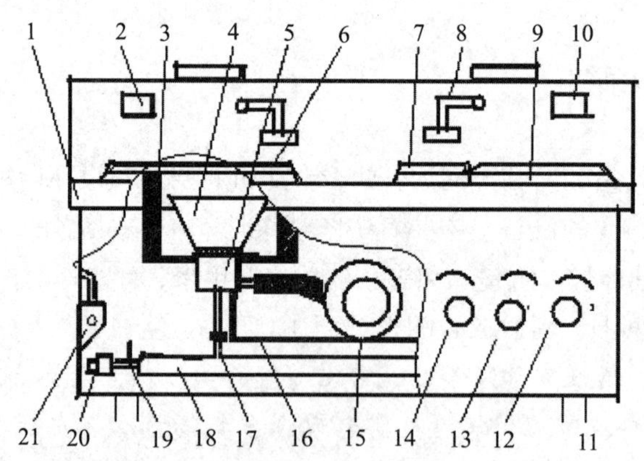


**图 4–17　鼓风式燃气灶结构示意图**

1—灶架　2—标牌　3—耐火砖　4—发火碗　5—燃烧器　6—副眼　7—水罐　8—水开关　9—锅圈　10—标牌　11—灶脚　12—气阀　13—火种阀　14—条风开关　15—鼓风机　16—火种管　17—气管　18—总气管　19—压力表　20—进气接口　21—电机线盒

2. 炒菜灶的工作原理

以鼓风式燃气灶为例，燃气与鼓风机送来的空气在燃烧器内混合，遇到长明小火后点燃主燃烧器，利用燃气燃烧产生的热能直接对锅进行加热达到烹煮食物的目的。而长明小火是由点火装置或点火棒点燃的。

3. 炒菜灶的特点和性能指标

（1）特点

火力集中，热强度高，具有火力集中、热负荷大等特点。能满足爆、炸、煎、煸、熘等多种工艺要求，不锈钢炒菜灶外形美观、轻便、安装方便、使用中易于清扫，但价格较贵。

（2）炒菜灶重要性能指标

批量生产的中餐燃气炒菜灶，符合其他指标的同时，达到一定的热效率指标是很困难的，特别是热负荷超过 35kW 时，难度更大。中餐燃气炒菜灶锅底热强度一般应为 0.015 ～ 0.029kW/$cm^2$。此外，还有气密性、燃烧的火焰状况、点火等方面的要求。比如点火方式可以是人工点火棒、常明小火或电点火器。采用电点火方式时，应同时设置人工点火装置。点火燃烧器的供气管内径不得小于 2 mm，其结构应能防止被异物堵塞。

对于鼓风式炒菜灶应设置点火燃烧器或加装熄火保护装置，加装熄火保护装置的炒菜灶须在燃气电磁阀前加装手动式快速切断阀。

4. 炒菜灶的安装

①为了做好燃气安全的管理及控制燃气的使用，在炉具安装使用前，用户应首先向燃气管理部门提出申请，获准后才能安装。

②中餐燃气灶供气系统必须由具有城市燃气设计资质的专业单位进行供气系统的安装设计，绘出设计施工图，经当地燃气管理部门会签后，方可交由施工单位进行安装。

③供气系统的安装应由当地燃气管理部门同意的，且具有燃气工程施工执照的施工单位进行。安装完毕，应由燃气管理部门验收后方可通气。

④燃气灶具要进行气密性试验，压力为 7.85kPa，2min 不得有压降现象。在燃气灶具要进行气密性试验合格后，要进行试火，检查火焰燃烧是否正常，并调试火焰的灵敏性。燃气灶具检漏时严禁使用明火，通堵时禁止使用高压液化气。

⑤炉灶附近不要堆放易燃、易爆的物品，炉与气表、电器设备的水平净距离均不得少于 0.5m，其上部不得有电力线路及电器设备等。靠近烟道的一侧的墙应能耐高温。

⑥对于厨房不在底层的，要请建筑设计部门验算地面的承载能力。

⑦炉灶的燃气管应采用无缝钢管，液化石油气可采用耐油软管，但软管两端必须用紧固卡或细软金属丝紧固。灶具丝扣接口应采用四氟乙烯为填料。

⑧炉灶必须牢固地直立于平坦的地方，并调整好水平。

### （三）炒菜灶的选择

1. 所选炉灶要与当地所供能源及压力一致

由于城市发展的不均衡，目前我国城市厨房燃气加热设备的气源种类还不统一，我们在选择厨房加热设备时第一步考虑的便是设备与城市所供气源一致，此外，还要考虑气源压力的影响。

**知识运用：**为什么要考虑燃气的种类？

2. 根据厨房的规模和所供就餐的人数而定

对于普通饭店和菜馆来说，就餐人数相对较少，大多数中餐灶使用炒勺，其热负荷 21 ~ 24kW 为宜。对于就餐人数较多的大宾馆或高级饭店，开饭时间比较集中，每锅要炒的菜多，质量要求高。因此，对于这类中餐炒菜灶，其热负荷按 35kW 确定。个别厨师认为热负荷 42kW 左右更合适，但能量浪费太大，热效率降低很多，不宜采用。

3. 根据饭店经营菜系的性质而定

不同的菜系对炉灶的要求也不完全一样，如广式灶的总体特点是火力猛、易调节、好控制，最适合于旺火速成的粤菜烹制；淮扬菜擅长炖、焖、煨；海派菜浓油赤酱，讲究火功，这都需要炉灶有支火眼配合猛火使用等。不考虑这些因素，不仅成品风味、质地难以保证，而且对燃料、厨师劳动力的浪费也很大。

4. 根据环境而定

烹饪学校或烹饪培训机构的中餐灶可选用不带鼓风的，因其对出菜的速度没有过高要求，而且噪声也小，适合教学环境。

### （四）炒菜灶的使用

1. 准备工作

打开排烟气系统，如是鼓风式燃烧器，要打开鼓风机开关和炉头的风阀，排除灶内余气后，再关闭炉头风阀。关闭炒菜灶的全部燃气阀。然后打开石油气钢瓶角阀或燃气管道上的总阀。

2. 点火顺序

打开火种气阀并点燃火种，再打开主燃烧器阀，点燃；对于鼓风式燃烧器，要打开鼓风机和风阀并将其点燃。

3. 火焰调节

应调节调风板的开度或调风螺钉，以保持火焰稳定和无黄焰。对于鼓风式燃烧器，可调节炉头气阀和风阀。

4. 停火顺序

先关闭石油气钢瓶角阀或管道燃气总阀，然后一次关闭风机开关（如果是鼓风式），炉头气阀（及常明火气阀）和风阀，最后需要拨下风机电源插头（对于鼓风式）。

### （五）保养要求

1. 每班维护

每班烹调作业后，要注意保持灶台的清洁卫生。对燃烧器头部上的污物要定期清理，以免堵塞出火孔而产生黄焰。在清洗灶体时，不要用水冲洗，以免水进入风机电机内。如出现火孔或喷嘴有堵塞现象，可用孔径适合的钢针疏通，但要注意切勿用力过猛而将喷嘴孔扩大。

2. 定期维护

定期擦拭排烟罩的油污，以免影响排烟效果。应经常检查供气配套设施，如输气管头、燃气阀、液化石油气减压阀等是否有漏气现象，软管是否老化，接头固定卡是否松动。如小于 YSP-15 的钢瓶自制造日期起使用寿命为 15 年，第 1 次至第 3 次检验的周期均为 4 年，第 4 次检验有效期为 3 年。如若出现严重腐蚀、损伤及其他可能影响安全使用的缺陷时，应提前进行检验。而橡胶软管的使用寿命国家规定是 3 年，到了规定时间要进行更换。

### （六）燃气炒菜灶使用中一般故障的排除

1. 燃气泄漏或堵塞

（1）原因

燃气泄漏或堵塞的原因有多种，可能是使用时间较长自然损坏，也可能是安装不良或使用不当等。

（2）措施

如果是气阀阀体的密封磨损或有灰尘进入而造成的漏气，应更换气阀；如果是供气管与灶体接头拧不紧而造成的漏气，要检查接头的丝牙是否烂牙或密封垫是否破损，更换接头或密封垫；如果是使用管道燃气的用户，燃气管接头腐蚀穿孔、渗漏，燃气表外壳破裂，应及时通知有安装和维修资质的单位进行检查和维修，严禁自行修理；如果是使用液化石油气的用户，由于钢瓶、减压阀、角阀、胶管等地方而造成的漏气，因及时通知有关单位进行维修，千万不可懈怠或自行修理，以免发生事故。

2. 火焰很小

（1）原因

可能是喷嘴堵塞、气源快用尽等原因。

（2）措施

喷嘴堵塞：燃烧室内的喷嘴孔堵塞，发火碗内的小孔被积碳堵塞，使燃气和空气流出受阻，火焰小而无力。其排除方法是，将喷嘴取下用通针疏通喷嘴，并用钢刷清理发火碗内的小孔，经过这样处理后的燃烧器，火焰小的故障一般可排除。

气源快用尽：使用液化石油气的燃气灶，应更换新的气源。使用管道煤气的燃气，灶火焰变小的原因还可能是由于管道口径较小、发生锈蚀堵塞或燃气表内通气不良造成燃气不足等。

此外，由于燃气使用点集中，在燃气使用高峰时间内，管内的燃气压力低，也会使火焰小而无力。处理的方法视具体情况而定，如检修管道，更换大管径的管，检查燃气表是否畅通，或避开高峰时间用气。如大面积地区供气压力不足，应由供气部门调整压力。

3. 发生黄火

（1）原因

风量不够，引起空气供给不足，出现燃烧不良现象即产生黄火。

（2）措施

发生黄火时可以通过调节风量的办法来解决。风门通道被堵塞。燃气灶使用一段时间后，由于有积碳、铁锈、杂质等脏物，堵塞进风口，造成进风量不足，产生黄火。此时把风门通道内的脏物清除干净，黄火即可排除。

喷嘴孔径过大。喷嘴孔径大小根据所用的气源不同而有所区别，孔径过大时，往往使燃气流量超过额定流量，引起空气补给不足，燃烧所需要的空气量不够，因而产生黄火，甚至当氧气严重不足时，还会因积碳冒出黑烟，此时应更换适合该种气源的合格喷嘴。燃气质量不稳定也会形成黄火，要选用质量好的燃气。

4. 离焰和脱火

（1）原因

离焰和脱火的主要原因可能是（针对大气式燃烧器）一次空气量过多、燃气压力过高、二次空气流速大、烟道抽风过猛、厨房内通风条件不好、废气排除情况不良、炊具与燃气灶规格不相符时，均会产生离焰和脱火。

（2）措施

针对一次空气量过多引起的离焰与脱火（针对大气式燃烧器），只要调节调风板，减少风门进气面积，降低一次空气的进气量，就可以使火焰恢复正常。

针对燃气压力过高引起的离焰与脱火。遇此情况，使用液化石油气的用户，可请专业人员检查和调整调压器，将燃气的压力降低至正常使用的范围；使用管道煤气的用户，应与煤气公司联系，通过调整气喷、适当减压来解决。

针对二次空气流速大引起的离焰与脱火。即当燃烧器周围风量过大时，有时还易吹灭火焰。应设法改善炊具的使用环境，降低二次空气的流速。

针对烟道抽风过猛引起的离焰与脱火，可调整烟道抽力、避免抽风口对准燃烧器的火焰。

针对厨房内通风条件不好，废气排除情况不良时引起的离焰与脱火，可在厨房内装一个排气扇，并保持厨房内的通风换气，在一般情况下，离焰和脱火现象可排除。

针对炊具与燃气灶规格不相符时产生的离焰和脱火，处理方法是更换炊具。

5. 回火

（1）原因

回火不仅破坏了燃烧的稳定性，形成不完全燃烧，而且易损坏灶具。主要原因可能是燃气压力过低、燃气喷嘴堵塞、火盖的火孔堵塞或引射器内有污物、燃气喷嘴不正或喷嘴孔径偏心等。

（2）措施

燃气压力过低可能是用户为节省燃气将火焰控制得太小，应适当将火焰放大些。使用液化石油气的用户，应检查一下瓶内燃气是否快用完。换新气瓶后，仍有回火现象时，应请专业人员检查减压阀的功能是否正常；对于使用管道燃气的用户应与燃气公司联系解决。

燃气喷嘴堵塞，使一次空气量大于燃气量而导致回火，可用细钢丝捅疏喷嘴内孔，使燃气畅通。

火盖的火孔堵塞或引射器内有污物造成回火。可用钢丝疏通火孔和引射器内孔，将污物清除干净。

燃气喷嘴不正或喷嘴孔径偏心，使燃气喷出时受阻碍而造成回火，此时，应校正燃气喷嘴的中心线或与厂家在当地的维修部联系更换喷嘴。

**知识运用：**当管道天然气发生失火现象时，应先灭火还是先关气？

6. 燃气灶在点火或熄火时有噪声

（1）原因

如点火时发出爆鸣声，熄火时也有爆鸣声。导致这种现象的原因可能是燃烧器点火时，操作方法不正确或者多次打不着火，从喷嘴流出的燃气与空气混合气，便会在燃烧器的周围空间积聚，随着打不着火的次数增多，积聚的混合气数量迅速增加。这些数量不小的混合气，一旦被火点燃时，便会产生爆鸣声。

当开大气门猛火燃烧而突然熄火时，由于火孔处的燃气特空气混合气流速突然降低而产生回火（气速为零的回火），也会发出“噗”的爆鸣声

（2）措施

掌握正确的点火方法很必要。当点火器多次不能点燃时，应停止点火，待周围的燃气与空气的混合气逸散后再点火。同时，应及时查找点火不燃的原因或送维修部修理。

在熄火时，不宜急关。另外，当熄火噪声大于规定值时，还应从燃烧器的

结构设计质量方面去查原因。

7. 燃气灶在点火后会发出“呼呼”响声

（1）原因

其主要原因是火盖未盖好或火盖不配套。

（2）措施

应放正火盖，使之与炉头接触良好或更换火盖，一般响声便会消失。

8. 闻到燃气臭味

（1）原因

燃气灶在使用时，闻到燃气臭味，一般是供气系统或燃气灶发生泄漏所致。

（2）措施

遇此情况应谨慎对待，认真处理燃气泄漏：当燃气轻微泄漏的时候，可用肥皂水查找漏气部位，切忌用明火检查。当燃气泄漏量较大的时候，应先关闭气源总开关，轻轻开大门窗，让空气流通，然后人员离开现场。在现场，切勿开关电器和打电话，开了的灯不要关，关了的灯也不要开，以免开关产生火星引爆泄漏燃气。待泄漏的燃气驱散以后，方可进入现场查找泄漏的部位。

通常，燃气泄漏的原因及其检查排除方法如下：使用液化气的用户应检查进气管和接头连接处，若连接不好，易造成漏气，引发着火事故。因此使用前应仔细检查。若燃气灶的减压阀漏气，应立即更换或及时送专门维修部修理。若煤气管道及其设施漏气，应及时关闭总开关，并立即报告燃气公司来处理，切勿自行解决。若火焰意外熄灭导致漏气，此时供气管仍在继续供气（在没有熄火保护装置的情况下），燃气与空气的混合气体就会不断从火孔流出，逸散在厨房空间，不仅可闻到一股刺鼻的臭味，而且遇明火还易引发火灾或爆炸事故。因此，应关闭气阀，轻轻开大门窗，让室内通风换气良好，驱散泄漏的气体后，方可重新点火。

## 四、燃气煲仔灶

煲仔灶，有时称为砂锅灶，由于炒灶火力猛，不适合对火力要求小的菜点进行加工，如食物（饭、菜蔬或肉类）炖、焖、煨、扒的烹饪工艺，而煲仔灶可以解决这些问题。煲仔灶一般使用天然气或煤气作为燃料。炉头数量有单炉头、双炉头、四炉头、六炉头，甚至有十二头的等多种类型，厨房完全可以根据自己的需要选择。煲仔灶一般紧靠炒灶，由上杂的厨师负责，制作砂锅或煲锅类的炖烧菜。

以燃气为燃料，用多个双环炉头组合而成的炉灶，每个炉头配有独立调节气阀及火种阀，火力比较缓和。燃气煲仔灶可根据需要及厨房空间大小做成六眼或四眼或二眼等，主要特征是火力较小，燃烧面积小，主要功能是制作炖、焖、煨、烧等耐火菜肴以及中厨食品煲的后期加热之用，也广泛适用于西餐烹调，是西餐烹调的主要设备。

### （一）燃气煲仔灶的结构与工作原理

1. 结构

煲仔灶主要由炉体、炉头、不锈钢炉身、燃气管道、火种管道及控制阀门组成，如图 4–18 所示。

煲仔灶一般采用大气式燃烧器，材料主要是铸铁或黄铜。输气系统包括燃气阀和输气管。燃气阀控制燃气通路的开断，要求经久耐用，密封性能可靠，一般采用黄铜或铝合金制成。输气管一般采用紫铜管等材料，要求密封性好，变形小。辅助系统包括灶具的炉架、承液盘、面板、框架等。框架可以用铸铁或钢板。

2. 燃气煲仔灶工作原理

燃气通过配气管到达燃气阀，燃气阀开启后燃气从喷嘴流出，进入引射器，再经燃烧器头部，自火孔流出，遇点火源后进行燃烧。

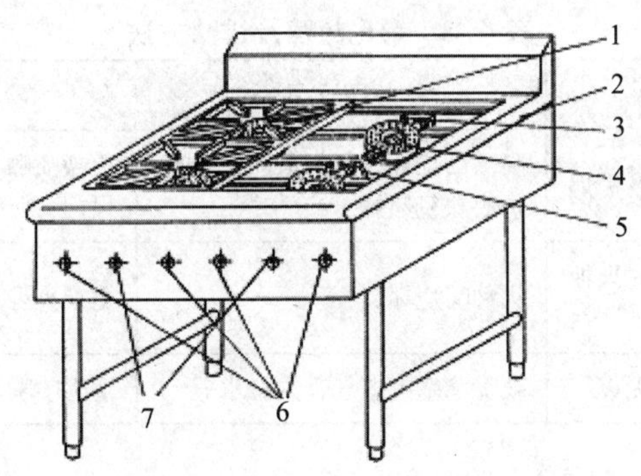


**图 4–18　燃气煲仔灶示意图**

1—炉座　2—炉体　3—火种　4—炉头　5—气管　6—燃气开关　7—火种开关

### （二）使用与维护

1. 燃气煲仔灶的操作程序

①打开厨房抽风系统。

②稍开火种阀（点燃火种）。

③打开炉头气阀，逐渐调整火焰，使火焰呈清晰均匀，连续状态。

④停炉时，先关闭火种阀，再关闭燃气阀。

⑤遇使用中熄火时，应分别关闭炉头燃气阀、火种阀，排除残留燃气后再重新点火操作。

2. 燃气煲仔灶的使用及注意事项

①了解燃气的安全特性，按燃气设备说明书要求操作。

②出现点不着火或严重脱火现象时，说明管道内有空气，此时应将厨房的窗和排风扇打开，在瞬间放掉管内的空气后即可点燃。

③使用燃气时，要有人照看，防止火焰被汤水溢灭或被风吹熄，最好使用带有自动熄火保护装置的安全型灶具。

④定期检查燃气导管的连接是否稳固，燃气导管自身是否有老化和漏气现象（可用肥皂水检测）。

⑤发生燃气泄漏时应立即关闭燃气总开关，打开门窗，打电话报告燃气公司修理，严禁用明火检漏和启闭电器开关。

⑥经常清洗灶面，保持灶面整洁，以防止汤溢出，阻塞灶头的出气孔。

⑦当炖菜或煲汤时，不要把火开得太小，这样容易引起漏气或不完全燃烧。

3. 常见故障及排除方法（表 4–3）

表 4–3　常见故障及排除方法

| 序号 | 故障现象 | 故障原因 | 排除方法 |
| --- | --- | --- | --- |
| 1 | 火焰呈红色或冒黑烟 | 喷嘴已烧坏，风门关闭，造成炉头缺氧燃烧 | 更换喷嘴，清理炉头风管或调整风门 |
| 2 | 关闭炉头气阀时火种熄灭 | 火种嘴烧坏 | 更换火种嘴 |
| 3 | 火力微弱甚至无火 | 喷嘴堵塞或燃气管内有水分 | 清理喷嘴及炉头气管 |

## 五、燃气蒸箱

利用蒸汽进行蒸制食品的厨房设备称为蒸箱（柜），蒸箱从能源供给角度来分，可分为燃气蒸箱和电蒸箱两种。

### （一）燃气蒸箱主要结构与工作原理

燃气蒸箱是以燃气为能源加热的饱和蒸汽蒸制食品的器具。中式燃气蒸箱主要由炉体、不锈钢柜身、炉胆、强力炉头、自动供水系统、风机、风管、燃气管道以及控制阀门组成（图 4–19）。

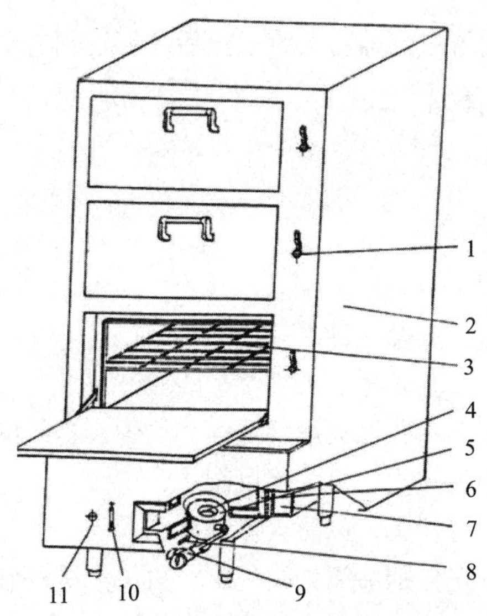


**图 4–19 燃气蒸箱**

1—蒸汽开关 2—柜体 3—蒸格 4—喷嘴 5—炉头 6—炉胆
7—水箱 8—气管 9—风量开关 10—火种开关 11—气阀

蒸箱设有排烟通道。一级烟道（elementary flue）是蒸箱出厂时预留的排烟道。间接排烟式（indirect vent smoke）是蒸箱工作时所需的空气取自室内，燃烧后的烟气经室内的排烟装置排至室外，此种排烟方式需要室内空气流通。烟道排烟式（flue vent smoke）是蒸箱工作时所需空气取自室内，燃烧后的烟气经烟道排至室外。

### （二）工作原理及流程

蒸箱汽蒸部分是五面壁的平行六面体，由夹顶和夹壁组成。室壁的夹层里盛有软水，并维持固定的水位，由蒸汽（直接或间接）加热到沸腾，产生 100℃的 100%饱和蒸汽将夹壁均匀加热。当蒸汽将整个夹壁均匀加热后，即上升进入夹顶部分，经过防水滴的遮板，由顶部纵向进入汽蒸箱。在夹顶处装有热油管或蒸汽管，可将饱和蒸汽干燥。在加热期内上升的蒸汽接触到冷壁就消耗了一部分热量变成冷凝水，这一部分冷凝水贮存于壁的底部。用过的热蒸汽可以放去或流向水槽作软水用。环绕双层壁的四周有一个专门的供水装置，使壁内保持一定的水位。由于不断地从顶部向底部输入新蒸汽，蒸箱内蒸汽作缓慢而又固定地运行，新蒸汽不停地将废蒸汽推向底部，这样箱内任何点都没有紊流。由于蒸汽比空气轻，蒸汽置换了空气占据的位置，驱赶了箱内空气。蒸汽对底部空气产生压力，空气与蒸汽之间形成一条清楚的界线，用肉眼可以观察到一层清晰的薄雾。箱底装有吸汽装置，可以抽去过量的蒸汽，蒸汽不会外溢。常压高温汽蒸时，需要通过过热器将蒸汽过热后才能达到要求。

### （三）使用与维护

1. 操作程序

①打开厨房抽风系统。

②打开主水、气阀。

③打开点火种阀后，点燃火种。

④打开炉头风机。

⑤引燃炉火，调节气阀，使火焰呈清晰、均匀、连续的状态。

⑥停炉时，先关炉头气阀，再关闭风阀。

⑦操作时，切勿正对炉头，以防火苗喷出伤人。

⑧停止使用时，应先分别关闭炉头气阀，再关火种阀和风机。

2. 使用注意事项

①安全阀可根据用户自己使用蒸汽的压力自行调整，但不得超过定额工作气压。

②蒸汽锅在使用过程中，经常计算蒸汽压力的变化，用进汽阀适时调整。

③停止进汽后，可将锅底的直嘴旋塞开启，放光积水。

④蒸柜门必须轻开、轻关，以延长密封条的使用寿命。

⑤蒸柜每一室底部的排气管是排除冷气或废水之用，应保证畅通，严禁堵塞。否则，在停止供气后，随着温度下降箱内会产生负压，使箱壁往回吸水而损坏箱体。

⑥检查电源线各连接处是否接好。

⑦使用中如发现漏气现象，应立即排除方可使用。

⑧及时消除炉头结碳及其他杂物，保持炉头洁净。

3. 常见故障排除方法（图 4-4）

表 4-4 常见故障排除方法

| 序号 | 故障现象 | 故障原因 | 排除方法 |
|---|---|---|---|
| 1 | 火焰呈红色或冒黑烟 | 喷嘴已烧坏，风管堵塞或风机烧坏，造成炉头缺氧燃烧 | 更换喷嘴，清理炉头风管或更换风机 |
| 2 | 火力微弱甚至无火 | 喷嘴堵塞或气管内有异物 | 清理喷嘴及炉头气管 |
| 3 | 风机运转缓慢或不启动 | 电源电压过低<br>机械部分有故障<br>电机轴承无油或轴承损坏<br>电源断路或单相电容失效<br>电机引线是否接触不良或电机烧坏 | 检查电压，更换轴承或加油，检查、更换电容或更换电机 |

## 六、烤鸭炉

燃气烤鸭炉是适用于饭店、食堂等场所的烤禽设备。

### （一）结构与工作原理

1. 结构

燃气烤鸭炉的结构很简单，主要由燃气系统（输气和燃烧器，而燃烧器一般是两头的）和食品旋转烘烤架（转动圆管和烤炉圆圈架）所组成，机体一般由不锈钢材料构成，有些燃气烤鸭炉以耐高温钢化玻璃做幕墙。此外，还有电机和温度显示表等。

2. 工作原理

燃烧器中的火焰可直接对悬挂在烘烤架上的食品进行烤制，而烘烤架可在电机的带动下旋转，从而使食品烘烤更加均匀。

### （二）使用与维护

1. 安装与使用

①在烤鸭炉附近安装上一个符合国家安全标准的漏电保护开关。

②将烤鸭炉所配的液化石油气用减压阀装到液化石油气钢瓶上，用符合国标的液化石油气软管将减压阀出口连接到“三通”（自备）上，再用两条液化石油气软管将三通的两头出口分别连接到烤鸭炉左右进气口，并用接头夹件固定各软管接头，以防脱落。

③把烤炉内圆圈架按要求分别固定在转动圆管上。

④接通电源，把左右点火开关设定到关位，扭开气瓶总阀门。

⑤电子点火：用一只手按住门上的手柄，用另一只手压进旋钮点火开关左转 90°，闻击发声响，电火花引燃点火管，确认燃烧器已燃烧，才可将手放开，否则可能无法点燃。火力大小在“开”“关”之间旋转进行调节。

⑥初次使用电子点火烤鸭炉时，一次打火可能不能点燃，因接管内尚未充满燃气，可重复打火动作 2 ~ 3 次，便可点燃。

⑦接通电源开关，接通旋转开关，把鸭逐只挂入烤炉内烘烤。

⑧观察温度表读数，根据烘烤的需要调节供气量。

⑨停止工作时，应关闭点火开关和气源总阀，并关闭电源，确认炉火完全无燃烧后，操作人员方可离开。

2. 使用注意事项

①在使用燃气烤鸭炉之前，必须加装抽烟管，并将加装的抽烟管引到室外。

②所用气罐必须装随机配用的家用减压阀，且各接头处不得泄漏气体。

③气罐周围不准接触热源，更不准存放危险品，以免爆炸。

④在操作过程中，操作人员不准远离燃气烤鸭炉，若发现炉内的燃烧气熄火，应立即关闭点火开关，关闭气源阀门，查明原因排除，吹尽炉内燃气气味后，再重新点火。

⑤本设备使用时必须接好安全保护接地线。

⑥在使用燃气烤炉的房间内，必须具备良好的通风条件。

⑦严禁漏气及违章使用。

3. 日常维护保养

①清洁烤炉时应切断电源，不能用水直接冲洗。

②电源部分的保养必须由专业人员进行定期检查。

③烤鸭炉内外应保持清洁，每天用温湿布擦干净。

---

**小知识** 烤鸭制作方法

1. 原料

（1）配料

清水（药料）7.5kg，花椒 15g，陈皮 10g，甘草 30g，丁香 10g，草果 10g，桂皮 10g，香叶 2g，良姜 10g，沙红 10g。

（2）调味料

绍兴花雕酒 1L，味精 500g，鸡精 250g，鲜姜、大蒜、香菇、大葱各少许，五香粉微量。还可放少许冰糖和白糖（啤酒鸭加入啤酒 2 ~ 3 瓶，或者在烤制时分多次将啤酒喷射至鸭子身上）。

2. 制作步骤

（1）汤料的制作过程

把药包按一定比例放在清水里用大火烧开，调慢火熬制，待有一定的药味后，提起中药包加入调料（中药包可连续用 3 次，闻之无味后丢弃），关闭炉火冷却。

汤料冷却至常温（一般 30℃以下），把鸭子浸泡在内，鸭子肉厚的地方用钢针穿小孔，以便药味进入肉中，鸭子浸泡后上面用器具压住防止上浮。

浸泡时间 8 ~ 10h（视鸭子大小而定）。调料比例根据当地的口味适当增减。

（2）上皮色

浸泡后鸭子先用开水烫皮（目地是去掉鸭子皮上的油脂）。空机预热后，挂入鸭子，温度调至 220 ~ 250℃，烤制时间 20 ~ 30min（主要看皮色变化，鸭子皮色有稍微的焦色，调低温度至 180℃左右烤制）。烤制时间大约 50min（视鸭子大小）出炉。

判断鸭子是否烤熟：用针刺鸭子身上肉最厚的地方，抽出钢针如没有血丝即烤熟。

**提示：**目前，商用燃气设备的发展方向之一是将传统的燃烧器改用燃烧机。

燃烧机是以燃油（轻柴油、重油）或燃气（天然气、焦炉煤气、液化石油气）为燃料，燃烧充分，烟气排放达到国家环保要求的燃气设备。燃烧机主要由空气系统、燃料系统、燃烧系统、电气控制系统和安全保护系统等组成，是机电一体化的节能降污的热能产品。

## 第三节　燃油和蒸汽热设备

### 一、燃油热设备

燃油设备的使用极广，尤其是缺乏天然气的地方。目前的燃油设备分两类，一类是专门的燃油热设备，另一类是油气两用灶。专门的燃油热设备又分为两种：一种是鼓风式，应用较广；另一种是雾化式，是将油与空气预先混合雾化，在一定压力下如燃气设备一样燃烧，一般由空压机、缓冲罐、混合器、控制阀、喷嘴、燃烧室、灶体等组成。其中雾化系统常单独成体系，燃烧灶可根据需要并列安装多个。油气两用灶既可用液体燃烧，又可用气体燃料，如管道煤气、液化石油气及天然气等。

#### （一）燃料油的种类

常用的燃料油有汽油、煤油和柴油三种，而适合燃油炉灶的只有煤油和柴油中的轻柴油。

1. 煤油

煤油也称火油、灯油，含碳 12 的石油烃类混合物，水白色至淡黄色油状液体，不溶于水，能溶于有机溶剂。自燃点 380 ~ 425℃；爆炸极限 0.7% ~ 5%。煤油遇热、明火、氧化剂有燃烧爆炸的危险。它的特点是具有良好的挥发性，含硫量少，比轻柴油燃烧充分，热值高，污染轻，但成本高。使用时煤油中不能混入植物油或汽油，否则易冒烟或发生危险。

2. 轻柴油

柴油一般是碳 15 ~ 20 的烃类混合物（重柴油可到碳 30），柴油的挥发性不如煤油，更不如汽油。闪点一般高于 50℃；自燃点 260℃；但在高温或较强的点火源作用下也会着火。柴油在雾状情况下更易着火。轻柴油又称轻质柴油，按凝点可分为 10、0、–10、–20、–35 和 –50 六个牌号（用 # 表示），其凝点分别不高于 10℃、0℃、-10℃、-20℃、-35℃、-50℃。选用时应根据不同地区和季节选择不同牌号的轻柴油。0# 轻柴油适于全国 4 ~ 9 月份使用，气温高的南方地区冬季也可以使用；-10# 轻柴油适于长江以南地区的冬季使用，长江以北地区和我国东北、西北地区的冬季则应分别选用 -20# 和 -35# 轻柴油，否则会因低温造成轻柴油凝固而无法使用。在寒冷地区如低凝点轻柴油缺少时，可以在高凝点轻柴油中掺入 10% ~ 40% 的灯用煤油混合均匀，以降低凝固点，但切记不能掺入汽油，以免发生危险。轻柴油的特点是成本低，燃烧性能良好，自燃点低，雾化好，含硫量也不高，具有一定的安全稳定性。

### （二）油气两用灶

油气两用灶的结构如图 4-20 所示，结构合理、外观新颖、低能耗、效率高。它的最大特点是改变了以往只可使用单一燃料的缺陷。通用性强、作用灵活、方便，火焰温度可任意调节（最高可达 1400℃），是一种强力节能型灶具。点火方式用明火点火，火焰状态稳定，耗油量为 1.5 ~ 2kg/（台·h）（单烧油），噪声≤ 70dB，烟尘排放≤ 20mg/km$^3$。

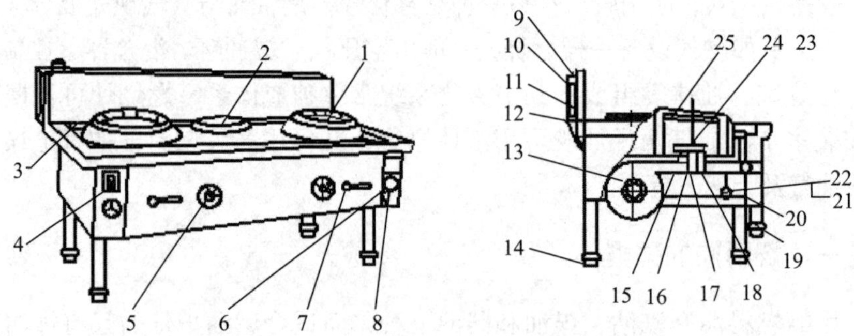


**图 4-20　油气两用灶示意图**

1—主炉膛　2—副炉膛　3—台面冷却水管　4—放水风机开关　5—风门阀　6—油量调节阀　7—燃气调节阀　8—接地标志　9—加油口　10—油箱　11—液位管　12—出油总阀　13—风机　14—调节脚　15—发火碗　16—溢油管　17—燃气出口管　18—出油管　19—落水管　20—电源接线闸　21—燃气管　22—点火燃气阀　23—阻风灶　24—燃气喷头　25—耐火砖

#### 1. 工作原理

工作原理示意简图如图 4-21 所示。

燃油时，当油进入发火碗时，经加热的发火碗与加热器二次汽化后与增压的助燃空气混合燃烧。

燃气时，当气体经喷头进入加热器时，与进入发火碗的增压助燃空气混合，进行充分燃烧。

油气混用时，经过油阀和气阀调节，使油和燃气在发火碗内混合，经加热器两次汽化后与增压助燃空气充分燃烧。此时热效率最高，燃烧最充分，省油又节气。

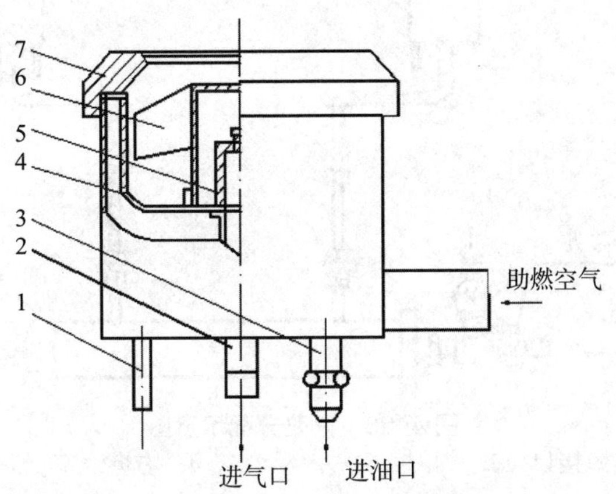


**图 4-21　燃油设备的工作原理示意图**

1—回油管　2—进气管　3—进油口　4—发火碗　5—燃气喷头　6—加热器　7—发火罩

2. 安装

（1）油路安装

如图 4-22 所示，其中值得注意的是供油可分为自供式（用油泵供油）和利用高位落差式两种，自供式出厂时已安装好，而利用高位油箱供油时，应与生产厂调试工配合安装，安装完毕应检查是否有漏油现象。

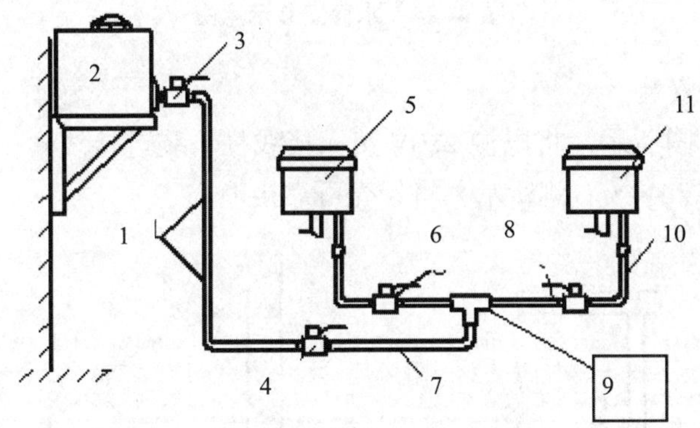


**图 4-22　油路安装示意图**

1—镀锌管　2—油箱　3、4—灶面　5—左燃烧室　6、8—球阀　7、10—紫铜管　9—三通　11—右燃烧室

（2）气路安装

如图 4-23 所示，使用液化气时，将钢瓶放在安全的地方，接上减压阀，用镀锌管接至灶具气管接口即可；使用管道燃气时用镀锌管直接与灶具气管接通

即可使用。

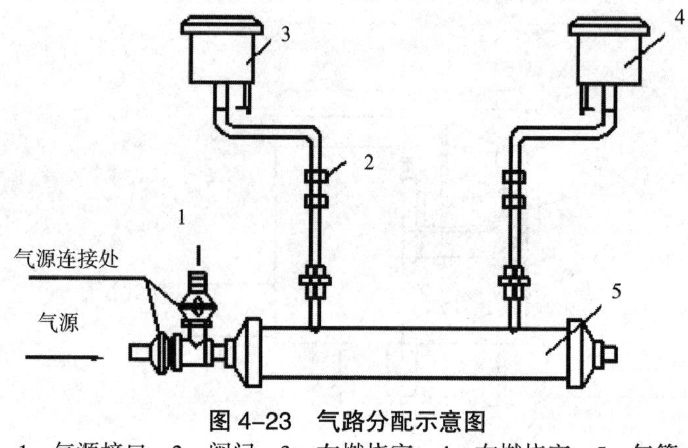


图 4-23　气路分配示意图

1—气源接口　2—阀门　3—左燃烧室　4—右燃烧室　5—气管

（3）进水管安装（图 4-24）

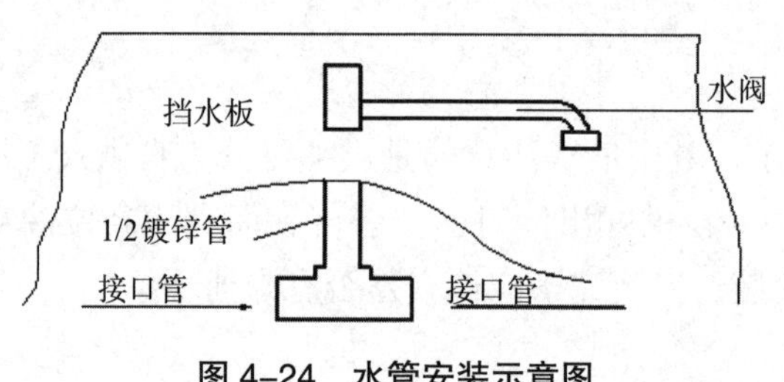


图 4-24　水管安装示意图

（4）电气安装

如图 4-25 图所示，将电源 220V 接入接线柱，装进接线盒，并检查风机运转情况；再按图 4-25 右侧所示，将灶壳可靠接地。

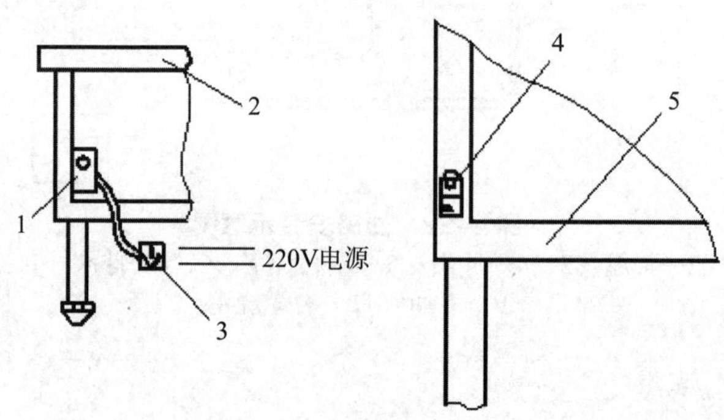


图 4-25　电气安装示意图

1—接线柱　2—接线盒　3、5—灶架　4—接地标牌

3. 使用方法及注意事项

（1）燃油操作

燃油时应关闭气阀再操作，并按下面步骤进行。

①贮油箱内放入足够的燃油（禁用汽油）。

②打开油箱出口处和炉灶进油处的球阀（油箱在灶体内时，只要打开油泵开关）。

③排除管道内的空气，使流油畅通。

④打开油阀，先在发火碗内注入一层薄油，关闭油阀，把点燃的点火棒置于发火碗内预热 0.5min，打开电源调速开关，逐渐调节风量，直至点燃为止。

⑤逐渐开启油阀手轮，顺时针旋转调速开关，调节风量。

⑥根据实际需要调节油量及风量。

⑦熄火顺序：关闭油阀手轮，同时逐渐减小风量，使发火碗内少量油滴燃烧充分，然后关闭进油球阀（或关闭油泵开关），2 ~ 3min 后关闭调速开关，切断电源。

（2）燃气操作

燃气操作按下面的步骤进行。

①打开减压阀及进气接口。

②打开气阀，明火点燃。

③开启风机调速开关，并根据实际需要调节风量和气量。

④熄火顺序：关闭气阀和降低风量，关闭进气接口，2 ~ 3min 后关闭调速开关，再切断电源。

（3）油气混合操作

①贮油箱内注入足够的燃油（禁用汽油），并打开减压阀及进气口。

②打开油箱出口处和灶体内的球阀（油箱在灶体内，只要打开油泵开关）。

③用点燃的点火棒置于发火碗内，逆时针打开气阀，点燃后逐渐开启调速开关，稍后打开油阀，使油和气混合，在发火碗内均匀地燃烧。

④根据实际需要调节油阀手轮和气阀手轮，同时调节风量手轮，达到满意的燃烧效果。

⑤工作结束，同时关闭油阀手轮和气阀手轮，逐渐减小风量，使发火碗内少量油滴和气体燃烧充分。

⑥关闭进油球阀（或关闭油泵开关），关闭进气接口和减压阀，2 ~ 3min 后关闭调速开关，切断电源。

4. 维护保养

①定期清洗贮油箱、滤网及管道内垃圾，保持油路畅通、无泄漏，必要时

可打开贮油箱底部排污盖，排除贮油箱内积水。

②灶具必须保持清洁，排水孔保持畅通，使用后可用软布拭擦，必要时也可以用软布沾中性洗涤剂擦洗油污。

③定期用肥皂水检查各接头处的密封性，严防漏气。

④严禁用水冲洗灶体，严防水进入开关及电机内，以免电器损坏。

**知识应用**：济南某酒店用的是燃油炉灶。某年 8 月 1 日开业时燃烧轻柴油，效果很好。可是进入 12 月份以后，炉灶在使用中出现火力不足的情况。请问是什么原因？该如何处理？

### （三）燃油气化灶

以某公司生产的 ZCZ90 型 QHZ 灶（燃油汽化灶）为例进行介绍。该灶有单眼、双眼两种，使用燃料为轻柴油（0# 或 –10#），压缩空气的工作压力为 0.2 ~ 0.4MPa；点火预热时间是 1.5 ~ 2min；电源为 220V 市电源，电流 0.5 ~ 1A；安全阀开启压力≤ 0.5MPa；耗油量为 1.25 ~ 2.5kg（根据就餐人数变化）；而耗气量在 0.7 ~ 2.8m$^3$/h 之间（根据就餐人数变化）。

1. 结构

该汽化灶主要由燃烧器、压力油箱、电点火装置、灶体等组成（图 4–26）。

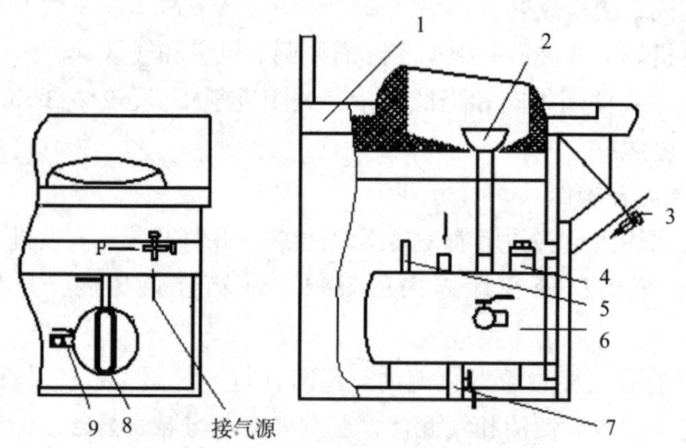


图 4–26　燃油气化灶结构示意图

1—灶体　2—燃烧器　3—进气阀、压力表　4—人工加油
5—安全阀　6—压力油箱　7—排污阀　8—油位表　9—进油阀（包括滤网）

（1）燃烧器

燃烧器见图 4–27，由喷嘴、喷头、发火碗、稳火圈、叶片及调节手柄等零件组成，具有汽化性能优良、燃烧完全、无烟、燃烧效率高等特点。发火叶片及发火碗均采用耐高温材料制成，抗氧化、变形小、寿命长。

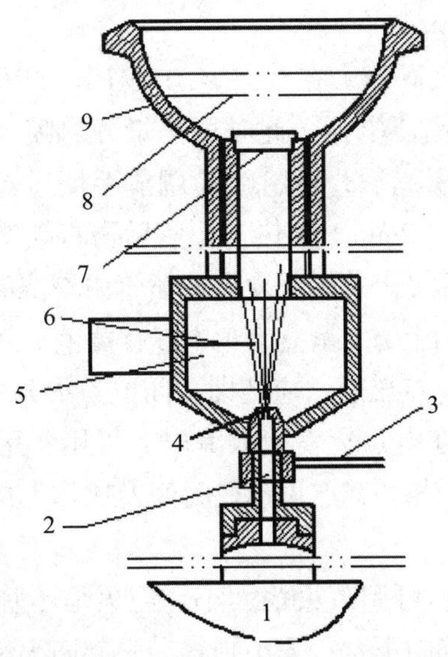


图 4-27 油化气灶燃烧器示意图

1—油箱 2—上油管 3—喷嘴调节手柄 4—油气喷头
5—进风套 6—点火电极 7—稳火圈 8—叶片 9—发火碗

（2）压力油箱

由过滤装置、进油阀、安全阀、加油口、油位表、排污阀及箱体组成。

（3）电点火装置

电点火装置采用 220V 电源升压后，在点火电极两端之间产生高压电弧引燃油雾。

（4）灶体

灶体由结构钢和不锈钢面板及耐高温隔热材料组成。

2. 使用方法

（1）加油方法

加油的方法有以下两种。

①机加油：将排气阀旋开，打开进油阀，重力油箱中的柴油即可流经管路，通过进油滤网和进油阀注入油箱。油加至油位表上端的油位线即可，然后将排气阀拧紧并关闭进油阀。

②手加油：先将排气阀旋开，再卸下加油盖，将油灌入油箱至油位表上端的油位线即可，然后拧紧加油盖和放气阀。

（2）注气

缓慢旋开进气阀，使压缩空气进入油箱，使油箱压力达 0.05MPa 左右。应当注意所有油、气管路接头处不应有渗泄漏现象发生，如有应立即予以排除。

（3）点火预热

①电点火：控制进气阀压力在 0.05 ~ 0.1MPa。打开电点火开关，此时点火电极两端之间立即产生高压电弧，此时可小量开启喷嘴调节手柄，使喷出的油雾在高压电弧下引燃。引燃后，可将喷嘴调节手柄适当开大一些，使火焰在高压电弧的引燃下保持 1 ~ 2min（预热），然后再将喷嘴调节手柄开大，并调节进气阀使油箱压力提高至 0.25MPa，发火碗喷管内燃烧的紫色火焰，自行移至稳火圈的发火孔上及叶片的上方，呈蓝紫色（带有黄色）火焰燃烧。此时即为点火，预热完毕进行正常燃烧。点燃后，应随即关闭电点火开关。

②用点火棒点火：在电点火发生故障时，可用备用点火棒点火。将点燃的点火棒放进风套的下端引燃。其点火预热时间及操作方法和程序与电点火一样。

（4）火焰调节

旋转喷嘴调节手柄即可调节火焰大小。但火焰不宜太大或太小。太大会使火焰发黄，使炉膛内火焰向下冒；太小则容易引起回火和熄火。在调节过程中，大锅灶可通过设在灶体前壁板上的视火筒对炉膛内火焰进行观察；中餐炒灶可调好后再工作。

（5）关闭

工作完毕后，首先将喷嘴调节手柄关闭，再关闭进气阀，然后再打开排气阀，放掉油箱内剩余压力。

3. 维护保养及注意事项

①点火预热时油箱压力应调整在 0.05 ~ 0.1MPa，不宜太高。喷嘴调节手柄也不宜开得太大，待引燃预热 1.5 ~ 2min 后再慢慢开大，点火时有少量冷爆声是正常现象。

②凡遇熄火现象，应立即关闭喷嘴调节手柄，然后稍等 1 ~ 2min，让炉膛中油气排出后，再重新点火。如果重新点火仍不能正常燃烧，则应对燃烧器各零件进行检查，拆下油气喷头，用通针疏通喷油小孔并清洗，切忌用铅丝等物疏通喷油孔或检查。此外，喷嘴、喷头每月应定期清洗一次。

③油箱内因压缩空气中水分积聚太多会影响正常燃烧，可将设在油箱底部的排污阀打开，放掉积水和污油。一般情况下，一个月需放泄一次，半年清洗油箱一次。所配用的空气压缩机应定期保养，定期放掉气瓶中的积水。

④进油滤网定期拆下清洗干净。

⑤电点火电极在使用一段时间后，应旋出清除碳黑。

⑥油箱内油量切忌过满，油面至油标高位第一位即可。否则极易引起意外。

⑦使用带有电点火的灶具应可靠接地。

## 二、蒸汽热设备

利用蒸汽进行蒸制食品的厨房设备品种很多。按照蒸汽的来源，可分为外来的蒸汽和设备自身产生蒸汽两种。外来的蒸汽主要是来自锅炉。设备自身产生蒸汽，是利用设备的加热装置（如电热、燃气、燃油等）将水加热成蒸汽，然后再对食物进行加热。

按照加热食物的传热介质划分，有汽蒸设备和水煮设备之分。其中，目前在厨房中的汽蒸设备按照形式区分，主要有三种：一种是传统式的，即在灶具上固定专用的锅具，上放笼屉；第二种是蒸箱（柜）式的，在灶具之上设立多层蒸箱（柜）（一般为三层）；还有一种是蒸笼炉，在灶具上开孔，形成灶头，笼屉直接放在灶头上。

**提示：** 在汽蒸设备中，一般蒸箱多用在红案操作中。有高压蒸箱和普通蒸箱之分，高压蒸箱工作效率高，但工作中门不可随时打开。而蒸笼炉（灶）一般用在面点操作中。因为有容易控制的蒸汽开关阀门，操作简单，不用担心水被烧干，因此不需花费时间等待。

### （一）可倾式夹层蒸汽锅（蒸汽套锅、压力汽壁锅）

夹层锅又称为二重锅、双重釜等，属于间歇式预煮设备，常用于食品原料的热烫、预煮、调味料的配置熬煮操作，它结构简单，使用方便，属于定型的压力容器。

夹层锅按照深浅可分为浅型、半深型和深型夹层锅；按其操作可分为固定式和可倾式夹层锅。最常用的夹层锅是如图所示的半球形（夹层）壳体加上一段圆柱形壳体的可倾式夹层锅，如图 4-28 所示。

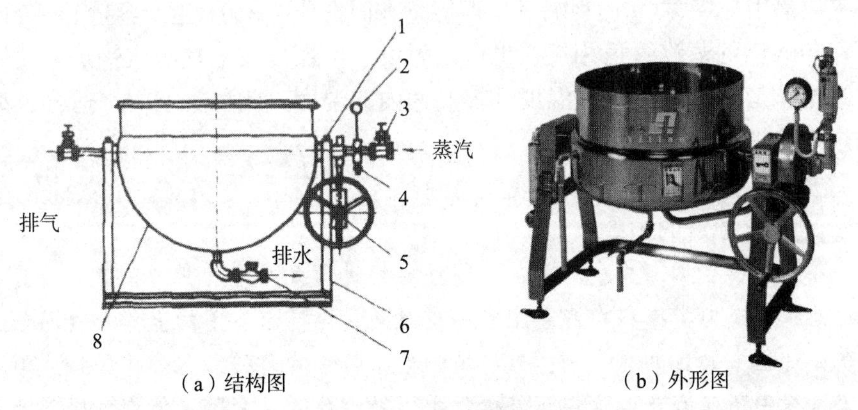


（a）结构图　　（b）外形图

**图 4-28　可倾式夹层锅**

1—润滑油杯　2—压力表　3—截止阀　4—安全阀
5—手轮可倾装置　6—支架　7—疏水阀　8—锅体

1. 结构

可倾式夹层锅主要由锅体、填料盒、冷凝水排出管、进汽管、压力表、倾覆装置及不凝气排出管口等组成。内壁是一个半球形与圆柱形壳体焊接而成的容器，外壁是半球形壳体，用普通钢板制成。内外壁用焊接法焊成，以防漏汽。由于加热室（夹层）要承受 0.4MPa 的压力，故其焊缝应有足够的强度。

全部锅体用轴颈支承在支架两边的轴承上，轴颈是空心的，蒸汽从这里引入夹层中，周围加填料（又称填料盒），当倾覆锅体时，轴颈绕蒸汽管回转而易磨损，在此处容易泄漏蒸汽。固定式夹层锅则把锅体直接固接在支架上。

倾覆装置是专门为出料用的，常用于烧煮某些固态物料时出料。倾覆装置包括一对具有手轮的蜗轮蜗杆，蜗轮与轴颈固接，轴颈与锅体固接，当摇动手轮时可将锅体倾倒和复原。

由于可倾式夹层锅两边的轴颈是对称的，安装时要特别注意不要接错管路。

2. 使用方法及注意事项

①使用蒸汽压力不得超过定额工作气压。

②进汽时应缓慢开启进汽阀，直到达到所需压力为止。

③冷凝水出口处的截止阀如装有疏水器，应始终将阀门打开；如无疏水器，则先将阀门打开，直到有蒸汽溢出时再将阀门关小，开启程度保持在有少量水汽溢出为止。

④安全阀可根据用户使用蒸汽的压力自行调整。

⑤蒸汽锅在使用过程中，经常计算蒸汽压力的变化，用进汽阀适时调整。

⑥停止进汽后，可将锅底的直嘴旋塞开启，放光积水。

⑦每班使用前，应在可倾式夹层锅各转动部位加油。

3. 使用特点

夹层锅用来烧、煮、炖食物，其生产能量大而占地面积小。生产容量 1 ~ 750kg，既可以与饭店的蒸汽管道相接，也可以附设一个煤气或电热蒸汽锅炉。使用者可以通过调节气体的流动和温度计控制锅内的温度。此种类型的锅适合大型宴会的烧煮加热。

**小知识** 原料的预煮

食品原料在加工成成品以前，往往要经过预煮处理。所谓预煮，就是将植物性原料或肉类原料在沸水中煮一段时间，再捞起备用的操作。食品预煮在烹饪过程中的目的有多种：破坏植物性原料中的多酚氧化酶，保持原料在加工过程中不变颜色，这在烹饪操作中叫做“焯”“氽”；使肉类原料的蛋白质凝固，皮与肉脱离，方便后续操作。如中餐里的回锅肉预煮，快餐店鸡腿挂浆、油炸前的预煮等；杀灭污染在原料上的部分微生物，提高原料在烹饪过程中的新鲜程度。根据不同原料的烹饪要求，预煮的时间和温度也不相同，在烹饪操作中有“进皮”“断生”“出水”等程度。

### （二）蒸汽蒸柜炉

蒸汽蒸柜炉由蒸汽炉、带门蒸柜、蒸汽管、蒸汽阀及进水管等组成。在工作时，将蒸汽用钢管引送伸入炉中。柜内有不锈钢架，用于盛放蒸盘等，可以根据蒸制所需时间的长短选择放入的位置。如由某公司生产的港式三格蒸柜系列，有油气两用三格蒸柜、燃油三格蒸柜、燃气三格蒸柜系列产品，适用于宾馆、饭店、工矿、企事业单位等的厨房蒸鱼肉等菜肴及点心。

1. 结构和工作原理

港式三格蒸柜系列：主要有灶体、燃烧室、蒸汽发生器、鼓风机、上架等组成。燃烧室、蒸汽发生器、鼓风机位于灶体内（图 4-29）。

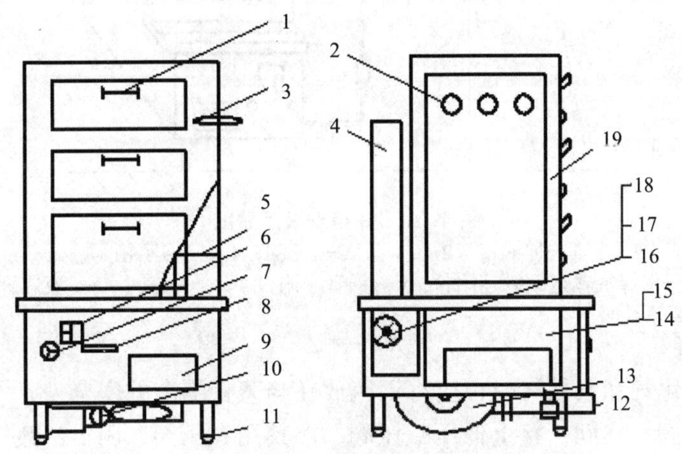


图 4-29 三格蒸柜示意图

1—门拉手 2—活动侧板 3—蒸汽阀 4—烟道 5—蒸汽室 6—防水开关 7—油阀 8—气阀 9—点火们 10—风阀 11—下架壳体 12—排污阀 13—风机 14—水箱 15—燃烧室 16—补水箱 17—进水管 18—浮球 19—上架

燃油时，采用高位油箱自流供油方法，用管道将高位油箱与三格蒸柜下架的进油端连接。打开油阀后，燃油从油箱流出，流入发火碗，迅速汽化，在发火碗内与鼓风机提供的助燃空气充分混合燃烧。

燃气时，打开气阀即可点燃工作。

2. 安装

（1）接电

三格蒸柜，采用交流电动机，工作电压为交流 220V。为确保安全，三格蒸柜的箱体应接地。

（2）接油

将三格蒸柜供油箱可靠地固定在离地面 1.2m 以上的高度处，油箱的出油管可选用 1/2/ 水煤气管，输送铜管接至离地面 0.4m 左右高度处。安装时，将铜管（附件）一端先与油管连接，在排除油路空气后，再将另一端与三格蒸柜的进油端连接。油箱内应按装滤油器。油箱装好后对油箱内加入清洁的轻柴油或煤油，严禁使用汽油。在严寒地区使用时，应选用低凝点轻柴油，油箱安装见图 4-30。

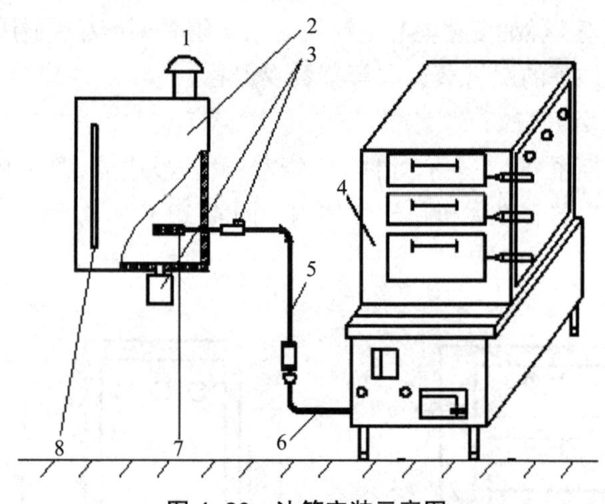


图 4-30　油箱安装示意图

1—加油口　2—油箱　3—球阀　4—三格蒸柜

5—水煤气输送钢管连附件　6—铜管（附件）　7—滤网　8—液位管

（3）接气

使用液化气和天然气时，应将钢瓶放在与蒸柜隔离的安全处，严禁把钢瓶与蒸柜放在同一房间，接上低压减压阀，严禁用中压阀，用 1/2″ 镀锌管直接与灶具气管接通即可。

使用人工煤气时用 1/2″ 镀锌管直接与灶具气管接通即可。安装完毕应进行耐压测试，检查管道、阀门及连接处是否有泄露现象，要完全符合国家标准后方可使用。

（4）接水

将自来水通过水阀与三格蒸柜的进水端连接，打开水阀，即自动进水。

3. 使用

把要蒸的食品在三格蒸柜内放妥，关闭好箱门后即可点火工作。

（1）点火

燃油时，开启电源开关，同时关闭风门，先逆时针打开油量调节阀，放少许油（一薄层最佳），把点燃的点火棒置于发火碗内，直至发火碗内的油燃烧，逐步开启风门，当发火碗内的一薄层油接近烧尽时，再逐渐打开油量调节阀，风门阀也逐渐开大。

燃气时，开启电源开关，开启燃气点火棒单嘴阀及点火棒阀，点燃点火棒，然后将点燃的点火棒放于炉膛内，再按逆时针方向逐渐打开燃气阀，点燃炉火同时打开风阀，调节风量，使炉火正常燃烧，最后关闭点火棒气阀及点火棒单嘴阀，把熄火的点火棒放回原处。严禁先开气阀，后开风门。

（2）调火

燃油时，火焰大小可根据自己所需要的火力调节。油阀与风阀同时调节，火力要弱；供油量小，风门也同时调小，火力要旺；油量加大，风量同时也加大，调到燃烧时无油烟为佳。

燃气时，可根据自己所需要的火力，调节气阀和风门阀。气量加大和风量加大，即火焰大，反之则小。

（3）熄火

燃油时，先关闭油阀，同时将风量减小，待炉芯内的油燃尽，再关闭风门，关闭电源。

燃气时，把燃气阀向顺时针方向关闭，然后关闭风阀，关闭电源开关，工作结束，关闭燃气总阀，切断电源。

4. 维护和使用注意事项

①每次蒸煮前应检查水箱水位，严禁断水运行。严禁在操作期间加油。0°C 以下需用 -10# 柴油，禁止用 0# 柴油。

②三格蒸柜门是二次开门、二次关门，必须轻开、轻关，延长密封条的使用寿命。三格蒸柜就位后，将蒸汽源与三格蒸柜的进气端接通，调整好工作压力即可工作（工作压力≤ 0.05MPa）。

③三格蒸柜每一室底部的排气管是排除冷气或废水之用，应保证畅通、严禁堵塞。否则，在停止供气后，箱内随着温度下降会产生负压，使箱壁往里吸而损坏箱体。

④每次工作结束，应清洗箱体内外，保持清洁。工作结束必须关闭全部油阀或气阀，以防燃油或燃气流失。工作结束后必须将污水排掉，换上干净水，使水箱保持清洁。保护好炉膛隔热层，不要受潮，也要避免碰撞硬物，否则容易烧坏炉膛。

⑤使用完毕必须关闭蒸汽进气阀。

⑥定期清洗油箱和滤油器，一般每半年进行一次。

⑦检查电源线各连接处是否良好。

⑧使用中如发现漏油或燃气漏气现象，应立即排除方可使用。

# 第四节 厨房电热设备基础

要实现厨房的现代化，就要实现厨房的电气化。加热工艺中广泛地使用电热设备，在环保、节能、产业发展、烹饪科学化等方面具有深刻的意义。目前，市场上各种电热设备，其功能、原理都不尽相同，本节介绍厨房电热设备的基础知识。

## 一、厨房电热设备发展简况

厨用电热设备属于家用电器的一部分。20 世纪初，家用电器首先在美国发展起来，面包炉、电灶等也在这一时期相继问世。50 年代电子工业的兴起不仅直接出现了许多电热器具，而且也为市场提供了电子元件，厨房电热设备开始发展。美国是家用电器发展最快的国家，其厨房加热设备已基本采用电气化。

我国电加热设备在厨房热设备中的比重越来越大。由于电的优越性和其本身的发展前景，可以预料更大量的、适合中国烹饪工艺特点的新的烹饪电加热设备将会得到广泛应用。

目前，电热设备正朝着低能耗、全塑化、多功能、智能化、高性能和高效益的方向发展。其中低能耗和高热效率是生产厂家和使用单位共同追求的目标。

全塑化即利用既能像金属一样满足产品在主性能和结构上的要求，而且又具有金属材料所没有的优点的新型塑料作为电热器的大部分部件，既可大大简化生产工艺、降低成本、减轻重量，又可提高产品的电气绝缘性能和耐腐蚀能力。如加热元件中的辐射管采用陶瓷管，使得寿命大幅提高。

一机多用是电热设备多功能的表现，它可以提高产品利用率，减少设备占用空间，而且又可节省开支。如瑞典生产出一种小型厨师炉，炉高为 90cm，宽为 120cm，深为 60cm。它的左上方有两个电炉，可供做饭、烧菜用；下面是电冰箱，有冷冻室，温度可达 -20℃，可冻 10L 冰块或保存冷冻食品，还可以低温冷藏蔬菜和水果等。右边是用不锈钢制成的水池，既能洗菜又可洗其他物品，水池下面的箱体还可作为储存杂物之用。

所谓智能化就是利用微处理器把电热器具的各项操作有机地连接起来，按预先存入的程序进行操作，自动完成一系列的工作。如日本研制的计算机电子灶。该灶采用微型计算机控制，可根据食物的质和量自动控制高温和低温的加热时间。食物煮沸后，又会自动转换电源，以维持在适宜的温度。

近年来，不少高新技术被用于电热设备上，如将微波技术用于电灶上，使加热速度加快 4 ~ 10 倍，节约能耗 30% ~ 80%。光敏电阻、热敏电阻、磁性弹簧开关、形状记忆合金、三端双向晶闸管开关、电子时间控制元件、时间显示器、电子调速元件等新型控制元件的使用，使电热设备的操作和控制水平提高到一个新的高度，从而使经济效益大大提高。

目前厨房电热设备发展的一个重要方向是网络化。包括惠普和 IBM 在内的多家企业联手推出了厨房联网系统，旨在帮助用户利用网络远程遥控其厨房内的所有电器设备，使日常生活更加方便。这一系统包括可以联网的多媒体电冰箱、电烤炉以及微波炉等，电冰箱里可以储存包括食物保质期以及各种食品储存量等诸多信息，甚至电冰箱还可以自动检修。据称，上述系统将于近期接受测试，届时用户将可利用手机或计算机向该系统发送指令，给微波炉等设备定时、启动或是关闭，以方便用户享用美食。

## 二、电热材料

电热设备的核心是发热材料，按材质一般可分为金属、非金属和半导体三大类。其功能是通电后能发热，但因为表面带电，所以不能独立使用，需与安全防护结构共同构成电热元件。

### （一）金属型电热材料

金属型电热材料按电阻率的大小可分为高电阻材料（电阻率大于 $10^{-6}\Omega \cdot m$）、中电阻材料（电阻率约 $0.2 \times 10^{-6} \sim 1 \times 10^{-6}\Omega \cdot m$）和低电阻材料（电阻率小于 $0.2 \times 10^{-6}\Omega \cdot m$）三大类。

金属型电热材料按材质又可分为贵金属及其合金（如铂、铂铱等）、重金属及其合金（如钨、钼等）、镍基合金（如镍络、镍铬铁等）、铁基合金（如铁铬铝、铁铝等）和铜基合金（如康钢、新康铜等）。在这些合金材料中，应用比较广泛的是铁基合金和镍基合金，二者均属于高电阻电热元件，而其中由于镍比较稀缺和昂贵，再加上镍有许多独特的特征，因此，在选用时应尽量少用或不用。

在合金材料中还有一类变阻材料的特殊材料，由银铁合金材料制成，它的电阻温度系数极高，可以制成自动调节的电热元件，这类元件具有加热功能，又具有控温功能。

### （二）非金属电热材料

非金属材料具有电阻温度特性、高温特性等独特性能，因此它在电热材料中有非常重要的地位。目前应用较广的有硅钼棒、碳化硅等。

硅钼棒的主要成分是二硅化钼和二氧化硅，结构上属于粉末冶金材料，即“金属陶瓷”，又名“超级康太尔”，是1957年瑞典蒙太尔厂研制成的，能耐1600℃的长期高温。目前这种材料制成的电热元件已单独成为系列。

碳化硅（SiC）电热元件按其形状不同又称为硅碳棒或硅碳管。它是碳化硅丝经高温再结晶制成，可在1250 ~ 1400℃的温度下长期工作，最高工作温度可达1500℃。

多孔玻璃态碳是国际上最新出现的电热元件。多孔玻璃态碳按不同的用途制成一定的形状，并在两端镀上一层非常薄的金属覆盖层，再用锡把导线焊在金属层上，两端用顶盖保护。多孔玻璃态碳有许多优秀的特性，如不需耐热支撑，供热性好，传热面积大，耗电少，热效率高，热惯性小，升温和冷却非常迅速，可精确控温等。

### （三）PTC半导体电热材料

PTC是Positive Temperature Coefficient的缩写，是一种单一的半导体发热材料，属于钛酸钡（$BaTiO_3$）系列，并掺杂微量的稀土元素。成形的PTC电热材料具有较大的温度系数，两面接通电源可获得额定的发热温度，且其功率可自动调节。因此，具有温度自限、效率高、无明火使用、安全可靠等独特优点。自1960年逐渐进入实用阶段后，作为一新型电热材料，越来越显示出其重要地位。

## 三、绝热、绝缘材料

### （一）绝热材料

绝热材料的作用是提高电热元件的热效率，同时减少电热元件对人身的伤害和防止失火。它有一定的比热和相对密度要求，而且耐热、耐火，化学性能稳定，吸湿性小，电导率低。一般分为保温材料、耐热材料和耐火材料三种。保温材料能耐100℃以下的低热，如木材、软木、毛毡、泡沫塑料等；耐热材料能承受150 ~ 500℃的中温，如石棉、石棉云母等；耐火材料能承受600 ~ 900℃甚至更高的温度，如矿棉、硅藻土等。

### （二）绝缘材料

绝缘材料又称电介质，是不能导电的材料。所谓“绝缘”就是用不导电材料将带电部分隔离，将电流限制在特定的电路里流动。因此绝缘材料的好坏直接影响着电热元件工作的可靠性，掌握绝缘材料的性能，合理选用，再加上科学、完善的绝缘方法，对保证电热设备工作十分重要。

绝缘材料一般要求绝缘强度大，耐热温度高，吸湿性小，化学性能稳定，导热性好和有较高的机械强度等。表 4–5 是常用绝缘材料的绝缘性能，其中以云母使用最多。

表 4–5 常用绝缘材料的绝缘性能

| 绝缘材料 | 云母 | 玻璃 | 瓷 | 电木 | 绝缘纸 | 大理石 | 氧化镁 |
|---|---|---|---|---|---|---|---|
| 强度 E 击穿（$kV \cdot cm^{-1}$） | 800 ~ 2000 | 100 ~ 400 | 80 ~ 150 | 10 ~ 200 | 70 ~ 10 | 25 ~ 35 | 39 |

**提示：**石棉是良好的绝缘、绝热材料，但也是国际公认的致癌物质。

## 四、电热元件

电热元件是电热器具的心脏。电热元件按其结构可分为单一电热元件和复合电热元件两大类。单一电热元件由一种电热材料组成。依电热材料分为金属与非金属两大类。电热元件按形状又可分为金属管状、石英管状、板状、片状、带状、薄膜状、陶瓷包复状等形式。

### （一）金属管状电热元件

1. 结构

金属管状电热元件简称电热管，是目前所有电热元件中应用广泛、结构简单、性能可靠、使用寿命长的一种密封式电热元件。早在 20 世纪 30 年代英国霍特波因特（Hotpoint）公司就将其应用于加热电器上。为进一步提高热效率，国内一些厂家已开始研制生产翅片式金属管状电热元件。

金属管状典型电热元件如图 4–31 所示。螺旋形电热丝 5 与引出棒 3 位于金属护套管的中央，它的制造工艺是将电热丝穿入无缝钢管、铜管或铝管内，其间隙外通过多管填充机均匀地填充既绝缘又导热的氧化物介质，如结晶氧化镁粉或氧化铝组成的洁净的石英砂等。然后用缩管机将管径缩细，使氧化物介质密实，保证电热丝与空气隔绝，并且不发生中心偏移而与管壁相碰，这样可使单位面积发热量增加十几倍，使用寿命也相应提高，可达十年以上，与相同发热量的电热元件相比，管状电热元件可节约 5% 的电热材料，而热效率达 90% 以上。

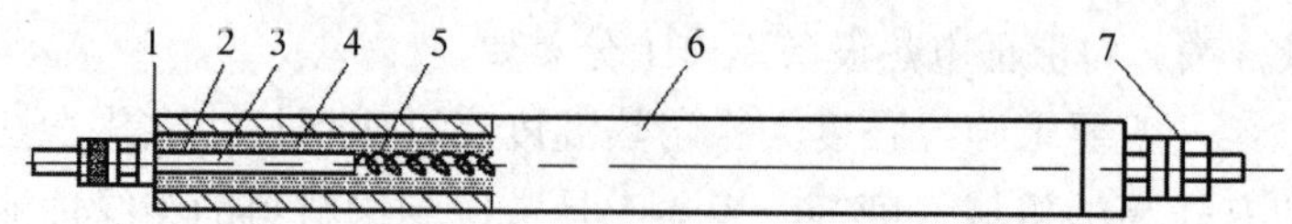


图 4–31 金属管状电热元件

1—绝缘子 2—封口材料 3—引出棒 4—填充料 5—电热丝 6—金属护套管 7—接线端

2. 主要部件

管状电热元件的主要部件有金属护套管、绝缘填充料和封口材料。

①金属护套管多采用无缝薄壁管。管材常用不锈钢管、黄铜、紫铜或铝管等。金属护套管起密封作用，防止潮气或其他物体渗入绝缘导热的填充料中而破坏绝缘，同时又使元件本身有足够的机械性能。

②管子与电热丝之间的绝缘填充料，具有高度绝缘性能和抗电强度，其作用一是防止电热丝氧化，延长使用寿命；二是传导热量；三是绝缘，保证使用者的安全。

③管端的封口材料一般有漆膜类，如硅有机漆、环氧树脂、甲基硅油、硅橡胶、单一玻璃、复合玻璃、珐琅质玻璃，以及用陶瓷或橡胶做成的封口塞等。其作用是与管端绝缘口相配合，使管端密封性和耐潮性得到保证。

④管端绝缘子一般由高频瓷制造，除保证密封性和耐潮性外，也可以使引出棒保持在管子中央。

⑤引出棒采用电热合金丝或低碳钢丝制成，截面面积为电热丝的若干倍，从而防止过热，其作用是将电能传给电热丝。

3. 特点

管状电热元件的最大特点是通电发热时表面不带电。常用来作红外线辐射加热装置以及电饭锅、电炒锅、电煎锅等的加热器。

## （二）石英辐射管状电热元件

1. 结构

石英辐射管状电热元件主要由石英管、电热丝、引出端子和金属端部等部分组成（图 4–32）。

石英管的直径在 12 ~ 18mm 之间，分透明和乳白色半透明两种，用在辐射管状电热元件中以乳白色为好。电热丝的螺距要小而均匀，以使石英管内壁温差小，同时其外径应与石英管内径相吻合，为防止电热丝表面氧化皮脱落，影响辐射效果和造成电热丝短路，可对电热丝进行高达 1000℃氧化预处理。金属端部对电热丝起密封和导电两种作用。

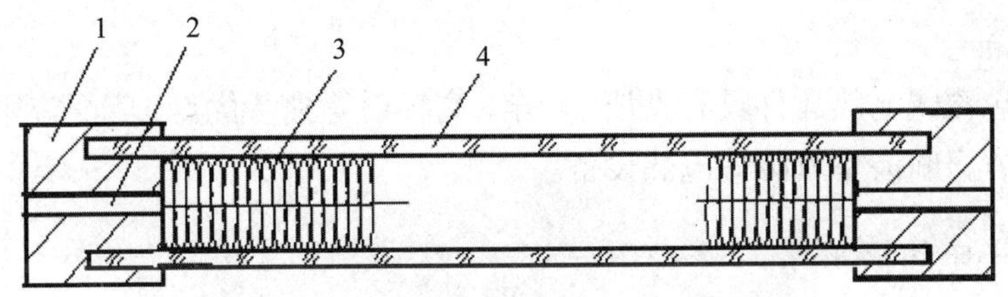


图 4-32　石英辐射管状电热元件结构图
1—金属端部　2—引出端子　3—电热丝　4—石英管

2. 特点

石英辐射管状电热元件热效率高（可达 90%），使用寿命长，重量轻，是金属管状电热元件和碳化硅元件重量的 1/7 ~ 1/3，并且热惯性小。由于石英具有绝热、膨胀系数小、电气绝缘性和不吸湿性等特点，因此，这种电热管可在潮湿的环境中安全可靠地工作，没有破裂危险。在电暖炉和电烤箱上得到广泛应用。

## （三）陶瓷包覆式电热元件

1. 结构

陶瓷包覆式电热元件的结构是在裸露的电热丝上包覆一层导热绝缘材料，通常有铠装式管状电热元件、铠装式金属板状电热元件、柔软的带状电热元件、金属薄片式电热片等。其外形可做成圆棒形、板形、管形、弧面形等。质感如一般的日用瓷器，但在里面埋有电热丝。图 4-33 为波纹面板形陶瓷包覆式电热元件局剖立体视图。在陶瓷材料外表面涂覆有热辐射性能的釉层。电热元件外的陶瓷体具有一定的机械强度、抗冷热冲击强度和良好的电绝缘性。另外，因其是预埋后烧，所以要求其烧结温度低于电热丝最高使用温度。

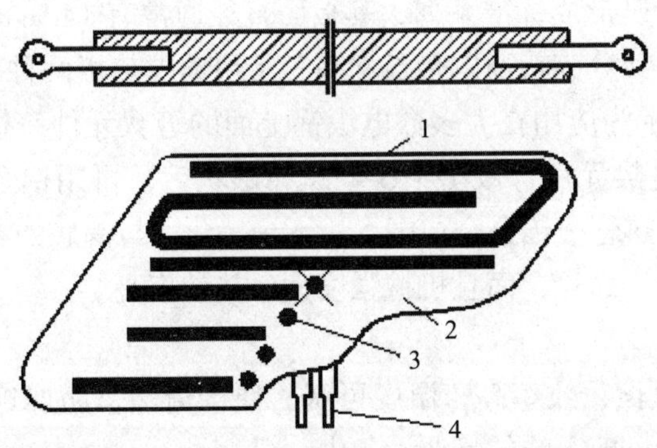


图 4-33　波纹面板形陶瓷包覆式电热元件结构图
1—釉层　2—陶瓷料　3—电热丝　4—引出线

2. 特点

陶瓷包覆式电热元件具有光洁、安全、高辐射等独特优点，广泛应用于烹调、食品烘烤、房间浴室取暖等电热设备。

### （四）电热板

电热板又称电灶板、烹调电板或密封电炉板等，它是一种通电后板面发热而不带电，且无明火的电加热平板，外形呈圆形或方形，安全可靠，使用时主要靠热传导。

1. 结构

电热板的结构主要由电板体、绝缘填充量和螺旋形电热丝三部分组成。

（1）电板体

电板体的材料一般有金属薄板冲压成形体和金属铸造件。为使加热更迅速和减少热贮量，一般采用含碳量少的铸钢（如薄型球墨铸钢）。为了确保传热速度，电板体常常有肋骨，其作用一是加强热板的热态强度；二是加快电热丝的热传导速度，并有利于板面温度的均匀。

（2）绝缘填充料

绝缘填充料要有高的热传导性、电气绝缘性和低的吸湿性，且从原料到加工成形都必须保持纯净。因为绝缘填充料中若含有铁、氧化铁、酸、碱、钾盐和硼砂等不纯物，会对电板体的电气性能产生有害影响。

（3）螺旋形电热丝

电热丝有与绝缘填充料直接接触的（薄壳式、铸板式），也有构成金属管状电热元件的（管状元件式、管状元件铸板式），其材料一般用 Cr20Ni80 镍铬丝或 Cr25Al5 铁铬铝丝。

2. 型式

国际上电热板已形成标准系列，其板面直径通常有 14.5cm、18cm、22cm 三种规格。每种规格又分为普通电热板和高容量快速电热板两种。

如图 4–34 所示为应用在大多数电饭锅上面的管状元件铸板式电热板。它是用一般金属管状电热元件弯成 1 ~ 5 个圆环形状后，再用铝合金浇铸，经机械加工而成。由于电热管被铝合金包围，故不易氧化，与锅底的有效传热面积大，绝缘性能好，使用寿命长，而且机械强度大、热效率高。

3. 特点

电热板有寿命长、效率高、温度可调、便于清洁、防腐蚀性能好等特点，广泛应用于蒸、煮、煎、炸的烹调设备中。

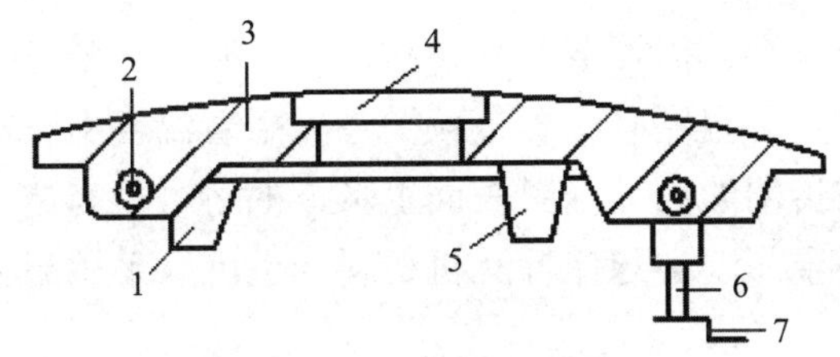


**图 4–34　电热板结构图**

1—支撑脚　2—电热管　3—铝盘　4—磁钢限温器安装孔
5—温控器支座　6—引棒　7—接线片

## （五）电热膜加热元件

电热膜主要由导电物质和成膜材料组成，不同的导电物质和成膜基体（又称载体）可以形成多种电热膜。电热膜作为热效率高的面状发热元件，在不断发展的电热元件中占有越来越重要的地位。

1. 类型

（1）无机电热膜

无机电热膜主要有涂复式陶瓷型电热膜和热解法电热膜。涂复式陶瓷型电热膜是以玻璃、搪瓷或陶瓷为基料，加入导电介质（如铝、银等金属导电粉或碳粉等）混合后制成导电浆料，涂复在玻璃、搪瓷、陶瓷或由耐高温绝缘材料制成的被加热基体表面，经烘干和烧结而形成的导电发热膜。

有的是将电热膜元件化，例如将导电物质和成膜物质混合后挤压成形。一种国产的 ZHP 电热片就是一种电热膜加热元件。它是一种以半导体性能材料作为膜体材料，用化学气相沉积法将其渗镀于红外辐射性能极好的特殊基体材料上所构成的电热元件，额定功率有 600W 和 800W 两种，分别相当于 800W 和 1000W 的电热管，可满足电火锅和电桑拿浴类电热产品的需要。

热解法透明导电膜直接制备在被加热载体上，其在载体上形成的薄膜不能与载体分离。目前载体为石英、陶瓷、紫砂、普通玻璃、微晶玻璃导电介质材料。二氧化锡电热膜是透明导电膜中较为常用的一种。它具有半导体性质，电阻率较低，且高温性能稳定，具有极好的抗氧化和抗化学腐蚀能力。这种材料制造方法简便，原材料容易获得，且价格低廉，是一种较为理想的电热薄膜材料。

（2）有机电热膜

有机电热膜分为本征型导电材料和复合型导电材料两种。本征型导电材料是对高分子结构型导电聚合物进行掺杂，使其导电率控制在一定范围内。常用的有用作电池电极的聚乙炔膜、聚对亚苯基膜、聚吡咯膜。

复合型导电材料由高主聚物基体和导电物质构成，又可分为导电性高分子复合材料和高分子透明导电膜两类。导电性高分子复合材料是在一般的高分子材料中加人银、镍、铜、铝等金属微细粉末或炭黑、石墨等导电性填料制成。这类复合材料导电率与温度有明显依赖关系，随着温度上升电导率下降。高分子透明导电膜是在透明的高分子膜表面上形成的对可见光透明的导电性薄膜。其导电物质可以是金属、半导体等无机材料，也可以采用高分子电解质作为透明导电物质。

2. 特点

电热膜具有许多传统电热元件所不具备的优点，主要有面状发热、热效率高、节能省电、寿命长、不易损坏、外型选择性强、适应范围广、具有限温特性、加工工艺简单、成本低、无明火、安全可靠等。

**知识应用：**普通电饭锅应用的陶瓷包覆式电热元件和电热板相比于电热膜加热元件有什么缺点？

## （六）PTC 电热元件

1. 带式 PTC 电热元件

带式 PTC 电热元件结构如图 4–35 所示。在带形中心平行安置两条母线（电极），两条母线周围是 PTC 材料制成的芯料。芯料外包一层聚氨基甲酸酯和一层聚烯烃网作为电绝缘体，它具有良好的热辐射性能。最外面有为增大强度而包覆的金属铠装材料，如钢丝网、铜或不锈钢等。

带式电热元件在冷态时，内、外两层聚合物网是紧缩的，半导体材料的碳粒子紧密排列，因此电阻较低。通电后电流较大，热输出高，升温快。随着元件升温，内、外聚合物网均扩张，使得电阻增大，热输出便减少。这样，电热元件便具有抗过热能力，即具有温度自限能力。这类电热元件的电压使用范围为 12 ~ 277V，适用于长条形的食物加热器。

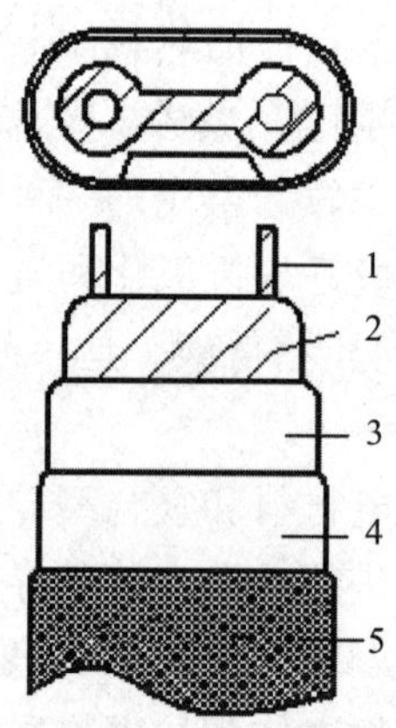


图 4–35 带式 PTC 电热元件结构图

1—母线 2—PTC 材料 3—内层聚氨基甲酸酯 4—多层聚丙烯网 5—金属铠装

2. 箔式电热元件

这种电热元件本质上属于一种表面加热元件，薄而轻，可弯曲折叠，根据需要制成任何形状，如图 4–36 所示。压延成箔状的电热材料，可像缎带一样，既可成平面形，也可卷成筒形或角形。制成钢性结构的加热元件则需要去母板，而制成挠性结构则常利用硅橡胶、氯丁橡胶、聚酯薄膜、环氧树脂及聚酰亚氨薄膜。这类电热元件发热温度可高达 900℃，可应用于电热炊具上。

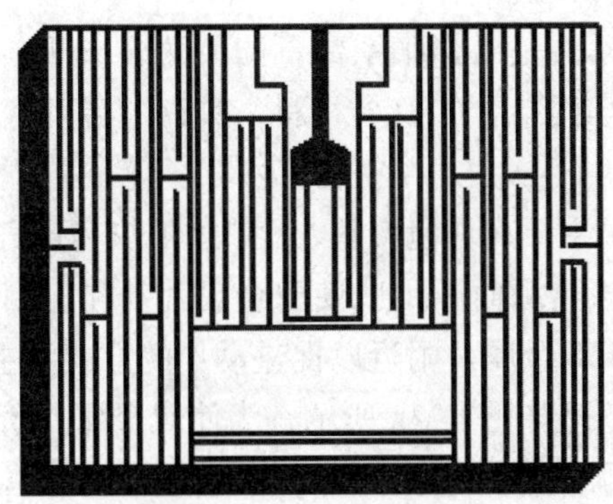

图 4–36　箔式电热元件

3. 软索式电热元件

软索式电热元件的结构如图 4–37 所示，这是一种低密度中温发热体，常用在便携式商用食品加热装置上。其优点是价格低，节省装配时间，只需粘在加热的物体上即可。

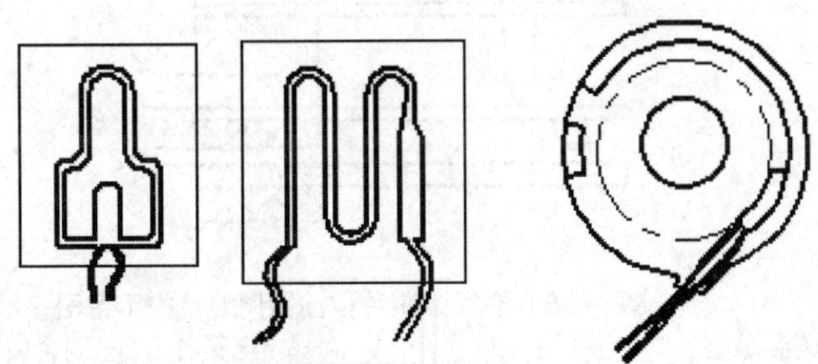

图 4–37　软索式电热元件

## 五、控制元件

厨房加热设备对火力有所要求，即在一定范围内，要求高、低温度可调，这一般可通过控温器和限温器得以实现。另外在加热设备上还可利用定时器和功率控制元件来调节加热时间和加热效果。其中功率控制元件对输出功率加以限制，以防止控温器和限温器由于温度波动频繁而影响加热效果。随着科学技术的进一步发展，目前在一些控制精度要求较高的地方，已逐渐采用电子控温甚至电脑控温系统，再利用一些新型发热材料（如 PTC、电热膜元件等），使得完善而准确的控温都能实现。

### （一）控温、限温元件

1. 热双金属片控温元件

热双金属片控温元件是由膨胀系数不同的两层或两层以上的金属或合金，沿着整个接触面彼此牢固结合的复合材料，具有随温度变化而改变形状和产生推力的特性。

其改变温度的热源主要有环境传热、发热体加热和自身发热（通以电流）等。在实际应用中，由于该热源尚不足以使双金属片动作，因此一般还以电热片串联于电路中，并安设于双金属片附近以促进动作的方式为主。

热双金属片工作原理如图 4–38 所示，为使双金属片所控制的温度能按要求调整，一般可加一个调温螺钉来实现。在常温下，双金属片保持平直；当温度上升时，由于两片金属热膨胀系数不同，则热双金属片膨胀系数小的一端弯曲，温度越高，其弯曲得越厉害，当温度下降时，又恢复原状。因此，热双金属片的翘曲方向及曲率大小取决于元件温度、组成元件的物理性能及两层金属的厚度比等因素。

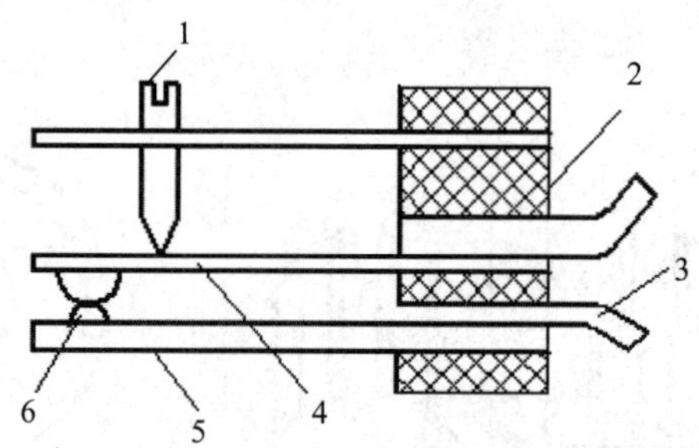


图 4–38 热双金属片控温器调温结构示意图

1—调温螺钉 2—绝缘层 3—引出端 4—导电簧片 5—双金属片 6—触点

具体应用时，按照所需动作温度旋紧或松开螺钉，从而使双金属片的触点压得松或紧一些。按照冷态或一般工作状态时，触点是否接触分为“常闭”或“常开”两种状态。

热双金属片的形状和尺寸以不同的使用要求来定。需要它沿直线移动时，一般用平直线 U 字形条片；需要它转动时，一般常用螺旋形或碟形片，这些均可实现触点的慢动作。如需快速动作，应采用碟形片或热双金属片与弹簧曲柄联动机构。一般应用于电饭锅、电烤箱的普通控温器时，可选用悬臂式直条形热双金属片控温元件。

2. 磁性控温元件

实验证明，铁磁体在大约780℃时会失去磁性，镍磁体在大约360℃时会失去磁性。将铁氧体磁片或合金磁片的组成成分比例加以变化，就可在－50～300℃的温度范围内急剧失去磁性，若温度再稍下降，又可恢复原有的磁性。此种原理制造的控温器灵敏度高，且经久耐用，缺点是在实际应用中一般需手动复位，广泛应用于电饭锅的加热控温电路。

一般的磁性控温元件工作原理如图4-39所示。其结构由硬磁钢（永久磁钢）和软磁钢（一定高的温度下失去磁性）以及弹簧拉杆、触头等组成。当硬磁片被按键托起与软磁片贴近时，软磁片即吸住了硬磁片，使得它们所带动的两个触点闭合，电热元件通电发热，此时温度低于软磁片的居里温度，硬磁和软磁之间的吸力大于弹簧拉力与硬磁片的重力之和。当温度升高时，软磁片的磁感应强度逐渐下降，两磁片吸力逐渐减小。当温度超过预定值达软磁居里温度点时，软磁片磁感应强度为零。这时，弹簧拉力与硬磁钢重力之和大于磁性吸力，永久磁钢便落下，使两触点脱离，从而切断电源。

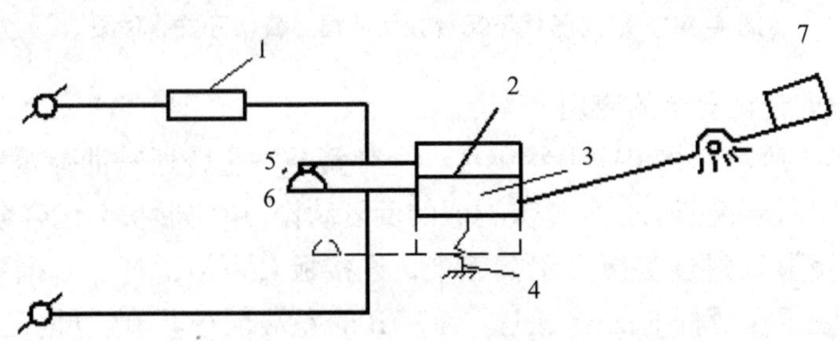


图4-39　磁性控温元件工作原理图

1—电热元件　2—软磁片　3—硬磁片　4—弹簧　5—静触头　6—动触头　7—按键

**提示：**所谓居里温度点，是指磁铁失去磁性的临界温度点。

3. 形状记忆控温元件

形状记忆控温元件是由具有形状记忆效应的形状记忆合金制成的控温元件。形状记忆效应就是合金在室温下加工产生塑性变形，而加热升温到某一临界温度时，又立即恢复成变形前的形状。如果材料经特殊的热处理，即所谓“记忆训练”后，则不仅升温时恢复原形，而且在降温过程中可恢复塑性变形，则称其具有双向记忆效应。

当前广泛应用的形状记忆合金有NiTi和Cu基合金。Cu基合金中主要有Cu-Al-Ni和Cu-Zn-Al两种。NiTi合金特性优异，耐蚀性好，应用得早，是目前用量和范围应用最广的一种。但价格昂贵，加工困难，工艺水平要求高。因此，虽然 Cu 基合金性能水平略差于 NiTi 合金，但还是得到了比较多的应用。

（1）双向记忆合金控制原理

如图 4–40 所示，手动动开关 B 闭合后，电热器具 C 开始工作，使双向合金弹簧 A 的温度逐渐升高。当温度高于某一定点后，记忆弹簧 A 收缩，将触点 D 分离，电路被切断，温度开始下降。当温度降至另外某一定点时，记忆弹簧伸长，触点闭合，电路又被接通，电热设备重新开始工作，温度再次上升，记忆弹簧再次收缩，这样周而复始，使被加热物体保持在一定的温度范围内。

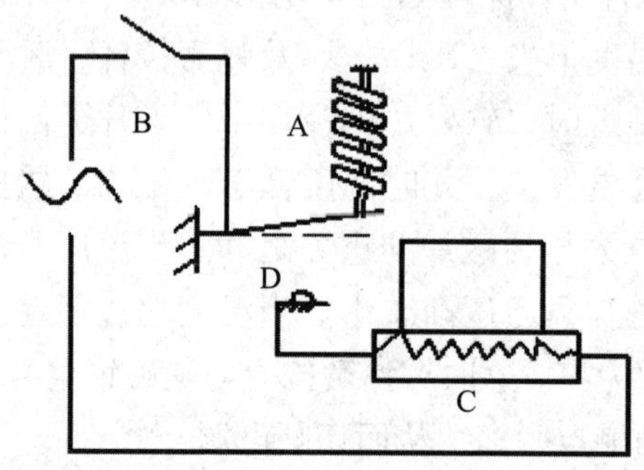


图 4–40　双向形状记忆合金元件恒温自动开关原理图

（2）单向记忆合金的应用

如图 4–41 所示，将单向形状记忆合金弹簧与一个普通辅助弹簧串接起来，就可完成与双向形状记忆合金弹簧类似的反复动作。单向形状记忆合金的弹簧 B、普通辅助弹簧 D 通过连接板 C 串接起来，连接板 C 可沿滑杆 F 轴向移动。弹簧 D 的另一端固定在滑杆 F 的凸肩上。弹簧 B 的左端顶在调节螺母 A 上，调节螺母 A 的位置可以改变两个弹簧之间的作用力。在此结构中，弹簧 B 的特性是在升温过程中伸长。低温时，由弹簧 D 使之压缩产生塑性形变，这样就具有了记忆能力。升温时的恢复力（即伸长时输出的力）大于 D 的压缩力，将 D 压缩。与此同时，C 向右滑动，使触点闭合。降温时做反向运动，使触点断开，切断电热器具电源。

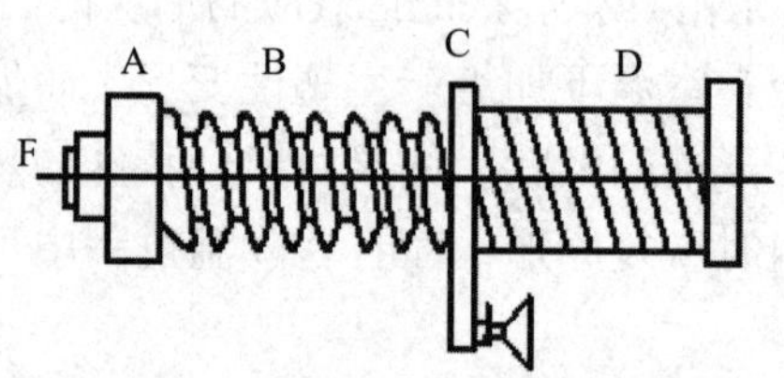


图 4–41　单向形状记忆合金控温原理图

4. 热敏电阻控温元件

热敏电阻材料的电阻率具有随温度变化的特性。将温度变化量转换为电阻变化量，然后通过放大线路，控制执行机构，从而达到控制和调节温度的目的，即为热敏电阻控温元件。

热敏电阻控温元件按结构形式分类有杆式、圆式、垫圈式以及电阻珠式四种形式，在温度控制中常用杆式及电阻珠式，其结构如图 4-42 所示。

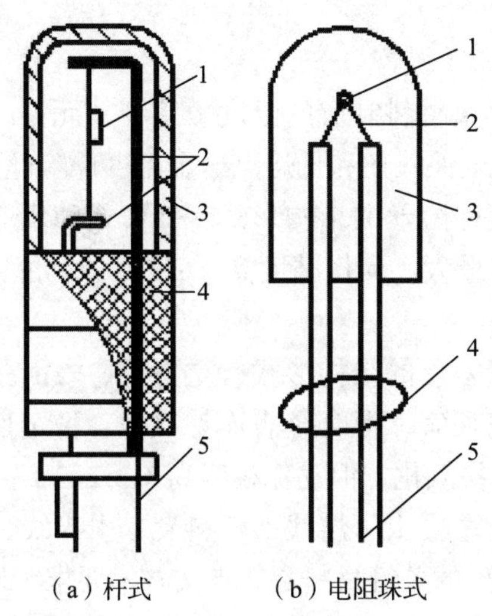


（a）杆式　（b）电阻珠式

图 4-42 热敏电阻

（a）杆式：1—热敏电阻　2—导线　3—金属外壳　4—绝缘基座　5—引线
（b）电阻珠式：1—热敏电阻　2—电极线　3—玻璃壳　4—玻璃珠　5—引线

工作时，周围的热量通过金属外壳或玻璃壳体传递给热敏电阻，使其升温而改变电阻值，从而产生信号，使执行机构进行温度的自动控制。热敏电阻控温元件具有结构简单、体积小、寿命长和温度控制精度高等特点。

**知识应用：**如果某热敏电阻的电阻值具有随温度升高而升高的特性，试问如何与加热电阻构成电路，以实现对加热电阻在高温时降低加热电阻发热量的要求？

5. 热电偶控温元件

该元件结构简单、使用方便、精确可靠、温度控制调节范围宽，但应用系统较复杂，价格较高，通常只用于较大型的电热设备。如 100L 以上的热水器及大型电烤炉等。

6. 感温泡控温元件

其原理是直接利用液体或气体的热胀冷缩，实现温度的自动控制。动作精密度比双金属片高。

**提示:** 现在市场上的所谓电子式温控器一般由温度检测部分、温度预置部分、温度调节部分、继电器或可控硅组成，复杂一些的还有微电脑电路。其兴起于20世纪90年代中期。兴起的主要原因在于使用该类产品后电器产品外观美感有较大改善，另外还有一个原因是可以实现误差在 ±1℃的精确控温。但不管哪种电子式温控器，其温度检测部分都需要将温度变化的信号转换为电信号，一般利用热敏电阻、热电偶即可实现。

7. 超温保护器

（1）温度保险丝

温度保险丝是由感温材料制成的温度敏感开关元件，按其工作原理的不同可分为有机化学物质温度保险丝和低熔点合金温度保险丝两大类。

有机化学物质温度保险丝的结构形式有弹簧式和反应式两种，具有性能稳定、不易变质、电流容量大、动作精度高（±2℃）、价格便宜、适于批量生产的特点。

低熔点合金温度保险丝的结构形式有重力式、表面张力式、弹簧式和反应式等四种。重力式价格便宜，但合金表面易氧化，稳定性差，动作精度低，电流容量小。弹簧式表面易氧化，但动作精度高（±2℃），价格便宜。

低熔点合金保险丝主要由可熔线、塑料套、引出线、封口材料和陶瓷外壳几部分组成。温度保险丝的关键材料是熔点按技术要求精确调定的低熔点合金。

保险丝熔断前，电流通过可熔点。当周围温度超过一定值时，可熔体自身温度随之升高直至熔化，这时，由于包封塑料的一种特殊作用及熔融合金表面张力作用，使可熔体在瞬间凝缩成球形而使电路断开。该温度保险丝具有体积小、稳定性好、使用方便、坚固耐用等特点。

（2）热断型热保护器

结构原理如图4–43所示，主要由感温剂、弹簧、壳体、触头和引线等组成，安放在温度最高处，引线与主电路串联。

感温剂为熔融材料，常温时呈固态，保护器动作前，弹簧被压缩，使电路接通。如果环境温度达到感温剂熔点，则感温剂熔化，体积缩小，弹簧松开使触头断开，切断电路。感温剂一经融化无法复原，所以此类保护器为一次性动作。

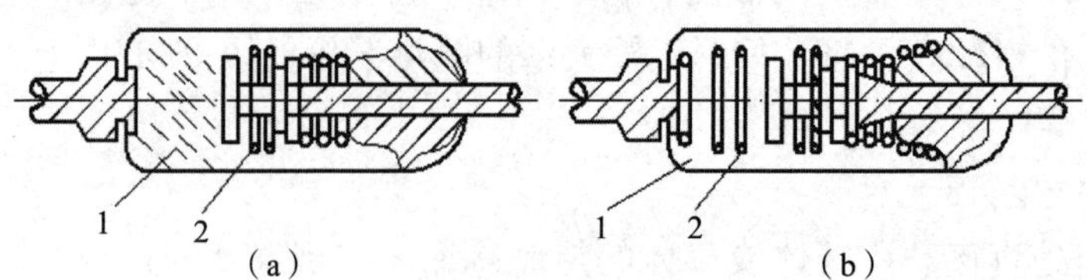


**图4–43 热断型保护器动作原理图**

1—感温剂 2—弹簧

这种保护器可以做得很小，灵敏度也很高，元件本身的自加热作用也不会引起工作点温度的漂移。同时，工作点温度分档也可以很细，耐久性也好，因此，可用于要求严格的电热设备中。

## （二）时控元件

电加热设备发出的热量公式：

$$Q=qt$$

式中：$Q$——电加热设备发出的热负荷，J；

$q$——电加热设备功率，W；

$t$——加热通电时间，s。

由此可知，为了控制电加热设备发出的热负荷，我们可以控制电加热设备的通电时间。对时间控制的元件即为时控元件，又称定时器。其种类很多，按用途分为常开和常闭两种。按结构原理可分为机械发条式、电动式、电子式定时器等。

### 1. 机械发条式定时器

利用钟表机械原理，以发条作为动力源，再加上机械开关组件构成。发条一般采用碳钢或不锈钢片卷制而成。当主轴正转上发条时，靠第二轮上的棘孔或棘滑脱而与其后的齿轮系离开。当自然放条时，整个轮系转动，靠振子调速。

这种定时器特点是摩擦力矩大，动作可靠。但机械发条式定时器通常只能做到 2h 以内定时，以国产产品多见。

### 2. 电动式定时器

电动式定时器采用电动机（微型同步电机或罩极式电机）作动力源，加上减速传动机构，机械开关组件及电触点（通常是常开触点）组成。其关键部件是机械开关组件如图 4-44 所示，它包括一个凸轮和一个固定支点的杠杆触头。该凸轮既可手动，又可用电机带动。当确定工作时间时，一手拧动转盘顺时针转动，使杠杆滑动支点滑出凹槽与凸轮外圆接触，杠杆触点与固定触点紧密接触，电路接通。若电源开关接通，则整个加热电路开始工作，同时电机开始工作，将凸轮顺时针转动，直至杠杆的滑动支点重新落入凹槽，使触点分离，加热电路断开。显然，手拧动凸轮角度的大小即可确定工作时间的长短。

### 3. 电子式定时器

电子式定时器主要有充电式、电容放电式、双基极管效应式、接触式定时器等几种。一般的电子式定时器由电子电路、转换电路和执行件（继电器）等组成。电子式定时器的准确性相比较而言并不一定很精确，但是工作可靠性高，且占用空间小。

**提示：**目前应用于厨房电器设备方面的定时器还有基于单片机设计的定时

器、可编程定时器以及模拟电路和数字电路相结合的中规模集成电路555定时器。

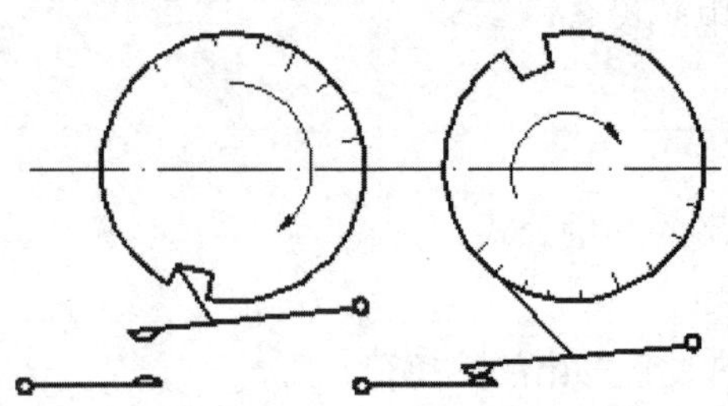

图 4-44 机械开关组件

## （三）功率控制元件

电加热设备功率的公式：

$$q=I^2R=U^2IR$$

式中：$I$—— 加热电路电流，A；

$R$——加热电阻，Ω；

$U$——加热电路电压，V。

对加热设备的热负荷进行调节，除了可以调节加热时间，还可以调节电功率。而调节电功率可以通过调节电流、电压及电阻实现。功率控制元件正是对电流、电压或电阻加以调节，达到调节热负荷的目的。

### 1. 开关调位控制

图 4-45 是五种热度开关系统的电灶原理图。两条发热线有一共同接点，因此有三条线引到开关。高热时，两条加热线并连接于 380V 电路中。中热时，仅仅内侧加热线接于380V电源。低热时，两条加热线串连接于380V电路。中低热时，内侧发热线接于 220V 电路。文火时，两条发热线串连接于 220V 电路。

开关调位控制一般利用普通开关，凸轮开关等对几支电热元件之间的接通、断开、并联、串联等不同组合，从而得到不同大小的加热功率。原理简单，工作可靠，应用广泛。

### 2. 二极管调功控制

如图4-46(a)所示，将二极管D短接或串接，调节电压，从而实现高、低温档。

利用电热元件的发热功率与电流和时间的关系，对通电时间和电流进行调节，从而调节元件的发热功率，如图 4-46（b）所示。在全温时电路短接二极管，保温时电路串接于二极管，实现调功率的目的。该调功元件广泛应用于砂锅型电火锅。

**知识应用：**图 4-46（b）中的保温电路在相同的时间内，其发热量是全温电路时发热量的多少？

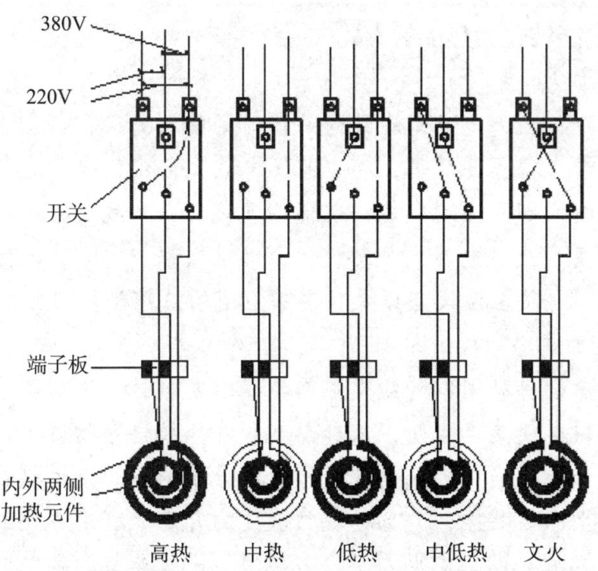


图 4-45　电灶的开关调位控制原理图

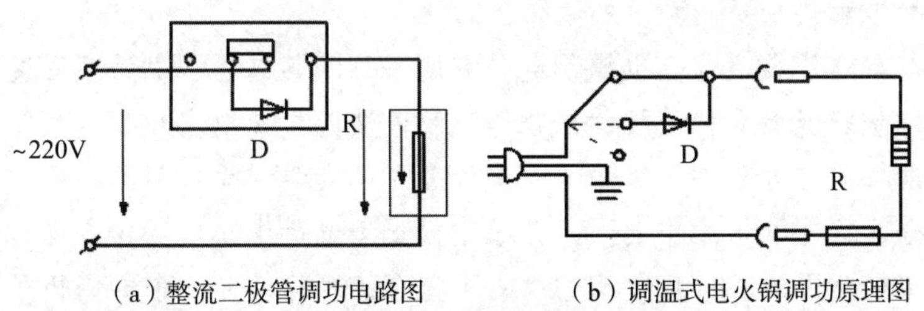


图 4-46　二极管调功电路

3. 电子调功控制电路

所谓电子调功控制电路是利用晶闸管导通角相位的改变使电热元件得到不同的工作电压，从而使电热元件产生不同功率的方法。该控制线路简单、经济、操作方便，对功率可进行无级调节，其缺点是对波形有干扰，稳定性也较差。

## 第五节　典型烹饪电热设备

电热设备是将电能转化为热能，从而对食物进行加热熟化的设备，通常西餐厨房应用电热设备较多。但由于电热设备具有安全、环保、高效的特点，且在国家对环保越来越重视的背景下，以及企业对自身发展的要求，电热设备也越来越多地进入到中餐烹饪生产领域。

**小知识** 电能转化为热能的方式

1. 电阻式加热

根据焦耳定律，通电导体在通过一段时间的电流后，会发出热量，即将电能转化为热能。根据此原理，将电阻（电热元件中的电热材料）发出的热量用来加热食物，即可实现电能向热能的转化。平常我们接触的大部分烹饪电加热设备都属于此类电阻式加热设备，如电饭锅、电灶、电油炸锅、电饼铛、电热水器、电热恒温设备以及西餐中应用的扒炉等。

2. 红外线加热

红外线加热设备利用红外线发热原理，给发热材料（如镍铬合金丝或康太尔合金丝）通电使其产生热，来加热某种红外线辐射物质——电热元件，让其辐射出红外线，当红外线的波长与食物分子的波长接近或相等时，即可使食物分子发生晶格共振，外部体现为温度的升高。利用红外线发热原理的设备在厨房烹饪加热设备中得到了诸多应用，比较典型的是电烤箱、西餐设备中的面火炉、电坑炉、多士炉等。甚至现在也有将红外线加热应用到电饭锅和微波炉中，以改善这些电加热设备的加热效果。

3. 微波加热

微波与红外线一样，也属于电磁波的一种，其电场和磁场交互变化。微波加热，从宏观上看就是被加热物体吸收微波能量并把它转化为热能。介质从分子结构看，可分为无极分子和有极分子两大类：无极分子的正、负电荷中心重合，在外电场的作用下，分子中的正负电荷中心沿电场方向产生位移极化；有极分子的正、负电荷的中心不重合，可等效为一个电偶极子。在一般情况下，物体（被烹调的食物）中的有极分子都呈无规则排列，在外电场的作用下，会沿着外电场的方向转向，产生转向极化，如果外电场再交变，那么有极分子的转向也要随电场的变化而不断改变方向，极性分子间随微波频率以每秒几十亿次的高频来回摆动、摩擦，产生的热量足以使食物在很短的时间内达到熟热。这是对微波加热机理（即微波炉能加热食物的原因）的简单阐述。实际上，微波加热的过程是比较复杂的。

4. 电磁感应加热

变化的电场产生磁场，变化的磁场产生电场，在电场中如果放入金属锅具，则在金属锅具中产生感应电流，根据焦耳定律，则金属锅具就可以成为发热体，对其锅中的食物进行加热，典型应用是电磁灶。

## 一、电磁灶

家用电磁炉最早于1957年在德国NEFF公司诞生。1972年美国西屋电气公司研制成功并投入生产，以后经过日本厂商的努力，至20世纪80年代初成为技术成熟的家电产品，并流行于欧美地区，目前的家庭普及率已超过80%。到了90年代初期，电磁炉才被引入中国，1999年以后有了大的发展。目前我国电磁炉灶行业发展非常快，商业电磁炉灶的系列产品有电磁炒灶、电磁凹灶、电磁平灶、电磁低汤灶、电磁煲仔炉、电磁烫面炉、电磁扒炉、电磁蒸煮炉、电磁油炸炉、电磁加热汤桶等设备。

西餐烹饪工艺对炉灶的功率要求集中在5kW左右，目前国外的大功率电磁灶普及率已达70%左右；中餐烹饪工艺对炉灶的功率要求在十几千瓦，甚至需要20kW以上，技术难度有所增加，但燃气灶或燃油灶的使用不符合现代化城市对能源及环保的要求，大功率电磁加热技术发展和推广已经是厨房加热设备发展之必然。

### （一）电磁灶的结构与工作原理

1. 结构

（1）加热部分

电磁炉的锅体下面有搁板和励磁线圈。通过电磁感应产生涡电流对锅体进行加热。

（2）控制部分

控制部分主要有电源开关、温度调节钮、功率选择钮等。由内部的控制电路来掌控。

（3）冷却部分

电磁灶采用风冷的方式。炉身的侧面分布有进风口和出风口，内部设有风扇。

（4）电气部分

由整流电路、逆变电路、控制回路、继电器、电风扇等组成。

（5）烹饪部分

烹饪部分主要包括各种炊具，供用户使用。

2. 电磁灶的工作原理

电磁炉是利用电磁感应原理制成的，如图4–47所示，在励磁线圈中通以交流电，产生交变磁场。由于电磁感应效应，在铁或不锈钢制成的金属锅中会产生涡电流，电流的焦耳热就可以对食物进行加热和烹饪。这种加热方式，能减少热量传递的中间环节，可大大提升制热效率，比传统炉具（电炉、气炉）节省能源一半以上。

感应的电流越大则所产生的热量就越高，煮熟食物所需的时间就越短。要使感应电流越大，则穿越金属面的磁通量变化也就要越大。加热过程中没有明火，炉面没有电流产生，在烹煮食物时炉面不会产生高温，烹饪过程安全、卫生。

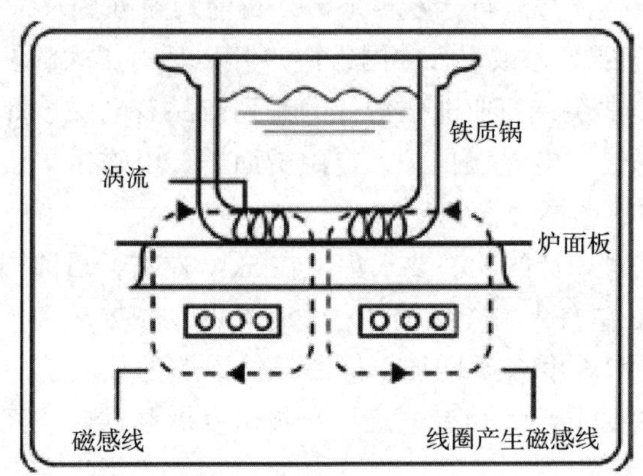


图 4-47 电磁灶工作原理示意图

## （二）使用与维护

1. 电磁灶使用注意事项

（1）电源线要符合要求

电磁灶由于功率大，在配置电源线时，应选能承受 20A 以上电流的铜芯线，配套使用的插座、插头、开关等也要达到这一要求。否则，电磁灶工作时的大电流会使电线、插座等发热或烧毁。另外，最好在电源线插座处安装一只保险盒，以确保安全。

（2）电磁灶对电源的要求

有 380V 和 220V 等，选择电磁灶必须跟电源相配套。

（3）保证气孔通畅及炉具清洁

保证炉体内气孔通畅，这样热量散热通畅，及保持炉具清洁。

（4）检测炉具保护功能

电磁灶具有良好的自动检测及自我保护功能，如有损坏，应及时跟商家联系。

（5）按钮要轻、干脆

电磁灶的各按钮属轻触型，使用时手指的用力不要过重，要轻触轻按。当所按动的按钮启动后，手指就应离开，不要按住不放，以免损伤弹簧片和导电接触片。

（6）炉面有损伤时应停用

电磁炉炉面是晶化陶瓷板，属易碎物。

（7）容器水量不宜过满

避免加热后溢出造成机板短路。

（8）锅具特殊

电磁炉加热的原理比较特殊，是电磁感应加热，必须采用导磁性的材料，如铁、不锈钢等。最好使用专门配送的锅具，如用其他的代替品，性能可能会受到影响。

（9）工艺特性

商用电磁炉的温度在 15s 内可以升温到 300℃，操作人员要改变传统灶具的思维，以便烹饪好菜品。

2. 特点

（1）节能

一般的炉具都是以可燃能源剧烈氧化（燃烧）反应后产生热能，经辐射和热传导对锅具加热。此时在传导过程中大量的热能已经白白地流失。而电磁炉的加热方式属于锅具自身发热，相对于其他以热对流方式进行加热的炉具而言，在加热过程中几乎没有中间损失。从这一方面分析，电磁炉的节能优势是其他炉具无法比拟的。

（2）环保

由于电磁炉在加热过程中不使用燃料，没有燃烧反应，没有明火，因此整机实现了“零”排放，“零”污染，是名副其实的环保产品。

（3）安全

现代的电磁炉已经设计有许多保护功能，过热保护，过压、欠压保护，缺相保护，过流保护等，这些保护都是围绕着安全而设计的，其他炉具要达到这样的安全保护基本上是不可能的。

（4）改善操作环境

由于电磁炉在加热过程中不使用燃料，没有明火，所以不会给厨房操作环境带来热辐射，因此使用电磁炉的厨房操作环境可以大大改善，更适宜厨师操作。

（5）提高工作效率

大功率商用电磁炉采用单片机控制，在设计精良的控制软件监督下可以将复杂的烹饪技术进行量化处理，同时大功率商用电磁炉应用高频逆变技术，能源利用率达 90% 以上，极大地提高了工作效率。

**提示：**目前，电磁炉不仅可应用于凹凸锅，而且有厂家发明了带火的电磁炉。中国传统烹饪工艺都是看火的大小，从而达到对火候的掌握。该电磁炉通过增加功率和对智能炒锅功能的升级，使得电磁炉在炒菜时可以产生火，其火的大小与功率对应，并且可调节。

## 二、电炸锅

电炸锅是用来专门生产油炸食品的热设备，与电煎锅相比，锅内油的液位较深，能使食品全部浸入油中。根据油炸压力的不同，油炸设备分为常压油炸、真空油炸和高压油炸（大于 1 个大气压）设备。

### （一）无烟型常压多功能油炸蒸煮锅

传统的饭店中应用的常压间歇式油炸锅在菜品炸制过程中容易出现烧焦、冒烟、耗油过大并产生大量有害物质（如丙烯醛，是油烟的主要成分），严重影响使用者的健康。为克服此问题，现在的油炸锅都考虑采取中间加热式、油循环加热式及间接加热式等方式。其中，无烟型多功能油炸蒸煮锅即属于中间加热式电炸锅，如图 4-48 所示。

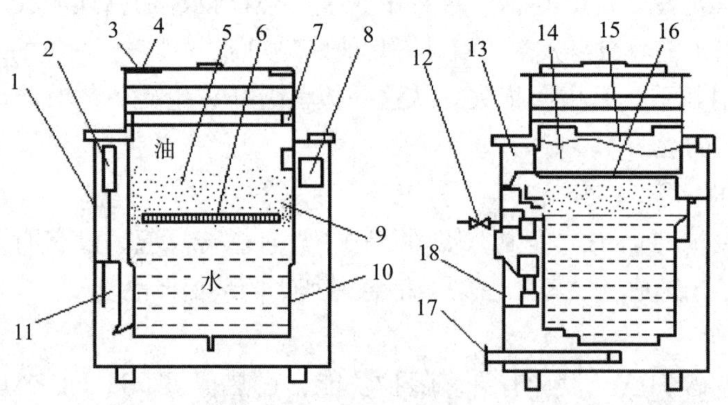


图 4-48　圆桶型油水混合式油炸蒸煮装置

1—箱体　2—操作系统　3—锅盖　4—蒸笼　5—滤网　6—冷却循环系统　7—排油烟管　8—温控数显系统　9—油位显示仪　10—油炸锅　11—电气控制系统　12—放油阀　13—冷却装置　14—蒸煮锅　15—排油烟孔　16—加热器　17—排污阀　18—脱排油烟装置

**提示：**中间加热式，即在油层的中间设置加热管。油被分成两个区域，加热管上层的油区为高温区，下层为冷温区，避免了油炸残渣在高温中的反复油炸，其传热面积和热效率都得到了提高。缺点是加热管下面的油的循环回流速度减小；此外，由于加热管的存在，使得冷温区的清扫工作不易进行。因此，近年来多用水代替冷温区的油，待工作完毕后，将水和残渣一起放掉。此种形式又称为清洁油炸锅。如日本某公司推出的所谓生态油炸锅，能让金鱼在滚烫的热油下的 20℃的水中自在游弋。无烟型多功能油炸蒸煮锅即属于清洁油炸锅。

油循环式，即为在油锅外另设一热交换器，将油从油锅内抽出，经热交换器加热后再泵入油锅，不断循环。其特点是热效率高，且不产生过热现象；操作人员可远离高温，改善工作环境。

间接加热式，以从锅炉来的高压蒸汽作为热交换器的热源，对油进行加热。可通过调节蒸汽和油的循环量来控制温度。

1. 结构与工作原理

如图 4–48 所示，炸制食品时，将滤网 5 置于加热器 16 上，在油炸锅 10 内先加入水至油位显示仪 9 规定的位置，再加入油至油面高出加热器上面约 60mm 的位置，由电气控制系统 11 控制的加热器可以将其上部的油层温度控制在 180 ~ 230℃之间。并通过温控数显系统 8 准确地将油层最高温度显示出来。炸制过程中产生的食物残渣从滤网 5 漏下，经过油水分界面进入油炸锅下部的冷却水中，积存在锅底部，定期由排污阀 17 排出。炸制过程中产生的油烟从排油烟孔 15 进入排油烟管 7，通过脱排油烟装置 18 排除。放油阀 12 具有放油和加水的双重作用。由于加热器 16 设计为只在上表面 240℃的圆周上发热，再加上油炸锅 10 的上部外侧涂有高效保温隔热材料，故加热器产生的热量就能有效地被油炸层所吸收，热效率得到进一步提高。而加热器下面的油层温度则远远低于油炸层的温度。当油水分界面的温度超过 50℃时，由电气控制系统 11 控制的冷却装置 13 即强制地将大量冷空气通过布置于油水分界面上的冷却循环系统 6 抽出，形成高速气流，将大量热带走，使油水分界面的温度能自动控制在 55℃以下，并通过温控数显系统 8 显示出来。

如将油炸锅内的油和水排净，取出滤网，将配套设计的蒸煮锅 14 置于加热器上，则又可用于煎、炒、蒸、煮等多种烹饪功能。

2. 特点

该锅彻底改善了油质状况，去除了油烟污染，不仅提高了油炸食品的质量，而且大大降低了油料消耗。

### （二）压力炸锅（高压式）

压力炸锅采用不锈钢制造，气、电两用，外形美观，油温、炸制时间自动控制，并具有报警装置和自动排气功能；操作安全可靠，无油烟污染。该机能炸制多种食品，如中式食品香酥鸡、牛排、羊肉串；西式食品美国肯德基家乡鸡、派尼鸡及加拿大帮尼炸鸡等。主要适合中、西快餐厅，宾馆，饭店，机关工厂食堂及个体经营者使用。

压力炸锅比普通开启式炸锅效率高，能在短时间内将食品内部炸透。色、香、味俱佳，营养丰富，风味独特，外酥里嫩，老少皆宜。且能炸多种食品，如鸡、鸭、鱼等各种肉类，以及排骨、牛排和蔬菜、土豆等。温度、压力和炸制时间选定后，实现自动控制，因而操作简单。压力炸锅采用不锈钢材料制造，安全、卫生、无污染。其自动滤油装置能够使锅内油质保持清洁。操作方便，自控系统性能高，能源消耗低，适应范围广，可采用两种电压电源（380V 或 220V）工作（图 4–49）。

图 4-49　压力炸锅

允许一次炸制食品量：6 ~ 7kg；锅内容量：23 ~ 24kg；可调工作温度：50 ~ 200℃；额定工作压力：0.085MPa（表压）；工作时间：0 ~ 20min；电源：380V，50Hz，三相四线制；额定功率：9kW；外形尺寸（宽 × 深 × 高）：460mm × 1000mm × 1330mm（锅盖关闭时）；机器重量：110kg。

## 三、万能蒸烤箱

万能蒸烤箱有三个烹饪方式：蒸、热空气烤、热风烤与过热蒸汽混合加工。其充分地保持了食品的水分、养分和风味，并且热空气能充分地提高烹饪的速度，由于可以将两个或两个以上的设备功能结为一体，可以节省出一定的厨房空间。因此在目前的高星级厨房和大型供餐企业中，万能蒸烤箱越来越受到重视。

从能源利用的角度看，万能蒸烤箱有利用电能与燃气的两种。电能的小万能蒸烤箱需要 3.9kW 的功率、220V 的电压；台式万能蒸烤箱最高需要 75kW 功率、220V 的电压。燃气型万能蒸烤箱热值的要求范围内从 45500~170000BTU。一般能源评级决定对万能蒸烤箱的评定，要求必须符合最低烹饪效率耗费 50% 的电和 38% 天然气，同时也能满足最大闲置率为 3~6 盘。

### （一）结构与工作原理

万能蒸烤箱主要由箱体、蒸汽发生器、加热器、热鼓风机、安全装置、蒸汽控制系统、自动循环程序、供水装置等组成。

1. 蒸汽发生器

蒸汽发生器嵌装在烤箱底部，为电加热水的圆柱形容器，在工作时，很快能达到 100℃ 的工作温度，减少了箱内蒸汽的液化。约 5min 后，整个箱内便充满蒸汽，这时蒸汽加热才正式开始。同时其他附加热源被切断。

2. 蒸汽控制系统

为自动控制烹调时间和数量，烤箱顶部设有蒸汽控制口，能使一小部分气体进出。其上安装有恒温传感器，当箱内蒸汽过多时，蒸汽便触及传感器敏感元件，并将传感帽顶起，随即蒸汽从蒸汽控制口排出，遇冷迅速液化。此时，蒸汽发生器停止工作。当箱内温度降至100℃以下时，反向冷空气使传感器冷却，迅速将液化水汽化，随即蒸汽发生器通电再次工作。

为防止液化水滴在食物上，蒸汽控制口处装有接水的滴盘。蒸汽烤箱顶部设有两个（进出）气孔。蒸制循环结束时，进气孔在冷却扇叶动作之后，将干净的空气输入箱内，使箱内温度下降。蒸汽开始冷凝，同时排气孔借助于双金属片开关被打开，少量蒸汽经该孔在冷却扇叶的作用下，形成冷却流，然后快速排出。这时开箱，残余蒸汽极少。

烤箱不受外部环境温差的影响，上下层能同时加热或单独加热，开启鼓风机可使箱内的加热温度均匀。上层暴露在蒸汽中的加热器采用镍铬合金制作。

该蒸汽烤箱还配备了自动循环程序。如烤面包或肉时，为保证箱内和外界的换气，必须打开进出气孔。如需箱内保持足够的蒸汽，蒸汽发生器工作时，排气孔必须关闭。为满足这两个要求，控制板上安装了两个独立的时间测试系统。一个时间测试系统用来控制传统的功能系统。包括上下层加热、对流循环、烘馅饼、烤面包、烧饼、烘大块食物，以及涡旋式烘烤等。另外一个时间测试系统控制蒸汽产生和实现间隔烹调功能。

3. 供水

供水一般有人工供水系统和自动供水系统，商业厨房中应用的大多数是自动供水系统。为防止发生不测，蒸汽发生器的下面装有自动调温器。如蒸汽发生器缺水，其温度便迅速上升，自动调温器就会自动关断蒸汽发生器的加热电源，同时打开蜂鸣器或操作面板提示操作者缺水。蒸汽发生器外最低处安装一个排水泵，可将箱内积水随时排出。

4. 安全装置

蒸烤箱门上装有一个安全门锁，当箱内的压力升至2000 ~ 3000Pa时，箱门会自动打开。蒸汽发生器与供水系统的连接管路中，安装了水位开关（压力开关）。当容器里的水超过设定水量时，其压力相应升高，水容器里的压力大于供水量压力时，将水位开关顶开，切断供水。反之，若水容器缺水，供水压力大于水容器内的压力，则水位开关又会自动打开供水。若上述功能失灵，则可迅速接通排水泵，将箱内多余的水排出；若水容器里缺水，则驱动自动调温器，进行提示。

5. 蒸汽的功能

（1）蒸烤制

蒸烤制即蒸和烤同时进行。

采用这样烹调方式，蒸汽发生器在定时器的操控下被预先打开，当蒸汽发生器正式产生蒸汽时，箱内的对流扇开始工作，蒸汽在箱内不断循环，热量和蒸汽迅速均匀地传递给食物，这种方式适于加工需烹调时间较长的食物，如鸡、鸭、鱼、肉、米饭及各种硬质蔬菜。

（2）间隔蒸烤制

选用这种烹调方式，对流扇有规律地间断工作，对流和蒸汽的作用交替进行，加热系统控制着蒸汽发生器的工作时间，占全部烹调时间的 25%。75% 的时间用于对流加热。箱内的温度由温控器控制。间隔蒸烤用于加热冷饭菜，蒸汽可防止食物干燥。

（3）多方式蒸烤制

这种烹调方式提供了烤肉和蔬菜混合烹调的选择，即在对流烤制阶段，将被烤物（肉类）放进箱内以对流热汽烤制，待食物表面焦黄后，转向蒸制并发声提示。这时，可将准备好的蔬菜送进烤箱，与被烤制的肉食一起蒸制。蒸制结束时，肉、菜同时熟。

## （二）使用与维护

1. 使用注意事项

（1）时间和温度

经验证，即使蒸烤箱的温度较低，但也能达到与高温一致的效果及质量。只有在蒸烤箱里装满了东西或装了过大的东西，烹调时间才需要延长一点，预热可以帮助达到预计的时间和温度设置。

（2）预热

根据烹调食物的品种和性质进行预热是必要的。让温度达到比烹调所需温度高 15~25℃，这需要一些额外时间，但能达到完美的效果，最终节省时间。对于蒸东西，预热要在混合模式下进行，这样温度才能达到 100℃以上。

（3）烤盘的用法

无论哪种食品，选择适合的烤盘是最基本的。蒸制食物可选择有孔的烤盘；烤面包或比萨或糕点可选择特用黑盘或有孔低边铝盘；肉、鱼等可选择铁制深盘；大块肉可选择能盛汁的并有一定容量的烤盘；预热面包或比萨或肉或蔬菜也可选择格网式烤架。

还有一些用于特殊烹饪要求的烤盘：如炸薯条的烤盘；烤法式面包的有孔的铝制烤盘等。一般来讲，无需使用高边的烤盘，建议使用多个低边烤盘来平均分配食物。对流式烤箱的功能是基于热空气的循环流动，所以当放置烤盘时，在盘子间应留有 2 ~ 3cm 的空间便于空气的流动。

（4）中心探温针

中心探温针的作用是无论何时都能够知道食物中心的精确温度，并且探测到每个阶段的烹饪程度。这对于蒸煮肉和鱼特别有效，在使用中要注意：将探温针插在食物的中心（也就是食物的内部中心），同时要避免针的其他部分暴露在外，否则会影响温度的正确读取。每天在使用时，请注意不要将探针放在设备外面，防止关门时被夹住或夹断。

（5）清洁烤箱

为了使蒸烤箱尽可能长时间地有效工作，日常清除食物和油脂的残余物是必需的，应选用适合的清洁剂以达到更好的清洁效果。不仅要清洁蒸烤箱的内部，密封条和面板也多要进行清洗。至于烤盘的清洗，则有专门的要求。用较软的百洁布来清洗烤盘，在清洗以前先用热水泡一下效果更佳。勿用钢丝球、尖锐物体刮洗烤盘表面。

目前有些品牌的万能蒸烤箱具有自清洗功能，其清洗根据要求进行。

2. 蒸烤箱的简单故障及其判断

（1）炉门滴水

炉门没有正确关闭。

（2）门封条使用时间过长或门封条损坏

更换门封条。使用结束后用湿布擦拭门封条。如果一直在烤炙食品（会产生大量油脂），那么在每批食物烤完后，就要用湿布擦拭门封条。如果在一段时间内不做产品，建议内箱温度不要超过 180℃。

（3）机器在使用过程中内箱有很大的噪声

空气挡板、烤盘架等没有正确固定。将内箱中的空气挡板和烤盘架正确固定。

（4）内箱炉灯不亮

卤素灯炮损坏，应更换灯泡。

（5）水位过低

进水阀被关闭，应打开进水阀。

（6）机器进水管连接处的滤网堵塞

检查并清洁滤网。具体步骤：关闭进水阀，拆下进水管，再拆下进水管连接处的滤网进行清洁。装回滤网，再次连接进水管并检查是否泄漏。

（7）有水从机器底部涌出

机器没有放置水平，应用水平尺校正机器水平。

（8）下水道堵塞

拆掉并清洁机器背部的下水连接（耐高温水管）。如果长时间烤炙脂肪含量很高的食品，滴下的油脂会堵塞下水出口。

（9）开机后机器没有显示

外部总电源开关没有开启，应打开电源总开关。

3. 特点

万能蒸烤箱用途广泛，能烹调各种食物，更节能。蒸烤肉类食物时，不用涂油，加热过程中无需专人看管，不需翻动，不会粘住或烤焦。蒸烤至最后阶段，肉中的水分不会散失，不会跑味。这种蒸汽烤箱加工出的食品营养成分损失比其他炊具少得多。

## 四、微波炉

利用微波加热的原理，对食物进行加热的设备为微波加热设备。其中的典型代表是微波炉。微波炉与电磁灶被称为“现代厨房的标志”，其热效率高、快速省事、清洁卫生的特点，是其他灶具无法比拟的。

### （一）微波炉基本结构

微波炉基本结构如图 4-50 所示，主要由电源变压器、微波发生器、传输波导、箱体和控制部分等组成。

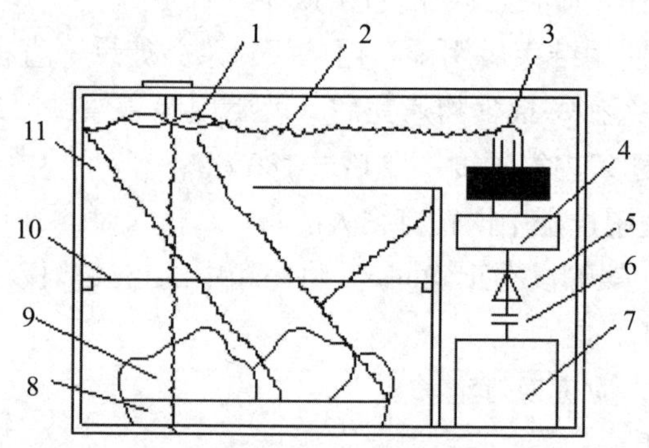


图 4-50　微波炉结构示意图

1—波形搅拌器　2—波导管　3—天线　4—磁控管　5—整流器
6—电容器　7—变压器　8—托盘　9—食物　10—隔板　11—炉腔

1. 电源变压器

微波炉的电源变压器一般有三个绕组：初级绕组、灯丝绕组和高压绕组，有的还有功率调整绕组。工作时初级绕组上加上 220V 交流电压，在灯丝绕组上产生 5.2V 或 3.4V 电压，供给磁控管灯丝。在高压绕组上产生 1900V 或 2000V 电压，再经倍压整流电路后，为磁控阴极提供一个负高压。变压器一般采用“H”

级绝缘（耐热 180℃以上），具有较高的安全系数。

2. 微波发生器（磁控管）

磁控管是微波炉的心脏。磁控管的作用相当于一个 LC 振荡电路，产生微波。

3. 波导管

波导管是传输微波的装置。此装置是一根矩形的高导电的金属管，它的一端接磁控管天线，另一端从箱体上部输入。波导管的作用是将电磁波的能量局限在管子里，使能量不会朝各个方向无规划地散射，而不能全部输送到炉腔。

4. 搅拌器

搅拌器位于波导金属管的一端，是炉膛中的微型风扇装置。搅拌器的风扇转速很慢，一般每分钟仅几十转，通过风扇的作用，把微波均匀地送到炉膛各个部位。搅拌器的旋转方向与放置食物的转盘呈相反方向转动。为配合搅拌器的工作，在波导管入口处还加装有反射板，利用它把微波反射到搅拌器上。

5. 炉膛

炉膛是食物受热的场所，也叫谐振腔。炉膛多是采用腔体式。微波炉的炉膛多是由铝合金或不锈钢板等金属制成，它似一个长体箱形，前面安装炉门，侧面或顶部开有排湿孔，顶部装有波导管及搅拌器，底面上一般都装有加热食物的支撑架（转盘）。

实际工作时，微波从不同角度上向食物反射，而当穿过食物未被吸收尽的能量达到炉壁后，又可重新反射回来穿过食物。微波能量在炉膛内的损耗是极小的，几乎全部用于加热食物，这正是微波炉加热效率很高的主要原因。

炉膛设计和制造的要求比较严格，为防止微波辐射对人体的伤害，要有可靠的防护装置和密封装置。为保证微波的泄漏量在安全范围内，规定家用烹饪微波炉或工业微波加热设备的微波泄漏量为：在距离设备 5cm 处，微波的泄漏不得超过 $5mW/cm^2$。目前大部分国家生产的微波炉均以此作为标准。

6. 炉门

微波炉的炉门由金属框架和玻璃观察窗构成，在观察窗的玻璃夹层中必有一层金属网，起到屏蔽静电的作用。

为防微波炉泄漏，炉门采取了多重防泄漏措施：炉门和膛体有良好的金属接触，当炉门开启时，门上的联锁装置能使微波炉立即停止工作。炉门装有抗流结构（一般是深度为微波波长 1/4 的凹槽），以防止门与炉膛体长期开启或关闭后发生磨损，或由于污物、灰尘等存积表面，引起金属接触不良，使微波从接触不良的缝隙中泄漏出来。炉门与炉膛体应装有吸收微波的材料作为最后的补救。吸收微波的材料，目前大都是用耐高温的硅橡胶或氯丁橡胶等作黏接剂，混合进能大量吸收微波的铁氧材料制成。

7. 微波炉控制系统

一般微波炉的控制系统由定时器、双重锁闭开关、灶门安全开关、烹调继电器、热断路器五部分组成。

### （二）微波炉的使用与维护

1. 微波炉的烹饪方法

（1）禽肉类

用微波炉烹调鸡、鸭、鹅等禽肉食品，比用传统灶具烹调更加香嫩。由于家禽形状不规则，最好在烹调前将头和爪去掉。对于翅尖等突出部分，在烹调了 2/3 时间后，可用铝箔将其包住。可将鸡放入耐热袋或有盖的蒸锅中烹调，耐热口袋不要扎紧，或在袋上扎上一排气孔，以便排气。蒸、炒鸡块时，鸡皮面朝上，用纸巾盖住。一些比较难以受热成熟的老鸡，可按 500g 加 60mL 左右的汤汁一起煮。鸭、鹅的脂肪比鸡多一些，烹调时间可相应缩短。一般来讲，用中度火力烹调 500g 重的整鸡，约需 12min，鸡块和整鸭约需 8min。烹熟的鸡肉呈青黄色，若带粉红色，可再入炉烹约 2min。一般家禽加热至 85 ~ 88℃就可以了。

（2）畜肉类

用微波炉烹调肉类食品，一般选用较瘦的肉为好。肉块最好用中高功率烹调。对于嫩肉块只需加热到 70 ~ 80℃，这时肌纤维中蛋白质完全受热变性，可以用筷子或刀叉弄碎分开其纤维，肉就熟了，这时的肉最嫩。如不能分开则仍需再加热。决定肉的老嫩主要是肌肉中的结缔组织（筋、腱、膜）的含量。高功率微波烹调不能使老肉变嫩，但采用较低功率烹调和延长时间（包括保温、搁置）可使结缔组织中的胶原蛋白转化为可溶明胶，使老肉嫩化，此时温度为 70 ~ 100℃。

（3）水产类

烹调 500g 重的鲜鱼或中等大小的去壳虾，用中火烹调约 6min，而烹调扇贝类海鲜，只需约 4min。烹调好后最好放置 5min 才揭盖（膜），这样还可减少实际烹制时间，如食品还不够熟，可再烹制约 40s。注意掌握好烹调时间，水产品本来就很嫩，烹调时间要短。俗话说的“紧锅鱼”即为此理。若过度烹调，水产类食品容易干硬。烹调水产品时一定要加盖或用塑料薄膜罩住，以保持水分。

**知识运用：**为什么用微波炉烹调河鲜和海鲜类食品比较好？

（4）蔬菜类

微波炉烹调蔬菜，加热时间短，用水量极少，从而能保持成品菜的原汁原味和营养价值。含水量高的蔬菜，烹调时不必加水；含水量少或纤维素、半纤维素多的蔬菜，应当适当在菜上洒些水。烹调新鲜蔬菜要加盖或罩上保鲜膜，可用高火烹调，中途要搅拌、翻转。一般菜谱中定出的烹调时间仅是参考数据，实际烹调时要根据蔬菜的新鲜度、形状、体积来灵活掌握。烹调蔬菜时要烹调好后加盐或先将盐水加在盛器中，放上蔬菜再烹调，否则蔬菜会干柴，影响口感。

（5）汤菜类

烹调时盛器要加盖或罩上保鲜膜。以水调制的汤可用高火烹调，含乳脂的汤应用中火烹调。为避免汤汁沸腾时溢出，盛器的容积应是汤的体积的 2 倍。煲猪肉汤或鸡肉汤时，应先以高火加热至沸，再用中火熬至肉松软。一般来说，烧开 250g 的水，用高火约需 3min。

**知识运用：**微波炉烹调汤菜相比于普通炉灶的特点有哪些？

（6）主食类

煮米饭时，可先将大米浸泡 2h 左右，然后放入微波炉机加热，可缩短烹调时间。微波煮饭所需水分比普通炉灶要少，不会煮成夹生饭。如觉得太硬可加些水再煮，如果觉得太烂，可打开盖子加热。在微波炉中煮面条和水饺时，应待水沸腾后放入，面条或饺子浮起即可。在汤水中滴几滴油，可减少沸腾时产生的气泡。

**知识运用：**为什么用微波炉煮的米饭比普通电饭锅煮的饭更加可口？

2. 微波炉的使用注意事项

（1）油的选择

用微波炉烹调菜肴时，最好使用精炼油，若用普通的食用油，则要严格控制时间，如果时间不足，易产生生油味；时间过长，则会引起着火。

（2）用盐量

烹调时应尽量减少用盐量，以免烹调好的食物出现外熟内生、干硬发柴的现象。若必须要用盐调味时，应尽量在烹调即将结束前或结束后再用盐调味。

（3）调味品

对于浓烈的调味品，比如大蒜、辣椒、酒等，应在烹调前少放，最好是烹调中后阶段放入。

（4）水量

用微波炉烹制菜肴时，水分蒸发少，所以加水要适量，这样才能保证菜肴的色泽美观和营养成分不流失。

（5）带壳食物

烹制鸡蛋、栗子、牡蛎等带壳食物时，应先将原料片出裂缝或拍破，以防爆裂、喷溅。

（6）高糖高脂肪食品

烹制含高糖、高脂肪的食品时，要严格控制加热时间，宜短不宜长，否则会把食物烧焦。

（7）食物的摆放

由于微波炉对边缘加热较快，所以厚的食物应尽量排在碟的边缘，小而薄的食物排在碟的中心，并在碟的中央留空，这样的烹调效果较好。食物宜大小均匀，以圆形排列，较厚的部分向外，能更有效地吸收微波。

（8）器型

通常圆而浅的器皿加热速度较快。

（9）搅拌

烹调的食物较多时，必须进行搅拌，才能保证加热均匀。

（10）器皿材质

不可用金属器皿，可用玻璃、塑胶和瓷器，但都必须耐热。一些有颜色或花纹的器皿，受热后颜料中的重金属转移到食物上，有损健康，选用标明“微波炉适用”的器皿为佳。

（11）覆盖食物

为使热力平均分布及避免蒸干水分，要用保鲜纸或胶盖覆盖食物，但大多数塑胶受高热后会熔化，而胶料附在食物上也会损害身体健康，所以须使用标明“微波炉适用”的胶盖和保鲜纸，而且最好不要接触到食物。

（12）防止泄露

切勿损坏微波炉门上的透明网及胶边，以免微波外泄。

（13）防止爆炸

去壳熟蛋、薯仔及其他类似的食物，须把外皮或薄膜刺穿，让蒸汽释出，以免发生爆炸。

3. 微波炉的性能和特点

（1）加热均匀，控制方便

微波具有较强的穿透能力，能到达物体内部，使其受热均匀，不会发生外焦里生的情况。微波发生器在接通电源后便能立即产生交变电场并进行加热，一断电就立即停止加热，因此能方便地进行瞬时控制。

（2）营养破坏少

能最大限度地保留食物中的维生素，保持食品原来的颜色和水分。如煮青豌豆可保持大部分维生素 C，而一般炉灶仅能保持 37% 左右。此外，微波还具有低温杀菌的作用。

（3）加热快，热效率高

由于食品的热传导性通常都比较低，采用一般加热方法使物体内、外温度趋于一致需较长时间。采用微波加热则能使物体表、里皆直接受热，所以加热速度快、效率高。

（4）清洁、方便

用微波炉烹调食品的过程中，没有汁水流出，不会使厨房气温升高，而且对放在餐具内的食物直接加热，省去了一般加热方法转装食物的麻烦。

（5）微波加热缺点

缺点是食物表面不能形成一种金黄色焦层，缺乏烧烤风味。另外，由于热处理时间短，缺乏高温长时间下生成的风味成分，在风味上难以跟传统烹器做出的菜肴相比。但带有烤制功能的新型微波炉，在一定程度上解决了食品色泽问题，并拓宽了微波食品的范围。

---

**小知识**

国内外微波炉品种不胜枚举。限于篇幅，仅选取几个国家，介绍其中的几款微波炉。

1. 美国

（1）热化机型多功能微波炉：将微波加热、辐射加热（使食品表面水分蒸发）和感应加热（使食品色泽改变和对食品进行烘烤）等方式结合起来。

（2）全自动微波炉：由美国 Raytheon 公司开发。能自动称量食品，确定该食品所需的烹调温度、功率和时间等。

（3）带有视听装置的多功能微波炉：由美国一家厨具公司生产。这种微波炉上装有一台 5 英寸的彩色电视机和一台微型收音机。

（4）装有气体传感器的微波炉：美国推出的产品，根据传感器检测气体的多少来决定食品的烤制温度，并据此进行火力控制。

2. 日本

（1）MRO—L85 型微波炉：通过热风加热器和上加热器的通电时间控制以及热风扇的转速控制，实现了食品和蔬菜的两段烤制（上段和下段）。

（2）EMO—MX1 型微波炉：其特点是：采用多路喷射式加热；具有专用键控制解冻和加热；具有微波炉和电灶的双重功能，因此配有 3 只烤盘。

（3）NE—N15 型微波炉：技术特点是：微波烤制和电热烤制，采用自动或手动转换控制；采用液晶显示，烤室内采用了抗菌加工处理和除臭工艺。最高输出功率 600W。

（4）组合式微波炉：日本东芝公司生产。磁控管采用逆变器作电源，输出功率 700W。可利用热风循环使微波炉温度达到 300℃，相当于烤箱温度，具有烤面包的功能。同时，也能进行快速烹调、自动解冻和煮饭等。

（5）“菜谱先生”：只用简单的按钮操作就可将菜谱输入液晶显示屏上，故别出心裁地将这种产品命名为“菜谱先生”。这种微波炉可以在液晶显示屏上显示 32 种可供选择的菜谱、菜谱程序和所需材料。

3. 韩国

（1）声控微波炉：使用者只要下达打开炉门的指令，炉门就会自动开启，炉内的圆盘自动滑出；下达关炉门的指令，圆盘又自动撤回炉内，炉门自动关闭。

（2）多重微波炉：采用获得世界专利的多重微波技术，从多个方向发射微波。相比单一微波，会使食品加热得更均匀，不会出现冷热不均或生熟不同的现象。

4. 德国

（1）带电脑扫描的RE—SEI型多功能微波炉：装有12只传感器，可对食品的重量、高度、形状和温度进行检测。电脑根据这些信息，能自动选择四种工作方式：解冻、加热、烧烤和对流。电脑还可以对食品的种类进行扫描认定，自行选定加工方法和烹调时间。

（2）带负载传感器的微波炉：用传感器控制烤制功率的大小。显示装置的组成包括传感器、天线接收装置、用来限制信号范围的信号过滤元件、传感信号变换器。

5. 英国

（1）智能微波炉：在微波炉内装有一只温度传感器，通过它与中枢网络相连接。这样就可以按照食品水分的多少、温度的高低，来改变加热的程度，监视食品在加热过程中的变化，以确定加热的时间、控制温度和电源开关，获得最佳的烹调效果。

（2）组合式模糊控制微波炉：可在极低的温度下精确控制加热温度，有8种不同的烹调功能，使用3个交替的能量档，特别适用于需要几个不同烹调阶段的食品。

6. 中国

会说话的微波炉：具有独特的语言提示功能，用户只要在语言提示下便可完成各种操作。

## 第六节　分子烹饪及其设备

### 一、分子烹饪概述

#### （一）分子烹饪发展概述

1980年，化学家Herve This在做舒芙蕾（蛋奶酥）时，发现鸡蛋的放置数量和次序对舒芙蕾的质量会有一定影响，从科学角度诠释食物的美食革命就此拉开大幕。5年后他碰到了物理学家Nicolas Kurti，两人正式将这个研究定名为“分子厨艺”（gastronom）。

什么是分子美食？听起来很玄，其实要理解分子厨艺（Moleeular Gastronomy），中国古老的棉花糖就是最好的例证。将原本属于颗粒状固态物质的蔗糖通过离心力制作成极其纤细的糖丝，看上去就像是一大团绵软而雪白的棉花。蔗糖晶体的分子原本有着非常整齐的排列方式，一旦进入棉花糖制作机，机器中温度很高的加热腔释放出来的热量会打破晶体的排列，从而使晶体变成糖浆，而加热腔中有一些比颗粒蔗糖尺寸还小的孔，当糖在加热腔中高速旋转的时候，离心力将糖浆从小孔中喷射到周围。由于液态物质遇冷凝固的速度和它的体积有关，体积越小凝固越快。因此从小孔中喷射出来的糖浆就凝固成糖丝，不会连在一起。运用化学理论，将食物的分子结构重组。它可以让马铃薯以泡沫状出现，让荔枝变成鱼子酱状，当然，分子厨艺并没有想像中那么神秘，却有着震撼人心的魔力。分子厨艺的各种先进技术，为我们提供了更多种的烹调的可能性，让人们从日复一日简单的食物中解脱出来，而最重要的是有些时候它可以满足我们心灵的需要，这个技术终将回归到人们的内心，唤醒那些美好的味觉记忆。

由上面的介绍可以看出，分子美食，简单说就是用科学的方式去理解食材分子的物理、化学特性，然后创出“精确”的美食。这是一种可以让食物不再单单是食物，而成为视觉、味觉甚至触觉的感官新刺激的烹调概念。

如有代表性的芒果鱼子酱，是用液态氮将芒果浓汁急冻并包裹在胶囊内，看上去宛若真正的鲑鱼子，一口咬下，饱满的芒果汁水充满整个口腔。同样的“戏法”也被频繁地使用在荔枝或者其他果汁上面。又或者是液态的水蜜桃这些菜，虽然不如平日里的食物那样让人充满饱腹感，却屡次得到了米其林餐厅评选侦探们的热爱，也引得无数食评家的喝彩。

### （二）分子美食加工手段

1. 真空低温加热法

60℃左右通过真空低温慢煮的方法烹饪食品。如真空低温慢煮蔬菜，使其细滑鲜嫩。也可在40℃左右，通过真空低温油浸鱼类，使鱼肉具有豆腐一样的嫩度。又如，将牛排和调味料一并放进真空袋里抽成真空状态，然后在60℃的恒温下“烤”数小时。这样得到的牛排就会十分鲜嫩，而且每一寸都呈现出大块烤牛肉的粉色。在64℃恒温时加热鸡蛋，蛋清和蛋黄能够同时凝固，可以得到松软、光滑、嫩度恰到好处的鸡蛋，而且蛋清的质地好像发酵过的布丁；蛋黄这时则光滑、致密，恰好处于固态和液态的临界点。另外，将肉类原料放到

53～60℃的真空条件下烹煮10h，肉品的鲜嫩也可与豆腐一样。

2. 液氮法

液氮能使食材瞬间达到极低温度。在超低温状态下，肉质改变结构，发生物理变化，使其口感、质感、造型发生变化。有一种外观类似巧克力棒，吃在嘴里却似鹅肝滋味的分子菜，就是将肥嫩的鹅肝酱使用液态氮混入白兰地酒而制成，吃时再配上甜而不腻的葡萄，风味令人叫绝。台湾一个厨师把牛肉放入液氮瓶中剧烈冷冻，取出再放入蒸烤炉中，以低温蒸烤，肉的嫩度提高了1倍以上。

3. 胶囊法

该法是将食材制成液体、气体或酱状，包裹于细小的胶囊之中，人们食用时，胶囊破裂，才知道吃的是什么。如鹅肝胶囊，就是鹅肝酱的胶囊形状物由一层薄膜包裹，若刺穿薄膜即可看见内层液体，其形态大约可以维持1h。

4. 风味配对法

风味配对学说是分子烹饪最经典的学说之一，将含有相同挥发性分子的不同食材搭配在一起，可以刺激鼻腔中的同类感应细胞，获得令人满意的风味。

5. 泡沫法

方法一：先把食物制成液体，再加入卵磷脂，并用搅拌器打成泡沫。品尝泡沫时不仅是舌尖或唇边某一触点的味觉享受，而是能在入口瞬间使口腔内溢满香气，犹如体验了气态食材的爆炸与挥发之感。

方法二：用一个能抽真空的密封罐使气体和粉末充分混合，可以将任何食物制成细密的泡沫，然后再烘烤成蛋糕。

方法三：将各种汁状物加入凝胶或琼脂，用真空管使其膨化也可制作成泡沫。

6. 分解法

通过速冻、真空慢煮等方式将食物的形态改变，从而得到它的核心味道，进入口中时可能只是一道轻触即无的烟雾，但它带来的味觉感受可能跟红烧肉差不多。有的口感是吃鸡不见鸡，吃到的只是一堆泡沫。

7. 其他方法

使用大功率激光烘烤寿司内部，同时保持外部的鲜嫩。另外还有用激光烘烤面包，使其外软里脆。一些水果如桃、苹果、梨细胞之间会有一层空气，经过真空抽气机的处理把水果细胞间的空气抽出，并重新注入新的口味，如清新的香槟加一些香草味。这样会使水果本身的味道和颜色完全改变。使用真空旋转蒸馏器甚至可以提取到芳香泥土的味道，并把它加到生蚝里。有一位厨师就发明了一道带有泥土芳香的生蚝菜肴。用注射器往热馅饼中注入白兰地，既可使馅饼具有白兰地的风味，又可避免破坏馅饼皮。使用微过滤的手段，可以把水果的果汁颜色滤掉，使其看起来像一杯清新可口的香槟，入口才知是一杯被过滤掉色素的西红柿汁。

总之，分子烹饪的方法有很多，而且新的方法还在不断产生。可以预料，随着研究的深入，未来还会有更奇妙的分子烹饪方法出现。

## 二、分子烹饪设备简介

分子烹饪设备包括分子烹饪过程中所用到的各种设备，如旋转蒸发器、搅拌机、粉碎机、冰泥机、干法机、真空包装机等，大体可分为食材加工设备、烹饪制熟设备、制冷设备及烹饪器具。

### （一）食材加工设备

1. 真空腌制机

真空包装机可以将食物快速腌制入味，它是专门为快速腌制和浸泡各种食物而设计的（图 4–51）。在浸泡过程中，该设备能使食物彻底吸收腌料，与普通腌制法根本的区别在于食品本身不会被破坏反而会更入味。这种真空浸泡法能够快速而直接传送味觉元素浸入食物中，但食物的外形结构不会变化。用这种方法腌制肉、鱼和蔬菜，效果都很好。

图 4–51　真空腌制机

将食物和腌料（汤汁）同时装入桶中，桶内抽真空后慢慢旋转，食物将充分吸收腌料。此设备内置了真空器，食物的纤维组织缓慢而舒缓地扩展，从而使表面细胞张开，由于桶缓慢转动，食品也跟着慢慢旋转，使腌料（汤汁）充分浸入食品内。待这一过程结束，该过程中产生的空气通过一个特殊的真空管排出，随后食物表面细胞关闭，腌料（汤汁）与食物融为一体。

真空腌制机优点：腌制时间短，不需要干燥处理。食物烘烤时不会掉出汁液或减轻重量。食物不易糊，会更细嫩。该机器的工作效率是普通真空包装机的 3 倍。腌制后运用低温慢煮法烹饪效果更佳。

2. 脱水机

专业的食品脱水机能快速而便捷地给所有种类的食品脱水。本机器是 21 世纪高科技产物，能够生产出高质量的脱水食品，既美味又营养，不使用任何防腐剂或色素。易于使用，可以根据触摸控制屏和显示器来选择不同温度。

3. 旋转蒸发器

蒸发器是一部为厨房新技术专门设计的新机器，利用蒸馏技术并使用真空泵低温下烹饪食品，能够蒸发任何种类的产品，包括液体或固体。它的应用极其的广泛，甚至可以用于提取酒类来获得完美的烧酒，还可以防止烹饪过程中的氧化，更可以把液体渗透到固体中。

玻璃罐总是保持湿润状态，这样可以捕捉到最细微和最纯粹的口味，只要把原料放进玻璃罐中，启动装置，让玻璃罐旋转起来，然后用热水加热。在真空泵的作用下，很快水分从食物里面渗出来，变成蒸汽，进入冷凝器。

## （二）烹饪制熟设备

1. 真空低温烹饪机（图 4–52）

图 4–52　真空低温烹饪机

采用高标准、符合卫生要求的不锈钢容器，人性化的外观设计，直观的温度数字显示，数字控制系统使温度控制更加精确，温度调控简单。恒温器能够制造出一个恒温的水槽并使整个容器保持相同的温度，符合低温慢煮的新理论。

它能用来烹饪各种真空包装的产品，如肉类、鱼类、禽类、蔬菜类等，还能对传统烹饪技术下的食品进行巴氏消毒，并对真空食品进行热加工。

真空低温慢煮的优点：最大程度地减少水分的流失，保留食物和香料的原味，保留食物的颜色，减少食盐的使用或者不用，保留食物的营养成分，不需要油或只需要极少的油，保证每次烹饪的结果都是一样的。

2. 万能料理机（TM31）

Thermomix TM31 万能料理机（图 4–53）是厨房设备的一项革新设计，运用 TM31 万能料理机可以做出多变的料理，是分子美食重要的粗加工及细加工设备。它不仅可以蒸、煮、炒、磨、切、打、揉，还能称重，且操作简单。

图 4–53　万能料理机

## （三）制冷设备

1. 低温反扒机

美国 Polyscience 公司生产的低温反扒机（图 4–54）可以在短时间内将食物或汤汁速冻，其表面温度能达到 –34℃，可以现场表演制作各种冷食或作为高档食物的冷食自助餐台。

2. 万能冰沙机

万能冰沙机能够制作出各种口味的冰激凌，包括甜味和咸味。它是一种特殊的食品处理器，能制成泥状或冻粉状的食品，而无需除霜。在几秒钟内就能打出可供涂抹的奶油、馅类、浓缩汤、蔬菜汤、冰激凌或水果冰糕，并保留其天然美味。

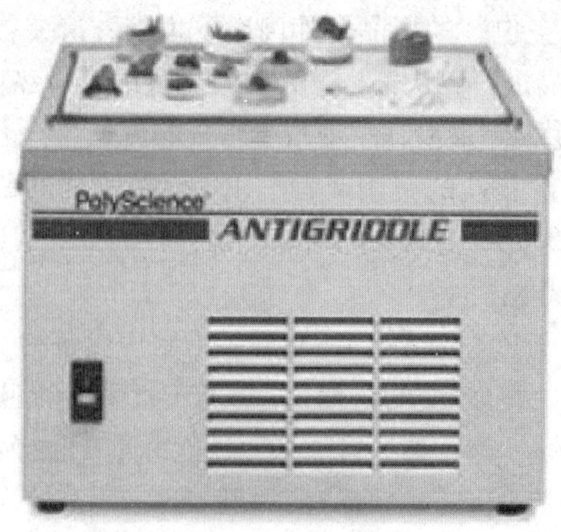


图 4-54　低温反扒机

## （四）烹饪器具

1. 鱼子盒

鱼子盒（Caviar Maker，图 4-55）由很多针孔、一个针管组成，可以一次性制作 100 颗左右的人工鱼子，特别是小的鱼子。

2. 红外温度计

红外温度计（IR Therometer，图 4-56）能够快速而准确地测量食物的温度，于传统的厨房温度计相比，它不用插入食物中，十分方便，是真空低温烹饪的必需品。

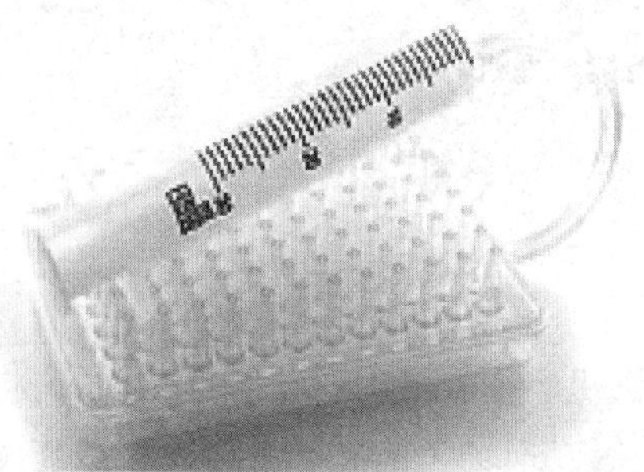

图 4-55　鱼子盒

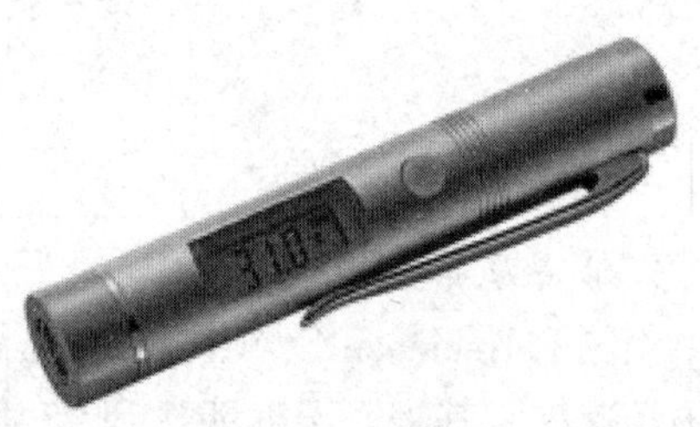

图 4-56　红外温度计

3. 烟枪

烟枪（Smoker，图 4-57）可以使食物在 1 分钟内达到烟熏的效果，而且不同的烟粉可以产生不同的口味，如木香或者鱼香。

4. 意面管

意面管（Spaghetti Kit，图 4-58）可以使含有胶化剂的液体形成意大利面条状，增添食物的趣味感。

5. 虹吸瓶

虹吸瓶（Syphon，图 4–59）即改良的奶油瓶，它既可以处理冷的液体，也可以处理热的液体，载入二氧化氮，能使含黏化剂或是稳定剂的液体快速形成慕斯、泡沫等形态。

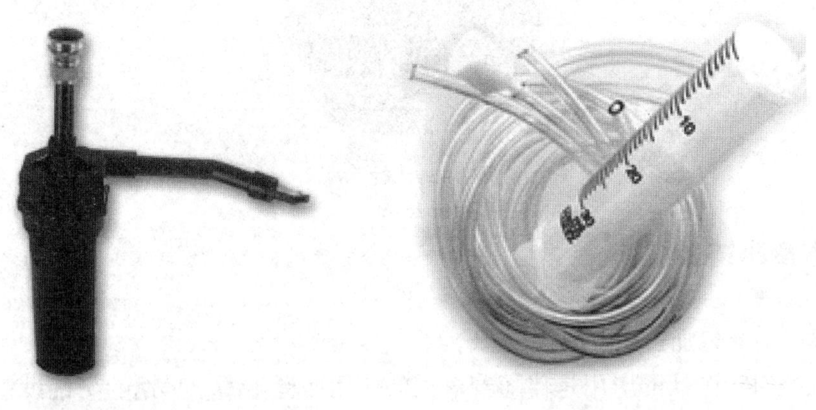

图 4–57　烟枪　　图 4–58　意面管

6. 勺子秤

勺子秤（Spoon Scale，图 4–60）主要用于精密测量，可以精确到 0.1 克，是称量分子料理原料必不可少的工具。

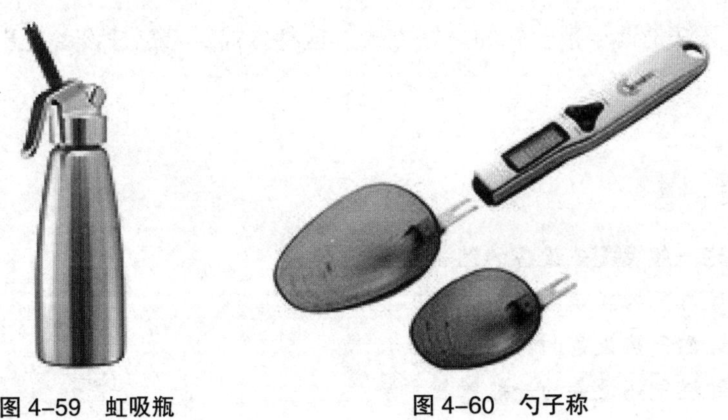

图 4–59　虹吸瓶　　图 4–60　勺子称

7. 杜瓦瓶

杜瓦瓶（Dewar，图 4–61）是双层保温瓶，能做到热隔离和冷隔离，是装载分子料理中常用到的液态氮的专业容器。

图 4-61　杜瓦瓶

## 本章小结

本章对烹饪加热制熟设备作了介绍。

人类对于炉灶的应用是伴随着对火的应用而诞生的。早期的烹饪设备仅为简单的炉灶。整个炉灶的发展是伴随着人类对于加热设备的要求而发展的，如热负荷的要求，热效率的要求，环保、安全、卫生、经济的要求等。

烹饪加热设备的分类方法有很多，目前在厨房中得到应用的烹饪加热设备，从能源转化的角度可分为燃气热设备与电热设备。其中，随着燃气种类的不同、燃烧方式的不同，燃气热设备的应用方式也是不尽相同的。电热设备则是将电能转化为热能的设备，随着转化方式的不同，电热设备在使用方面也都各有不同的特点。

分子烹饪是近年来较新的烹饪方式，这种方式对于烹饪设备提出了更高的要求。

## 思考题

1. 阐述一般燃气热设备的结构。
2. 阐述燃气的燃烧方式。
3. 阐述燃气热设备的特点。
4. 阐述燃气热设备的一般维护方法。
5. 阐述油炸锅的种类与特点。
6. 阐述电磁灶的使用与维护。
7. 阐述万能蒸烤箱的基本工作原理。

8. 阐述微波炉的使用要求。

9. 阐述分子烹饪的方法。

## 案例分析题

1. 为什么大黄鱼的内外温度不一致?

有实验表明：一条大黄鱼放入油锅内炸，当油的温度达到 180℃时，鱼的表面达到 100℃左右时，鱼的内部也只有 60 ~ 70℃。

2. 老板这样做是对的吗?

深圳市一家餐厅，因为橡胶软管老化，液化气发生泄漏，“砰”的一下就燃起了大火，并将厨师的后背烧伤。餐厅其他几名员工试图用灭火罐灭火，但未能成功。这时在厨房中还有 9 个液化气瓶。此时，有人说赶紧将这几个气瓶拧紧搬走。而老板则说，赶紧将这些气瓶打开。请问，此时正确的做法是什么?

# 第五章

# 烹饪制冷与解冻设备

**本章内容：** 介绍典型烹饪制冷设备的结构与原理及其应用和解冻方式的选择。

**教学时间：** 4 课时

**教学目的：** 1. 理解烹饪制冷设备的原理，掌握各种不同烹饪制冷设备的使用特性。

2. 了解各类解冻方式的特点。

**教学方式：** 课堂讲述和案例研讨。

**教学要求：** 1. 了解人工制冷的方法。

2. 掌握目前在厨房可得到实际应用的厨房制冷设备的基本结构及原理、使用和维护要领。

3. 理解在烹饪工作过程中对于相应制冷设备的应用。

4. 正确选择解冻的方法。

**作业布置：** 1. 通过网络检索，观看一些相关烹饪制冷设备的视频，了解其工作原理和应用。

2. 针对冷库、冰箱等使用要求，讨论在实际工作中，烹饪制冷设备的使用注意事项。

**案例**：麦当劳创立于1950年，如今已经在全球120多个国家和地区拥有众多餐厅，位居全球知名餐饮品牌的前十位。1990年，中国的第一家麦当劳餐厅在深圳开业。一整天的繁华喧嚣过后，来自麦当劳物流中心的大型白色冷藏车悄然停在店门前，卸下货物后很快又开走。尽管一切近在眼前，但很少有人能透过这个场景，窥视到麦当劳每天所需原料所经历的复杂旅程，这些产品究竟如何保持新鲜，又是怎样在整条冷链中实现流转呢？

**案例分析**：麦当劳餐厅使用的鸡蛋由专业养鸡厂提供，经过特殊的消毒工序，杀灭鸡蛋表面对人体有害的沙门氏菌。麦当劳的供应商必须在鸡蛋产下来3天内运到工厂，按标准检测鸡蛋的大小、新鲜度，然后清洗、消毒、打油（起保护膜的作用），冷藏保存。麦当劳还要求餐厅鸡蛋一直处于冷藏条件下，必须在45天内用完，以保证新鲜美味。

麦当劳的专业物流服务商在北京地区设有物流中心，其干库容量为2000t，里面存放麦当劳餐厅用的各种纸杯、包装盒和包装袋等不必冷藏或冷冻的货物。冻库容量为1100t，设定温度为零下18摄氏度，存储着派、薯条、肉饼等冷冻食品。冷藏库容量超过300t，设定温度为1～4℃，用于生菜、鸡蛋等需要冷藏的食品的储存。

由此可见，在麦当劳的发展壮大中，冷链物流技术起了支撑作用，这对中国餐饮的发展具有重要的启发意义。

由于食品表面附着的微生物和食品内部所含酶的作用，食品的色、香、味、形和营养价值在常温条件下将发生变化，直至完全腐败变质不可食用。为此，可通过降低温度的方法来抑制微生物的繁殖和减弱酶的活性，即通过人工的方法创造一个低温环境，从而让食品在此环境中能较长时间的保存而不至于发生变质。这就需要一个能够保持低温环境的设备——冷加工设备。

冷加工设备不仅能够储藏食品，而且还能够根据需要改善食品的质地，满足食品生产的需要，如利用速冻的方法可嫩化牛肉的质地。冷加工设备的出现，还使得餐饮产品中出现了新品——冷食品，如冷饮、冰激凌等。

## 第一节　烹饪制冷与解冻设备概述

### 一、基本理论

#### （一）制冷的发展

1. 古代用冷

我国古代的劳动人民早在3000多年前就已经懂得利用天然冷源，即在冬季采集天然的冰，贮藏在冰窖中，到夏季再取出来使用。如《诗经》中《七月》就有“二之日凿冰冲冲，三之日纳于凌阴”的诗句，奴隶在冬天将冰块藏于地下，而后在夏天取出供奴隶主享用的记载。在商代，中国就有隆冬取冰储藏至夏日使用的做法。周代，官府还设立了专管取冰和用冰的官员，被称为“凌人”，储冰的冰窖当时称“凌阴”。周代出土的冰鉴，可用作冰缸，冰镇多种饮料，算是最古老的冰箱。战国时代，《楚辞·招魂》有云“挫糟冰饮，酌清凉兮”，意思是“冰镇的糯米酒，喝起来清香凉爽啊。”秦汉则更进一步，《艺文志》载“大秦国有王宫殿，水晶为柱拱，称水晶宫。内实以冰，遇夏开放”此为我国空气调节之始。魏晋时代，曹植《大暑赋》道“和素冰于幽馆，气水结而为露”。到唐代时，长安街头已有出售冰制冷饮和冷食的商贩。《唐摭言》记载“蒯人为商，卖冰于市”。杜甫诗赞曰：“青青高槐叶，采掇付中厨……始齿冰冷如雪，劝人投此珠。”在南宋时，中国已掌握用硝石放入冰水作为制冷剂，以奶为原料，边搅拌边冷凝制作“冰酪”的方法，元世祖忽必烈曾禁止宫廷以外的人制作冰酪。一般认为冰酪是现代冰激凌的最早起源。当时我国沿海地区的渔民已经开始冰藏鱼类，为“冰鲜船”。直到13世纪，意大利马可·波罗来中国，才把我国的制冷之法带回意大利，后来逐渐传遍欧洲。

古代的埃及和希腊很早就有利用冰的记载。从约2500年前埃及人的壁画可以发现，当时古埃及人就已想到，将清水存于浅盘中，天冷通风时，盘内水结冰，这可以说是较早的人工制冰。

可见，人们追求对食品冷加工的想法和方法古已有之。不过，上述的方法都不能称为制冷。

2. 现代制冷

现代的制冷技术是18世纪后期发展起来的。1755年爱丁堡的化学教师库仑利用乙醚蒸发使水结冰。他的学生布拉克从本质上解释了液化和汽化现象，提出了潜热的概念，并发明了冰量热器，标志着现代制冷技术的开始。

1834年发明家波尔金斯造出了第一台以乙醚为工质的蒸汽压缩式制冷机，并正式申请了英国专利。这是后来所有蒸汽压缩式制冷机的雏形，但使用的工质是乙醚，容易燃烧。1875年卡利和林德用氨作制冷剂，从此蒸汽压缩式制冷机开始占据了统治地位。

1834年，法国的帕尔提发现了温差电效应，可惜的是当时没有得到重视和应用。一直到后来，半导体技术发展起来，才利用此效应制成了电子冷藏箱。

在此期间，空气绝热膨胀会显著降低空气温度的现象开始被人们关注，并用于制冷。1844年，医生高里用封闭循环的空气制冷机为患者建立了一座空调站，空气制冷机使他一举成名。威廉·西门斯在空气制冷机中引入了回热器，提高了制冷机的性能。1859 年，卡列发明了氨水吸收式制冷系统，申请了原理专利。1910 年前后，马利斯·莱兰克发明了蒸汽喷射式制冷系统。

新的降温方法的发明，扩大了低温的范围，并进入了超低温领域。德拜和焦克分别在 1926 年和 1927 年提出了用顺磁绝热退磁的方法获取低温。由库提和西蒙等提出的核子绝热去磁的方法可将温度降至更低。

## （二）基本概念

1. 显热

物质在吸热或放热过程中，其形态不变而温度却发生了变化，这种热称为显热。显热可以通过温度计测量温度的变化，也可以由人体直接感觉到。如将水从 20℃加热到 100℃之前，水的状态保持液体状态，这段升温所吸收的热量就是显热。

2. 潜热

物质在吸热或放热过程中，温度不变，而形态却发生了变化，这种热称为潜热。由于温度不变，潜热无法用温度计测量，人体也无法感知。如将 100℃的水在一个大气压下继续加热，则会从液态水变成水蒸气，但温度却保持不变，在此过程中，所吸收的热量就是潜热。

一般而言，潜热是远大于显热的。

3. 蒸发和沸腾

物质从液态变为气态的现象，称为汽化。汽化有两种方式，即蒸发和沸腾，二者的共同之处是都是吸热过程。液体表面的汽化现象叫做蒸发，蒸发可在任何温度下进行。而沸腾是液体表面和内部同时进行汽化的现象。任何一种液体，只有在一定温度下才能沸腾，沸腾时的温度称为沸点。不同的液体都有相应的沸点。沸点与压力有关，压力增大，沸点升高，反之亦然。

4. 冷凝

物质从气态变为液态的现象，称为冷凝或液化。气体的冷凝或液化过程，一般称为放热过程。

5. 饱和蒸汽、饱和压力、饱和温度

当液体在密闭容器内受热，从液体中汽化出的分子在液体上空作无规则的热运动。这些分子由于它们相互之间以及它们和器壁的碰撞，其中一部分又回到液体中去。当同一时间内，从液体里汽化出的分子数等于回到液体中的分子数，即汽化速度等于液化速度的时候，此时容器内的蒸汽称为饱和蒸汽，相应的压力和温度称为饱和压力和饱和温度。

6. 过冷和过热

在某一压力下，温度比相对应的饱和温度低的液体叫过冷液体，饱和温度与过冷液体的温度差叫过冷度。

在某一压力下的饱和液体和饱和蒸汽的混合物叫湿蒸汽。

在某一压力下的饱和液体全部汽化为蒸汽，此时的蒸汽称为饱和干蒸汽。

在某一压力下温度高于饱和干蒸汽的蒸汽叫过热蒸汽，过热蒸汽的温度与饱和温度之差称为过热度。

**知识运用：**在一个大气压下，20℃的水的过冷度是多少？在一个大气压下，120℃的水蒸气的过热度是多少？

7. 制冷

用人工的方法制造一个低温环境，从而达到并维持该温度，使其低于环境温度。

**知识运用：**冬季在我国东北地区的农村，农民将食物放在室外，可以长时间保存，这种方法是否属于制冷？

## 二、人工制冷方法

总体而言，人工制冷的方法可分为物理和化学两大类。所谓物理的方法，即在制冷的过程中，没有新的物质产生，仅有物质状态的变化。人类最早的利用冰融化的方法产生冷环境的方法，如史籍记载的秦国的水晶宫，即为物理制冷。而化学的方法，不仅有物质状态的变化，而且有新的物质产生。

### （一）物理制冷

1. 利用相变的方式制冷

物质有三态，从固态变为液态或从液态变为气态，一般都要吸收潜热，完成制冷。

（1）压缩式制冷和吸收式制冷

目前厨房制冷设备中常用的压缩式制冷和吸收式制冷，都是利用制冷剂从液态变为气态，吸收潜热的特性达到制冷效果的。

（2）干冰制冷

利用固态二氧化碳（干冰）升华为气体时从周围吸收大量的潜热来实现制冷。这种方法可实现低温或超低温。

2. 气体膨胀吸热而制冷

利用高压气体膨胀吸热而产生低温的特点实现制冷。它只适用于空调系统及0℃以上的低温水系统。

3. 磁热制冷

早在1907年郎杰斐就注意到：顺磁体绝热去磁的过程中，其温度会降低。

从机理上说，固体磁性物质（磁性离子构成的系统）在受磁场作用磁化时，系统的磁有序度加强（磁熵减小），对外放出热量；再将其去磁，则磁有序度下降（磁熵增大），又要从外界吸收热量。这种磁性离子系统在磁场施加与除去过程中所出现的热现象称为磁热效应。1927年德贝和杰克预言了可以利用此效应制冷。1933年杰克实现了绝热去磁制冷。从此，在极低温领域磁制冷发挥了很大作用。现在低温磁制冷技术比较成熟。美国、日本、法国均研制出多种低温磁制冷冰箱，为各种科学研究创造了极低温条件。如用于卫星、宇宙飞船等航天器的参数检测和数据处理系统中，磁制冷还用在氦液化制冷机上。而高温区磁制冷尚处于研究阶段。但由于磁制冷有不需要压缩机、噪声小、小型、量轻等优点，进一步扩大其高温制冷应用很有前景，目前很多机构都十分重视高温磁制冷的开发。

4. 热电制冷

热电制冷，又称为半导体制冷或温差电制冷。它的制冷原理是利用温差电效应：将半导体接到电路中时，在半导体的不同接点处，会产生吸热和放热的不同效果，利用吸热的效果，可完成制冷过程。

### （二）化学制冷

化学制冷主要是利用冰和盐类的混合物溶解于水需吸收溶解热而产生的制冷效果。这种方法可获得0℃以下的低温。

---

**小知识** 各种新式冰箱

1. 气体制冷冰箱

美国洛斯·阿拉莫斯国家实验室研制成功的这种冰箱，不需要压缩机和制冷液，简化了冰箱结构，大大降低了成本。它采用受压放热、膨胀吸热制冷原理。结构内装有一个充满氦气等惰性气体的圆桶，桶的一端密封，另一端是电磁振动装置。该装置由振动膜、膜盒、音圈、磁铁等组成。像喇叭一样，通电后磁铁上的音圈带动振动膜振动，使桶内气体压缩和膨胀，热量经桶外的散热片散发，达到制冷效果。这对传统冰箱将是一个重大改进。

2. 不用氟里昂的蒸汽冰箱

这种不用电、不用氟利昂、没有运动部件的固态吸附式蒸汽冰箱由湖南大学研制成功。固体吸附式冰箱是用固态物质作吸附剂，以氨为制冷剂，利用低品位热源或余热加热固态吸附剂。通过吸附和脱附制冷剂达到制冷目的。该冰箱无运动部件，一般不需维修。

3. 能变换颜色的电冰箱

美国推出的这种电冰箱，其新颖之处在于左右两门外框采取卡式设计，因此，两扇门的面板可随时更换，一台乳白色冰箱，在短短几分钟内即可换上黑面板或木纹板，面貌顿时改观。这种冰箱能适应不同色调的室内装饰，满足了当前消费者追求室内变化的心理要求。

4. 微型电冰箱

美国美国市场上出售一种超小型电冰箱。冰箱高度仅 23cm，厚 24cm，宽 23cm，只有一本大辞典的大小，是目前世界上体积最小的电冰箱。这种冰箱可装 12 罐啤酒或 4 罐橙汁，或其他体积相仿的东西，如糖果、饼干、水果等食品。这种小冰箱还可用作保温瓶，它能保持温度在 55℃，即使在冬天，也可以喝到温汽水、温啤酒等。

5. 吸收扩散式冰箱

由广西测量仪器厂研制生产的这种冰箱，可在市电低的情况下制冷，除了用电作能源外，还可用柴油、煤油、煤气、沼气、太阳能等作能源。

6. 袖珍冰箱

日本厂商设计出袖珍冰箱，每台净重仅 2000g，可同时放置 2 罐汽水。这种冰箱所占的空间极小，可放在床头上。

7. 间断用电的电冰箱

日本研制成一种间断用电的豪华型四门电冰箱，它不需 24h 连续用电，可按电冰箱内所贮食品的多少、负荷的轻重间断用电，自动调节冰箱内的温度，节电效果明显。

8. 带透明玻璃门的冰箱

丹麦得贝公司的冰箱采用带透明玻璃门的结构，不开门便可视及冰箱内贮存物品的现状，有效地减少了开门次数和开门时间，有利于节能。

9. 左右开门的电冰箱

日本生产的这种电冰箱，冷冻室向左开门，冷藏室向右开门，但不能两门同时打开。这样能有效地防止箱内冷气大量外泄，节省电能。这种冰箱具有 -55℃的速冻功能，并带有防腐除臭装置。

10. 提包式软壳冰箱

美国生产了一种提包式软壳冰箱，该冰箱有四层绝缘结构和一个磁性密封垫，可冷藏肉类 3.6kg，36h 内不解冻。

11. 透明型高功能电冰箱

日本松下公司生产出比其他冰箱性能更高一筹的冷冻、保鲜新型电冰箱，内部设有可产生透明冰块的自动制冰机，柜门采用液晶调光板制成，从外面可看到冰箱内的物品。

12. 多种功能自动化电冰箱

德国出品的这种豪华型电冰箱，带有电子除霜系统，包括预选和实际内部温度显示，预定冷冻时间显示和温度调节器，除霜开关，定量选择器以及供用户测试用的故障诊断系统。外接箱内温度的模拟显示器能精确显示摄氏温度。音响报警系统可在箱内温度超过标准、箱门没有关好和自动除霜时发出信号。

13.深冷电冰箱

日本三洋公司推出了一款特低温电冰箱，它带有深度冷冻的冷冻室，可将食品保持在-30℃以下，使酶不再起作用，蛋白质和脂肪也不会变质。这种电冰箱的冷冻室和冷藏室功能独立，采用台压缩机、个冷凝器和个风扇的独特制冷方式，以达到-50℃～-30℃的深冷目的。

14.带自动制冰机的电冰箱

日本生产的这种冰箱内装有给水槽、给水泵、制冷盒和贮冷盒，能自动制冰。

15.快速冷藏和快速解冻的电冰箱

这种由日本东芝公司研制的多门电冰箱安装了变频控制装置，使压缩机和专用电风扇可高速旋转，冻冰时间比普通电冰箱要短。快速解冻功能由加热器和快速电风扇吹出一定温度和一定流速的空气来实现。快速冷藏和快速解冻在同一箱内，用同一台风扇进行。

16.不用电的冰箱

瑞士研制的这种冰箱既无电动机，又无压缩机，是利用氨气工作的。

17.配有热水器的电冰箱

由德国出品的冰箱，在后壁安装了特殊的热交换装置和贮存器，用来收集冰箱的再生能源来加热冷水。

18.太阳能冰箱

利用太阳能进行光电转换的冰箱是由英国制造的。沙特阿拉伯的首都利雅得的一所大学，安装了一台太阳能电冰箱。它由一个容积约60L的冷冻室和一个容积60L的冷藏室组成。冰箱所需电能来自4个总面积为1.2$m^2$、功率为100W的太阳能电池组，并备有两个蓄电池作为蓄能装置，以保证夜间与阴天持续工作。在室温下，冰箱制冷温度可保持在-30℃。

19.自动解冻电冰箱

这种冰箱的低温室一年四季均可保持在0℃以下的状态，内有自动解冻装置，可使冷冻后的食物很快解冻，便于加工制作。

20.不解冻电冰箱

法国制造的这种冰箱在停电或冰箱出现故障时，不会很快解冻，冰箱内装有一种无毒化学物质，它在冰箱正常工作时呈固态，当冰箱因停电或出现故障，内部温度上升时，该化学物质即开始融化，使冰箱能继续保低温。

21. 鼓风式家用电冰箱

美国的这种产品，其冷冻装置采用微型冷冻鼓风的风道设计方式，可产生低温冷风，迅速将食物温度降至低点，配上附件后，还可用作雪糕制造机。

22. 手提式音响冰箱

在我国台湾问世的这种冰箱不仅使人们有冰凉的饮料享用，还有美妙的音乐享受。

23. 磁冰箱

这种制冷效率比现在的电冰箱高 1 倍的磁冰箱是利用磁热效应制冷，不用氟利昂，具有节能、耐用、重量轻、容量大等优点，美国、日本、法国等已有试制品。

## 三、压缩式制冷原理

目前厨房制冷设备的制冷方式绝大部分是压缩式制冷。下面介绍压缩式制冷的制冷剂、原理、主要设备和辅助器件。

### （一）制冷剂

制冷剂是用来实现压缩式制冷效果的工作物质，它在冷凝器中放出热量变成液态，在蒸发器里吸收热量变为气态，通过制冷剂周而复始的状态变化，不断吸收被冷却物体的热量，实现热量的转移，达到制冷的目的。制冷剂在制冷过程中发生的状态变化是物理变化，没有化学变化，所以只要制冷系统没有泄露，制冷剂将可以长期循环使用。

1. 制冷剂的历史发展进程

从 1834 年美国发明家波尔金斯发明了第一台蒸汽压缩式制冷机开始，制冷剂就伴随制冷机的发展。乙醚是最早使用的制冷剂，随后空气、$CO_2$、$NH_3$、$SO_2$ 等一些天然物质被人们当作制冷剂使用。其中 $CO_2$ 和 $SO_2$ 作为比较重要的制冷剂使用了很长一段时间，$SO_2$ 曾使用了长达 60 年的时间之后才被淘汰，$CO_2$ 也曾在船用冷藏装置中使用了 50 年之久，直到 1955 年才被氟利昂制冷剂取代。而氨作为具有良好热力性质的制冷剂被人们用在大型制冷装置中，一直使用至今。1929 年氟利昂制冷剂的出现使得压缩式制冷机迅速发展，并在应用方面超过了氨制冷机，它促进了制冷行业的飞速发展，成为了制冷业发展的里程碑之一。20 世纪 50 年代开始使用共沸混合制冷剂，20 世纪 60 年代又开始应用非共沸混合制冷剂；之后，各种卤代烃为主的制冷剂的发展几乎到了相当完善的地步。20 世纪 80 年代后，国际社会正式公认淘汰消耗臭氧层的物质，相继签订《蒙特利尔议定书》《京都议定书》，因氯氟烃（CFCs）、氢氯氟烃（HCFCs）和氢氟烃（HFCs）制冷剂都被认为是温室气体，故促使制冷剂发展向环保节能型制冷剂发展。

总的来说，制冷剂的发展随着人们对安全性、经济性以及环境保护的要求的提高发展着，从开始的天然的、具有易燃易爆、有毒性的制冷剂发展到对人身比较安全的、具有较高经济性的制冷剂，现在又进入了环保节能型制冷剂的发展时代。

2. 制冷剂的发展趋向

目前，国际上对于冰箱制冷剂 CFC12 的替代主要采用三种技术方案：一种是以美国、日本为代表的，采用美国杜邦公司提出的 HFC134a 替代 CFC12；第二种是以德国等欧洲国家为代表的，采用 HC600a（异丁烷）替代 CFC12；第三种是采用我国西安交通大学提出的 HFC152a/ HCFC22 混合工质制冷剂替代 CFC12。其他的替代制冷剂还有美国杜邦公司的 MP39（即 R401A）、清华大学的 THR01 等。上述三种主要方案各有优缺点。

美国等国家由于其政策法规的特点，各大厂商非常注重安全问题，故仍然坚持使用性能不是特别好但却更加安全可靠的 HFC134a 作为替代制冷剂。HFC134a 的 ODP 值为 0，其蒸气压曲线和 CFC12 的比较接近，而且 HFC134a 的换热性能比 CFC12 的好。然而，HFC134a 在物性方面却有许多弱点，如潜热小、不溶于矿物油以及分子体积小等，这使得替代过程复杂，而且耗资巨大，需开发专用压缩机、冷冻油、换热器等，还要相应调节制冷系统和改造生产线。另外，尽管 HFC134a 具有与 CFC12 相似的热力学性质，但是实际的运行效果却并不十分令人满意，尤其是应用在较低温度时的制冷能力较低。此外，HFC134a 的GWP 值相对过高，以及比 CFC12 更耗能，使其应用前景受到影响，已被列入《京都议定书》温室气体清单。国际社会已公认，HFC134a 也只是一种过渡性替代制冷剂。

HC600a 为烃类天然工质，环境优势比较明显。尽管 HC600a 具有较高的比体积，但其临界温度（135℃）也较高，可以在较高的冷凝温度下运行而没有严重的效率损失，这使得其所需的冷凝器尺寸可以在家用限制以内，故被家用冰箱广泛采用。另外，HC600a 的价格比较便宜，具有较高的制冷效率，与水不发生化学反应、与铜质管材和矿物润滑油完全兼容等优点。然而，采用 HC600a 替代方案的缺点也很明显，由于其容积制冷量小，冰箱系统及主要配件需要重新设计，生产线需要改造，并且由于其具有可燃性，可能产生易燃、易爆等安全问题，故生产及维修需要高标准的防火要求等。目前，采用 HC600a 为制冷剂的家用产品的安全运行记录是非常好的，在我国《臭氧耗损物质国家替代方案》和《中国制冷工业 CFCs 替代逐步淘汰战略研究》中也都把 HC600a 作为 CFC12

的主要替代品之一。

混合工质 HFC152a/ HCFC22 的综合性能比较令人满意，它具有如下特点：相对于 CFC12，其环保性能优越，对臭氧层的破坏和温室效应均很小；良好的物理、化学性质，如良好的化学惰性和热稳定性，沸点与 CFC12 的相似，与油脂有良好的亲和性，表面张力不高，更加良好的灌注式替代性能；制冷循环性能优异，是过渡性替代方案中较理想的一种；替代代价小，实际可行性好，无毒性，可燃性很弱，商品供应充足，比 HFC134a 便宜得多，可实现灌注式替代，且对原有 CFC12 冰箱生产线的改造程度低。

当然，混合制冷剂 HFC152a/ HCFC22 由于组分的原因也有如下主要缺点：因含有 HCFC22，按照修订后的《蒙特利尔议定书》，2019 年 1 月 1 日起，已开始逐步削减使用影响气候的制冷剂 HFCs。

**小知识** 所谓的无氟制冷剂

很多人，都喜欢把 R134a 叫做无氟制冷剂。但是实际上它的制冷剂就是氟利昂 HFCR134a，所以不能叫无氟。氟利昂是饱和碳氢化合物被卤族元素替代的衍生物，也叫卤代烃物质。这个“烃”就是取碳和氢的字的各一半。表示碳氢化合物。人们把含氯而不含氢的氟利昂制冷剂叫做 CFC，像 R12（$CF_2Cl_2$）、R11（$CFCl_3$）等，这些制冷剂对臭氧层的破坏作用最严重。把含氯又含氢的氟利昂制冷剂叫做 HCFC，如 R22（$HCF_2Cl$）。这种制冷剂对臭氧的破坏破坏作用较弱。把含氟而无氯的氟利昂制冷剂叫做 HFC，如 R134a。这种制冷剂对臭氧无破坏作用。

实际上对臭氧破坏的元凶是氯而不是氟。不含氯的氟利昂制冷剂是允许使用的。

3. 制冷剂的一般要求

制冷设备的种类、结构不同，对制冷刑的要求也不尽相同，制冷剂有上百种之多，对制冷剂的一般要求主要有以下这些方面。

（1）热力学方面

沸点低，蒸发温度低。蒸发压力应在一个大气压以上，这样可防止系统外部的空气和水气渗入到制冷剂中。冷凝压力也不宜太高，一般不超过 1.2MPa 至 1.5MPa（绝对压力），否则，动力消耗大，制冷系统也不容易密封。

（2）物理化学方面

化学性质稳定，在制冷循环的各个阶段不发生化合和分解反应，不与润滑油起化学反应；不腐蚀金属和密封材料，相对密度小，黏度小，泄漏性小，导热系数和散热系数高等。

（3）生理学方面

无毒、无刺激气味、无窒息性、不与食物发生反应。

（4）安全与经济方面

不燃烧、不爆炸。价格低廉。

（5）环境保护方面

不破坏和污染环境。

## （二）蒸汽压缩式制冷原理

实际利用的就是液体蒸发吸热的原理，一种液体不断蒸发，就能从周围环境不断吸收热量，使周围环境的温度降低。制冷设备利用在低温和常压下就能沸腾汽化的物质，在低温状态下沸腾汽化，吸收大量热量使温度降至零下几度或几十度，这些低沸点物质即是制冷剂。

图 5–1 是最简单的压缩式制冷循环原理，设备由压缩机、冷凝器、膨胀阀（毛细管）、蒸发器四个部分组成，并用管子将四部分连通。制冷剂在此系统中经历蒸发、压缩、冷凝和膨胀四个过程。

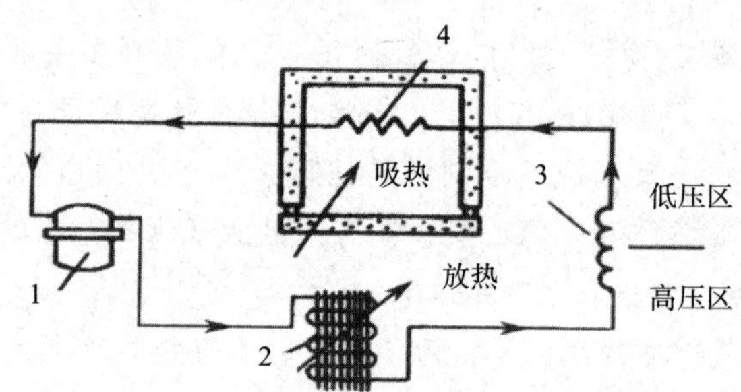


**图 5–1　压缩式制冷循环原理图**

1—压缩机　2—冷凝器　3—膨胀阀　4—蒸发器

1. 蒸发过程

由于压缩机的作用，蒸发器内气压很低，进入蒸发器的液态制冷剂迅速强烈沸腾汽化，从周围环境大量吸收潜热和显热，变成低温、低压、低过热气态制冷剂。

2. 压缩过程

低温、低压、低过热气态制冷剂进入压缩机，经压缩后，温度和压力急剧升高。所以从压缩机排出的气体就变成了高过热度的高温高压气态制冷剂，进入冷凝器。

3. 冷凝过程

在冷凝器内，高温高压的气态制冷剂向温度较低的周围环境（水或空气）散发热量。由于制冷剂蒸气放热而冷却成接近室温的高压液态制冷剂。

4. 膨胀过程

高压液态制冷剂通过膨胀阀（毛细管）的膨胀作用，使液体的压力迅速下降，成为低温低压湿蒸汽，然后再进入蒸发器重复上述的蒸发过程。

**知识运用：**制冷主要是利用制冷剂蒸发吸收潜热的过程，为什么还要有其他三个过程？

## （三）压缩式制冷系统的主要设备

压缩式制冷系统的主要设备有压缩机、冷凝器、蒸发器和节流装置等。

1. 压缩机

压缩机是制冷系统的心脏。它由电动机带动，通过机械做功来增加管道内气态制冷剂的压力，使它通过冷凝器后转化为液态，并在密闭的制冷系统中流动，完成制冷循环。厨用冷加工设备中主要使用的是全封闭压缩机。

所谓全封闭压缩机，就是将压缩机与电动机共同装在一个封闭的壳体内，壳体是由上、下两部分焊接而成，不能拆卸。在壳体上焊有排气管、吸气管和一根用于抽空充制冷剂的细铜管。这种压缩机具有结构紧凑、体积较小，重量较轻、震动小、噪声低以及不泄露等优点。小型压缩机从运动机构区分，有往复活塞式和旋转式两种。我国生产的厨用冷加工设备大多采用往复活塞式，旋转式使用较少。

2. 冷凝器

在制冷系统中，冷凝器是一个制冷剂向系统外放热的热交换器。从压缩机来的高温高压的气态制冷剂进入冷凝器后，将热量传递给周围介质——水或空气，而其自身因受冷却凝结为液体。

冷凝器按其冷却方式分为水冷式、空气冷却式和蒸发式三种类型。在厨用冷加工设备中，一般采用的是空气冷却式冷凝器，制冷剂放出的热量被空气带走。常用冷凝器的结构形式如图 5-2 所示。

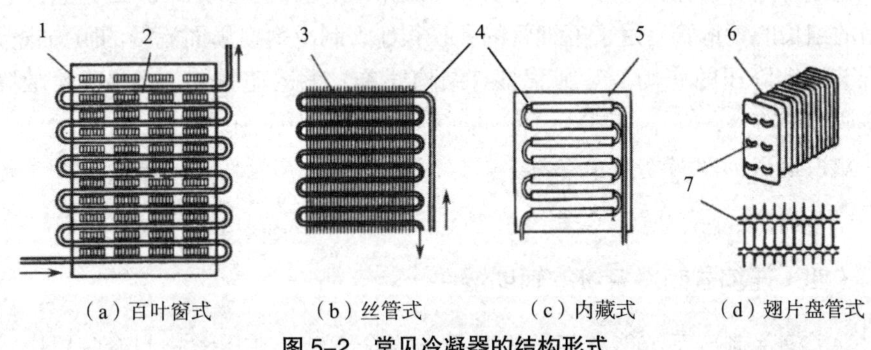


**图 5-2　常见冷凝器的结构形式**

1—散热片　2—冷凝管　3—散热用钢丝　4—制冷剂管
5—散热片　6—散热翅片　7—制冷剂管

**知识运用：**电冰箱作为制冷设备，可以用作室内降温设备吗？如在密闭室内打开电冰箱的门，房间温度会如何变化？

3. 蒸发器

在制冷系统中，蒸发器是一个从系统外吸热的热交换器。在蒸发器中，制冷剂液体在较低温度下沸腾，转变为蒸汽；同时，通过传热间壁吸收被冷却介质的热量而降温。蒸发器在降低空气温度的同时，将空气中的水分凝结出来，这就是霜。

根据被冷却介质的种类和状态（空气、水或其他液体等），为获得良好的传热效果，蒸发器被设计得各式各样。按照被冷却介质的特性，蒸发器可分为冷却液体载冷剂和冷却空气载冷剂。厨用冷加工设备中使用的是冷却空气载冷剂的蒸发器，即制冷剂全部在制冷系统管内流动，空气在管外流动。常用蒸发器的结构形式如图 5–3 所示。

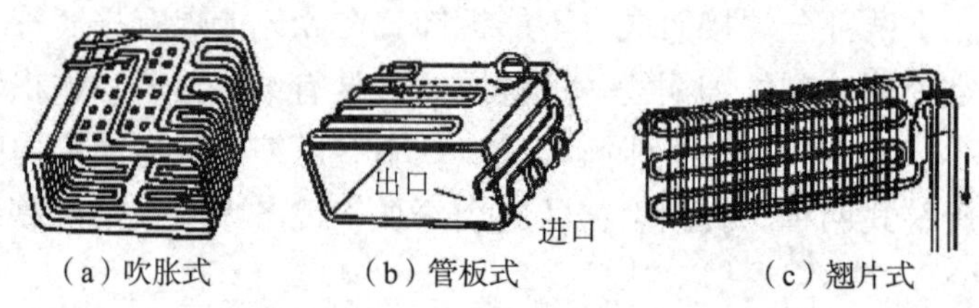


**图 5–3　常见蒸发器结构形式**

4. 节流装置

制冷中的节流是指液态的制冷剂通过管道中特设的“狭孔”（即膨胀阀或称毛细管）时压力降低而发生膨胀的过程。调整节流“孔”的大小，就控制制冷剂进入蒸发器流量的多少，其直接关系到蒸发器的工作状态和制冷设备的制冷效率。在厨用制冷设备中，通常使用膨胀阀作为节流装置。

毛细管是一根孔径很小（内径 0.6 ~ 2mm，外径 2 ~ 3mm），长度在 1 ~ 5m 之间的细长的紫铜管。由于毛细管的孔径很小，制冷剂在里面流动的阻力很大，起到节流和降压的作用。毛细管具有结构简单、无运动零件、不易发生故障、不需调节等特点，在小型制冷设备（如家用冰箱）中应用广泛。

**知识运用：**当制冷剂中混有水时，制冷系统最可能发生冰堵的位置是什么地方？

## （四）压缩式制冷系统的辅助器件

为了确保制冷系统能够经济而高效地安全运转，在压缩式制冷装置中，还包括一些辅助器件。对于厨用制冷设备而言，辅助器件主要有电磁阀、干燥过滤器、温度控制器等。

1. 电磁阀

电磁阀是用电产生的磁力来控制阀门的开与关，控制制冷系统供液管路的自动接通和切断。小型冷藏设备中多使用直接式电磁阀。

电磁阀一般安装在节流阀和冷凝器之间，位置尽量靠近节流阀，因为节流阀只是一个节流器具，本身不能关严，而电磁阀可以关严，可以切断供液管路。电磁阀和压缩机同时开动和停止，压缩机停机后，电磁阀立即关闭，停止供液，从而避免压缩机停机后大量制冷剂液体进入蒸发器中，造成再次开机时，压缩机发生液体冲缸故障。

2. 干燥过滤器

干燥过滤器装在冷凝器的出口端，它的作用是在制冷剂进入节流阀前对其进行过滤，除去制冷剂中的水分和固体杂质，一方面避免水分的存在导致的冰堵和管路的腐蚀，同时也避免固体杂质导致的脏堵进入压缩机气缸造成事故。

干燥过滤器的结构如图 5-4 所示，由外壳、过滤网和干燥剂等组成。过滤网由黄铜丝网制成，网孔的大小约 0.2mm，常用的干燥剂有分子筛、硅胶等。

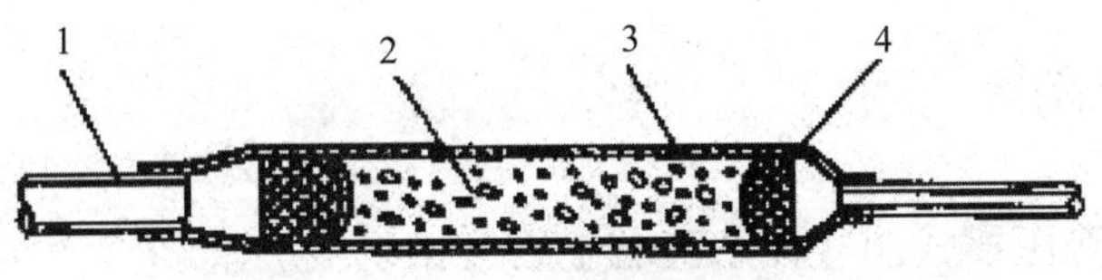


**图 5-4　干燥过滤器**

1—管子　2—干燥剂　3—圆筒　4—过滤网

3. 温度控制器

温度控制器简称温控器，它的作用是自动控制电冰箱压缩机的开与停，即在电冰箱内温度降低到预定值后，压缩机自动停止工作；电冰箱温度重新升高时，又自动启动压缩机制冷，以使电冰箱内的温度保持在一定范围内。

温控器的种类较多，常用的有压力式温控器（感温泡）和热敏电阻式两种。此外，也有采用自动风门调节进入冷风的风量而实现温度控制。图 5-5 为压力式温控器结构。感温元件通常做成管状（感温管），里面充有感温剂。电冰箱蒸发器内温度变化时，感温管内的压力随之变化，膜盒上的金属膜片随压力的变化而产生伸缩位移，推动开关机构切断或接通压缩机的电源。主弹簧的拉力用来和膜片的压力相平衡。当蒸发器温度降低，感温剂产生的压力小于弹簧力时，电触点臂下端借弹簧力的作用向右移动，使触点断开，压缩机随即停机。

压缩机停机后，蒸发器的温度将逐渐上升，致使感温剂产生的压力也相应升高。当此压力大于弹簧力时，传动膜片向外伸胀，推动触点臂下端向左移动，使触点重新闭合，压缩机启动而开始制冷，使蒸发器的温度又逐渐下降。如此周而复始地工作，即可达到控制电冰箱内温度的目的。

**知识运用**：电冰箱工作的时候，压缩机是一直不停地运行吗？

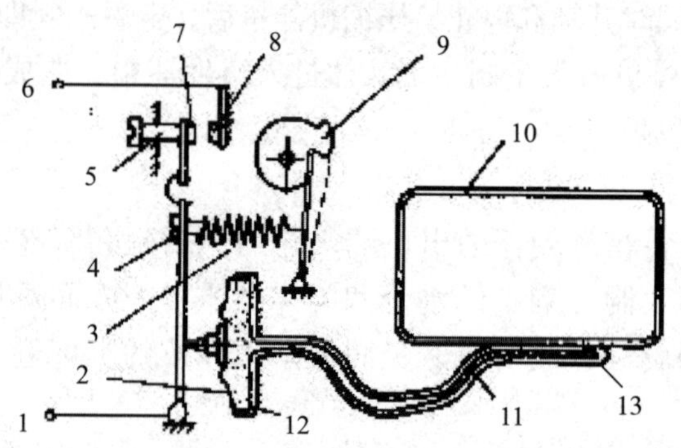


**图 5-5　压力式温控器**

1—接线端　2—膜片　3—弹簧　4—温度范围调节螺钉　5—温差调节螺钉
6—接线端　7—动触点　8—电触点　9—温度调节凸轮
10—蒸发器　11—感温剂　12—膜盒　13—感温管

## 四、热电制冷

传统的蒸汽压缩式制冷设备已有上百年的历史，而新型的热电冰箱以其无噪声、无污染、使用方便的特点逐渐被人们所认识。

### （一）热电制冷工作原理

热电制冷利用了热电效应（即帕尔帖效应）的制冷原理。1834 年法国物理学家帕尔帖在铜丝的两头各接一根铋丝，再将两根铋丝分别接到直流电源的正负极上，通电后发现一个接头变热，另一个接头变冷。这说明两种不同材料组成的电回路在有直流电通过时，两个接头处分别发生了吸放热现象。半导体材料具有较高的热电势，可以成功地用来做成小型热电制冷器，被广泛应用于各种半导体冰箱的生产中。

图 5-6 为 N 型半导体和 P 型半导体构成的热电偶制冷元件，用铜板和铜导线将 N 型半导体和 P 型半导体连接成一个回路，铜板和铜导线只起导电的作用。此时，一个接点变热，一个接点变冷。如果电流方向反向，那么接点处的冷热作用互易，电流大小则决定其放热和吸热量的大小。

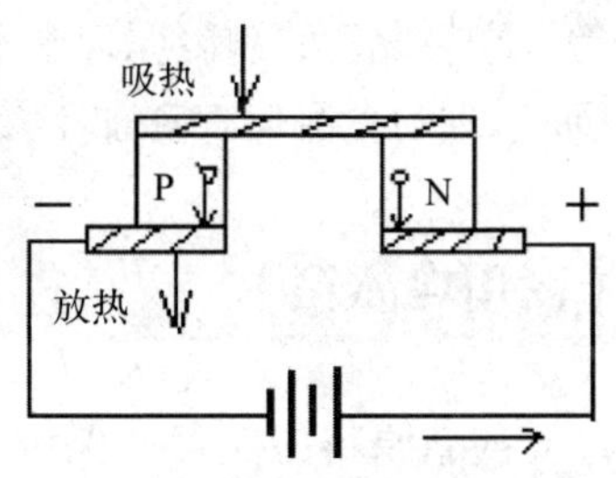


图 5–6　半导体制冷原理图

### （二）热电冰箱

在热电冰箱中，主要由箱体绝热层、箱内的吸热装置、箱外的散热装置、处于吸热装置和放热装置之间的半导体制冷片、开关电源装置几个部分组成。吸热装置、半导体制冷片及放热装置之间的合理连接以及高效的电源系统也是半导体冰箱设计的关键所在。

热电冰箱在工作时，应选择合理高效的散热装置将半导体制冷片的热面的热量散到环境空气中，目前有两种解决方案，一种是利用翅片加风扇强制对流散热，这在车载便携式半导体冰箱上采用，风扇散热使半导体冰箱保留了便携的优点，但由于风扇的运转而带来了噪声；另一种散热方式是利用热管散热，这种散热方式主要在小型冷藏箱中采用，这类小型冷藏箱一般不具备便携性，利用热管散热可以使冰箱做到绝对静音，并且效率相对风扇散热要高。

### （三）热电制冷特点

采用热电制冷可以有效避免传统冰箱采用氟利昂或其他化学制剂对环境的污染问题；同时，半导体制冷是一种固体制冷方式，与通常压缩机制冷系统相比，没有机械转动部分，无需制冷剂，无噪声，无污染，体积小，可小型化、微型化，可靠性高，寿命长，可电流反向加热，易于恒温。但是，热电制冷的产冷量一般很小，所以不宜在大规模和大制冷量的情况下使用，适宜于微型制冷领域或有特殊要求的用冷场所。

国际、国内市场上的应用热电制冷技术的产品日渐丰富，如饮水机（冷热两用型）、小型冷藏箱、便携式汽车旅游冰箱、冷热两用杯、高档名贵酒类陈藏柜、女性用的化妆盒等。

## 第二节　常用烹饪制冷设备

在厨房中，常见的烹饪制冷设备主要有电冰箱、冷柜、冷饮机、冰激凌机、冷库、冷藏操作台、保鲜房等。这些设备的制冷原理基本以蒸汽压缩式制冷为主，通过创造一个低温环境，从而达到对食品储存和加工及展示的目的。

## 一、制冷储存设备（商用电冰箱）

制冷储存设备主要是为了食品原料的储存和保鲜，当然，这也是厨房制冷设备最早的要求。目前，该类设备主要是电冰箱、冷库、冷藏工作台等。

制冷储存设备按温度控制范围可分为冷库、冷冻冰箱和冷藏冰箱三种：冷库，专门保藏厨房缓用的冻品，冷藏调味品，温度多在 -18 ~ 25℃；冷冻冰箱，专门保藏厨房急用冻品，温度多在 -10 ~ 0℃；冷藏冰箱，专门保藏厨房急用鲜品原料及蔬菜、水果等，温度多在 4 ~ 5℃。

餐饮冷藏面积的需要量如表 5-1 所示。

表 5-1　餐饮冷藏面积的需要量

| 日就餐人数（人） | 冷藏面积需要量（$m^2$） | 日就餐人数（人） | 冷藏面积需要量（$m^2$） |
|---|---|---|---|
| 75 ~ 150 | 0.6 ~ 1 | 250 ~ 350 | 1.5 ~ 2 |
| 150 ~ 250 | 1 ~ 1.5 | 350 ~ 500 | 2 ~ 3 |

电冰箱是厨房内使用最多的一类制冷设备，下面介绍电冰箱的类型、主要结构以及使用与维护。

### （一）电冰箱的类型

电冰箱根据应用对象可分为家用和商用两大类。商用电冰箱的类型繁多，通常是按用途分类，如冷藏柜、冷冻柜、冷藏冷冻柜、陈列柜以及低温冰箱等，一般容积为 500 ~ 3000 升，人可以进入的小型组合式活动冷库的容积为 7000 升以上。商用冰箱的结构形式主要有立式前开门、卧式上开门、陈列式售货柜等。

**提示：**冷藏与冷冻的区别

电冰箱是冷藏箱、冷冻箱或它们的组合的统称。冷藏箱的温度保持在 0 ~ 10℃之间，用来冷藏蔬菜、水果、禽蛋和乳制品等，以达到保鲜的目的。为使用方便，在冷藏箱内用蒸发器单独围成一个冷冻室，可以制造少量冰块或冷冻物品。

冷冻箱内温度保持在 -18℃以下，用于长期存放肉类、水产品，不会导致腐败变质。新型的冰箱常将冷冻室分隔成多格抽屉，方便物品的分类存放，也能避免开门时大量热量进入箱内，降低制冷效率。

1. 立式冷藏冷冻柜

为了便于取放货物，立式冷藏冷冻柜的高度一般不超过 2 米，深度不大于 0.8 米，采用立式前开门结构，有二至六门等多种。规格大小应根据环境和生产需要而设。立式冷柜采用 1 ~ 1.5mm 厚的钢板或不锈钢板制成箱体，内外壳都冲压焊接成形，再用保温材料填充在夹层中间。近年来，随着生产工艺和设计水平的提高，立式冰柜大都采用全封闭压缩机组和强制对流冷却方式，替代过去的开启式压缩机组和自然对流式蒸发冷却的方式。为了增大冰箱的有效容积，通常将制冷机组置于冰箱顶部（图 5–7）。

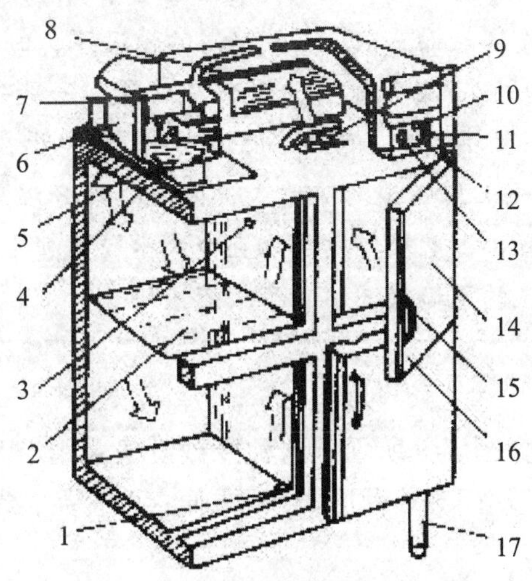


**图 5–7　四门冰箱结构示意图**

1—排水孔　2—搁架　3—灯　4—冷凝器　5—保温层　6—压缩机　7—风扇　8—蒸发器　9—风扇　10—化霜指示灯　11—温控灯　12—门灯　13—温度计　14—箱门　15—密封条　16—门锁　17—箱脚

立式冷柜的冷凝器采用风冷和水冷两种方式，风冷式冷凝器就是利用冷却风扇向冷凝器吹风，使之强制冷却；水冷式冷凝器就是将冷凝器密封在水套内，通过水的循环热交换作用，将制冷剂冷却。水冷式冷凝器的冷却效率较高，但需单独外加一套水冷却装置，多用于大型厨房冷柜中。

这种结构的特点是有效容积大，占地面积小，货物存取方便。

---

**小知识** 强制对流冷却方式

电冰箱的冷却方式按冷空气传热方式可分为空气自然对流冷却和强制对流冷却。自然对流冷却的冰箱也称直冷式电冰箱。冷冻室由蒸发器直接围成，食品直接与蒸发器进行热量交换被冷却降温，所以叫做“直冷式”。其箱内空气循环是依靠冷、热空气的密度不同，使空气在箱内实现自然对流。这类冰箱结构简单、价格低廉、耗电少，但冷冻室易结霜且化霜麻烦。

强制对流冷却的电冰箱也称间冷式电冰箱，为了使蒸发器能迅速吸收热量制冷，电冰箱里装有小风扇，将冷风吹入冷冻室和冷藏室，形成强制对流循环，使食品冷却或冷冻。因食品不是直接与蒸发器进行热量交换，而是间接冷却的，所以称为“间冷式”。冷藏室和冷冻室的冷风量可通过手动或自动风门进行调节。

商用冰箱的蒸发器大都装于箱体顶部或外侧（图 4–7）。间冷式冰箱具有如下特点。

①食品由强制对流的冷风冷却，空气中的水分都被冻结在温度很低的蒸发器表面，因而食品表面不会结霜，故又称无霜型电冰箱。

②水分集中于蒸发器表面，在霜层较厚实的情况下，由于阻碍冷风的对流，会使箱内温度升高。所以，必须配备自动化霜装置，一般每昼夜至少自动除霜一次。这种自动化霜装置不需人工管理，使用方便，最适于在沿海高湿地区使用。

③由于箱内的冷气采用强迫对流方式，因此各部分温度比较均匀。由于增加风扇和除霜电热装置，因此耗电量要比直冷式冰箱增加 15% 左右。

④箱内冷空气对流的风速较高，食品干缩较快。

---

2. 卧式冷冻柜

卧式冷柜的结构如图 5–8 所示，这种冷藏设备采用上开门结构，开门方式分上开、折叠和推拉玻璃门等多种形式，既方便存取食品，减少热空气侵入柜内，又利于节能。

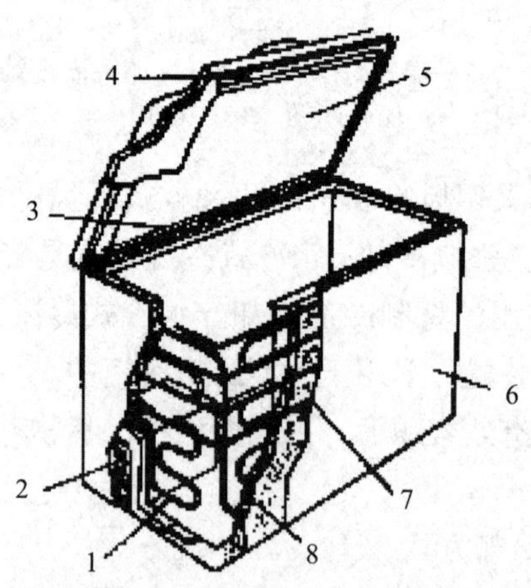


**图 5–8　卧式冷柜结构示意图**

1—盘管式蒸发器　2—压缩机　3—除霜管　4—密封条
5—自调式箱盖　6—外壳　7—冷凝器　8—泡沫塑料隔热层

卧式冷柜的外壳采用金属喷涂工艺，内胆用铝、不锈钢板或压花板灌注发泡隔热材料。其制冷方式多采用直接冷却式，蒸发器用铝或铜管盘成，水平贴压在柜内壁发泡保温层内，构成单一的大容积冷冻室。卧式冷柜的冷凝器敷设方式有三种：第一种是悬挂明装冷凝器，设在柜底或背箱板，靠空气自然对流散热；第二种采用内置式冷凝器，紧贴压在柜外板内壁，靠空气围绕柜外板自然对流散热；第三种是外置式风冷凝器，它与风扇电机组合在一起固定在柜底一侧，依靠风扇强制循环吹风散热。卧式冷柜冷冻温度较低，一般在 -15℃，有效容积 100 ~ 500L，能满足肉类、冷饮、乳制品的储存，已被餐饮业广泛使用。

**提示：**电冰箱与电冰柜（冷柜）的称谓

电冰柜不同于电冰箱，又区别于冷藏库，其特点在于具有较大的冷冻室，而且可以速冻深冷，弥补了一般电冰箱冷冻室小、无速冻深冷功能的缺陷。一般认为电冰箱是以冷藏为主、以冷冻为辅的制冷设备，主要用于制备冷食冷饮和冷藏水果及其保鲜。而电冰柜则是以冷冻为主，以冷藏为辅，俗称冷柜，用于生、熟食品冷冻冷藏及保鲜。通常认为冷冻室超过整个冷冻、冷藏箱的 2/5 的产品称为冷柜。

我国对电冰柜的型号作了如下规定：

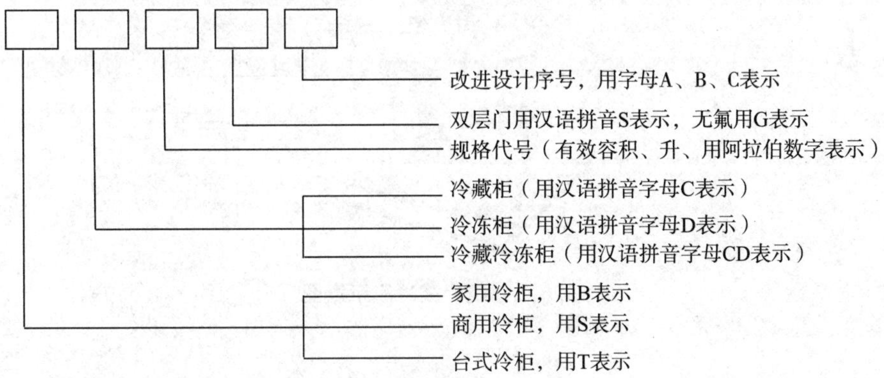


例如，BD-158SB 表示有效容积为 158 升、第二次改进型的双层门家用冷柜。

3. 小型冷库

根据冷库内有效容积的大小，通常将容积在 6 ~ 10m$^3$ 的冷库称为小型冷库，小型冷库有固定式和活动式两种结构，厨房中以活动式为多见。按冷库的容积可分为 6m$^3$、9m$^3$、13m$^3$ 几种规格。按库内温度可分为：冷藏间（也叫风房），温度在 2 ~ 7℃，可用于新鲜果蔬、水果及半成品原料的储藏；预冷间，温度在 0 ~ 2℃，可降低食品温度，用于食品的解冻及涨发后原料的存放；冷冻间（也叫冻房），温度在 -12 ~ 18℃，可用于已冻结食品的储藏，比如对虾的储藏；速冻间，温度在 -28 ~ -24℃，可使食品快速冷冻。

（1）固定式冷库

小型冷库的全套制冷系统如压缩机、冷凝器、蒸发器和膨胀阀等均由工厂提供，而冷库的绝热防潮围护则采用土建式结构，通常由用户自己按照说明书建造。由于土建式结构的主要耗冷在于建筑物围护的传热，因此冷库的墙、地板和库顶均应有防温防潮层。

（2）组合式冷库

组合式冷库又称活动式、可拆式冷库。冷库全套设备由工厂提供，其中库体由预制成形的高质量的保温板拼装而成，库板之间采用闭锁钩盒连接。建库时，只需在现有室内坚实地基上，按照厂家提供的图纸，就能很快将冷库建成。

组合式冷库具有质量轻、结构紧凑、保温性能好、安装迅速等特点，可实现 –30℃的冷冻要求，可用于长期、大量存放食品原料。组合式冷库通常采用全封闭压缩机组，利用对环境影响较小的 R22 或其他新型制冷剂，体积小、噪声小、安全可靠、自动化程度高、适用范围广，在大型餐饮企业广泛应用。如图 5–9 是组合式冷库的组装以及外形示意图。

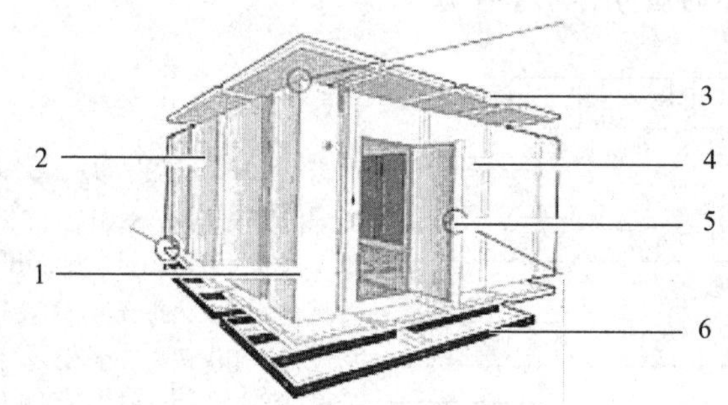


**图 5–9　组合式冷库示意图**

1—角板　2—墙板　3—顶板　4—门框　5—库门　6—底板

## （二）电冰箱的使用与维护

1. 电冰箱的搬运与放置

（1）电冰箱的搬运

正确搬运电冰箱应由箱底抬起，箱体尽量与地面垂直，移动时与水平面夹角应不小于 45°，严禁横抬平放，防止压缩机内悬挂弹簧脱落损坏或机内润滑油进入系统造成严重故障。平地短距离移位时，应将箱体向后倾斜，前脚离地推移，也可以其一脚为轴，左右扭转步进移动。

（2）电冰箱的放置

①电冰箱与相邻物品间应留一定空间，以利通风散热。

②电冰箱应放置在不受阳光直晒并远离热源的地方。

③不要放在潮气重或易溅水的地方。

④不要放在有各种挥发性、腐蚀性及易燃性物品的场所。

⑤不要放置在太冷能够结冰的环境中。

⑥冰箱应放置于坚实、平整的地面上，以利于减小噪声。

⑦电冰箱搬动后，静置 30 分钟方可接通电源。

2. 电冰箱的使用

（1）电源电压不能过低

若电源电压过低，会使电动机难以启动。低电压运行时，压缩机的启动比正常情况下的电流大 6 ~ 8 倍。时间一长，就会烧毁电动机。电动机启动困难时，会发出噪声。此时应立即拔掉电源插头，待电压恢复正常后使用。电源的运行电压一般在 5% 上下波动。

（2）严禁冰箱内久不除霜

冰箱工作一段时间后，冷冻室内外会结霜，影响蒸发器的吸热。当霜层厚度超过 5mm 时，就需除霜。霜层不仅影响冰箱的换热，而且霜中含有各种食品气味，时间长了会使冰箱产生异味。

**提示：**冰箱除霜

蒸气压缩式制冷系统中，蒸发器在降低环境温度的同时，还能将空气中的水分凝结出来，在蒸发器表面形成霜层。一般直冷式电冰箱、冰柜是蒸发器通过箱壁直接与箱内空气进行热量交换，因此会在箱壁上结霜，当霜层厚度超过 5mm 时，均需进行人工除霜。若除霜不及时，会降低电冰箱的制冷效率，甚至使压缩机长时间运转而影响使用寿命。

具有半自动除霜装置的冰箱，在温控器上装有除霜按纽，需要除霜时，按下温控器上的除霜按纽，温控器即不再对电冰箱温度起监控作用。随着箱内温度的逐渐升高，蒸发器上的霜层渐渐融化，到化霜完毕时，除霜按纽会自动弹起，压缩机随之开始重新制冷。

没有半自动除霜装置的冰箱，除霜时只能拔掉电源插头，停止制冷，让霜层自然融化，或打开箱门加速融化。抽屉式冷冻室除霜可将抽屉抽出，在每个隔层上放一盘热水加快化霜。电冰箱除霜后应用软布擦干霜水，全面清理污物，再开机制冷运转。

无霜电冰箱由于蒸发器设在冰箱夹层中，因此冷冻室和冷藏室的箱壁上都没有霜，霜全部集中在蒸发器表面上，通过全自动化霜系统自动除霜，无需人工操作。

（3）热食品达到常温后才能放入冰箱内

直接将热食品放入冰箱，会使箱内温度骤然升高，造成压缩机的长时间运转，不仅费电，而且热蒸汽还会使结霜速度加快。

（4）冰箱在运行中，不得频繁切断电源

压缩机正在运转时突然停电，接着又立即来电或人为地将电源插头拔下又插上，会使压缩机在重负荷下强行启动而严重超载，极易造成压缩机内机械与电机的损坏。

**知识运用：**有些人说，为了冰箱省电，可以在箱内温度下降后，将电源插头拔掉，该做法是否科学？

（5）严禁硬捣冰箱内的冻结物品

冷冻室内的物品往往会冻结在室壁上，取用时不得用刀、铲等硬捣。若硬捣则极易损坏制冷管道。另外冰箱的制冷管道系统长达数十米，其中有些管子外径只有 1 ~ 2mm。若管道破损、开裂都易使制冷剂泄露或使电气系统出现故障。

正确的做法是：对于易冻结物品，应用铁架放置。发生冻结现象时，如不急用可通过化霜获得。如急用可用温水毛巾局部加热，将冻结部位化开。

（6）运行中的冰箱应尽量减少开门次数

频繁开门或开箱门的时间过长，箱门关闭不严，会使箱内冷空气大量逸出，造成压缩机运转时间过长。

（7）食品冷冻冷藏前应进行包装

食品包装后，可以避免与氧气接触，降低氧化速度；可以延长保质期；可以防止水分的挥发，保持食品的鲜度；可以防止食品风味的挥发和其他异味的污染；此外，食品分袋包装，方便存取，可以提高冷冻质量。

（8）电冰箱放置食物有讲究

冰箱中食品存放不能太满，最好留有 1/3 的空间，有利于制冷空气的合理循环。食品放于柜内的格架上式，不紧贴柜内壁，避免冻结于内壁和腐蚀蒸发器。乳酸菌饮料或调味料注意不放置于门边，防止对门封边的腐蚀破坏。

能冷冻储藏的食物要冷冻储藏。对需要在电冰箱中存放较长时间且可以长期冷冻的食品，如肉、鱼和虾等，放入冷冻室储藏，不要放入冷藏室内，以防变质。

按照“四隔离”（生与熟隔离，成品与半成品隔离，食品与药物、杂物隔离，食品与天然冰隔离）的要求规范操作。生熟食品分开存放，并有明显标记；所有储藏的熟食成品要加盖或包装，并不得与冰块接触，避免冰箱、冰柜中的冷凝水或溶水滴在熟食上造成交叉污染。

储藏带有内脏的食品，如鸡、鸭和鱼类等，必须先把内脏除去，以免内脏腐烂变质而污染其他食品，产生异味。

（9）冰箱不是保险箱

冰箱不是保险箱，一方面意味着冰箱并不能杀灭细菌，另一方面有些食物也不宜放入冰箱。

低温只能降低细菌生长繁殖的速度，但不可能彻底杀灭细菌。日积月累，冰箱里会藏有大量的嗜冷型细菌及霉菌。吃了冰箱里不新鲜或者被污染的食品，很容易引起多种疾病，而一些餐馆也将生熟食混放，食品二次污染，食用后可能会出现恶心、呕吐、腹痛、腹泻等中毒症状。不同的食物在冰箱内可以保存的时间是不一样的。

有些食物也不宜放入冰箱，像一些热带水果如芒果、香蕉，常放在室内阴凉处储存就行了。放入冰箱，反而会让它们遇冷变质。而像饮品、奶制品这些液态食物，根据包装的储藏要求即可，没有必要非放到冰箱里存放。有人为了延长储存的时间，可能会将腌制品放入冰箱，其实这样做适得其反。因为腌制品在制作过程中均加入了一定量的食盐，氯化钠的含量较高，盐的高渗透作用使绝大部分细菌死亡，从而使腌制食品有更长的保存时间，无需用冰箱保存。若将其存入冰箱，尤其是含脂肪高的肉类腌制品，由于冰箱内温度较低，而腌制品中残留的水分极易冻结成冰，这样就促进了脂肪的氧化，而这种氧化具有自催化性质，氧化的速度加快，脂肪会很快酸败，致使腌制品质量明显下降，反而缩短了储存期。储存腌制品只需将其放在避光通风的地方，达到防止脂肪氧化酸败的目的即可。茶叶放在冰箱中一定要保证密封性，因为茶叶本身就有吸附作用，如果密封不好，就容易吸潮，易与冰箱里的其他食物发生串味，导致茶叶纯正的香味消失。

（10）冰箱温控器的使用

由于存放食品不同，使用季节不同，电冰箱内的温度必须能够调节和控制，这是由温控器来完成的。温控器的结构不同，调节方法各不相同。通常情况下，温控器用不同符号、数字或文字表示箱内温度高低的调节，调节至强冷状态，表示电冰箱制冷能力加强（或压缩机不停机），箱内温度低。

电冰箱、冰柜温控器夏季应开弱挡，冬季开强挡。原因是：首先，在夏季，环境温度达 30℃，冷冻室内温度若打在强挡（4、5 挡），达到 -18℃以下，内外温度差大，因此箱内温度每下降 1℃都很困难；其次，通过箱体保温层和门封的冷气散失也会加快，这样开机时间很长而停机时间很短，会导致压缩机在高温下长时间运转，既耗电又易损坏压缩机，若此时改在弱挡（2、3 档），就会发现开机时间明显变短，又减少了压缩机磨损，延长了使用寿命。所以夏季高温时就将温控调至弱挡。当冬季环境温度较低时，若仍将温控器调至弱挡，因此时内外温差小，将会出现压缩机不易启动，单制冷系统的冰箱还可能出现冷冻室化冻的现象。

（11）电冰箱温度补偿开关的使用

当环境温度较低时，如果不打开温度补偿开关，压缩机的工作次数明显减少，开机时间短，停机时间长，造成冷冻室温度偏高，冷冻食品不能完全冻结，因此必须打开温度补偿开关。打开温度补偿开关并不影响冰箱的使用寿命。当冬季过去，环境温度升高，环境温度高于20℃时，将温度补偿开关关闭，这样可以避免压缩机频繁启动，节约用电。

3. 电冰箱的维护

为了电冰箱的使用寿命和食品卫生，不仅要正确使用电冰箱，而且要对电冰箱进行正确的维护。电冰箱的维护内容包括冰箱的清洁和消毒、冰箱的除臭等工作。

（1）冰箱的清洁和消毒

冰箱因长期存放食品又不经常清洗，就会滋生许多细菌，污染存放在里面的食品。一般每月至少给冰箱消毒一次，特别是夏季更应该勤清洗。清洗时可用肥皂水或3%的漂白粉澄清液擦拭冰箱的内壁；也可以先用清洁的热水先擦拭冰箱内壁及附件，再喷一些含洗必泰或戊二醛、二氧化氯等基本无毒的消毒剂，然后密闭半小时后再打开通风，待干燥后即可使用；还有就是也可以用酒精消毒。消毒时不要忽略了冰箱门的密封条，因为冰箱的密封条上的微生物多达十几种，很容易影响食品卫生。

（2）冰箱的除臭

电冰箱、冰柜使用一段时间后，箱内容易产生异味。这主要是因为储存食物的残渣和残液长时间留在箱内，发生腐败变质，蛋白质分解发霉造成的，尤其是存放鱼、虾等海产品更容易发出难闻的气味。

产生的异味主要来自冷藏室，冷冻室除霜化冻时有时也会产生异味。对冷藏室发出的异味，可直接放入除味剂或电子除臭器等消除。也可以停机对冷藏室进行彻底清洗。对冷冻室中的异味，要切断电源，打开箱门，除霜并清洗干净后，用除味剂或电子除臭器清除。如果没有除味剂，可将电冰箱内胆及附件擦洗干净后，放入半杯白酒（最好是碘酒），关上箱门，不通电源，经24h可将异味消除。

### （三）冷库的设计与管理

1. 冷库的初步设计计算

精确的冷库设计需要专业人员进行，如库容量、制冷量等，对于餐饮或厨房管理者，根据冷库现有的面积，可用简便方法进行初步的估算。

（1）计算容积

库房容积（$m^3$）= 库内净面积（$m^2$）×2.5（库房高度，m）

一般每4$m^2$的冷藏库可存放1t的普通肉类食物。一般每6$m^2$的保鲜库可存放1t的蔬菜。由此，可确定该冷库能够存放的食物量。

（2）制冷量计算

库温 −18 ~ −15℃的冷冻库，每平方米需要481kJ/h（115kcal/h）的制冷量。库温 2 ~ 5℃的冷藏库，每平方米需要 356kJ/h（85kcal/h）的制冷量。由此得出：

冷冻库制冷量 = 容积 × 481kJ

冷藏库制冷量 = 容积 × 356kJ

2. 冷库的管理

（1）冷藏库的管理

①每天定期检查记录冷库温度变化情况，确保冷藏库温度在 0 ~ 10℃。若发现温度有偏差，应及时报告厨师长并和工程部联系。

②冷藏库存放厨房用烹饪原料、调料及盛器，不得存入其他杂物，员工私人物品一律不得存放。

③区别库存原料、调料，不同物品种类、性质固定位置，分类存放，并严格遵守下列保存时间：新鲜鱼虾、肉、禽、蔬菜存放不得超过 3 天，新鲜鸡蛋存放不得超过 2 周，奶制品、半成品存放不得超过 2 天。

④冷藏半成品及剩余食品均需用保鲜袋或保鲜膜包好后，写上日期放入食品盘，再分类放置在货架上。冷藏库底部和靠近冷却管道的地方以及冷藏库的门口温度较低，宜放置奶、肉、禽、水产品类食品。

⑤大件物品单独存放，小件及零散物品置盘、筐内存放。所有物品必须放在货架上，并至少离地面 25cm，离墙面 5cm。食品的堆放要留有空隙，便于冷气流通。特别是在蒸发器附近要留有一定的空间，不要堆放食品。

⑥加强对冷藏品计划管理，坚持“先存放，先取用”的原则，交替存货和取用。严格把握入库量，每日入库量应不超过总库容量的一定比例。

⑦每天对冷藏库进行清洁整理，定期检查食品及原料质量，并定期对冷藏库进行清理、消毒，预防和杜绝鼠、虫侵害，保持卫生整洁。

⑧控制有权进入冷藏库的人员数量，计划、集中领货，减少库门开启次数，由专人定期盘点库存情况，报告厨师长。

（2）冷冻库的管理

①每天定期检查记录冷库温度变化情况，确保冷冻库温度在 -15℃以下。若发现温度有偏差，应及时报告厨师长并和工程部联系。

②冷冻库存放厨房备用食品、原料及盛器，不得存入其他杂物，员工私人物品一律不得存放。

③坚持冷冻食品、原料必须在冰冻状态下才能进入冷库，严禁已经解冻的食品及原料进入冷冻库。

④大件物品单独存放，小件及零散物品置盘、筐内存放。所有物品必须放在货架上，并至少离地面 25cm，离墙面 5cm。食品的堆放要留有空隙，便于冷气流通。特别是在蒸发器附近要留有一定的空间，不要堆放食品。

⑤加强对冷冻品的计划管理，坚持“先存放，先取用”的原则，交替存货和取用。严格把握入库量，每日入库量应不超过总库容量的一定比例。

⑥每天对冷冻库进行清洁整理，定期检查食品及原料质量，并定期对冷冻库进行清理、消毒，预防和杜绝鼠、虫侵害，保持其卫生整洁。

⑦控制有权进入冷冻库的人员数量，计划、集中领货，减少库门开启次数，由专人每周盘点库存情况，报告厨师长。

（3）设备管理

制冷压缩机组周围不要堆放杂物；蒸发器前不得堆放物品，以免影响制冷效果。制冷机组上的冷凝器风机是吸风散热（风向朝压缩机方向吹），经常观察风机的转向是否正确（三相电源的改变会改变风机的转向），风机转向不正确会导致制冷下降、缩短制冷机的使用寿命。

（4）维护

①定期观察和清洁。小型冷库通常会采用外置风冷凝器，容易导致灰尘堆积，影响冷凝器的散热。最好定期清扫冷凝器上的灰尘，保持散热效果。清洁灰尘时，刷子应顺着铝片换热器的方向清扫，注意不要影响叶片位置，防止气流无法通过影响散热。定期观察控制柜运转情况或观察温度表变化情况。定期观察蒸发器融霜情况。

②冷库的除霉杀菌和消毒。冷库内存放的烹饪原料都含有丰富的蛋白质、脂肪和碳水化合物，适合耐低温的霉菌和细菌的生长繁殖。为了保证烹饪原料的冷藏质量，应定期对冷库进行除霉杀菌和消毒。冷库可选用酸类消毒剂，如过氧乙酸、漂白粉等，采用熏蒸法、加热蒸发法、粉刷箱壁等方法，对冷库进行消毒；也可采用紫外线或臭氧发生器对冷库进行消毒。

**知识运用：**为什么某些卫生管理部门要求比较大的餐饮单位要设置冷藏管理员岗位?

## 二、制冷加工设备

在人们的饮食活动中，有一些饮食产品的加工或获得直接与制冷设备相关，这类制冷设备可归类为制冷加工设备，典型的如制冰机、冷饮机、冰激凌机等，此外，还有速冻设备，也属于制冷加工设备。这些设备都是利用前述的制冷原理（主要是压缩式制冷原理），制造一个低温环境，在低温环境中生产出人们所需要的食品。

### （一）制冰机

商业制冰机广泛地应用于商业和饮食业，可制造出形状各异的冰，有板状冰、薄片冰、方块冰、管冰以及棒状冰等。由于冰的形状各异，制冰机的制冰方式和结构也有所不同。但总的来说，商业制冰机可大致分为片冰机和块冰机两类。常用的商业块冰机有热切式和冰模式，小型块冰机常采用热切式，而小型片冰机则常采用螺旋剥离式。块冰一般用于饮食业中勾兑冷饮和酒，片冰一般用于食品的保鲜。相比较而言，前者产量一般较小，后者产量一般较大。由于使用流动的水制冰，商业制冰机制出的冰晶莹透明。

商业制冰机主要由制冰部件、制冷系统、供水系统以及控制系统组成。

1. 制冰部件和制冰方式

按制冰机制冰部件的结构形式分为冰模式制冰机、平板式制冰机、棒式制冰机、螺旋剥削式制冰机。

（1）冰模式制冰机

冰模式制冰机制冰部件的基本形状为立方槽体，按脱冰方式和脱冰方向来分又可分为封闭冰模式制冰机、敞开冰模式制冰机和垂直冰模式制冰机。其制冰的过程和冰的特点各有不同。

封闭冰模式制冰过程使水不易混入空气，从而形成透明的冰块，而且几乎可以 100% 地除去杂质。

敞开冰模式制冰机与封闭式冰模制冰机相比较，由于制冰室下方为开放式的，制冰室间相互独立，制成的冰块不会粘连。冰块的下面无尖角，比较美观，适宜勾兑冷饮和酒。

垂直冰模式制冰机的水泵的能耗较少，且制成的冰形像板状巧克力一样美观。

（2）平板式制冰机

平板式制冰机的制冰部件为板状结构，按最终制出的冰体形状和制冰面的数量来分又可分为热切式制冰机、碎冰式制冰机和双板式制冰机。

热切式制冰机结构比较简单，制造成本较低，使用和维修方便，而且外形较小但冰块形状不如冰模式制冰机制出的冰块规则，而且制冰过程中水容易流进储冰槽。

碎冰式制冰机产量较大，适宜于用冰量比较大的场合。制出的冰一般用于新鲜肉的保鲜和运输过程中的保冷。

双板式制冰机一般都要有碎冰机配合使用。这种制冰机产量为每天 10 ~ 20t，使用也非常广泛，工业用冰大多使用这种形式的冰。由于有碎冰过程，产生的冰粉使碎冰不会挤伤食物，又能与食物充分接触，保鲜效果很好。还可用于饮料的冷却过程。

（3）棒式制冰机

棒式制冰机必须维持一定的水面高度，方能使制冰脱冰过程顺利进行。另外，已变冷的制冰剩水可用作再次制冰用水，因此这种制冰机是一种节能型制冰机。

（4）螺旋剥削式制冰机

这种制冰机是一种节水型制冰机，成冰效率高，冰片薄且硬，不会损伤食物表面，故常用于鱼和肉的冷藏保存。

2. 制冰机的制冷系统

除了螺旋剥削式制冰机与一般制冷系统一样外，在其他形式的商业制冰机的制冷系统中，制冷剂有两种，一种是专供制冰用的，另一种是脱冰用的。

另外，一般在制冰机的制冷系统中需设置气液分离器，目的是将制冷剂的蒸气与液体分离，防止液态制冷剂进入压缩机而产生“液击”故障。在制冰循环时压缩机排出的高温高压制冷剂蒸气直接进入蒸发器而将使部分制冷剂蒸气液化。设置了液气分离器，即可使液态与气态的制冷剂分离。另外在制冰循环中制冰开始与结束时，蒸发器的热负荷差异很大。这样在制冰循环后期进入回气管的制冷剂蒸气中也会含有液态成分。设置了液气分离器后也可将液态与气态制冷剂分离。为了提高制冰机的制冷能力，系统中除了毛细管与低压回气管构成气—液热交换器以外，毛细管还缠绕在液气分离器的下部也构成热交换器，这样可以减少节流过程中制冷剂的汽化，使毛细管中出口处制冷剂的干度下降，增加了流入蒸发器的可供汽化吸热的液态制冷剂的量，故可起到提高制冷系数的作用。

3. 制冰机的水系统

制冰机供水系统与其制冷系统一样重要，且必须与制冷系统协调配合，才能保证制冰机的正常运行。当制冰机工作时，供水电磁阀打开，水经过制冰部件流入贮水槽，贮水槽注入规定的水量后，供水电磁阀关闭，供水停止，开始制冰运转。水泵将贮水槽的水泵入制冰机上部的散水盘内，水由盘底的散水孔流向制冰面，未冻结的水再流回水槽。此时由于部分水结冰，导致贮水槽内的水位下降，当水位低于规定的位置时，浮标开关闭合，制冰结束。

在制冰过程中，矿物质在水槽底部沉积使制冰水浑浊，也会导致成冰质量的下降。因此，及时地、充分地排水是非常必要的。制冰机中经常采用全排水方式、稀释方式和底部排水方式三种。全排水方式，每次制冰周期后，将余水全部排掉；稀释方式，供水量远远大于制冰后的水量，使余水稀释；底部排水方式，每次制冰后将余水排净。无论是那一种方式，都将增大制冰机的耗水量，同时使制冰水槽中水的温度升高，使制冰的负荷增加，制冰机能耗增大。另外，水在制冰过程中，矿物质离子会沉积在制冰板表面、水位开关以及水泵等处，将影响制冰机的正常运行。同时，水中的氯离子会腐蚀金属表面。为避免这些现象的发生，应在制冰机中设置软水器和过滤器，供水系统材料尽可能选用不锈钢或新型树脂材料。

4. 制冰机的电气控制系统

商业制冰机大多为全自动制冰机，能自动控制水的供给、水的冻结及脱冰过程，并能在储满冰时自动关闭制冷循环。冰的制造过程由一系列传感器和自动开关来控制，如用浮球阀和电磁阀来控制水的供给。而脱水方式可采用电热元件加热、温水加热、制冷剂高压气加热和机械剥离等方法，由温度控制器控制整个脱冰过程。

整个制冰周期由制冰阶段和脱冰阶段组成，每个阶段时间的长短由定时器控制。制冰时间还可由插入蒸发器制冰部件中的温控器控制，若将其调在温度较低的位置，则总的制冰周期就长，这样冰块可结得厚一些，质量较好。反之，冰块就结得较薄，中间有凹坑，质量较差。机器一天的制冰量与水温及环境温度有着密切的关系，这样就可以根据不同的环境温度与水温调整制冰周期。

在一般情况下，压缩机一经启动便自动连续运转进行制冰，若贮冰室内的冰块增加到一定高度时，温度传感器使冰面温控器动作，切断整个电路，压缩机也停止工作，直到贮冰室中冰块高度降低，压缩机才重新运转开始制冰。

另外，有的制冰机在制冷系统中设置冷凝压力控制开关。当环境温度较低时，压力控制开关的常闭触点断开，风扇电机停止转动而使冷凝器处于自然通风状态，这样既保证了足够的冷凝压力，又可提高制冰机的经济性。

5. 制冰机的使用与维护

（1）制冰机安装位置

应安装在远离热源、无太阳直射、通风良好之处，环境温度不应超过35℃，以防止环境温度过高导致冷凝器散热不良，影响制冰效果。安装制冰机的地面应坚实平整，制冰机必须保持水平，否则会导致不脱冰及运行时产生噪声。制冰机背部和左右侧面间隙不小于30cm，顶部间隙不小于60cm。

（2）制冰机电源

制冰机应使用独立电源，专线供电并配有熔断器及漏电保护开关，而且要可靠接地。

（3）制冰机用水

制冰机用水要符合国家饮用水标准，并加装水过滤装置，过滤水中杂质，以免堵塞水管，污染水槽和冰模，影响制冰性能。

（4）制冰机清洗

①清洗制冰机时应关掉电源，严禁用水管直接对准机身冲洗，应用中性洗涤剂擦洗，严禁用酸性、碱性等腐蚀性溶剂清洗。

②制冰机必须每2个月旋开进水软管管头，清洗进水阀滤网，避免水中泥沙杂质堵塞进水口，而引起进水量变小，导致不制冰。

③制冰机必须每2个月清扫冷凝器表面灰尘，冷凝散热不良会引起压缩机部件损坏。清扫时，使用吸尘器、小毛刷等清洗冷凝器表面油尘，不能使用尖锐金属工具清扫，以免损坏冷凝器。

④制冰机的水管、水槽、储冰箱及保护胶片要每 2 个月清洗一次。

⑤制冰机不使用时，应清洗干净，并用电吹风吹干冰模及箱内水分，放在无腐蚀气体及通风干燥的地方，避免露天存放。

### （二）冷饮机

1. 冷饮和冷饮机概述

产生冷饮的方法有冰冷法和机冷法两种。冰冷法，即将饮料与冰直接接触，使冰块迅速溶解而降温获得冷饮的一种方法。冰在制作和运输过程中，大肠杆菌等细菌会对冰产生污染，另外，冰溶解于水后，温度迅速回升，使冷饮温度不均。因此，此种方法已被卫生部门禁止。机冷法，即用机器制作冷饮的方法，即为冷饮机。冷饮机一般在空调的状况下工作，获得的冷饮温度一般为 10℃ ±3℃。

冷饮机的型式按冷凝器可分为风冷和水冷两种。按蒸发器的形式可分为浸渍式、搅拌式、喷射式，为了强化传热，还有翅片式蒸发器和卧式壳管式蒸发器。

2. 喷射式冷饮机

目前市场上常见的是喷射式冷饮机，它可对啤酒、牛奶、咖啡、果汁和可乐等各种饮料进行冷加工，可长期保持饮料清洁卫生、清凉可口，是夏季防暑降温的理想设备。

图 5-10 是喷射式冷饮机的结构示意图，它主要由机身、制冷系统、循环喷射泵和贮液罐、出液罐四大部分组成。

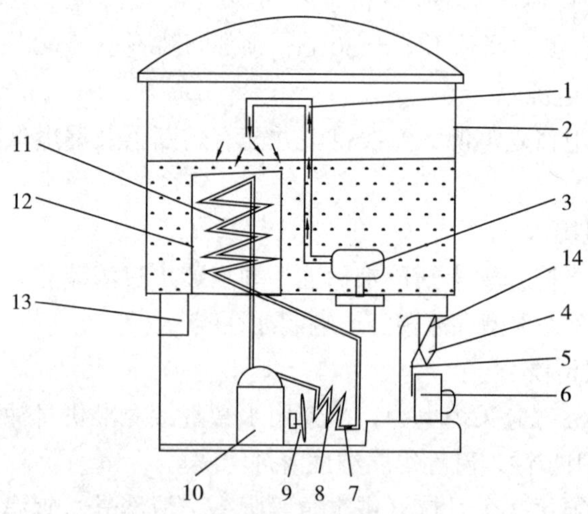


**图 5-10　喷射式冷饮机结构示意图**

1—喷淋管　2—透明液罐　3—微型水泵　4—放水嘴　5—自闭推杆　6—水杯　7—干燥过滤器　8—冷凝器　9—风扇　10—压缩机　11—蒸发盘管　12—筒形蒸发器　13—温控器　14—自闭水阀

当冷饮机工作时，液态制冷剂不断在筒形蒸发器内汽化吸热；同时，微型水泵将饮料液体从液罐底部吸入导管，再将饮料液体送到上部，将饮料液喷洒在筒形蒸发器顶面上，促使饮料液体在贮液罐内不断循环，得到冷却。当饮料冷却达到调定的温度时，温控器切断电路，冷饮机停止工作。

## （三）冰激凌机

1. 冰激凌及冰激凌机概述

（1）冰激凌

冰激凌（Ice cream）是以饮用水、牛奶、奶粉、奶油（或植物油脂）、糖等为主要原料，加入适量食品添加剂，经混合、灭菌、均质、老化、凝冻、硬化等工艺而制成的体积膨胀的冷冻食品。冰激凌口感细腻、柔滑、清凉，是一种高档的发泡雪糕。

冰激凌目前分成两大种类，硬冰激凌和软式冰激凌。硬冰激凌由美国人创造，主要是在工厂加工、冷冻，在店内销售，因此从外形就能看出比较坚硬，内部冰的颗粒较粗，也称为美式冰激凌，包括哈根达斯在内的超市销售的冰激凌多属该种类。

软式冰激凌（Gelato），是指冰激凌料凝冻后，不经灌装、成形、硬化的过程而直接销售的冰激凌，其中心温度约为 -5℃，一般凝冻时间在 3 分钟左右，冰结晶含量为 40% ~ 50%。与硬质冰激凌相比较，软冰激凌的生产具有投资小、占地面积小、经济效益高等优点，且现产现销，可以根据消费者的需要随时调整花色品种。软质冰激凌主要供应饮冰室、咖啡馆等饮食场所。随着麦当劳、肯德基等快餐品牌进入中国，软冰激凌在各大中城市已普及并受到人们的欢迎，尤其是青少年对口感滑爽、风味香醇的软冰激凌十分青睐。

**小知识** 冰激凌的由来

关于冰激凌（ice cream，又名冰淇淋、甜筒等）的起源有多种说法。在中国很久以前就开始食用的“冰酪”（或称“冻奶”，英文“frozen milk”，现称冰激凌，英文为 ice cream）。真正用奶油配制冰激凌始于我国，据说是马可波罗从中国带到西方去的。公元 1295 年，在中国元朝任官职的马可·波罗从中国把一种用水果和雪加上牛奶的冰食品配方带回意大利，于是欧洲的冷饮才有了新的突破。

宋人杨万里对“冰酪”情有独钟，有诗词“似腻还成爽，如凝又似飘。玉来盘底碎，雪向日冰消”。

在西方，传说公元前 4 世纪左右，亚历山大大帝远征埃及时，将阿尔卑斯山的冬雪保存下来，将水果或果汁用其冷冻后食用，从而增强了士兵的士气。还有记载显示，巴勒斯坦人利用洞穴或峡谷中的冰雪驱除炎热。

西方还有一种说法，希腊国王亚历山大率领他的军队开进波斯（现在的伊朗）。在波斯由于遇到酷暑，一些士兵中暑，使部队的战斗力大大削弱。士兵们把果汁、葡萄汁搀到雪里搅拌，然后大口大口地吃起来。后来罗马皇帝尼禄在盛暑难熬时，也学着亚历山大发明的方法让仆人从附近的高山上取回冰雪，加入蜂蜜和果汁，用来驱热解渴。这为冰激凌的配制开了先河。

（2）冰激凌机

由于冰激凌的分类不同，生产冰激凌的机器也相应地分为硬冰激凌机和软冰激凌机，一般而言，硬冰激凌机的价格一般都比软冰激凌价格低。

硬冰激凌机一般分为台式硬冰激凌机、流动式硬冰激凌机、自动式硬冰激凌机、手炒硬冰激凌机等。

软冰激凌机有多种型式：落地式、货柜式、双色或三色、牛奶冰激凌机、低膨胀率、间歇式、连续式冰激凌机等，软冰激棱机在美国、德国、意大利发展比较早。

2. 软冰激凌机

一台软冰激凌机的核心部件主要有原料缸及其制冷系统、冷冻缸及其制冷系统、搅拌刮刀架、输送装置以及控制系统。以下介绍一款双制冷系统软冰激凌机。

（1）基本结构与工作原理

其系统基本构成如图 5-11 所示，它的工作流程为：

原料缸→奶浆空气泵→冷冻缸→冷冻缸内的刮刀→斟出口

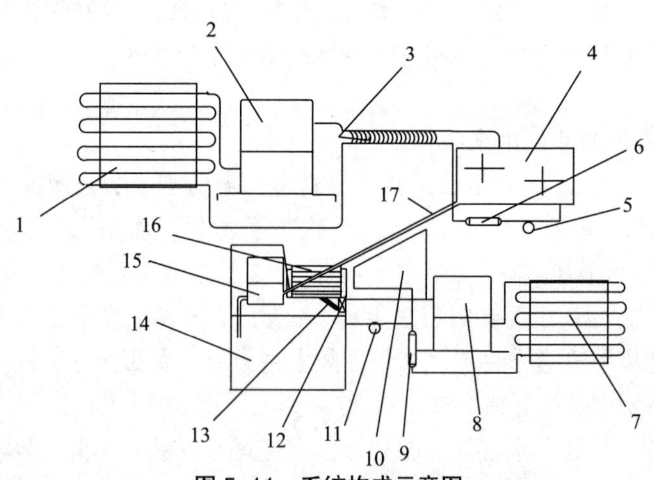


图 5-11 系统构成示意图

1、7—冷凝器 2、8—压缩机 3—回热器 4—冷冻缸 5、10—主毛细管
6、9—干燥过滤器 11—原料缸蒸发器 12—副毛细管 13—原料缸
14—风扇 15—奶浆 / 空气泵 16—电动机 17—奶浆输水管

原料缸用于对冰激凌原料进行混合并暂时贮存所形成的奶浆。运行时通过热敏电阻控制制冷系统的运转，将原料缸的温度控制在 -0.5 ~ 6.5℃。输送装置的关键设备是空气 / 奶浆混合泵，它将奶浆输送至冷冻缸，其运转由压力开关控制。一般空气和液体奶浆按各自的通路同时进入混合区，随后通过输送管道进入冷冻缸。贮存奶浆的原料缸的制冷系统中，制冷剂在干燥过滤器出口处分为两路，一路经主毛细管 10 进入原料缸蒸发器，另一路经副毛细管 12 进入奶浆输送管外壁与管道内，与奶浆进行热交换，将进入冷冻缸的奶浆进行预冷，使其温度保持在 4℃左右，确保产品品质和食品安全。

冷冻缸的内壁面即是其工作表面，奶浆和空气经搅拌后膨化，在冷冻缸内壁面上被冷却，形成奶昔。经过 7 ~ 11min 之后，当产品达到所需的黏稠度，由螺旋形刮刀刮下送到斟出口，通过拉下斟出手柄即可以斟出产品。产品的标准温度为 –8 ~ –7℃。有的机器具有双冷冻缸，如 Taylor8757 型圣代机，一般根据销量决定开启单缸或双缸。

冷冻缸内的搅拌刮刀架由搅拌电机通过减速箱、传动轴驱动，用于搅拌奶浆，使奶浆与空气充分混合，螺旋形刮刀同时刮下缸壁上形成的小冰晶，并将形成的奶昔推向冷冻门。

软冰激凌由产品的成形度和黏稠度来判定，冷冻缸制冷系统通过搅拌电机的电流控制。当搅拌电机的电流达到设定值时，制冷系统压缩机停止工作，同时搅拌电机也停止工作。

（2）使用中的故障分析与排除

软冰激凌机在日常的营运中，由于操作不当等原因会出现各种故障，较为常见的故障现象有冻缸、冷冻缸四壁被刮伤，软冰激凌不能成形或成形不理想，原料缸温度下降缓慢等，有时也会出现压力控制组件短路起火等恶性故障。

①空气 / 奶浆混合泵压力控制开关短路

输送装置中的核心设备是空气 / 奶浆混合泵，也称抽料泵，其作用是将奶浆从原料缸输送到冷冻缸中。奶浆的压力通过压力薄膜传到压力开关（工作电压 220V）上。如果压力薄膜破损或老化，一侧的奶浆会直接渗过压力薄膜进入压力开关，导致压力开关电源短路引起电火花，严重时会导致整台软冰激凌机起火。

为防止出现压力开关短路引起火灾的恶性事故，应定期（每 3 个月）检查、更换压力薄膜，以及老化或破损的压力开关。

②冻缸故障分析及其排除

发生冻缸时，冷冻缸内的搅拌轴被冰冻住，不能转动，无法斟出产品。

冻缸主要是由冷冻缸内结冰引起。冷冻缸内如有多余的水分，会形成一层冰膜覆盖在缸内壁。为了从冷冻缸壁上刮下冰冻的产品，刮刀刃必须保持锋利。

而冰膜的存在会对刮刀造成损伤。如果冰膜较薄，刮刀勉强可以转动，但是会使塑料刮刀很快磨钝，制成的产品偏软。冰膜较厚时，刮刀被冻住而无法转动，形成冻缸。

冻缸故障一般发生在软冰激凌机待机 30min 之后再次使用时。故障现象是搅拌电机皮带轮与无法转动的三角带相互摩擦发出啸叫声，同时无法斟出产品；5s 后电机过载保护器动作，机器停止工作。如果多次发生冻缸，传动系统将多次被冲击，轻则造成减速器平键和联轴器断裂，重则会使变速器损坏和刮刀架组件变形。刮刀架变形后，如没发现，继续使用有可能刮伤甚至刮穿冷冻缸，造成极大的损失。分析发生冻缸故障的原因，主要有以下四点。

排气充填时间太短。机器在使用之前需要消毒水清洗，使用空气 / 奶浆泵将消毒水抽到冷冻缸内，让刮刀搅拌 5min，然后压下斟出手柄，放掉消毒水，之后抽奶浆，用奶浆冲掉缸内残余的水和空气，然后关闭排气口。这个过程即为排气充填过程。如果安装人员在排气充填时不遵守规范，没有排尽缸内残留的部分消毒水和空气就关闭斟出口，并压下排气充填杆，使用时便会发生冻缸。

奶浆制作不正确。按照标准 1kg 奶粉和 3.5L 水混合，并充分搅拌 5min。但在实际制作中，操作人员经常会因为时间紧，在奶粉和水没有充分混合时就匆匆装入机器使用。这时，因搅拌不均匀游离于奶粉之外的水就会在冷冻缸结冰。

奶浆输送装置的问题。可能出现三方面的问题：一是泵的吸料管太短或开裂会使过量的空气被抽入冷冻缸内，空气中的水分会被冷冻成冰；二是如果泵内的密封圈没有按规定定期更换，磨损后也会使过量的空气进入，从而导致冻缸；三是压力开关烧坏，抽料泵不运转，冷冻缸内只有空气没有奶浆，空气中的水分很快结冰，形成冻缸。

液位探针故障。原料缸奶浆的高度由 3 根金属探针探测后反馈给控制系统。如果缸内有大量泡沫或大量使用回奶，探针就会出现探测失误，在奶浆液位低于标准时抽料泵仍然工作，过量空气被抽入冷冻缸，形成冻缸。

针对以上冻缸故障产生的原因，应严格操作规程，要求工作人员在排气充填完成后，要放掉 2 标准杯奶浆；调配奶浆时应充分搅拌 5min 以上；经常观察奶浆存量并及时添加；定期（每 3 个月）更换吸料管、密封圈等易耗品。

③软冰激凌不能成形或成形不理想

软冰激凌机使用中常会出现斟出产品过软，以致不能成形或成形不理想。软冰激凌产品的温度在 -8 ～ 7℃黏稠度最佳，成形最好。这个温度由冷冻缸制冷系统实现，而冷冻缸制冷系统是否工作则由搅拌电机的电流控制。对于 Taylor8757 型软冰激凌机，当控制电流达到 1.8A 时，制冷压缩机和搅拌电机都停止工作。

在排除奶浆配比不当、产品黏稠度设置太软、斟出速度过快这些操作方面的原因后，就要检查是不是机组的机械故障。首先，要检查冷冻缸内的刮刀是否损坏？刮刀磨损严重或损坏，不能将冷冻缸壁面处达到温度标准的产品刮下，使得斟出物太软。其次，软冰激凌机制冷系统中一般采用风冷冷凝器，如果受安装空间的限制，机组周围没有足够的散热空间或者冷凝器上积灰太厚，都会降低冷凝器的换热效果，甚至导致制冷压缩机停机。需定期检查刮刀的磨损情况，并及时更换。机组应严格按照安装要求进行安装，保持足够的散热空间，冷凝器应尽可能处在通风良好的位置，并定期对冷凝器进行清扫。

④原料缸温度下降缓慢

原料缸温度由热敏电阻控制，在机器不营运时控制在 –2.2 ～ 1.1℃，营运时控制在 –0.5 ～ 6.5℃。如果原料缸温度达到营运时标准温度需用较长的时间，而制冷系统运转正常，则要检查原料缸蒸发器表面的结霜情况。

原料缸制冷系统的蒸发温度低于 0℃，系统运转时蒸发器表面结霜，当霜层较厚时，蒸发器翅片间隙减小甚至被堵塞，蒸发器进出风温差增大，风量减少，造成原料缸温度下降缓慢。

一般对蒸发器进行定时融霜即可解决该问题。然而，在营运高峰时，为应对客流需持续工作，无法对原料缸蒸发器进行定时融霜。这时，在不改变制冷系统设计的条件下，在原料缸蒸发器处增加一个风扇，可有效改善原料缸的降温条件。测试表明，在餐厅温度维持 25℃基本不变的前提下，未增加风扇时，原料缸降温用时 3h，蒸发器进出风温差 12℃；增加风扇后，降温用时 1.5h，进出风温差为 7℃。

（3）清洗

因为软冰激凌的生产是由软冰激凌粉加冷水溶解，故冰激凌机的清洗消毒十分重要。每台软冰激凌机生产操作结束后，必需进行卫生保养和清洗，其顺序如下。

①切断冻缸的制冷剂，起动搅打器，清除机内剩余产品。

②用约 2L 自来水冲洗凝冻机。

③使用专用氯液洗剂，配制约 7.5L 热的清洗溶液。

④去料斗盖和配料管子，用一半清洗溶液灌注配料斗。在溶液流入凝冻机滚筒之前，彻底刷洗配料斗和进料管。

⑤搅打器运转 30min 后取出，用热水冲洗。

⑥打开凝冻机门，用剩余的清洗容液刷洗零配件，然后重新安装好凝冻机。

⑦在开始使用凝冻机前，用 200mg/kg 氯液消毒，再用清水洗涤，彻底排水，但不要用热水冲洗。

### （四）速冻设备及食品

1. 速冻食品

（1）速冻食品概念

速冻食品又称急冻食品，是指在 -30℃以下的低温环境中使食品在短时间内通过其最大冰晶生成带，中心温度达到 -18℃，并在 -18℃以下的环境中贮藏和流通的方便食品。

（2）食品冻结原理

食品的冻结是从表面逐渐深入到中心的过程。当食品的品温降至冰点以下时开始结冰，食品中的水溶液析出冰的结晶。对速冻食品来说，冰晶大小是决定其解冻后品质的重要因素之一，而冰晶的性状取决于通过最大冰结晶温度带（-5 ~ -1℃）的时间，即冻结速度。一般降温速率越快，生成的冰晶越小，冻藏食品的质量越好，因此尽可能快的降温被认为是获得高质量冷冻食品的理想途径。

但冻结速度太快时，食品材料会发生低温断裂，严重影响冻结食品的质量。当食品的品温下降速度为 5 ~ 20cm/h 甚至更大时，称为快速冻结，此时食品中冰结晶细密地分布于细胞之中，呈小针装、数量较多，解冻后的食品基本能保持原有的色、香、味。冻结速度为 1 ~ 5cm/h 或更慢时，结晶核数量少，结晶体大、粗糙不均地分布于细胞外，此即一般冻结的冰结晶状态，解冻后食品质量变差。

（3）速冻食品的分类

速冻食品按原料分五大类。

①速冻果蔬，如速冻芦笋、青豆、毛豆、马铃薯、花菜及速冻草莓、荔枝、樱桃等。

②速冻畜禽，如速冻猪、牛、羊分割肉，速冻鸡、兔等。

③速冻水产品，如速冻鱼、虾及贝类等。

④速冻主食食品，如速冻水饺、肉包、春卷、汤圆、馄饨等。

⑤速冻调理食品，如速冻肉丸及速冻回锅肉、咖喱鸡、鱼香肉丝、红烧肉等菜肴。

（4）速冻食品的优点

①卫生质优，食品经过低温速冻处理，能有效地抑制微生物的活动及酶的活性，保证食品的品质。

②营养合理，速冻食品能最大限度地保持食品的营养，同时可通过调理不同配料，控制脂肪、热量及胆固醇的含量，以适应不同消费者的需要。

③品种繁多，速冻食品有五大类，从副食到主食，从菜肴到小吃，品种多样，为不善于烹调的消费者提供了方便。

④食用方便，速冻食品既能调节季节性、地域性的供需平衡，又能减轻家务负担，减少城市垃圾，保护环境。

⑤成本较低，与罐头食品相比，速冻食品具有口味鲜和能耗低的优点。

2. 速冻设备

（1）速冻设备概述

国内生产的冻结设备有两大类，即快速冻结设备和一般冻结设备（主要指慢速冻结设备）。由于形式和性能的不同，国产各种冻结设备的冻结速度差别很大。一般鼓风式速冻设备的冻结速度为0.5 ~ 5cm/h，属慢速冻结。流态化冻结设备的冻结速度为5 ~ 10cm/h，液氮喷淋冻结设备的冻结速度为10 ~ 100cm/h，属快速冻结设备。根据冷冻介质的不同，通常分为空气冷冻和液体冷冻两种（表5–2）。

**表5–2　空气冷冻和液体冷冻的不同点**

| 项目 | 空气冷冻 | 液体冷冻 |
| --- | --- | --- |
| 冷媒介质 | 低温空气 | 低温液体 |
| 热导率 | 热导率小，冷冻速冻慢 | 热导率大，冷冻速冻快 |
| 热熔 | 热熔大，能耗大 | 热熔小，能耗小 |
| 传热效率 | 传热速度慢，效率低 | 传热速度快，效率高 |
| 生产成本 | 需密闭空间，不能连续化生产，设备利用效率低 | 可开放式生产，能连续化生产，设备利用效率高 |
| 冷冻效果 | 冷空气不能够到达物料的底部，冷冻不均 | 可实现全方位无温差冷冻 |
| 产品品质 | 较大的冰晶体将会导致细胞的大量破裂 | 保证了物料的品质、新鲜度、口感和风味 |

（2）速冻设备种类

目前，我国的速冻装置大致可分为强烈鼓风式速冻设备、流化床式速冻设备、隧道式冻结设备、螺旋式速冻设备、接触式冻结设备及直接冻结设备六大类型，其中前四种均是采用空气强制循环式热交换，接触式速冻属于板式热交换，直接冻结设备是采用液体制冷，目前还出现了液氮速冻设备、喷射搅拌速冻机和真空速冻设备。

（3）小型速冻—冷藏两用装置

所谓速冻—冷藏设备，是集速冻与冷藏于一室，仅用一套制冷装置，既完成食品速冻，又能实现冷藏的设备，图5–12是其装置剖面图。

如图 5-12，在吊顶式空气冷却器 2 的出风口依次布置聚风筒 3、集风箱 4、气流调节阀 5、速冻箱 8。由空气冷却器吹出的冷风经过聚风筒，保持风速不变，在集风箱内气流得到缓解，并趋于均匀，同时消除机械振动（该集风箱由帆布制成，即弹性连接），再经气流调节阀，使风速、风量进一步调配均匀后，进入速冻箱。速冻箱体由不锈钢板制成，形状呈矩形，一端为进风口，另一端为出风口，内部有分层搁架 7，经小包装后的食品袋 6 置于每层搁架上，在强烈低温气流的吹拂下，于短时间内得到冻结。冻好的食品在大空间冷藏保存。如果对冻品的回升温度有严格要求，还可以在大空间内设置由聚乙烯板制成的隔热储藏箱 10 盛装冻品。

其主要特点就是在空气冷却器出风口设置速冻箱，集中冷风，形成局部强制通风小区域，使食品迅速得到冻结，其余空间用来冷藏。这是一种区别于其他形式的速冻方法。

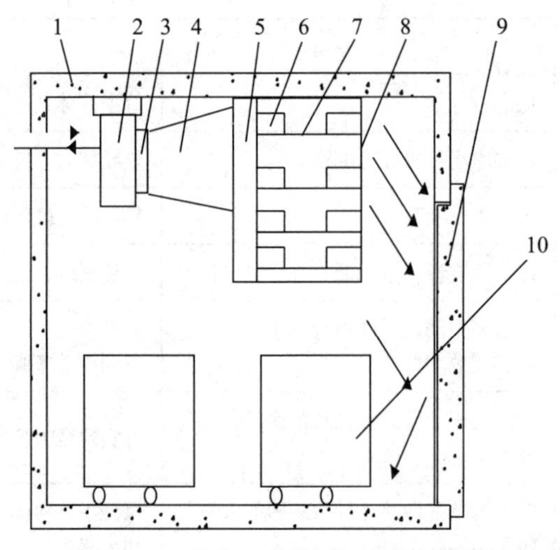


**图 5-12　速冻—冷藏两用装置剖面图**

1—隔热护围　2—空气冷却器　3—聚风筒　4—集风箱　5—气流调节阀
6—食品袋　7—搁架　8—速冻箱　9—门　10—储藏箱

根据所需冻结量的多少和冻品的终温来选择制冷压缩机的机型和附属设备容量。制冷量在 5233W（18841.5kJ/h）以下，即为超小型速冻机，本装置在此范围内。

该装置采用批量进、出货方式，制冷系统采用电加热融霜，并装有融霜时间控制器，融霜一般在每批食品速冻结束后进行。通过温度控制器控制压缩机的开与停，保持室内温度在规定范围内。

速冻—冷藏设备适用于超市、面包房、副食品店、各类餐馆以及小包装速冻食品零售及批发站等。尤其是和低温食品陈列柜配套使用，既可以随时向低温食品陈列柜供给货物，又可以储存当日零售环节剩余的食品，这样可以充分体现该装置冷冻和冷藏的两用功能。

## 三、制冷展示设备

利用制冷设备将待销售的食品、水果、蔬菜等在公共场所进行展示，从而起到提高销量和装饰环境的作用。这类的设备主要有展示柜、恒温展示鱼缸等。

### （一）展示柜

展示柜按放置方式分有立式和卧式两种，其结构特点与工作原理基本相同。柜内的温度一般在 2 ~ 5℃，多用于储存水果、糕点、冷菜、酒水及食品展示等，该类设备在自助餐厅较为多见。

1. 基本结构

展示柜基本结构如图 5-13 所示，由制冷系统、送风系统及货架等辅助器件构成。

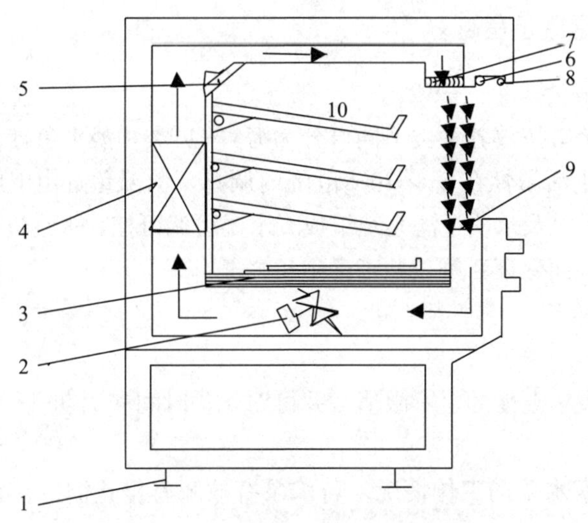


**图 5-13　冷藏展示柜结构示意简图**

1—地脚螺栓　2—蒸发器风机　3—货斗　4—蒸发器　5—镜子
6—风幕出口　7—日光灯　8—夜间保鲜幕帘　9—风幕进口　10—搁架

2. 安装与调试

（1）柜体安装

①冷藏柜应放置于平整的地面上，地脚要调整触地，防止振动产生噪声。

②避免日光直射，远离发热体，确保冷藏柜周围风速小于 0.3m/s，为确保制

冷效果不要使冷藏柜靠近风扇或置于通风较强的地方，以免破坏展示柜风幕。

（2）电气安装

①展示柜的电源插座应单独配置符合规格的控制开关和熔断器，不允许多个电源插座混合使用。

②冷藏展示柜必须可靠接地，防止触电。

3. 使用与维护

（1）清洗剂

清洗展示柜时，严禁使用有害溶剂，严禁在展示柜工作时直接冲洗柜体。

（2）电源

外接电源电压确保波动不大于10%，最好使用稳压器。

（3）清扫冷凝器

每月定期清扫冷凝器上的灰尘，防止风道堵塞，以保持冷凝效果，清扫务必在关停压缩机后进行，以免电扇伤人。

（4）排放融霜水

为使柜体周围干燥，融霜水应排入排水沟内，若无排水沟应备接水器皿，每天至少排放一次，潮湿季节按实际情况而定。

### （二）恒温展示鱼缸

1. 功能特点

恒温展示鱼缸按放养种类不同可分为海鲜、贝类和淡水鱼缸，水温可根据鱼、虾、贝类等的生活习性在5 ~ 30℃范围内调整。恒温鱼缸由电脑控制器、制冷系统、水循环系统及水质过滤系统组成，水温可调可控，水经过连续过滤消毒，清澈不变质，从而保证活鲜长期正常生长。

2. 使用与维护

（1）使用

可对鱼缸设定温度的上下限值，并可对化霜时间和周期进行调整。

（2）维护

①注意观察水泵的工作情况。若水泵有故障就停止制冷，否则易将系统冻结损坏。

②注意观察水温、以防过冷过热造成活鲜死亡。

③要及时加水，使过滤箱的水位保持一定高度，以防水泵因缺水运行造成故障。

④应经常清扫冷凝器灰尘，以保证节能和制冷效果。

⑤缸内的鱼的密度要适宜，否则会造成死亡。

⑥存养的鱼及贝类一定要清洗干净，否则会影响水的使用时间。

# 第三节 解冻

冻结食品在食用之前一定要经过解冻。解冻是冻结食品融解回复到冻前的新鲜状态，另外，冷冻食品食用前的煮熟也属于解冻。由于冻结食品自然放置下也会融解，所以解冻容易被人们忽视。但是现代大型餐饮企业的大量冻结食品在加工前的解冻方法是否适当，会严重影响其后期菜肴的制作质量，故必须重视解冻方法及了解解冻对食品质量的影响。

解冻是指冻结的物料受热融解恢复到冻结前的柔软新鲜状态的过程。本质上是将冻结时食品中形成的冰晶还原成水，因此，解冻可视为冻结的逆过程。根据加热方式不同，可分为外部加热解冻法和内部加热解冻法两种。

## 一、外部加热解冻

目前国内烹饪企业对冻结物料的解冻几乎全部沿用热空气或者水浴解冻方法，通常称为常规解冻法，也叫外部加热解冻法。也有将冻品从冷冻室转移到冷藏室，用一天左右的时间缓慢回温解冻的方法。而专门的解冻装置一般用于处理量大的食品加工或中央厨房企业。

**提示：**常规解冻时，冻结品处在温度比它高的介质中，冻品表层的冰首先解冻成水，随着解冻的进行，融解部分会逐渐向内部延伸。由于冰的导热系数（2 kcal/m·h·℃）是水的导热系数（0.5 kcal/m·h·℃）的 4 倍，因此解冻后的表面水影响了热量向内部的传递，解冻速度随解冻的进行逐渐下降。这和冻结过程恰好相反，解冻所需的时间比冻结长。

### （一）空气解冻装置

用空气解冻的设备有连续送风解冻装置、低温加湿送风解冻装置、加压空气解冻装置等，通常处理量大，主要用于食品加工企业或中央厨房。

1. 间歇式空气解冻装置

图 5-14 所示为能控制温度、湿度，并伴有送风装置的间歇式空气解冻设备。可调节风向，实现均匀解冻，且可调节风速范围为 2.5 ~ 3m/s，调节温度范围为 -3 ~ 20℃，空气相对湿度可达 98% 的条件下解冻。在解冻时，可以设置冻品中心点的解冻目标温度，根据冻品的种类、数量、大小等确定解冻程序（温度变化），从而实现自动解冻，在解冻完成后自动进入冷藏状态。

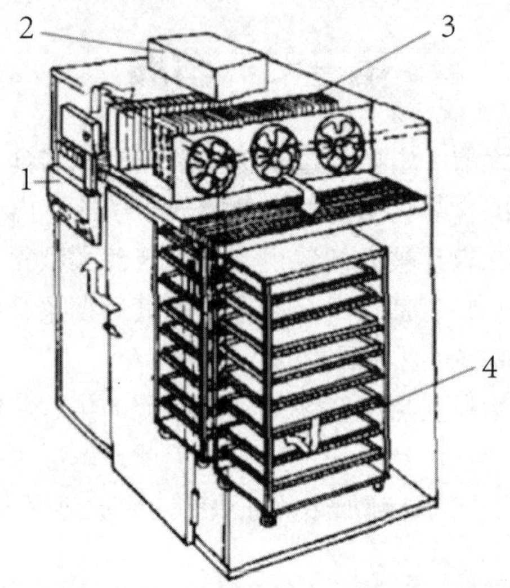


图 5-14 低温加湿送风间歇式解冻装置
1—控制箱 2—喷水装置 3—换热器 4—食品推车

2. 连续式送风解冻装置

连续式送风，可分为水平方向和垂直方向送风，如图 5-15 所示，为水平式送风装置，空气通过风道上的加湿器和加热器，吹到由连续式输送带输送的食物，使得食物得以解冻。该装置每小时解冻 1t 冻品时，风机功率 7.5kW，风量 $600m^3/min$, 缺点是占地面积较大。

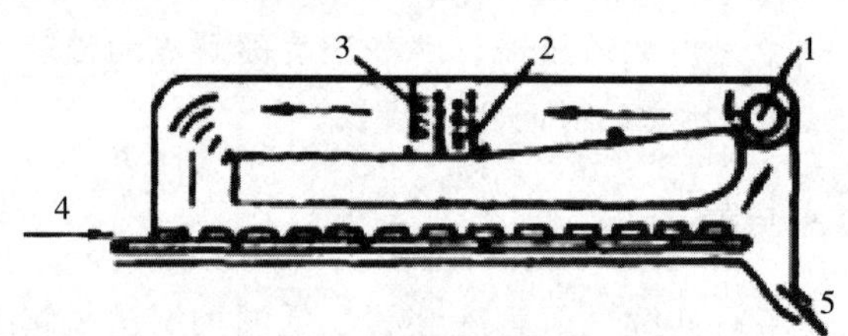


图 5-15 连续式空气解冻装置
1—风机 2—加热器 3—加湿器 4—食品入口 5—食品出口

3. 加压空气解冻装置

因为冰点随着空气压力的增大而降低，故将食物置于加压空气条件下，冰会易于融化，可以缩短解冻时间，冻品解冻品质也较好。如图 5-16 所示为加压空气解冻装置，其内压力为 0.2 ~ 0.3MPa，温度为 15 ~ 20℃。如在其内使得空气以 1 ~ 1.5m/s 的速度流动，则可使进一步缩短解冻时间，如鱼糜在风压和风速相结合的条件下，其解冻时间为同样温度下解冻时间的 1/5。

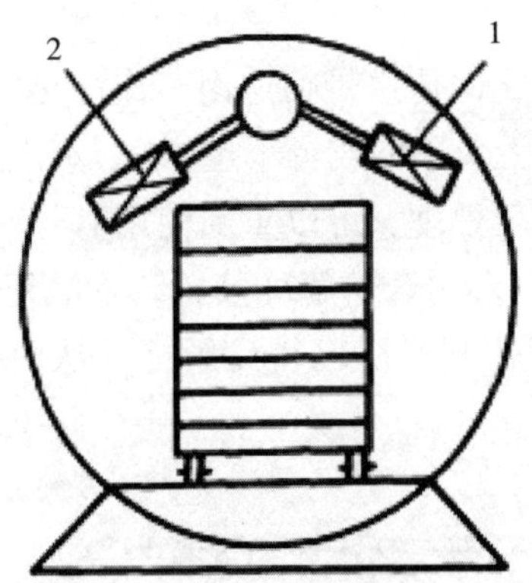


图 5-16　加压空气解冻装置
1—加热器　2—加湿器

### （二）水解冻装置

将冻品置于水中解冻，因水的传热性能好于空气，所以可缩短解冻时间。但该装置一般适于带皮的，或带外包装的冻品的解冻，对于裸露且易受水污染的食品，则不宜用此法解冻。水浴解冻装置有低温流水解冻装置、喷淋浸渍组合解冻装置、真空解冻装置等。

1. 静水槽解冻装置

静水式解冻虽然解冻时间长，但应用仍然广泛。如将冻鱼置于水槽内，经过一个晚上的解冻，至第二天正好可以切割。因为冻鱼将冷量传递给水，故而水温较低，对鱼的品质影响较小，且比较节省水。

2. 低温流水解冻装置

该装置（图 5-17）是分批式流水浸渍型，每个水箱两端设有除鳞网，槽底装有一螺旋桨，可正反方向运转，加热器保持水温 5 ~ 12℃，螺旋桨经常每 5min 转换一次方向。根据解冻鱼的数量多少，槽可长可短，并可将数个槽相连，一般解冻 80 ~ 90min。槽内的水在经过一段时间后，会受到鱼表皮上的杂质和鱼鳞污染，故需进行清理。此装置在英国和加拿大应用较多。

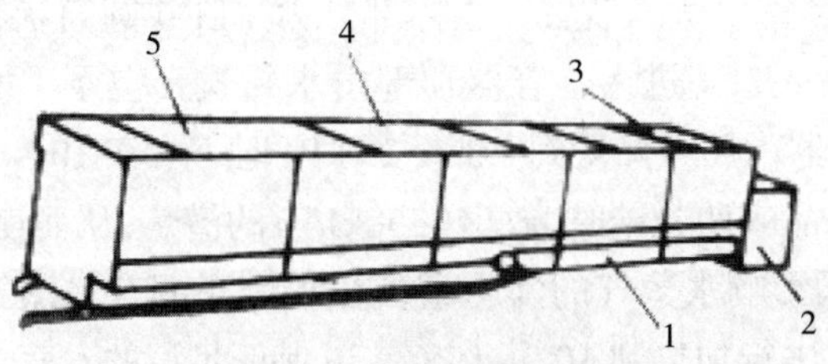


图 5-17　低温流水解冻装置
1—加热器　2—控制箱　3—除鳞网　4、5—水箱

3. 喷淋式解冻装置

将冻鱼放在传送带上，向传送带喷送由蒸汽加热的水温为 18 ～ 20℃的水，实现解冻。每小时可处理大鱼 1.6t 或者小鱼 3.2t，蒸汽用量 250kg/h（0.3MPa）。而喷出的水经过滤器等循环处理，可以重新使用。

图 5–18 是水浸渍和喷淋组合的解冻装置，食品于传送带从进料口进入后，经喷淋后进行浸渍，到了出料口时已得到解冻，从而缩短解冻时间，提高解冻品质。

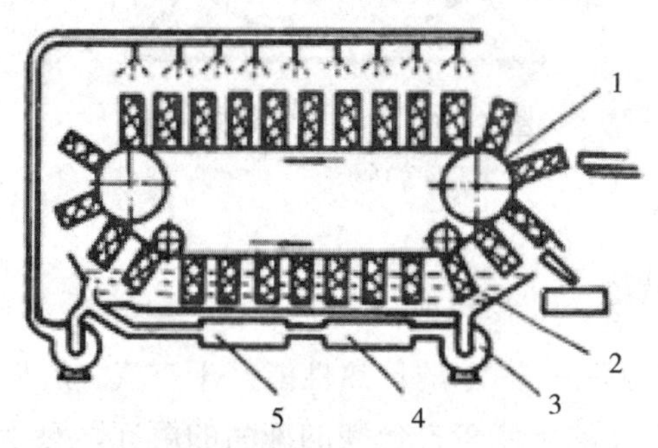


**图 5–18 喷淋和浸渍组合解冻装置**

1—传送带 2—水槽 3—水泵 4—过滤器 5—加热器

4. 碎冰解冻

在解冻大型鱼类时，为了防止解冻时间过长，发生品质变化，可以添加冰块，保持其处于低温解冻状态。

## （三）真空解冻装置

在真空状态下，水在低温下就蒸发沸腾变成水蒸气，而该水蒸气遇到低温的冻品表面时，就会在其表面凝结成水，放出热量，可利用该热量对食品进行解冻，故又称为水蒸汽凝结解冻。该解冻方法解冻时间短，不会产生过热现象，容易实现自动或半自动及清洁生产过程，主要适于鱼、鱼片、各种肉、果蔬、蛋、各种浓缩食品等的解冻。

图 5–19 是一种真空解冻装置，主体部分为一卧式圆筒状容器，食品放在食品车 3 上，由食品入口 4 进入，容器顶部由水封式真空泵 1 抽真空，底部有水槽 2 中有水。当容器内压力降低到 1.3 ～ 2.0kPa 时，水在 10 ～ 15℃低温下沸腾，产生的水蒸气在冻品表明凝结时，放出 2450kJ/kg 的潜热，从而使得食物得到解冻。为了防止水温过低影响水蒸气的沸腾量，在水槽底部有水蒸气管，可以利用水蒸气对水槽中的水进行加热到 10 ～ 15℃，以保证足量的水蒸气。

此解冻方法比空气法效率高 2 ～ 3 倍，如厚 9cm 的牛肉，90min 即可完成解冻。

在解冻装置内不仅可防止冻品氧化，而且因为是饱和水蒸气，所以可防止冻品干耗，且因冻品表明附着凝结水，故蛋白质等营养物质的流失损失也最小。

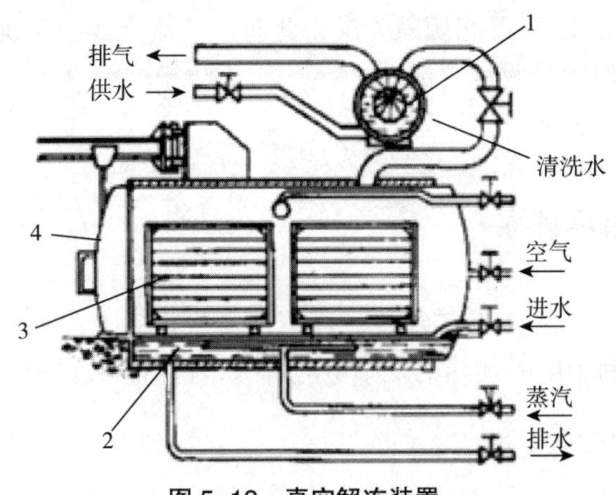


图 5–19　真空解冻装置

1—水封式真空泵　2—水槽　3—食品车　4—食品入口

### （四）接触解冻装置

将冻品用上下板压紧，板内通以 25℃的流动水。用此装置解冻厚 75mm、重 10kg 的鱼糜，从初温 –20℃解冻到中心温度为 –5℃，表面温度 8℃，仅需 8min。

### （五）外部解冻的特点和理想解冻要求

1. 外部解冻的缺点

（1）蛋白质变性

由于解冻时间长，特别是在 –5 ~ 0℃的温度带，停留时间长易发生蛋白质变性、产生异味、臭味。

（2）营养成分流失

肉品在冻结时，肌肉内的水分结冰会破坏细胞结构，解冻后的细胞液会随肌肉的收缩挤压出去，造成汁液流失，特别是水浴解冻流失更多。

（3）细菌污染

为了避免冻物料表层出现熟化，通常采用低温解冻过程法，这又易导致细菌急剧生长繁殖，影响冻品的品质。

2. 理想解冻的要求

（1）内外同时均匀解冻。

（2）快速解冻

尽快通过 –5 ~ 0℃的温度带，此温度带由于结冰，容易发生蛋白质变性。

停留时间长会使食品变色，产生异味。

（3）解冻终温

解冻的终温由解冻食品的用途决定。作为加工原料的肉品，实行半解冻（即中心温度 -5℃），以用刀能切断为准，此时汁液流失少。解冻介质的温度不宜超过 10 ~ 15℃。但对植物性食品，如青豆等，为防止淀粉 β 化宜采用蒸汽、热水、热油等高温解冻的方法。

## 二、内部加热解冻

内部加热解冻法是不经过热传导而把热量直接导入冷冻品内部而进行解冻的方法，主要有利用电阻加热的低频电流解冻、利用微波的高频电磁波解冻等。

### （一）低频解冻装置

低频解冻装置（图 5-20）又称为欧姆加热解冻、电阻加热解冻。根据焦耳定律，将冻品当成电阻，接入电路，利用电流通过冻品时发出的热量进行解冻。起初冻品的电阻较大，电流较小，电流不通过冻品内部，发热量较小，随着冻品逐渐解冻，液态水逐渐增加，电阻减小，电流增大，流经冻品内部，使得冻品内部受热，得到均匀解冻。因为所用电流频率一般是 50 ~ 60Hz，故称为低频解冻。

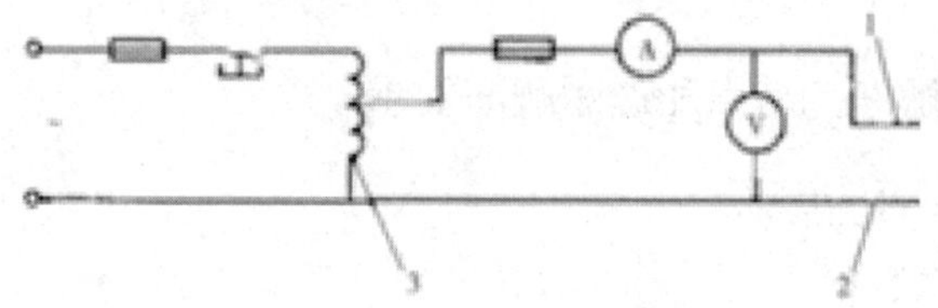


图 5-20 低频解冻装置示意图

该解冻方法比水或空气解冻快 2 ~ 3 倍，产生的热量来源于食品内部，加热速率不依赖于周围的环境温度，设备费用也比同性能的解冻机低，消耗电力小，运转费用低。缺点是它只能解冻表面平滑的块状冻品，块内部解冻不均匀，如解冻全鱼时因头和内脏存在空间，解冻就不均匀，此外在上下极板不完全密贴时，只有密贴部分才能通电流，从而产生过热，有时呈煮过的状态。

### （二）微波解冻装置

微波解冻原理与微波加热原理一致，从加热角度来看，微波解冻实际上是使冷冻物料整体加热升温，温度由深冻温度（-22 ~ -19℃ 以下）回升到接近冰点温度（-4 ~ 0℃）。因此，微波解冻确切地说应为微波回温。

冻品能整体加热回温，减少了冻品的解冻层之间温度的不均匀性，不存在如常规法解冻时冻品出现的再结晶现象；由于内外同时加热，节约了热量传递所需时间，解冻过程耗时短（通常只需几分钟），细菌等微生物不易繁殖生长；微波加热无热惯性，冻物料温升速率由微波输出功率大小，或者说微波供能速率控制，相互之间具有同步性。

微波解冻的最终温度一般选择在 –4 ～ –2℃为宜，此时冻品无滴水，也能用刀切割加工。否则既浪费能量，还会降低产品质量和产量。

市面上的微波炉都设置有解冻档位，可以自行设点解冻时间，也可以输入冻品重量，微波炉会自动设置解冻时间。如图 5–21 所示的微波解冻装置原理图，为防止过热，用 –15℃的冷风在表面循环，使用传送带可产生连续生产效果。

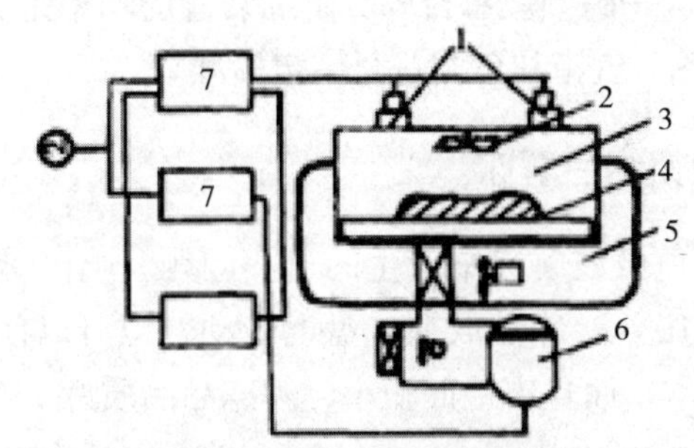


图 5–21　微波解冻装置原理图

1—微波发生器　2—风扇　3—解冻室　4—解冻品
5—冷风道　6—冷风机组　7—电源

**知识应用：**煮回锅肉、冷冻肉丸或者冷冻蔬菜，如豆角、冻青豆，以及许多冷冻食品，如冻水饺、冻汤圆等都不用解冻，可以直接投入沸水之中，这是为何？

沸水解冻也是解冻方式之一。沸水中解冻可以使肉类蛋白质一边解冻一边凝固，汤圆等食物淀粉熟化，可避免汁液流失或未熟淀粉散落化汤。

## 三、组合解冻

因单独使用空气、水和电进行解冻，都存在一些缺点。如果采取组合型解冻就可以突出各自的优点而避免缺点。这种设备大体上都是以电解冻为轴心，再加以空气和水。

### （一）电和空气组合解冻

在微波解冻装置上再加以冷风，以防止微波所产生的部分过热。先由电加热到能达到厨刀切入的深度即停止电加热，继而之以冷风解冻。这样不易引起局部过热，并能避免升温不均匀。

## （二）电和水组合解冻

冷冻品在完全冻结时电流很难通过它的内部，因此电阻较大。在电阻解冻前先采用空气或水把冻品表明稍融化，然后进行电解冻，可缩短解冻时间，节约用电。如解冻体积为 $38\times25.5\times3.8cm^3$ 的 3kg 冻鲱鱼，单用电阻型解冻需 70min，耗电 0.074kw/kg；若先用流水浸渍 15min，再用电解冻，则仅需 16min，全部时间 31min，耗电 0.031kw/kg。时间和耗电均可省一半。

另一种高频和水组合解冻。用六台高频解冻装置，每台之间是水解冻设备，这样解冻时是高频—水—高频。每台高频解冻装置的功率是 20KW，总解冻时间是 30min。用此种设备，鱼箱和鱼要符合一定标准。

## （三）微波和液氮组合解冻

液氮喷淋可以避免微波解冻中产生的过热问题。喷淋液氮时加上静电场，能使得液氮喷淋面集中。冷冻品放在转盘上转动，也可以使冻品受热均匀。此种方法不仅可降低成本，而且占地面积小，解冻品品质好（图 5-22）。

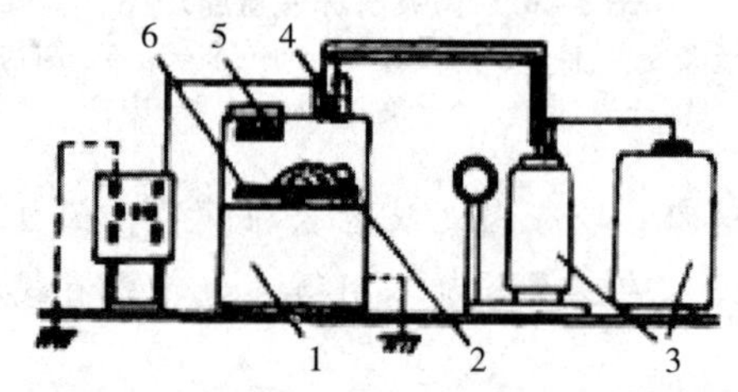


图 5-22 微波和液氮组合解冻

1—微波炉 2—冻品 3—液氮贮槽 4—喷头 5—微波发生器 6—转盘

## （四）二段解冻

为了便于出现解冻僵硬的冻品，应先把冻品放在 -2 ~ 0℃的空气中 7 ~ 10 天。肉的品温降到 -2 ~ 1℃呈半解冻为一段解冻，此时冻结率在 50% ~ 70%，然后放到 10℃的空气中进行二段解冻。在一段解冻时呈半解冻状，一部分冰晶融化，为融化的冰晶就像肉的骨架，不会出现解冻僵硬时那样的肌肉收缩。用 -2 ~ 0℃低温解冻对肉、南极鳞虾效果很好。

目前各国都在研究解冻装置，还没有一种既适于各种冷冻品，又操作简便、省人力、使用可靠的装置。

## 本章小结

本章对人工制冷和厨房内的制冷设备和解冻方法进行了介绍。

人类制冷的历史久远，但现代意义上的制冷技术应用是18世纪以后的事情，由于对应用和环境的要求，制冷技术及所涉及的制冷剂都发生了很大变化，现代人工制冷的方法可分为物理和化学两种。得到重要应用的是压缩式制冷和半导体制冷技术。

烹饪制冷设备从其功能上，可分为制冷储存设备、制冷加工设备和制冷展示设备。在制冷储存设备中，最重要的是商业冰箱，正确的使用和维护不仅关系到烹饪生产的正常运转和成本控制，而且关系到饮食的卫生健康。在制冷加工设备中，由于软冰激凌的盛行，软冰激凌机开始越来越受到饮食行业的重视和应用。制冷展示设备不仅可以储存原料，而且可以美化环境，促进销售。

解冻分为外部和内部解冻，但是目前还没有一种既适于各种冷冻品，又操作简便、省人力、使用可靠的装置。

## 思考题

1. 阐述制冷的含义。
2. 如何将半导体冰箱变成保温箱？
3. 阐述制冷剂的发展趋势。
4. 阐述压缩式制冷循环原理。
5. 阐述冰箱如何避免和消除异味。
6. 阐述各类制冰机的应用特点。
7. 阐述冰激凌机的清洁工作顺序。
8. 阐述制冷设备在使用方面的共性要求。

# 第六章

# 烹饪辅助设备与工程

**本章内容：**介绍烹饪辅助设备系统构成及相关工程要求。

**教学时间：**4 课时

**教学目的：**理解烹饪辅助设备及系统的构成及初步的工程设计要求。

**教学方式：**课堂讲述和设计计算。

**教学要求：**1. 了解现代烹饪生产过程中所涉及的厨房基础工程与设备系统。

2. 了解厨房排油烟系统的应用及选择。

3. 掌握清洁、消毒设备的使用要求。

4. 了解供电、给排水系统的应用要求。

5. 了解现代厨房的消防要求。

**作业布置：**针对具体的厨房条件，对厨房排油烟风机选用，用电及用水量、污水处理量进行设计计算。

**案例：**餐饮油烟对人体健康的危害

据2019年《节能与环保》第二期报道，餐饮油烟主要是指食用油和食材高温加热后产生的混合油烟雾、气溶胶以及燃料燃烧形成的烟尘，主要来源于食用油、食材和燃料三部分，广泛存在于居民家庭厨房、餐饮企业后厨和中央厨房、企事业单位的餐厅后厨等场所。餐饮油烟是一系列污染物的混合体，包含固态颗粒物、气态污染物和液态颗粒物。餐饮油烟污染物可分为三类：第一类是可沉降颗粒物（粒径＞10μm）；第二类是可吸入颗粒物（粒径为0.1～10μm）；第三类是有机气态污染物，成分繁多，包括脂肪酸、烷烃、烯烃、醛类化合物、酮类、酯类、芳香族化合物、杂环化合物等220多种成分，并且含有苯并芘、挥发性亚硝胺、杂环胺类化合物等致突变物和致癌物。餐饮油烟可引起呼吸系统、免疫系统、生殖系统、神经系统等多种疾病，如餐饮油烟可通过氧化损伤等作用引起心血管系统的损伤。研究表明餐饮从业人员的总胆固醇（CHOL）、载脂蛋白B（apoB）、低密度脂蛋白胆固醇（LDL）等血脂指标和血清中脂质过氧化物丙二醛（MDA）浓度增高。丙二醛是血液中的脂质过氧化最终分解的产物，与心脏病等循环系统疾病有密切关系。餐饮油烟中的细颗粒物能够透过肺泡直接进入血液循环系统，多环芳烃（PAHs）等亲脂性化合物，可以很容易地穿透细胞膜，引起机体自由基水平升高，进而导致动脉粥样硬化和冠心病等循环系统疾病的发生，即使短期接触多环芳烃也会导致冠心病患者的血栓形成。

**案例分析：**饮食在烹调过程中，食油和食物在高温下发生一系列复杂的物理、化学变化，蒸发出大量的热氧化分解物以及食用油蒸气、水蒸气。这些物质在各温度点上形成的混合气体在离开锅灶上升的过程中与环境中的空气分子碰撞，温度迅速下降至60℃以下，并冷凝成露，这就是人们常说的油烟。它是一种含有多种有害物的气溶胶，油烟污染物对人体的健康有较大危害，较高浓度的油烟气具有肺脏毒性，会使机体的免疫功能下降，不但具有遗传毒性，而且具有潜在致癌性。油烟对人的眼睛和呼吸系统产生强烈的刺激，而长期处于油烟环境中易诱发支气管并发慢性炎症及异体肉芽肿等疾病，其危害性不容小觑。

另外，在油烟的扩散过程中，油烟温度会很快降低，于是油烟会粘附在墙壁、台面和电气设备及线路的表面，形成凝油覆盖层，同时，在凝油覆盖层中还含有一些固体微粒，其对墙壁台面和电气设备及线路具有划伤作用。渗入到电气设备及线路内部的凝油还可能造成线路短路，引发事故。

由此可见，在厨房中除了与烹饪工艺过程相关的初加工、热加工和冷加工设备外，还有一些烹饪辅助工程与设备系统也是必不可少的。如清洁与消毒设备、贮运设备、给排水设备、供电照明设备等，而且根据相关法规和工程心理学的要求，这些设备能够帮助厨房工作者更好地完成烹饪工作，如排烟气设备、通风与空调设备、消防设备等。本章将对这些设备的结构、工作原理等方面进行介绍。

**提示：**现代的厨房辅助设备系统中还应该包括信息系统。

## 第一节　厨房排油烟系统与通风设备

为保证厨房工作者的身心健康和设备的使用安全，在厨房中必须安装排油烟设备，并且需要将外界新鲜的空气送进厨房，那么厨房中目前使用比较多的排烟和送风设备有哪些呢？它们又是如何运作的呢？

### 一、普通排油烟系统

大中型烹饪厨房由于产生的油烟气量大，一般都采用排气量较大的抽油烟系统。目前这类设备较多，排气量大小可根据实际情况设计。

普通的排油烟系统一般由烟罩、净化装置、引风机、风管等组成，如图 6–1 所示。

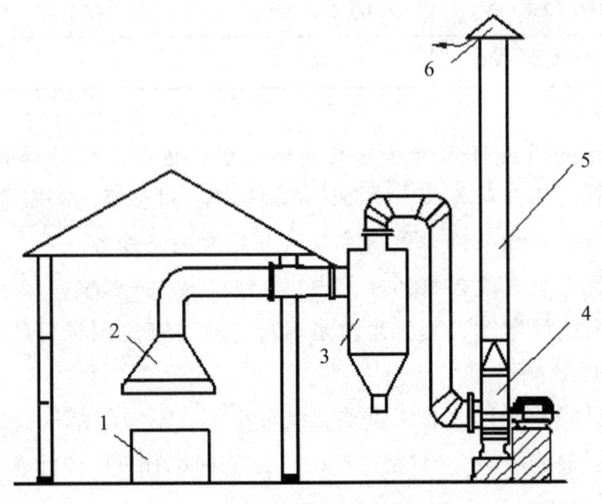


**图 6–1　普通排油烟系统**

1—厨房设备　2—烟罩　3—净化装置　4—引风机　5—风管　6—风帽

#### （一）烟罩和风量计算

烟罩是安装在炉灶上方，专门用于收拢烟气，以利于将烟气集中排到室外的一个罩体，常用的烟罩一般有伞形烟罩和油网式烟罩两种，其结构有所不同。

1. 烟罩

（1）伞形烟罩

伞形烟罩主要用于洗碗水池、洗碗机及小型单台烹饪设备的排出污热气体，通常安装在设备的上方，一般不设过滤和净化装置。在厨房中采用的伞形罩截面多为长方形。其特点是结构简单、容易制造，风量设计合理时排风效果良好。

（2）油网式烟罩

这是厨房最常用的一种排油烟罩，罩体水平投影为长方形，横截面似半边的伞形烟罩。长度根据灶具的数量和摆放决定，高度为550mm，宽度一般在1250mm，前沿带送风装置的总宽为15mm左右。罩体内侧以60° 的斜度装有迷宫式过滤油网，有一定的油烟过滤能力，经常在一般餐厅的厨房中使用。常用油网式排烟罩技术参数见表6–1。

表6–1　常用的两种油网烟罩的技术参数

| 阻力（Pa） | 烟罩（mm） | 送新风管道（mm） | 适用灶具深度（mm） | 风机功率（kW） |
|---|---|---|---|---|
| | 长　深　高 | 长　深　高 | | |
| <100 | 6000 1250 550 | 6000 250 350 | <1000 | 4 |
| <100 | 6000 1450 550 | 6000 250 350 | <1300 | 5.5 |

**提示：**烟罩的清洗可用厨房内的高压喷射机进行。它能喷出高压水温可调的热水，清洗剂也可自动加入，适合清洗排烟罩、过滤网、冷凝器、地面、墙壁、垃圾筒等，灵活机动效果好，是厨房里的多用途洗涤设备。

将炉灶清洗剂装在喷射机的容器内，操作机器，将水喷向烟罩表面，仅1 ~ 2分钟就可恢复金属的本色，后再用清水喷射洗净，可达到很好的效果。

2. 烟罩排风量的计算

烟罩排风量的设计计算非常重要，风量小了，不能将烟气有效排出；反之，会造成材料和资金的浪费，且噪声增大。工程中常用的几种计算方法如下。

（1）热平衡法

这种方法以厨房设备的散热量为主要参数，按下式进行计算

$$L=\frac{Q+q}{0.348\ (t_p-t_j)}$$

式中：$L$——烟罩排风量，$m^3/h$；

$t_p$——室内排风计算温度，夏季35℃，冬季15℃；

$t_j$——室外通风计算温度，℃；

$Q$——厨房设备散热量，按表 6-2 选择或按工艺计算，W；

$q$——厨房内其他散热量（操作人员、灯具等），按 0.1 ~ 0.2 计算，W。

表 6-2　常用厨房设备散热量

| 序号 | 设备名称 | 计算单位 | 散热量（w） |
|---|---|---|---|
| 1 | 燃气炒灶 | 耗气量 $1m^3/h$ | 1150 |
| 2 | 蒸箱 | 平面尺寸每平方米（$m^2$） | 3000 |
| 3 | 煎炸炉灶 | 平面尺寸每平方米（$m^2$） | 5800 |
| 4 | 煮汤、煮饭锅 | 按容积每升（L） | 55 |
| 5 | 电热炉灶 | 安装容量每 kW | 500 |
| 6 | 三层烤箱 | 每台 | 6000 |
| 7 | 燃气开水炉 | 按容积每升（L） | 25 |
| 8 | 保温设备 | 平面尺寸每平方米（$m^2$） | 1500 |
| 9 | 蒸汽管道 | 每千克蒸汽 | 35 |
| 10 | 灶上加工食品 | 每小时每千克 | 300 |
| 11 | 员工 | 每名人员 | 90 |

（2）罩面风速法

以烟罩的水平投影面积和通过投影面的风速为参数计算，既简单又准确，关键是选择合理的罩面风速。

$$L=s\times v\times 3600$$

式中：$L$——烟罩排风量，$m^3/h$；

$s$——烟罩下口水平投影面积，$m^2$；

$v$——罩面风速，m/s。

罩面风速的选择和烟罩类型、灶具布置方式等多种因素有关，对于经常遇到的几种烟罩的安装位置，有经验数据：

烟罩一边开放，其他三面有墙壁：$v$=0.4 ~ 0.5m/s；

烟罩两边开放，其他两面有墙壁：$v$=0.5 ~ 0.6m/s；

烟罩三边开放，其他一面有墙壁：$v$=0.6 ~ 0.7m/s；

烟罩四边开放（岛式布置）：$v$=0.7 ~ 0.8m/s。

（3）烟罩周长法（估算法）

$$L=1000\times P\times H$$

式中：$L$——烟罩排风量，$m^3/h$；

$P$——烟罩的周边长（靠墙的不算），m；

$H$——烟罩口到罩面的距离，m。

此法算出的烟罩排风量应核算罩面风速，一般应在上面推荐的几种情况之中，否则要加以修正。

三种烟罩排风量的计算方法，在实际应用时的效果与正确设计排烟罩的结构、各部分尺寸有很大的关系。

3. 伞形烟罩的结构和风量计算

（1）结构设计原则

①伞形罩的罩口截面应与烟气扩散区水平投影面积相似。

②伞形罩的开口角度最好小于 60°，条件不允许时，最大值不得大于 90°，必要时，对边长较大的伞形罩可进行分段设计。

③伞形罩的裙边 $h_2=0.25\sqrt{F}$，其中 $F$ 为罩口面积。

④其他尺寸，如图 6-2 所示。

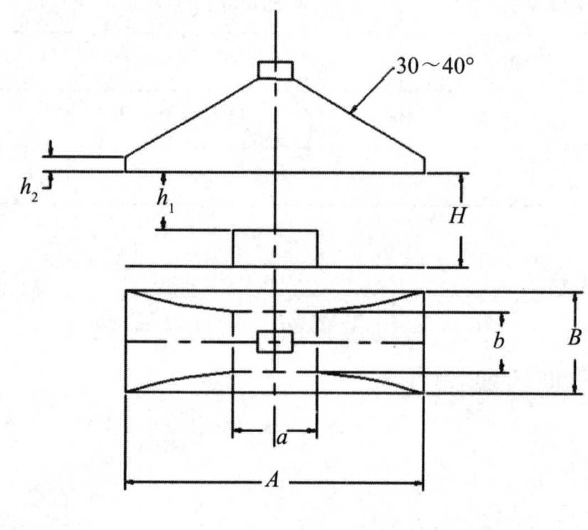


图 6-2　伞形罩

（2）伞形罩的排风量计算

$$L=3600\times v\times F$$

4. 油网式排油烟罩的结构和风量计算

（1）油网式排油烟罩的结构

如图 6-3，油网式排油烟罩的形状类似伞形排烟罩的半边，由烟罩主体、过滤网、喉口、集烟箱（静压箱）、集油槽、照明灯和送风管道及播风器组成。灶具产生的烟气被吸附到烟罩罩面，经过滤网、喉口到整烟箱内，通过与集烟箱连接的排风管道及净化器后排向大气。

①烟罩主体：主体由不锈铜板或镀锌钢板制作。它的宽度，又称深度，由

烟罩下方的灶具尺寸决定，灶具的宽（深）度再加 200mm 即为烟罩主体宽（深）度。主体长度以烟罩下边摆放的灶具总长度为计算基点，一般在此基础上左、右两端各加 200mm 作为烟罩主体的总长度。

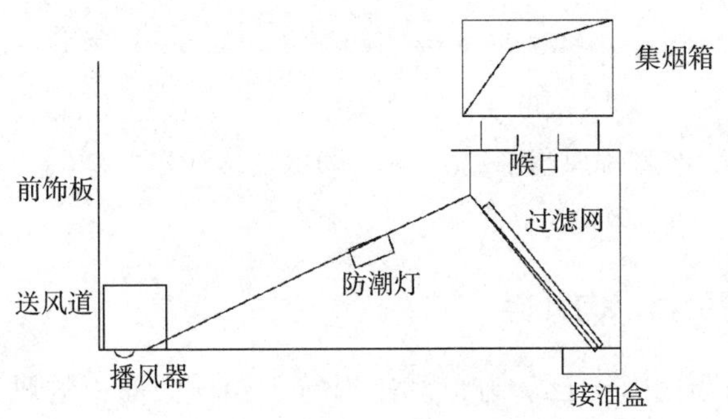


图 6–3 油网式排烟罩

②过滤网：过滤网是这种装置很重要的一个部件，它的设计决定了烟罩的净化能力。过滤网的基本外形尺寸为高度 600mm、长度 500mm、厚度 40mm，称之为基本外形尺寸是因为在实际案例中还要进行滤网面上风速的验算。为同时满足滤网良好的净化能力和油网面上合适的负压两个要求，通过滤油网面的风速一般在 1.0 ~ 2.4m/s 之间较好。根据此风速和风量，可确定过滤油网的面积。

③喉口：如图 6–3 所示，在烟罩主体上盖板开出的若干个矩形孔称为烟罩的喉口，它是烟气流向集烟箱的通道。烟气通过喉口的风速决定了喉口的开孔尺寸和数量，一般情况下喉口风速取 4 ~ 5m/s，为了调试时的方便，喉口开孔时割开三面，留一面不破开，扳动此面可很好地调节通过此点的烟气风量。

④集烟箱：集烟箱通常用镀锌钢板制作，它是烟气进入排风管道之前的过渡部件。当大量烹任（尤其是炝锅时）的烟气瞬间涌入烟罩时，无法马上进入排风管道，将造成短时风量回返而影响系统的稳定性，集烟箱的缓冲作用就有效地解决了这个问题。

⑤集油槽：集油槽设在排烟罩的最下边，在总长度上分段装有数个接油盒，随时将流下的油污接走。

⑥照明灯：照明灯安装在烟罩体上方的斜板上，一般都选用具有防潮设施的整体灯具，照明灯的电功率通常按 125W/m 计算。

⑦送风管道和播风器：在烟罩的前沿设置一条送风管道，在管道下方按一定的距离安装若干个球形播风器或可调百叶窗，此装置称为灶前岗位送风，可以起到补风和形成风幕两个作用。这种装置送风口的风速重要，风速太大会造成对罩内烟气的诱引外溢，使烟气回到厨房，风速太小又起不到风幕的作用，

一般风速应控制在 0.5 ~ 1m/s。

（2）油网式排烟罩排风量的计算

油网式排油烟罩排风量的计算由两部分工作组成，烟罩排风量计算和决定烟量各点风速及各部分尺寸计算。

根据灶具深度决定排烟罩的宽度，即：

烟罩宽度 $B$= 灶具宽度 +0.2 ~ 0.25（mm）

烟罩排风量 $L=3600v\times$ 烟罩长 × 烟罩宽（$m^3/h$）

罩面风速 $v$，一般取 0.5m/s。

## （二）风管及其水力计算

常用风管的断面有圆形、方形和矩形等。同样截面积的风管，以圆形截面最省材料，而且圆形风管流动阻力小，因此实际应用中采用圆形风管较多，但为了制作和安装的方便也有不少厨房用方形风管。

通风管道的水力计算是在系统和设备布置、风管材料、各排烟罩的位置和风量均已确定的基础上进行的。其主要目的是确定各管段的管径和阻力，保证系统内各烟罩达到设计要求的风量，最后确定风机的型号。当风机的风压、风量已确定时，要由此计算风管的管径。

风管水力计算的方法有假定流速法、压损平均法和静压复得法等几种。目前最常用的是假定流速法。假定流速法是先按技术、经济的要求选定风管的基本流速，再根据各段风管内的风量计算确定风管的断面尺寸和阻力。

1. 管段绘制和编号

绘制排烟或通风系统轴测图，对各管段进行编号，标明管段的长度和风量。管段长度一般按两管件间中心线的长度计算，不扣除管件（三通、弯头）本身的长度。

2. 风速

风管的直径大小主要由排放所需要的风速与空气流量来决定。流速越大，通风时噪声也就越大。如果需通风的场合不允许有噪声，则可选用低的空气流速；但是此时风管直径较大，热量损失也较大。反之，如果可允许有噪声，就尽可能地选用高的空气流速，高的空气流速有利于减少风管直径及投资。

所以在确定风管直径时，必须根据实际需要，既要考虑较快的流速，又要考虑环境承受噪声的能力。表 6-3 是一般排风系统常用的空气流速。

通常情况下，垂直风管风速为 12m/s，水平风管风速为 14m/s。

3. 确定截面积和阻力

根据各风管的风量和选好的流速确定各管段的断面尺寸。确定风管断面尺寸时应采用与通风管道统一的规格，以便于工业化加工制作。

表 6-3　一般排风系统常用空气流速　　单位：m/s

| 风管部位 | 机械通风 | | 民用及辅助建筑 | |
|---|---|---|---|---|
| | 钢板及塑料风管 | 砖及混凝土风道 | 自然通风 | 机械通风 |
| 干管 | 6 ~ 14 | 4 ~ 12 | 0.5 ~ 1 | 5 ~ 8 |
| 支管 | 2 ~ 8 | 2 ~ 6 | 0.5 ~ 0.7 | 2 ~ 5 |

选择最不利的环路（即风机和最远排送风点的环路），根据各风管的流速及各管段的长度尺寸，计算摩擦阻力。

$$R_{ml}=R_m \times L$$

式中：$R_{ml}$——管段摩擦阻力，Pa；

$R_m$——单位长度摩擦阻力，Pa/m。

其中单位长度摩擦阻力应在相关的图表中查取。

4. 确定局部摩擦阻力

$$Z=\zeta\left(\frac{1}{2}\rho v^2\right)$$

式中：$Z$——局部摩擦阻力，Pa；

$\zeta$——局部摩擦阻力系数；

$\rho$——空气密度，kg/m³；

$v$——管内流速，m/s。

局部摩擦阻力系数在相关的附表中查取。局部摩擦阻力系数的精确取值与管件形状、流速、风压及管件之间的相对位置的参数有关。

5. 阻力平衡计算

为保证各排、送风点达到预期的风量，两并联支管的阻力必须保持平衡。对一般的通风系统两支管的阻力差应不超过 15%，若超过必须采取措施使其阻力平衡。

（1）调整支管管径

这种方法是通过改变支管管径改变支管的阻力达到阻力平衡。

$$D'=D\left(\frac{\Delta p'}{\Delta p}\right)^{0.225}$$

式中：$D'$——调整后的管径，mm；

$D$——原设计的管径，mm；

$\Delta p'$——达到平衡后的支管阻力，Pa；

$\Delta p$——原支管阻力，Pa。

采用本方法时不宜改变三通的支管管径，可在三通上先增设一节渐变管，以免引起三通局部阻力的变化。将阻力小的那段支管的流量适当加大，可以达到阻力平衡。

（2）改变风量

当两支管阻力相差不大时（在 20% 以内），可以不改变支管管径，将阻力小的那段支管的流量适当加大达到阻力平衡。

$$L' = L\left(\frac{\Delta p'}{\Delta p}\right)^{0.5}$$

式中：$L'$ ——调整后的支管风量，$m^3/h$；

$L$ ——原设计的支管风量，$m^3/h$。

采用本方法会引起后面干管的流量相应增大，阻力随之也增大，要相应增大风机的风量和风压。

（3）阀门调节

通过改变阀门的开度调节管道阻力，从理论上讲是最简单易行的方法，但对支管较多的系统实际调试是很复杂的技术工作，必须反复调拉、测试才能达到预期的流量分配。

6. 设计管道水力计算表

根据前述的管道编号和长度及局部阻力和摩擦阻力，编制管道水力计算表，计算系统总阻力和总风量。

7. 选择风机

根据总阻力和总风量，选择风机。

$$风机风量 = 1.15L$$

$$风机风压 = 1.15\Delta p$$

式中：$L$ 和 $\Delta p$ 是计算出的总风量和总风压。

**知识运用：**

某饭店的厨房有主食制作间、副食烹调间及餐具洗消间，需要设计安装排烟设备，系统管道布置如图 6-4 所示。其中副食水浴烟罩阻力 120Pa，主食间油网烟罩阻力 80Pa，静电净化器阻力 150Pa，风管均采用镀锌钢板制作。进行该系统的水力计算后选择风机（烟气密度为 $1.2kg/m^3$，相关管径和阻力系数见附录 2）。

解：

（1）对管段进行编号，标明其长度和风量。

（2）选择最不利环路，本系统管段 1－管段 3－管段 5－静电净化器－管段 6－离心风机－管段 7 为最长路线。

（3）根据设计风速（水平管段 14m/s，竖直管段 12m/s）和流量，确定各段断面尺寸和单位长度摩擦阻力。

（4）根据动压公式 $=\rho v^2/2$，计算动压。

（5）查表，得到各管段的摩擦阻力系数，计算得到各管段的摩擦阻力。

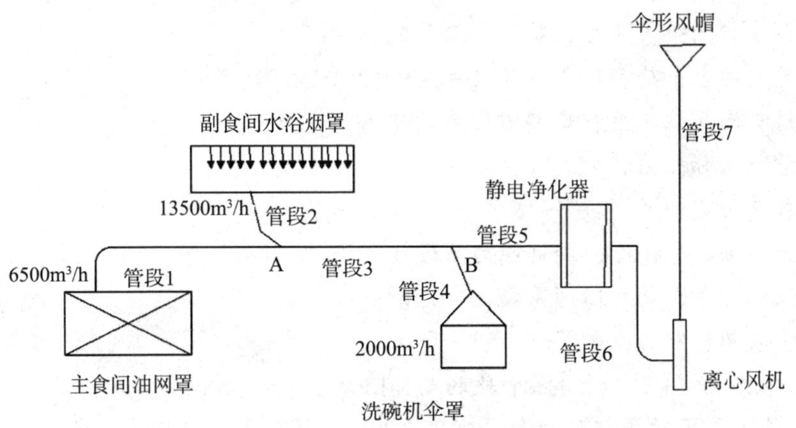


图 6-4　排烟设备系统管道图

（6）查表，得到各管段的局部阻力系数，计算得到各管段的局部阻力。

①管段 1：

已知主食间的油网烟罩阻力为 80Pa。

90° 弯头一个，局部阻力系数 ξ=0.39。

吸入直流三通一个，$D_1$：$D_2$=1.75，ξ=0.4

所以管段局部阻力系数∑ ξ=0.39+0.4=0.79。

②管段 2：

已知副食间的水浴烟罩阻力为 120Pa。

60° 弯头一个，局部阻力系数 ξ=0.15。

吸入三通支管一个，ξ=1.5。

所以管段局部阻力系数∑ ξ=0.15+1.5=1.65。

③管段 3：

吸入直流三通一个，ξ=0.4。

所以管段局部阻力系数∑ ξ=0.4。

④管段 4：

洗碗机伞形罩局部阻力系数 ξ=0.2。

60° 弯头一个，局部阻力系数 ξ=0.15。

吸入三通支管一个，ξ=1.5。

所以管段局部阻力系数∑ ξ=0.2+0.15+1.5=1.85。

⑤管段 5：

净化器进口渐扩管 1 个，局部阻力系数 ξ=0.5。

所以管段局部阻力系数∑ ξ=0.5。

⑥管段 6:

净化器出口渐缩管 1 个，局部阻力系数 ξ=0.5。

90° 弯头两个，局部阻力系数 ξ=0.39×2=0.78。

风机进口渐扩管 1 个，局部阻力系数 ξ=0.5。

所以管段局部阻力系数∑ ξ=0.5+0.78+0.5=1.78。

⑦管段 7:

风机出口渐扩管 1 个，局部阻力系数 ξ=0.5。

伞形风帽 1 个，局部阻力系数 ξ=0.7。

所以管段局部阻力系数∑ ξ=0.5+0.7=1.2。

（7）根据式（4），计算各管段的局部阻力。

（8）将各管段的局部阻力和摩擦阻力相加，得到管段总阻力，填入水力计算表（表 6–4）。

表 6–4　水力计算表

| 管段编号 | 流量（$m^3$/h） | 长度（m） | 管径（mm） | 流速（m/s） | 动压（Pa） | 局阻系数 | 局部阻力 | 摩擦阻力系数 | 摩擦阻力 | 管段阻力（Pa） | 备注 |
|---|---|---|---|---|---|---|---|---|---|---|---|
| 主食油网烟罩 | | | | | | | | | | 80 | |
| 1 | 6500 | 9 | 400 | 14 | 117.6 | 0.79 | 92.9 | 5.08 | 45.7 | 138.6 | |
| 3 | 20000 | 6 | 700 | 14 | 117.6 | 0.2 | 23.5 | 2.57 | 15.4 | 38.9 | |
| 5 | 22000 | 7 | 750 | 14 | 117.6 | 0.5 | 58.8 | 2.38 | 16.7 | 75.5 | |
| 6 | 23100 | 8 | 770 | 14 | 117.6 | 1.78 | 209.3 | 2.3 | 18.4 | 227.7 | |
| 7 | 23100 | 11 | 820 | 12 | 86.4 | 1.2 | 103.7 | 1.63 | 17.9 | 121.6 | |
| 副食间水浴烟罩 | | | | | | | | | | 120 | |
| 2 | 13500 | 5 | 600 | 14 | 117.6 | 1.65 | 194.1 | 2.92 | 14.6 | 208.7 | 不平衡 |
| 4 | 2000 | 4 | 220 | 14 | 117.6 | 1.85 | 217.6 | 10.6 | 42.5 | 260.1 | 平衡 |
| | | | | | | | | | | | |
| | | | | | | | | | | | |

（9）对并联管段进行阻力平衡计算

①汇合点 A:

$$\Delta P_1=138.6+80=218.6（Pa），\Delta P_2=208.7+120=328.7（Pa）$$

$$（\Delta P_1-\Delta P_2）/\Delta P_2=（328.7-218.6）/328.7=33\%>15\%$$

此段管段阻力不平衡，解决的方法有改变管径增加阻力和在管段中加设调节阀门两种，为方便操作采用在管段 1 中增设调风阀门的办法解决。

②汇合点 B：

$$\Delta P_1+\Delta P_3=218.6+38.9=257.5\ (\mathrm{Pa}),\ \Delta P_4=260.1\ (\mathrm{Pa})$$

$$(260.1-257.5)/260.1=1\%<15\%$$

此管段阻力平衡。

（10）计算系统总阻力

$$\Delta P=138.6+80+38.9+75.5+227.7+121.6+150=832.3\ (\mathrm{Pa})$$

（11）计算风机的风量和风压

风机风量 $L_1=1.15L=1.15\times 23100=26565\ (\mathrm{m^3/h})$

风机风压 $P_1=1.15\Delta p=1.15\times 832.3=957.15\ (\mathrm{Pa})$

故选用 4—72—8c 离心风机，转速 1250r/min，功率 11kw，流量 25297m³/h，风压 1106Pa。

## （三）引风机

为了克服流体流动阻力，必须使流体具有一定的压力能。风机（及泵）就是使流体产生压力能的机械。

根据风机的作用原理可分为离心式、轴流式和贯流式三种。在通风排烟气系统中多使用离心式和轴流式通风机。厨房排油烟用的通风机要求具有一定的耐温性和防腐性。

1. 离心式通风机（图 6–5）

离心式通风机主要由叶轮、机壳、进风口、出风口及电机等组成。叶轮上有一定数量的叶片，叶片分后弯叶、径向叶和前弯叶三种。其中，后弯叶适用于中压及较高压场合；而径向叶适用于低压场合；前弯叶则在一定的输气压力下，其叶轮的直径和转速可以小一些，但出口速度较大，效率较低。叶轮固定在轴上由电机带动旋转。风机的外壳为一个对数螺旋线形蜗壳。当叶轮旋转时，叶片面的气体也随叶轮旋转而获得离心力，气体跟随叶片在离心力的作用下不断地流入与流出，外加功通过叶片传递给气体，气体的功能和势能增加，从而源源不断地输送气体。

一般高压风机，风压大于 3000Pa；中压风机，风压介于 1000 ~ 3000Pa 之间；低压风机，风压小于 1000Pa。

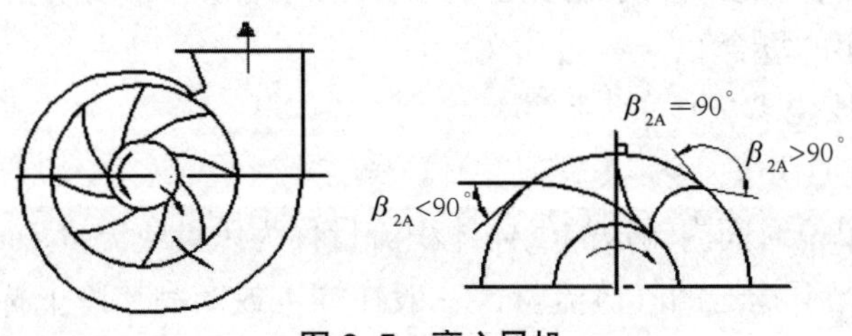


图 6–5　离心风机

2. 轴流式通风机

轴流式通风机（图 6–6）叶轮与离心风机不同，它具有扭曲叶片的卡式叶轮，叶轮转动时，叶片将机械能传递给风，风在叶轮中的运动与在螺旋表面的运动相似，即沿轴前进，同时还绕轴旋转。空气经过叶轮之后，再经导向的叶片，由导管排出。

一般高压风机的风压大于 500Pa，低压风机的风压小于 500Pa。

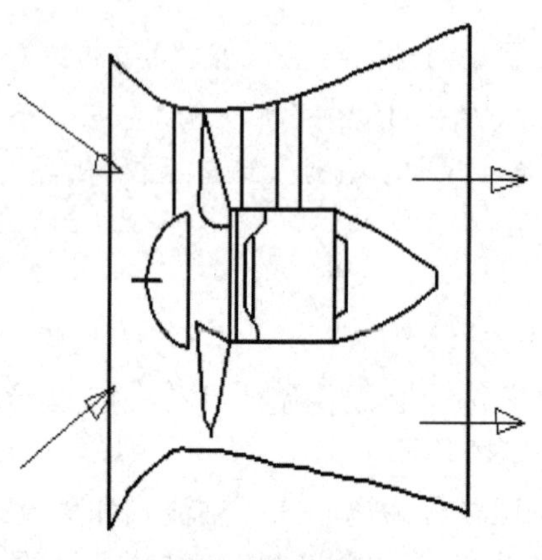

图 6–6　轴流风机示意图

3. 两种风机的区别

①离心风机改变风管内介质的流向，而轴流风机不改变风管内介质的流向；

②离心风机是大压头小风量，轴流风机是大风量小压头；

③离心风机安装较复杂，轴流风机安装较简单；

④离心风机电机与风机一般是通过轴连接的，轴流风机电机一般在风机内；

⑤离心风机靠叶轮高速旋转时，叶轮产生的惯性提高流体的压力能。通常使用在流量相对较小、压力能相对较大的场合。轴流风机常安装在风管当中或风管出口前端，通常安装在需要送风的室内的墙壁孔或天花板上。轴流风机靠叶轮高速旋转时，叶轮产生的升力提高流体的压力能。通常使用在流量相对较大、压力能相对较小的场合。

4. 风机的性能参数

（1）风量 $q_v$

通风机在单位时间内输送的气体体积流量称为风量或流量（$m^3/h$），通常指的是在工作状况下输送的气体流量，一般在样本或产品铭牌上标出的是标准工况下的数值。

（2）风压 $P$

通风机的风压是指全压，它是动压和静压两部分之和。通风机全压等于出口气流全压与进口气流全压之差。

（3）功率 $P_\gamma$

通风机单位时间内传递给空气的能量，称为通风机的有效功率，可由风量和风压计算得到，公式如下：

$$p_\gamma=P_\gamma \times P/3600\text{（W）}$$

通风机和风管系统的不合理的连接可能使风机性能急剧变坏，因此在通风机与风管连接时，要使空气在进出风机时尽可能均匀一致，不要有方向或速度的突然变化。

（4）效率

由于通风机在运行过程中有能量损失，所以轴功率 $P$ 肯定要大于风机功率 $P_\gamma$，二者之比值称为全压效率。

（5）转速 $n$

通风机每分钟的旋转圈数（r/min）。

（6）比转数

比转数是通风机的一个特性参数，表示通风机在最高效率点下风量 $q_v$、风压 $P$ 和转数 $n$ 的关系。比转数大的风机，风量 $q_v$ 大，风压 $P$ 小，反之亦然。同一种类型的通风机，其比转数相同。

### （四）厨房用油烟过滤器

油烟过滤器的种类很多，能够对空气中的油进行简单的过滤和回收，以减少对外界环境的污染。折板式油烟过滤器的结构如图 6–7（a）所示，它由左右侧板、前后横板、油槽、过滤器和油杯等部分组成。整个设备为框架结构，零件均采用不锈钢薄扳辊轧成形。组装时，采用了一种牢固固定的专门连接方式，而不是通常采用的点悍和螺钉、螺母的连接方法。过滤器是可以自由拆卸的，因此清洗十分方便。

这种过滤器的原理如图 6–7（b）所示。利用空气动力学原理，连续改变油烟气流的流速、压力，使通过折流板的油烟气流不断压缩、膨胀，气流中的油烟凝聚成油滴，粘附在折流板壁上，然后沿着折流板壁面流下，通过防火油管进入油杯中。

折板式厨房油烟过滤器可以捕集油烟中 60% 的油分，且捕集的油分 80% 可以得到回收。产品大多为不锈钢材质，也可用薄铁板、铝板及塑料等金属和非金属材料代替。

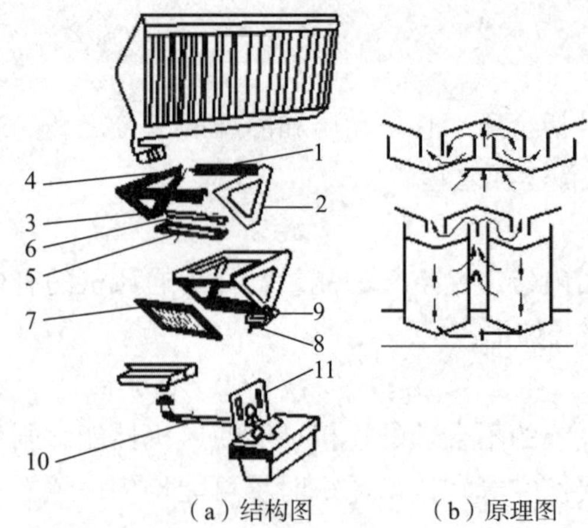


（a）结构图　　（b）原理图

**图 6–7　折板式油烟过滤器**

1、2—左右侧板　3、4—前后横板　5—油槽　6—角钢
7—过滤器　8—油杯　9—杯架　10—软管　11—杯架底板

## 二、油烟净化装置

除了油烟过滤器外，在管道中还可以专门设置油烟净化装置，对油烟进行净化处理。根据 GB 18483—2001《饮食业油烟排放标准》的规定，饮食业必须安装油烟净化装置，并保证操作期间按要求运行。

烹饪油烟的净化方法可分干法和湿法。干法主要包括静电法、吸附法、过滤法；湿法包括液体洗涤法、水雾净化法。另外，还有惯性分离法、热氧化焚烧法、催化净化法等方法。

### （一）运水烟罩

运水烟罩（图 6–8）是较先进的水化除油烟设备，属于洗涤方法去除油烟。主要是利用雾化水和化油剂（洗涤剂）对油烟进行净化分离以减少对环境的污染，是一种新型高档环保排油烟系统。这种设备是目前使用的最普遍的一种油烟净化设备，集收烟罩和净化于一体，优点是净化效率高，不占场地，能自动清洗。不足之处是设备价格贵，要用专用洗涤液处置，所以多用于较高级的厨房。

1. 主要结构

运水烟罩主要由排烟罩和控制柜两大部分组成。排烟罩由风槽、风扇、喷水嘴、罩壳、方管和挡水板组成，控制柜由柜体、排水管、排水阀、进水管、回水管、水箱、化油剂箱、水泵、进水电磁阀、排水阀、化油剂电磁阀、指示灯和各种按钮等组成。由于控制柜采用微电脑控制，所以化油剂的添加和喷淋过程均可实现全自动循环，同时，由于加装感应报警系统，所以高档运水烟罩可在缺少化油剂时自动报警以及在水箱缺水时自动停机。

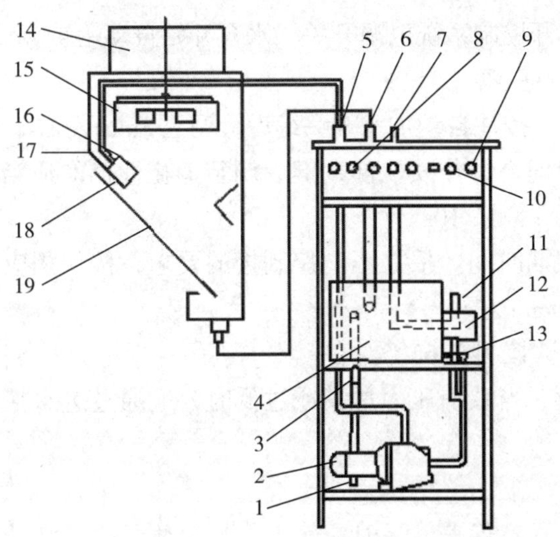


图 6-8　运水烟罩结构图

1—排水管　2—水泵　3—排水阀　4—水箱　5—喷水管　6—回水管　7—进水管　8—指示灯　9—停止按钮　10—开始按钮　11—进水电磁阀　12—化油剂箱　13—化油剂电磁阀　14—风槽　15—风扇　16—喷水嘴　17—罩壳　18—方管　19—挡水板

2. 工作原理

设备在工作状态上，洗涤剂与自来水通过花洒喷嘴以雾化状态喷射，使之与吸入的油烟充分接触，从而达到高效洗涤的目的，然后经罩壳上面的风扇将残留的油雾、水气及其他物质甩掉，达到除油和隔烟的效果。

①当电动机带动水泵高速旋转时，循环水混合化油剂高速进入运水烟罩系统内，经喷水嘴呈扇形雾状喷入烟罩，部分体积较大的水珠经反射板的反弹可再雾化。

②由于系统的强制抽风，烹饪过程中产生的油烟在向上流动的过程中与雾水交叉混合，此时，由于风速不高，加入化油剂的水雾最大限度地与油烟发生皂化反应，对油烟起到净化分离的作用，油与烟随水而走。

③穿过雾水区的水气混合体，在风扇的旋转作用下，气体被抽风系统抽走，与油烟相遇过的雾水打在托木板上，流向水槽，又进入控制系统。经过不断地喷雾、皂化和分离的循环，从而达到净化环境的目的。

3. 使用

（1）开机程序

①按运行结构图检查烟罩与控制柜的回水管路是否焊接好，然后打开自来

水总阀（水压不低于0.05MPa）。

②水箱自动满水后加入100g化油剂，并将吸油管及化油剂电感应管插入化油剂箱内。

③插上电源，打开控制系统电源开关，水泵开始自动运转。

（2）调整控制程序

①调整加水时间。按住自动加水开关键后，调至3min左右。

②调整化油剂时间。按住喷化油剂键后调至加化油剂的适当时间，立柜式的一般要求是单泵9s，双泵10s。

③调整循环水周期时间。根据不同控制柜的要求，按住相应的键调至所需的时间，一般要求50min左右。

④调整水温。多数控制在65℃左右。

⑤调整系统压力。当系统压力过高或过低时，应通过进水控制阀调整进水量来平衡压力。

4. 保养方法

在使用过程中应注意保养，平时应经常保持机体外壳的清洁，而且每月还应对整个系统清洗一次。

①清洗控制柜系统时，先打开水箱底部排污阀，将水箱的水放净，清洗水箱及滤网，并打开吸水过滤器及运水过滤器，取出滤网，用洗洁剂清洗后装好。

②清洗烟罩时，先打开检修门，然后取下离心扇清洗干净后再安装好。

③经常检查油孔是否堵塞，保持畅通无阻。

④对整个系统清洗时要切除电源，以免发生危险。

⑤不能用硬金属刷清洗，应用软布蘸中性涤洗剂轻轻擦拭。

### （二）静电油烟净化设备

1. 工作原理

由某公司生产的静电油烟净化器JC–U系列高频静电油烟净化机，运用静电沉积、机械过滤等工作原理对油烟气体进行净化处理，厨房的含油烟混合气体经收集进入油烟净化机，其中含有的大颗粒油、油滴和一些杂质被前置均流和过滤装置阻挡或打散。在高压电离电场作用下，电场中的空气被电离产生大量的负离子和正离子，因此微小的油烟颗粒经过电离电场后成为载荷颗粒，在吸附电场的电场力作用下，向吸附电场的正、负极运动过去，最后流入并沉积在油烟净化机底部的储油箱内。

其工作流程如下：油烟混合气体→收集→进风口→均流→过滤→电离→吸附→吸附→出风口→风机→达标排放清新空气。

**提示：**视不同规模净化机，配置一个或二个吸附电场。

2. 性能特点

静电油烟净化设备主要用于宾馆、餐厅、食堂等用户的厨房油烟的处理排放，运行时不受水气、油气影响，稳定的高压电场对油烟进行高效率的电离，厨房的油、烟、气经净化处理后 90% 以上的油烟均被分离、沉淀，因此排放到户外的是清洁的空气，符合国家环境保护标准 GB 18483—2001，从而根本上解决了污染转移的问题，保护了环境，也保护了厨房工作人员的身体健康。使用油烟净化机后，由于无油烟积聚，保护了风机的平衡，降低了风机运行时的噪声，同时也杜绝了风机因油污积聚而引发火灾的可能性。

①箱体采用管道和拼装两种结构，中、小型净化机采用管道式，大型机为拼装式，方便安装及维护保养。

②电场发生器采用新型的平板式结构，净化能力强。

③箱体结构精巧灵活，可适应左进风、右进风、前进门、后开门四种不同的安装要求。

④各电场发生器与高压电源的负极及其机壳连成一体并保护接地，确保操作人员绝对安全。

⑤高频高压电流工作频率高（20 ~ 40kHz），输出电压范围（7 ~ 13kVDC），稳定性好，可靠性高。

⑥新型高频开关电源软启动，无冲击电压，有稳压稳流两种工作状态，实际运行中根据不同情况自动转换，有快捷短路保护，空载保护，过热保护功能。

⑦电源输出功率大，数字或电表显示工作电压或电流。

⑧净化机运行成本低。

3. 技术参数

①处理风量：2000 ~ 36000$m^3$/h。

②除油风量：>90%。

③最高排放浓度：<2.00MG/$m^3$。

④输入电压：220V ± 10%，50Hz。

⑤输出工作电压、电离场：10 ~ 13kVDC，吸附场 7 ~ 8kVDC。

⑥输出工作电流：2 ~ 20mA。

⑦工作频率：20 ~ 40kHz。

⑧整机耗电功率：150 ~ 500W，视规格而定。

⑨短路保护电流：25mA。

⑩油烟净化机能力符合国家 GB 18483—2001，HT/T 62—2001。

4. 选购指南

①根据炉灶个数选型。每只炉灶对应的处理风量约为 2000$m^3$/h，确定选购

油烟净化机的总处理风量，然后再根据总处理风量安装的空间位置确定净化机的型号。

②根据集烟罩的总投影面积S，S×1.8及每平方米对应2000m³/h的处理风量确定总风量。

③确定风机选型。

5. 设备使用操作

（1）日常开机前的检查工作

开机前应先检查电源连接情况，净化机流动门是否关紧严密。查看净化机底部的储油情况，若有较多的储油应打开底部放油孔进行排放。

（2）开机运行及注意事项

合上净化机电源开关、箱体内有无频繁的火花放电声，若有较多的火花放电声证明电压过高，可旋动吸附电流模块下的电位器，适当减小工作电流，若有其他异常现象，应通知维修人员进行检修。

**提示：**电源与风机合用一个开关，关风机即电源断电，净化机停机。

6. 设备的维护保养

（1）净化机的日常维护

油烟净化机经过长时间的改进与提高，可长期稳定工作以及适应恶劣工作环境。日常使用中应及时对净化机的储油进行排放，在一定周期内清洗高压电场。

（2）高压电场的清洗

由于净化机的油烟净化效率高，运行一段时间后在高压电场的各收集板上产生积油或结碳，若不定期进行清洗会降低电场对油烟的净化能力。一般清洗周期为90天，油烟特别浓的餐厅或烧烤店的清洗周期为60天。

**提示：**电场的清洗应由专门的清洗公司和专业清洗人员负责，非专业人员严禁操作。

---

**小知识** 清洗液配制方法

方法一，工业烧碱和水按1∶10比例配制所需洗涤液。

方法二，将除油王（YB-5常温清洗剂）和水按1∶8比例配制所需洗涤液。

---

对于大型或特大型企业要求特别严格且没有足够安装场地的单位，使用运水烟罩比较合理；对于规模较大、要求较高又有一定场地的单位，可采用静电型的油烟净化设备；对于一般中小型餐饮企业，要求较高的可采用水膜法，省钱而且效果也不错；对要求不高、或无场地的可采用蜂窝式净化设备。

## 三、送风系统

在厨房中，除能将污浊空气排走的排油烟系统及设备外，还必须依靠自然通风或机械送风系统设备，补充足够的清洁新鲜空气，使室内的空气参数符合卫生要求，以保证人们的身体健康及产品的卫生质量。

### （一）自然通风和机械通风

送风系统按空气流动动力的不同，可分为自然通风和机械通风。

1. 自然通风

自然通风是依靠室内外空气温差所造成的热压或者室外风力作用在建筑物上所形成的风压，使房间内的空气和室外空气交换的一种通风方式。

（1）热压

热压作用下的自然通风是由于室内空气温度高，密度小，而室外空气温度低，密度大。这样就造成上部窗排风，下部门、窗进风的气流形式。污浊的热空气从上部排出，室外新风从下部进入工作区，工作环境得到改善。

大、中型厨房应设天窗排气，必要时还可以在天窗上加风机，以提高换气速度、天窗要布置得当，当天窗偏一侧布置时，应直接布置在炉灶上方，以利于直接排除废气和余热，否则废气会在弥漫全室后才从天窗徐徐排走，而且顶棚下某些死角会形成局部环流，废气经久不散。

当天窗布置在中部时，炉灶上方应设排气罩，引导废气在发源地就近集中排走，以免弥漫全室。这时天窗的作用主要是厨房的全面换气（图 6–9）。天窗应朝主导风向开设，其外侧可设挡风板，以保障外界在任何风向的情况下都能顺畅排气。

（2）风压

风压作用下的自然通风是具有一定速度的自然风作用在建筑物的迎风面上，由于流速减小，静压增大，使建筑内外形成一定压差。在迎风面门窗进风，背风面门、窗排气，室内外空气得到交换，工作区的空气环境得到改善。

其典型应用是热加工间双面开侧窗，形成穿堂风。穿堂风的换气速度比排气天窗大 2 倍，当夏季室内外温差较小时，穿堂风会形成最大可能的换气，远远超过其他方式的换气量。当一方气流来时，在迎风面和背风面，分别产生正压和负压，促使空气流动，如果双侧开窗，室外新鲜空气就会穿堂而过，带走混浊的空气，这是最好的通风换气。利用自然通风时，侧窗面积要不小于地面面积的 1/10，并且要便于开启，否则影响通风效果。如果做不到双侧开窗，也应尽量单侧有窗，以保证通风换气。

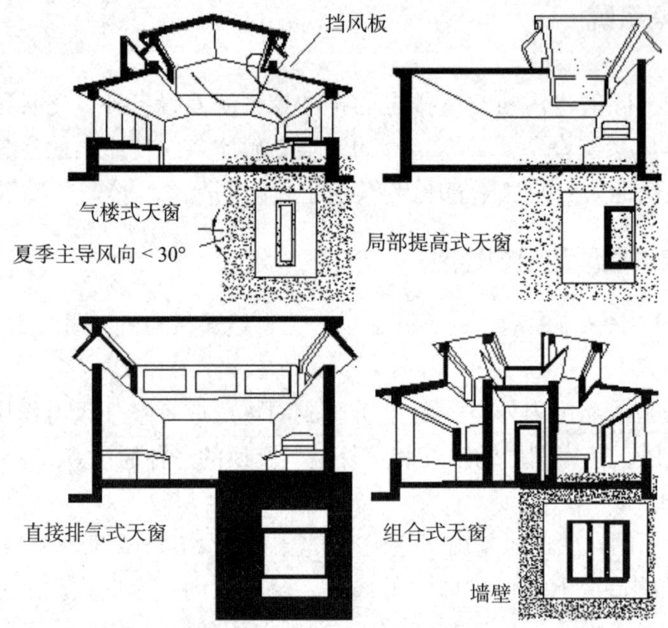


图 6-9 热加工间天窗的剖面形式

自然通风量的大小和很多因素有关，如室内外空气温度、室外空气流速及流向、门洞及窗洞的面积和高差等。所以通风量不是常数，而是随气象条件发生变化的。同样室内所需要的通风量也不是常数，而是随工艺条件变化。要使自然通风量满足室内要求，就要不断地进行调节，可通过调节进排风孔洞的开启度来调节风量大小。

2. 机械通风

用通风机产生的动力来进行换气的方式，称机械通风。它的优点是风量、风压不受室外气象条件的影响，通风比较稳定，空气处理比较方便，通风调节也比较灵活。缺点是要消耗动力，投资较多。机械送风系统主要由采风口、送风机和空气处理装置、送风口、风管、阀门等组成。

（1）采风口

采风口是将室外空气引入进风系统的吸入口。根据进气室的位置和对进气的要求，采风口可以是单独的进风塔，也可以是设在外墙上的进风窗口。

机械进风系统采风口的位置应符合以下要求。采风口应布置在室外，空气的洁净程度应符合卫生要求，且采风口应尽可能设在排气口的上风侧，且应低于排气口，以免污染空气被吸入进风系统。为防止吸入地面上的尘土等杂物，采风口一般采用高空采风的原则，以保证空气的清新干净。另外，作为降温用的进风系统采风口，宜设在北向外墙上。采风口上一般装有百叶窗，防止雨、雪、树叶、纸片、飞鸟等进入。在百叶窗里面还装有保温门，作为冬季关闭进风之用。

采风口的尺寸按通过百叶窗的风速（2 ~ 5m/s）来确定。

（2）送风机和空气处理装置

送风机工作原理与鼓风机相似，可据设计功率的大小从鼓风机系列选择。

空气处理装置就是把从室外吸入的空气按设计参数进行处理的装置，包括过滤、增湿、除湿、冷却、加热等设备。

（3）送风口

送风口是把符合设计要求的新风送到工作地带的装置。送风口应符合以下要求：在风量一定的情况下，能造成所需要的速度场和温度场，且作用范围可以调整。空气通过时局部阻力小，以减小动力的消耗。空气通过时，产生的气流噪声要小，且隔声效果要好。

（4）风管

风管（风道）是通风系统中的主要部件之一，其作用是输送空气。常用的通风管道的断面有圆形、方形和矩形等。风道的材料有钢板、砖、钢筋混凝土、矿渣石膏、石棉水泥、矿渣水泥板、木板、胶合板、塑料板、纸板等。

（5）阀门

通风系统所用阀门很多，一般有风机启动阀、调节阀、止回阀、防火阀等。其中防火阀是为了防止房间在发生火灾时，火焰窜入通风系统及其他房间。

## （二）局部送风和全面送风

根据送风范围大小可分为局部送风和全面送风。

1. *局部送风*

向局部工作地点送风，保证工作区有良好空气环境的方式，称局部送风。机械局部送风系统也称系统式局部送风系统（图 6–10）。

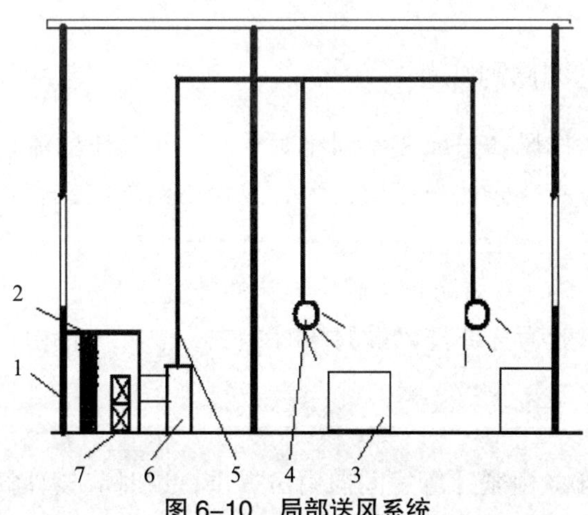


图 6–10　局部送风系统

1—百叶窗　2—过滤器　3—工作台　4—喷头　5—风管　6—通风机　7—加热器（冷却器）

室外空气首先经百叶窗进入空气处理室，在室内经过滤器，除掉空气中的灰尘，再经加热器（在夏季用冷却器）把空气处理到要求的温度，然后在通风机的作用下经过空气淋浴喷头送往局部工作点。这种形式所需风量小，厨房工作人员首先呼吸到新鲜空气，效果较好。除系统式局部送风形式以外，还有单体式局部送风，如风扇、喷雾风扇等。

2. 全面送风

利用自然通风或机械通风来实现全方位送风的方式，称为全面送风（图6–11）。这种方式能保证环境面积较大的空间空气清新，多用于有害物发生源比较多又分散的区域。但由于这种通风方式不能快速均匀地冲淡产生的有害物，因此容易使一些死角有害物超标，而且这种方式使用的设备也较复杂。

全面送风的方式是前些年国内普遍流行的做法，有 90% 以上的厨房均采用这种方式。这种方式能有效地改善整个厨房空间的空气品质，但对厨师的工作环境改善效果不很明显。

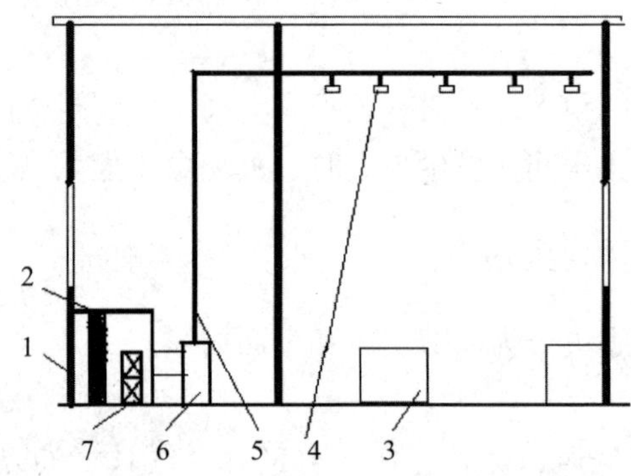


图 6–11　机械全面送风系统

1—百叶窗　2—过滤器　3—工作台　4—送风口　5—风管　6—通风机　7—加热器（冷却器）

### （三）厨房送风原则

厨房操作间的排风和送风要做到相对平衡，使气流的流动方向合理。总体上厨房操作间内应有一定的负压值，太大或太小都不好，表 6–5 列出了各种负压值时室内的状态。一般情况下负压不超过 5Pa 为好，此时厨房外面餐厅等房间的空气向厨房流动，有效防止了厨房异味的外流。

平衡补风量一般为全部排风量的 90% 左右，总补风量由自然通风和机械送风两部分组成。

1. 自然通风

总补风量的 40% 由餐厅等房间向厨房提供，这时应核算气流进入厨房门窗的有效面积，应使流动风速不大于 1m/s，否则要加大通道面积。

表 6-5　负压值时的室内状态

| 负压数值（Pa） | 风速（m/s） | 室内状态 |
| --- | --- | --- |
| 2.45 ~ 4.9 | 2 ~ 2.9 | 有吹风感 |
| 4.9 ~ 7.35 | 2.9 ~ 4.5 | 自然通风能力下降 |
| 7.35 ~ 12.25 | 4.5 ~ 6.4 | 燃烧器逆火 |
| 12.25 ~ 49 | 6.4 ~ 9 | 轴流风机工作困难 |
| 49 ~ 61 | 9 ~ 10 | 房间难开启，局部排风困难 |

2. 机械送风

总补风量的剩余部分（60%）由送新风系统提供，新风从两条路径补进厨房。一部分送至排烟罩前沿的送风管，由播风器散出（局部送风）。送风速度在 0.5m/s ~ 1m/s 为好，太小起不到风幕的作用，太大了会对罩内排气造成诱引外溢。另一部分经风管送至屋顶天花板上安装的散风器排出（全面送风），送出新风在距地面 2m 时的风速在 0.25m/s 左右时较为理想。

3. 各区域排风与送风要求

（1）热加工间

热加工间包括副食烹调间、主食热加工间、烧烤烧腊间等。此类操作间内不但有大量的湿热产生，还有烹饪时产生的各种异味。为了及时将湿热和异味排出，必须设置强制排送风设备。

厨师的操作区域一般位于贫氧区，又加上工作区温度高，故必须在每一位厨师的头顶部位设置岗位新风口，除供氧外还能起到风幕的作用，产生隔热的效果。

（2）蒸煮间

蒸煮间中主要有加工中餐和面点的一些设备，其中大多数设备都采用蒸汽作为加热热源。此间对新风的要求较低，但排风效果一定要好，否则蒸汽将充满整个工作间，温度升高，能见度差，影响厨师的工作。排气排出的主要是水蒸气，可以不采用净化装置，直接排出。

面点间的厨房设备较多。在我国北方地区，面食是主食，厨房中的煎、炸、蒸、煮、烤等功能较多，加工量较大，但相对来说，油烟量并不很大。

（3）洗碗间

洗碗间的作业量一般都较大，且洗碗机的发热量也较大，在国外设备中，自动传输式洗涤洗碗机的电功率都在几十甚至上百千瓦以上，而大约只有 30% 的热量由洗涤水带走，其余的热量全部集中在洗碗间。只依靠一般的通风换气很难达到良好的效果，所以也应设置适量的强制排风设备。通风系统由洗涤设备上方的排气罩和送风设施组成，整体换气次数在每小时 30 ~ 40 次。排气罩的面积按洗涤设备设计，其投影面积的风速应在 0.4 ~ 0.6m/s。送风量为排风量的 80%左右，全部由屋顶的散风器送出。

（4）初加工间

一般包括肉菜初加工、精加工、面点制作等。此类操作间无热源、无不良气味产生，通风标准应以房间换气为主。建议房间通风换气次数在每小时 30 ~ 40 次的范围内。

（5）冷荤制作间

包括冷荤制作间、冷荤拼切间、烧腊明档等。此类操作间加工制作的食品为直接入口食物，操作间内空气应保证一定的温度和洁净度。因此应采用独立空调系统，以防止和其他操作间的交叉污染，达到卫生防疫规范的标准。应采用单独的柜式或壁挂式空调机。对冷荤制作间进行空气调节时，空调机的选型应满足以下要求：

①操作间温度夏季 24 ~ 26℃，冬季 16 ~ 18℃。

②工作区风速 0.2 ~ 0.5m/s（夏季可达到 0.5m/s 以上）。

（6）其他操作间

对于没有特别要求的操作间应优先考虑自然通风的方案，既节约能源又减少噪声，但应满足下面的基本要求：

①操作间温度夏季不大于 32℃（最热时可达 35℃）。

②工作点温度大于 35℃时采取岗位送风，风速 3 ~ 5m/s。

③送风新量夏季 25 ~ 35$m^3$/（h·人）。

对于炎热地区和自然通风达不到要求时，应采取机械排送风系统，整体换气次数每小时 25 ~ 35 次。屋顶散风器的风速应保证距地面 2m 时不大于 0.25m/s，排、送风口的布置要合理。

**提示：**所谓的送风系统，实际上就是中央空调系统的一种。可对房间的温度、湿度、新鲜度、速度进行调节。空调系统中除了中央空调系统，还有局部式空调系统。

## 第二节　清洁与消毒设备

### 一、清洁设备

#### （一）洗涤水槽

洗涤水槽是用于洗涤各种烹饪原料和烹饪用具的设备。根据不同的需要可分为单槽水池、双槽水池和三槽水池等三种类型。

通常装有手动喷水嘴以便预洗，手工添加洗涤剂。洗涤槽可用来洗涤少量陶瓷、金属餐具或平底锅。还有消毒槽，用来对洗涤后的餐具消毒。热水消毒要求水温不低于 82℃。此外也可以用化学消毒剂对餐具进行浸泡消毒。

## （二）洗碟机

洗碟机又称碟盘洗涤机或洗碗碟机，是小型的洗涤器。这些洗碟机可以是单独摆放，也有与水槽台板结合在一起的，如图 6-12 所示。

目前，应用较多的有两种，一种是喷臂式洗碟机，另一种是叶轮式洗碟机。

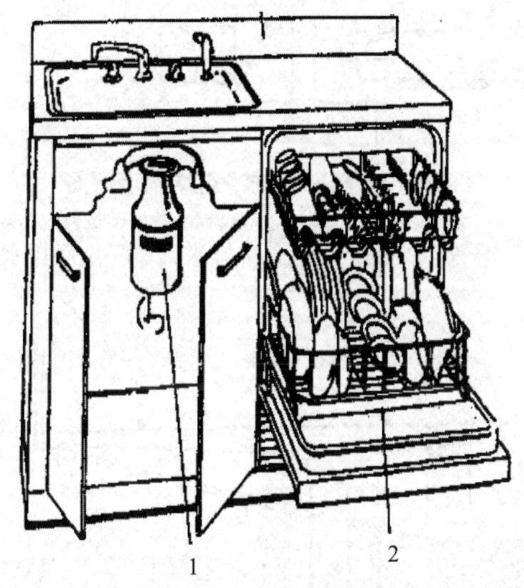


图 6-12　带水槽洗碟机
1—废液处理机　2—洗碟机

1. 喷臂式洗碟机

如图 6-13 所示为喷臂式洗碟机结构示意图。进水阀的工作是定时进水，水流量由流量垫圈控制。水流入储水槽，通过滤清器的滤网而进入水道。水在储水槽内，在回还泵的压力下进入喷臂内，喷臂上的喷嘴倾斜成一定角度，以便使喷嘴喷水时的反作用力驱动喷嘴轴作高速旋转。因此，水就喷向各个角度和喷到网架上的碟盘。

图 6-14 表示喷臂式洗碟机的过滤系统。从图中就可知道怎样从洗水中滤去细小颗粒，如过滤不好，颗粒将会阻塞喷臂轴的细小喷口。水的循环动作使颗粒向桶底构成的倾斜中心沉积。粗、细颗都卷下细滤网的斜面上，滤网有一锥形孔，孔内放入一只粗的滤网篮，以便陷获和容纳过大且准备进入排水泵内的颗粒。较小的颗粒则通过网篮，暂时容纳在细孔滤网的锥形部分，防止由该处

进入回流泵。这样已经过滤的水就通过细滤网，接纳进入回流泵并流向喷臂上。

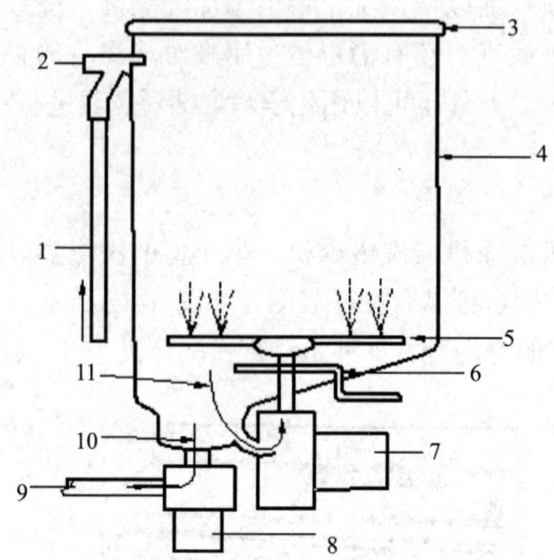


**图 6–13　喷臂式洗涤剂结构示意图**

1—供水管　2—进水阀　3—封垫　4—桶　5—喷臂　6—加热元件
7—回还泵和马达　8—排水泵和马达　9—排水　10—洗后排水　11—抽水洗涤

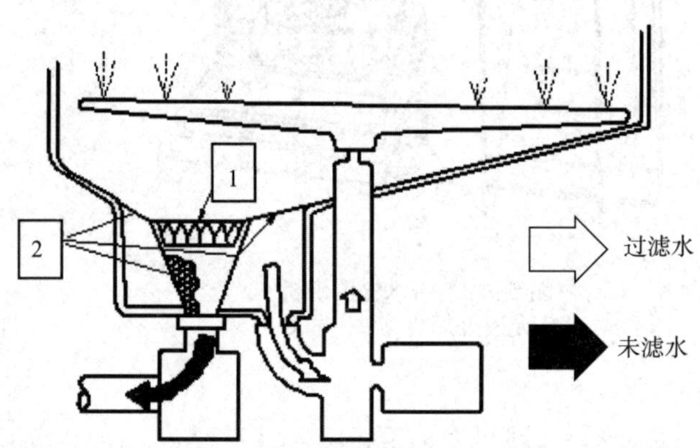


**图 6–14　喷臂式洗碟机过滤系统示意图**

1—细滤网　2—粗滤网

排水时，全部暂时容纳于锥形滤器内的较细颗粒，就向下通过排水泵排出。粗滤网拦截的较大颗粒，可以在每次使用后取出来清理掉。多数进水阀都配有滤网，将杂物滤出。

洗碟机的加热器有两种用途，即对洗涤和漂洗的水供应热量。水的温度对洗碟有很大作用，要获得良好的洗涤效果，水温应在 60 ~ 70℃之间，并在干燥周期中作为热源用。这些加热器的功率从 600 ~ 1000W 不等。电热丝完全封闭在一条镁合金管内。该管与热加工设备中介绍过的电热元件相同。

2. 叶轮式洗碟机

图 6-15 是叶轮式洗碟机结构示意图。它的洗涤作用是叶轮打水向碟盘擦洗。叶轮转速达 1700r/min，当水位达到叶轮时，水受冲击，溅起水花向餐具喷射，产生洗涤作用。

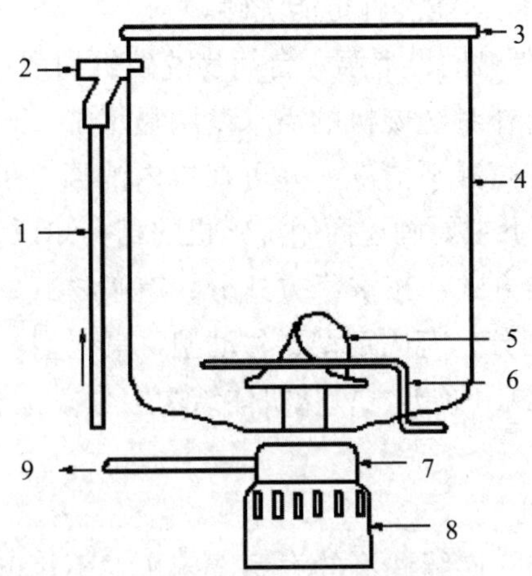


图 6-15　叶轮式洗碟机示意图

1—供水管　2—进水阀　3—封垫　4—桶　5—叶轮　6—加热元件　7—泵　8—电动机　9—排水

3. 洗碟机的安装使用与维护

（1）安装

洗碟机最好安装在供水、排水方便和适宜操作的地方，当需要接长的供排水软管时，最好不要超过 1m，否则排水软管的残水可能会倒流回洗碟机内，影响洗涤效果。

（2）洗涤程序

一般的洗涤程序是：一次喷射→洗涤剂洗涤→排水→二次喷射→冲洗→排水→三次喷射→冲洗→排水→干燥。

（3）使用注意事项

①初次使用时，应对洗碟机进行空运转，确认其运转正常且无漏水。

②机器在运转时不要将排水软管浸入水中，以免水倒流。

③无水情况下，不要对不锈钢器皿进行干燥，可能会使其发蓝。较浓的洗涤剂不要直接喷淋到金属器皿上，以防发黑。此外，水温太低、水压小、冲洗力不足、水太硬，都可能使餐具落上脏点。

④洗涤时应避免电气控制部分遇水，以防发生漏电事故。

⑤用完后要关闭水龙头，清洗滤网，并将各开关复位。

⑥经过阳极氧化着色处理的铝质器皿、手绘瓷器、描金瓷器，不能机洗，

因其易受洗涤剂影响。

### （三）洗碗机（商用）

洗碗机是供家庭、餐厅、宾馆等使用的自动洗碗盘的清洁器具，与洗碟机在用途上并没有什么不同，能洗碗也能洗碟。

从 1927 年德国制造出世界上第一台简易洗碗机到现在，其制造技术已经非常成熟，近几年来国内外对洗碗机的需求量明显增加。与手工洗涤相比，其优点是工作效率高，能在高温下清洗，并可在机内消毒、烘干。洗碗机按用途分家用、商用两大类。以下主要阐述商用洗碗机的相关知识。

洗碗机有多种分类方式：按洗涤方式分，有喷淋式、叶轮式、水流式、超声波式； 按装置方式划分，有固定型、移动型、桌上型、水槽装入型； 若按开门装置来分，则有前开式和顶开式；从机体结构上分，有单层壳体和双层壳体。

1. 洗碗机的类型

（1）飞行式洗碗机

这是一种连续送进、连续洗涤的大型洗碗机，不用碗筐、碗盘，直接插放在传送带支架上，每小时可洗碗盘 3000 ~ 10000 只，下装洗桶 1 ~ 4 个，并带有干燥装置，是一种高速洗碗机。

（2）传送带式洗碗机

将待清洗盘碗放在碗筐中，碗筐置于传送带支架上，使用传送带连续清洗，每小时可清洗盘碗 5000 ~ 8000 只。

（3）门式洗碗机

门式洗碗机是一种间歇式洗碗机，结构紧凑，操作简便。盘碗装筐后送入机内，在机内自动完成预洗、洗涤、漂洗、干燥、消毒等工序，而后取出。每小时可清洗餐具 2000 ~ 3000 只，适用于每次 250 人左右就餐的厨房使用。这种洗碗机不仅适用于大型饭店的中、小厨房、酒吧间、咖啡厅，更适用于餐饮服务业的饭馆、餐厅、招待所、食堂等。

（4）台式洗碗机

体积较小，适用于小型餐厅、咖啡厅及家用，一般每小时可清洗 300 ~ 500 只杯盘。

2. 洗碗机的结构

较常用的商业洗碗机是传送带式洗碗机和门式洗碗机（也称揭盖式洗碗机），它们的清洗方式大多采用喷淋式。大型的洗碗机的本质上的原理与洗碟机相同。

（1）门式洗碗机

门式洗碗机（图 6–16）的机体主要由壳体、门开关、进水电磁阀、水位开关、清洗系统、漂洗系统、温度传感器、洗涤剂和干燥剂自动供料装置、程序控制器以及操作显示面板等部件组成。清洗水箱为储水加热式，清洗和洗涤喷臂为旋转喷臂。

（2）传送带式洗碗机

与门式洗碗机组成部件大体相同，但传送带式洗碗机（图 6–17）少了漂洗电机，清洗臂和漂洗臂由旋转式改为固定式，另外多了一套传送电机和传送机构。漂洗水箱为过水加热式，因此需要较大功率的加热器。

这两类洗碗机清洗水箱中的水都是由漂洗水箱的水注入的。清洗时用加有洗涤剂的热水对餐具进行去污洗涤；漂洗时，用具有一定温度的清水对清洗过的餐具进行净化。

图 6–16　门式洗碗机

图 6–17　传送带式洗碗机

3. 工作流程

喷淋式洗碗机按设计结构又可分为上下回转喷嘴式、下喷嘴式、下喷嘴反射式、塔喷嘴式、多孔管式、旋转汽缸式等。尽管结构形式各有差异，但其工作特点均是以水喷溅状的洗涤淋浴方法来清洗篮框上的器皿物品。

喷淋式洗碗机依靠洗涤泵经过喷臂喷射出一定压力的洗涤液，喷臂受到喷射水流的反作用力而旋转，形成三维密集热水流冲刷餐具。水流的机械冲刷、热水浸泡的软化以及洗涤剂对油污的分解等三重作用，使冲刷分解后的污物被排出。有研究表明在去污过程中，水流机械能的清洗作用占全部清洗作用的58%，而化学清洗剂的作用仅占 15%。细菌病毒一部分被高温热水杀死，其余部分则被洗涤剂杀灭，随水流排出。整个过程由于没有人工等介质接触，避免了餐具的二次污染。洗涤的最后阶段，喷淋水水温被加热到 80℃以上并加有干燥剂，此时餐具表面的水由于凝结速度小于蒸发速度而逐渐自然干燥。

（1）门式洗碗机工作流程

电源开启→注水→加热→关门并自动开始运行→定时清洗→定时漂洗→周期结束。

每开始一天的工作之前需进行注水加热过程，每天结束工作后应排干水箱中的水，对洗碗机进行清理，保证设备的清洁。

门式洗碗机的注水过程包括漂洗水箱注水和清洗水箱注水过程，先对漂洗水箱进行注水并加热，而后用漂洗水泵将漂洗水箱中加热到足够温度的水注入清洗水箱，完成清洗水箱注水过程。

一个洗涤周期包括清洗和漂洗过程。正常洗涤周期开始时，先由清洗泵进行设定时间的清洗过程，以高于 70℃的加有洗涤剂的热水清洗餐具；洗涤结束后自动转为漂洗过程，漂洗泵进行设定时间的漂洗工作，以混有干燥剂的高于 80℃的热水对餐具进行漂洗、干燥，完成后一个周期结束。等待开门取出洗干净的餐具，放入待清洗的餐具，关门后自动开始下一洗涤周期。

（2）传送带式洗碗机工作流程

电源开启→注水→加热→关门→选择送篮“快 / 慢”→按“运行”键→开始连续清洗和喷淋。

传送带式洗碗机一般包括一个或多个清洗箱体和一个漂洗箱体，碗筐在传送带上依靠电机推动传送机构，被依次送入清洗箱和漂洗箱，从另一端送出，连续完成批量洗涤。依靠设计的清洗箱体长度、漂洗箱体长度和选择的传送带速度来决定洗涤时间。

4. 维护

洗碗机在维护上，最主要的是要经常地清理过滤网和检查喷嘴有否堵塞，因为洗涤水是循环使用的，该水是通过过滤网而滤去污物的，因此过滤网要经常取出清理，另外喷臂中的喷嘴常会被碎骨、果核等堵塞，要经常查看。

所有洗碗碟机的喷臂在设计上都是考虑方便拆卸的。如小型的洗碗碟机取下方法如图 6-18。将放于孔之中的销子取出，如图示情况顶入小轴的孔中，喷嘴即可向上拉出。

大型洗碗碟机的喷臂的拆取安装也极其方便，喷嘴要经常疏通。

5. 洗涤剂的选用

餐具的洗涤主要依靠洗涤剂和水。洗碗机所用的洗涤剂的特点是碱性大而泡沫少，一般由表面活性剂、助剂、氯化物、抗蚀剂、香精、助洗剂等成分组成。

表面活性剂的作用是降低水的表面张力，使之能迅速润湿餐具和食物残渣；氯化物可以破坏蛋白质残渣，如奶、蛋等，并有助于去除咖啡和茶水等附在器皿上的污斑；助剂的作用是与水中矿物质发生反应，使水中的矿物质与食物残渣不会附着在餐具上留下污斑；抗蚀剂能够保护洗碗机构件，降低洗涤剂对瓷器上的釉彩及铝制餐具的腐蚀作用；香精可以掩盖洗涤剂中的化学物质或陈腐物质的异味；助洗剂可以增加活性剂的洗涤作用，促进化学反应。

图 6-18　小型洗碗机的喷臂

洗涤剂必须具有使水软化、抑制食物残渣发酵、使食物残渣分散悬浮、保护餐具不受腐蚀等各种功能。由于各地水质不同，对洗涤剂的要求也不同，因此，在洗碗时，要注意选适合于本地水质的洗涤剂。

**小知识** 超声波洗碗机的特点

超声波洗碗机利用的是超声波清洗的原理。因为超声波可以穿透固体物质而使整个液体介质振动并产生空化气泡，因此这种清洗方式不存在清洗不到的死角，而且业内证明超声波清洗的洁净度高。与传统的洗碗机相比，超声波洗碗机还具有以下优点。

①省电、节水、噪声小。由于超声波洗碗机不需要电机、水泵，洗涤时不需要高压水、循环水，不需要机构的运动与回转，一切都是靠水分子的振动而完成，所以机器噪声小，而且节水、省电。

②洗碗机结构简单、使用寿命长。由于靠的是超声波产生的水分子振动来洗碗，不需要传统洗碗机的喷臂回转机构、搅水叶轮机构，更不需要泵、电机、循环水系统等，因此结构简单得多，产生故障的机会也少，维修和售后服务简单。

③不需用专用洗涤剂。超声波洗碗机原则上可不用洗涤剂，加入洗涤剂也是起辅助除油作用，对洗涤剂无特殊要求。

## （四）其他清洁设备

1. 银器抛光机

靠容器内的小钢珠与银餐具一起翻滚，借光滑的滚珠将银餐具上的污斑除去，达到抛光的目的。银器抛光机的使用注意事项如下。

①未加抛光剂之前千万勿开机，否则抛光钢珠会严重损伤。

②加抛光剂时，直接倒在抛光钢珠上，让机器预运转10分，如不让机器预运转，便加入银餐具，则银器上会出现斑点，清除这些斑点至少需要运转25分钟。

③银餐具抛光前，要清洗干净，去掉油污，并将去污剂彻底洗掉。

④对新购的银餐具，要洗去厂家为了使银器光洁而涂的“银铁粉”，否则它会与抛光剂产生化学反应，会在抛光过的银餐具上留下深蓝色的痕迹。

⑤如果发现排水洞阻塞，应将抛光钢珠从抛光筒中拿出来，冲洗排水口，直至干净为止。千万不可强行通孔，这些孔不是圆的，会造成永久性的破坏。

⑥传动部分及轴承部分要添加润滑油，频率为每年一次。

⑦每天工作结束时，机器内要注入新鲜的抛光剂。每天应让机器在没有银器的情况下预运转10分钟。

⑧机器要有操作工看管，以防发生故障。

2. 容器洗净机

图6–19是容器洗净机的外形图。当脏污的容器罩于其机器上时，操纵踏板，喷臂中可喷出冷水或热水将容器洗净。通常洗涤的均为大容器，如垃圾筒等。

3. 喷水圈带

图6–20是厨房粗加工等场地用的喷水圈带，可喷出冷水或热水，清洗地面时使用。

图6–19　容器洗净机

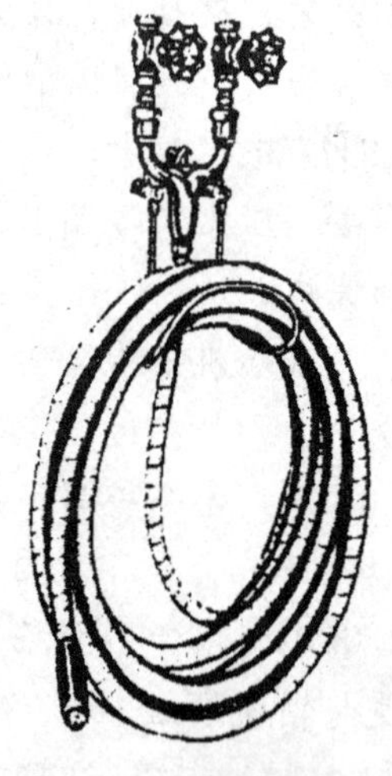

图6–20　喷水圈带

**提示：**此外，厨房的清洁设备还有如面包房专用洗涤机，它是面包烘房的器皿的专用洗涤机。还有前文提到的高压喷射机。

## 二、消毒设备

餐具消毒设备根据消毒方式分热水消毒槽、蒸汽消毒柜、化学消毒槽和电子消毒柜四种。

### （一）蒸汽消毒柜

1. 蒸汽消毒柜的类型

蒸汽消毒柜有两种，一种是直接用管道将锅炉蒸汽送入柜中进行消毒，它没有其他加热部件，使用较方便（图 6-21），被大中型酒店所采用。

第二种是电汽两用消毒柜，又称为消毒蒸饭车（图 6-22）。这种设备的蒸汽有两种来源：一是将锅炉蒸汽用管道输送到消毒车内直接加热；二是在消毒车底部安装电热管，加水通电后，利用电热产生的蒸汽进行加热。

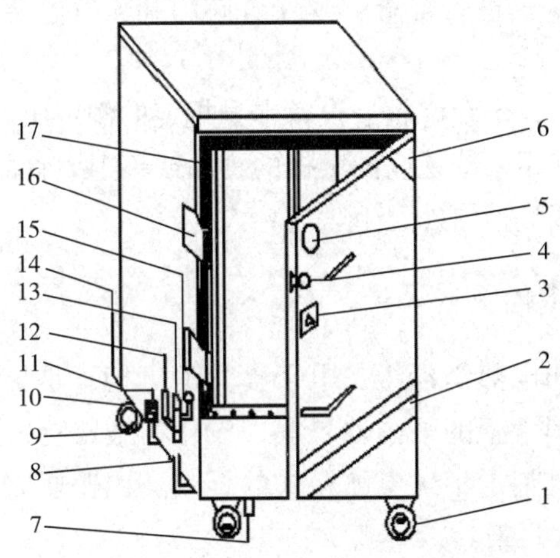


图 6-21 蒸汽消毒柜（蒸饭箱）示意图

1—脚轮　2—装饰贴　3—警告标志　4—门把手　5—标志　6—优点说明
7—排污口　8—进气阀　9—进水接口　10—接地标志　11—卸压口　12—限压阀
13—蒸汽接口　14—电源　15—压力表　16—门把锁铰　17—耐高温硅橡胶门封

该设备由上部箱体、蒸盘与下部蒸汽发生装置三大部分组成。箱体内胆和外壳采用高级不锈钢，内衬用保温隔热材料制成，蒸盘用食用铝板冲孔压制而成，用户可根据蒸制量选用，下部蒸汽发生装置由蒸汽产生箱、进水补水箱、电气系统等组成。通电 3 ~ 5min 就可连续产生蒸汽，热效率高，操作使用方便。

图 6-22　消毒蒸饭车

电、汽两用消毒车具有功能多和经济实用的特点，不仅可以用于餐具的消毒，而且还可用于蒸饭或蒸制各种菜品，是中小饭店常用的一种消毒设备。

2. 蒸汽消毒柜安全技术操作规定

①设备必须由专人操作和管理。

②操作前必须认真进行检查，其安全阀门和输气管道必须畅通，发现故障应及时报修。

③输入蒸汽压力，不允许超过设备本身规定的额定压力。

④蒸汽柜不允许用来蒸易腐蚀蒸柜的食品或不卫生食品。

⑤要随时保持蒸汽柜内外卫生。

### （二）电子消毒柜

电子消毒柜也叫电热消毒柜、电子食具消毒柜，是集消毒、烘干、存储于一体的厨房电器。消毒柜的杀菌效果好，没化学残留物，这是一般的高温消毒所无法达到的。而且消毒柜仿电冰箱式的柜门，比普通碗柜密封性强，有效地避免了消毒后的二次污染。

1. 电子消毒柜的类型

电子消毒柜按消毒方式可为高温消毒、臭氧消毒、紫外线消毒、高臭氧紫外线消毒、高温臭氧消毒五种。

（1）高温消毒柜

高温消毒柜又称红外线消毒柜，它利用远红外线对餐具进行 125℃的高温烘烤，消毒速度快（10 ~ 15min）。

高温能使细菌和病毒蛋白质变性而达到杀菌的目的。在高温时加热 10min，一般细菌和病毒（包括乙肝病毒）杀灭率超过 99. 9%。消毒方法直观，易被接受。

但机内结构设计较困难，容易导致温度不均匀，且这类消毒柜耗电量大，对热的穿透较差，产生的高温易使腔体及加热物体损坏变形。因而只适合于陶瓷、铝、玻璃器皿和不锈钢等耐高温的餐具的消毒，它会使金属碗边的漂亮餐具褪色，而且降至室温所用的时间也较长。

（2）臭氧消毒柜

臭氧消毒柜又名低温消毒柜，其原理是利用臭氧发生器来制取臭氧。当空气或氧气通过高压电极时，氧分子在高速运动着的电子的轰击下发生电离，使得一部分氧分子聚合成臭氧分子（$O_3$），研究表明臭氧杀灭细菌、芽孢、霉菌类微生物的作用机理是臭氧导致其生物化学损伤。首先损伤细胞膜，使细胞内核酸、蛋白质等渗漏，并使维持细胞基础代谢的物质——酶失去活性，导致其新陈代谢障碍，臭氧还能破坏细胞遗传物质。臭氧对病毒的的杀灭机理，一般认为是直接破坏其核糖核酸（RNA）或脱氧核糖核酸（DNA），而将其杀灭。

臭氧浓度 20 ~ 40mg/$m^3$ 且消毒时间大于 60min，可对包括乙肝病毒在内的细菌和病毒杀灭率超过 99.9%。臭氧可以均匀扩散，能适用于大范围的消毒。但臭氧浓度不能太高，如泄漏会对环境以及人体健康有影响。

（3）紫外线消毒

紫外线（通常就指短波紫外线）消毒是通过破坏细胞中的 DNA 来达到消毒灭菌的目的，短波紫外线中 250 ~ 270nm 范围杀菌能力最强。254 nm 紫外线能使菌和病毒的 DNA 发生变性使细菌不能繁殖后代。波长 254nm、照度 100μw/$cm^2$ 的紫外线强度下杀灭以下细菌所需时间分别为：炭疽杆菌 90s，乙肝病毒 210s，结核杆菌 120s，流感病毒 70s。杀菌具有广谱性，即对任何细菌或病毒都有效；可集中高强度紫外线在短时间内（可小于 1s）杀菌；还具有节能等特点。

但紫外线只能沿直线传播，紫外线照射不到的地方，不能消毒。

**提示：**水银蒸汽压为 80Pa 的低压汞放电灯（如日光灯、节能灯、属于低压汞灯）能产生波长为 254nm 和 185nm 的紫外线，波长为 185nm 的紫外线能裂化空气中的氧分子成臭氧，但是普通玻璃包括日光灯、节能灯用玻璃是不透波长为 254nm 和 185nm 的紫外线的，一般高硼玻璃是硬料器皿玻璃，也不透波长为 254nm 紫外线，只有专门配方的钠钡玻璃（波长为 254nm 的紫外线透过率为 75%）才可以。

（4）高臭氧紫外线消毒

高臭氧紫外线消毒采用特殊石英玻璃制成的高臭氧紫外线杀菌灯，在发射出具有很强杀菌作用的波长为 254nm 的紫外线的同时还发射出波长为 185nm 的紫外线。185nm 紫外线能使空气中的氧气分子结合成为臭氧分子 $O_3$。臭氧的强氧化作用能有效地杀灭多种细菌、病毒等微生物，其杀菌能力与过氧乙酸相当，高于高锰酸钾、甲醛等的消毒效果。

紫外线和臭氧的共同作用使常温消毒扩大了灭菌范围，强化了消毒效果。与常规的高压、放电式臭氧发生器不同，波长为185nm的紫外线所产生的臭氧仅限于射线通过的空间，臭氧的发生量和紫外线辐射的范围成正比，即和消毒柜的容积成正比。因此，高臭氧紫外线特别适合于大容积消毒柜。臭氧产生的速度快，浓度分布均匀，消毒时间短。

（5）高温臭氧电子消毒柜

高温臭氧电子消毒柜的特点是集高温型、臭氧型电子消毒柜的功能于一体，采用双柜双门，是消毒功能齐全的电子消毒柜。它既可以进行高温消毒，又可以进行臭氧消毒，并可随意选择上、下消毒室进行消毒，上消毒室为臭氧消毒、低温烘干；下消毒室为高温消毒。

**提示：**电子消毒柜按杀菌效果可分为一星级消毒柜和二星级消毒柜。从款式上可分为立式、壁挂式和嵌式消毒柜。从外观上可分为单门柜和双门柜消毒柜，单门柜消毒柜一般只有一种消毒方式，双门柜消毒柜则有两种消毒方式。按控温方式可分为机械控温和电脑控温。

---

**小知识** 消毒柜的技术要求

在GB 17980—2000《食具消毒柜安全和卫生要求》中，对以消毒为核心功能的消毒柜作了明确的技术要求。一般评价消毒效果有三项指标：对大肠杆菌杀灭率不小于99.9%；对金黄色葡萄球菌杀灭率不小于99.9%；可破坏乙肝病毒表面抗原，试验应呈阴性反应。消毒效果能达到前两项指标的消毒柜为一星级消毒柜，能达到前述三项指标的消毒柜为二星级消毒柜。消毒柜的正面位置应标有消毒柜星级数，一星级用“+”表示，二星级用“++”表示。由于一星级和二星级消毒产品的结构及成本是完全一样的，所以市面上采用高温消毒的消毒柜绝大部分都为二星级消毒柜。

---

2. 电子消毒柜的使用及注意事项

（1）电源

不管什么类型的电子消毒柜，使用电源均为50Hz、220V单相交流电。使用时，必须使用单相三脚插座，规格为220V、10A为好，并且插座接地脚必须安装牢固可靠的接地线，以保证安全。

（2）程序

使用高温型电子消毒柜消毒时，先将洗净的餐具放好。按下按钮，电源指示灯亮，表示开始加温消毒。待指示灯自动灯灭，表示消毒完毕。刚消毒结束时，一般经10 ~ 15min的时间才可取出使用。若暂时不使用餐具，最好不要打开柜门，这样消毒效果可维持数天。

使用低温型电子消毒柜时，先根据放入餐具的多少，将定时器的旋钮置于适当时间的档次上，插入电源插头，“0”表示灯亮，开始臭氧消毒。当“0”指示灯熄灭时，表示臭氧消毒完毕。烘干指示灯亮，表示正在烘干餐具，待烘干指示灯自动熄灭时，消毒、烘干程序完成。

如果使用的是紫外线臭氧消毒柜，在开门的状态下不要接通电源，消毒时要把柜门关严，消毒后不要马上打开柜门，以防臭氧逸出污染室内空气。餐具之间要留有一定空隙，使臭氧流动畅通，与餐具充分接触。

使用高温臭氧电子消毒柜时，将不耐高温的塑料、漆竹木等器具放在上消毒室内的层架上，将可耐高温的餐具放在下消毒室内对应的层架上，关好双门，接通电源后，可随意选择上下消毒室的工作状态。

（3）餐具材质

彩瓷器皿上的釉彩含有的铅、镉等有毒重金属，在红外线消毒柜的高温下会释放出来。如果经常在这些消过毒的彩瓷器皿内放置食物，会使食物受到污染，危害人体健康，因而不要把这类餐具放到红外线消毒柜中消毒。表面镀上一层珐琅的搪瓷餐具也不能放入红外线消毒柜中，因为珐琅里含有对人体有害的珐琅铜及氧化物，在高温下会逐渐分解而附着于其他餐具上，危害人体健康。

（4）餐具摆放

无论哪种消毒柜，一定要把餐具上的水分抹干后再放入消毒柜中，这样省时省电又能达到理想的消毒效果。另外，柜内的餐具应合理摆放，碗、盘、匙等餐具都要竖放在规定层架上，这样利于通气沥水，消毒更彻底。经常擦拭箱体部，以保持清洁卫生，操作时不要撞击远红外管，以免损坏。

（5）设备摆放

未放餐具的空箱体不能在高温下烘烤过长时间，否则会使箱体变形。不要将消毒柜放置在加热器具如煤气灶旁，否则会引起消毒柜变形、发生故障。

3. 消毒柜的清洗与保养

（1）日常清洗

清洗时要先拔下电源插头，用干净的布蘸些温水或中性清洁剂擦拭柜的内外表面，尤其是长期积存在金属支架和底部的水垢，再用拧干的湿布擦净，切勿用强腐蚀性的化学液体擦拭。在使用或清洗时，要避免硬物碰撞石英管加热器或臭氧管，以防破裂。

（2）二级保养

消毒柜长期使用后，可能会出现开门费力的情况，这时要将柜门内的密封条油垢彻底清洁干净。另外，由于受热的原因，密封条的老化速度较快，要及时更换，以免起不到密封的效果。

# 第三节 供电、给排水、照明、消防和储运设备

现代化的厨房除了要有我们已经了解的排油烟系统、清洁消毒设备，还应有供电设施、给排水系统、消防系统以及调理、储运设备等辅助设施。

## 一、供电系统

厨房的用电大致可分为生产性用电，包括加工间烹饪设备、保管室、通风换气风机、制冷压缩机、给排水泵等生产作业时必不可少的用电；非生产性用电，如厨师办公室、洗浴间等非生产性设施的用电。

### （一）供电系统一般要求

1. 供电方式

在饭店中，厨房是各种机电设备比较集中的地方，是用电“大户”，可考虑单独设置变压器，形成自己的电力网。饭店、酒楼的厨房用电负荷很大，生产设备中有要求 220V 供电和 380V 供电两种规格。为满足要求，供电系统应采用三相五线方式。

2. 厨房的事故用电

必须能保证维持冷冻机、事故照明、主要通风装置和排水设备的运转。必要时，可考虑采取双电源方式（一备一用或互为备用）。

3. 容量需求

为了满足未来的需要，导线、电缆、开关板和配电板均应有备用量。各动力和配电用配电板的备用量为 15%，厨房的总配电板的备用量为 25%。

4. 用电设备位置图

厨房设备平面布局确定后，应及时绘制用电设备位置图，图中应标明用电设备的用电点位置、标高、电流、电压、配线数量、线径、管径等相关的技术数据。

5. 厨房作业区防护要求

厨房在作业生产中，一般处于高温、高湿环境，且产生蒸汽、油、热、酸、碱、盐等各种腐蚀介质，故需对各作业区的设备作出各种防护。具体要求见表 6–6。

**提示：**所谓防水、防潮，即防止水蒸气使设备、电气元件短路和相间接地。防油、防腐蚀即防止油及酸、碱、盐给电气绝缘体造成的老化、腐蚀，使绝缘体脱落，绝缘效能降低。防爆即防止电火花引起可燃气体的引爆和燃烧。防热即防止高温、明火对电气元件和设备的伤害。

表 6-6　厨房作业区防护要求

| 区域 | 防水 | 防潮 | 防油 | 防腐蚀 | 防爆 | 防热 |
|---|---|---|---|---|---|---|
| 初加工区 | √ | √ | | | | |
| 加热区 | √ | √ | √ | √ | √ | √ |
| 配餐区 | √ | √ | √ | | | √ |
| 清洗、消毒 | √ | √ | √ | √ | | |
| 冷冻、冷藏 | √ | √ | | | √ | |
| 仓库 | | | | | √ | |

经过厨房的电线除防潮、防漏电、防热、防机械磨损外，还须在每台设备附近安装安全装置。厨房附近必须装有超载保护装置。

### （二）厨房照明

1. 照度

照度就是光照射的强度和亮度，其物理意义是照射到单位面积上的光通量，照度的单位是每平方米的流明（Lm）数，也叫做勒克斯（lx），Lm 是光通量的单位，其定义是纯铂在熔化温度（约 1770℃）时，其 1/60 平方米的表面面积于 1 球面度的立体角内所辐射的光量。

1lx 大约等于 1 烛光在 1 米距离的照度，一般情况：夏日阳光下为 100000lx，阴天室外为 10000lx，室内日光灯为 100lx，距 60W 台灯 60cm 的桌面为 300lx，黄昏室内为 10lx，夜间路灯为 0.1lx，烛光（20cm 远处）为 10 ~ 15lx。

实践证明室内明亮程度对厨师工作有很大影响，厨房的灯光要重实用。这里的实用，主要指临炉炒菜要有足够的灯光以把握菜肴的色泽；案板切配要有明亮的灯光，以有效防止刀伤和追求精细的刀工；出菜打荷的上方要有充足的灯光，切实减少杂物混入并流入餐厅等。厨房灯光不一定要像餐厅一样豪华典雅、布局整齐，但其作用绝不可忽视。根据《建筑照明设计标准》，旅馆建筑厨房的台面的照度要求达到 200lx，旅馆建筑中餐厅的照度要达到 200lx，旅馆建筑西餐厅的照度要达到 100lx，各类库房的照度要达到 50lx。

另外天花板应能反射 85% 的光线，上壁面（地面 0.9m 以上）反射 60%，下壁面反射 35% ~ 40%，地板反射 30%，工作面（如柜台、桌面、橱柜和一些设备）反射 50%。与以上数据出入过大的工作环境将影响菜品的品质。

2. 光线分布

灯的安装必须注意避免产生阴影，而灯光的亮度必须适当。在通风罩出现阴影时，要特别予以注意。另外，煮锅、炸锅的光线要好，灯光的颜色要自然，不能因光的颜色干扰厨师对食品颜色的判断，各种设备的门必须开启方便，使光线能完全照进去，光线要稳定、柔和。

3. 防止炫光

厨房设备光洁的表面在灯光下常常会产生耀眼的光线，使用漫射灯光和间接照明可防止炫光。

4. 光源

厨房的照明光源大多要安装保护罩，特别是炉灶区灯管和灯泡瞬间受热易发生爆裂，由于厨房产生的烟雾较多，应选择一些先进的防雾灯具或灯罩以及防爆灯，并要便于清洁和维修。

（1）蒸煮间

根据相关规定，在潮湿场所应采用相应等级的防水灯具，至少也应采用带防水灯头的开敞式灯具。若采用密闭式灯具，应采用耐腐蚀材料制作，若采用带防水灯头的开敞式灯具，各部件都应有防腐蚀或防水措施。

（2）热加工区

热加工区宜采用带散热构造和措施的灯具或带散热孔的开敞式灯具。

（3）冷菜间

冷菜间应安装不易积尘和易于擦拭的洁净灯具，这样有利于保持场所的洁净度，并减少维护工作量和费用。

5. 照明方法

物体的照明可分为直接照明、间接照明、混合照明和散射照明四类（图6-23）。

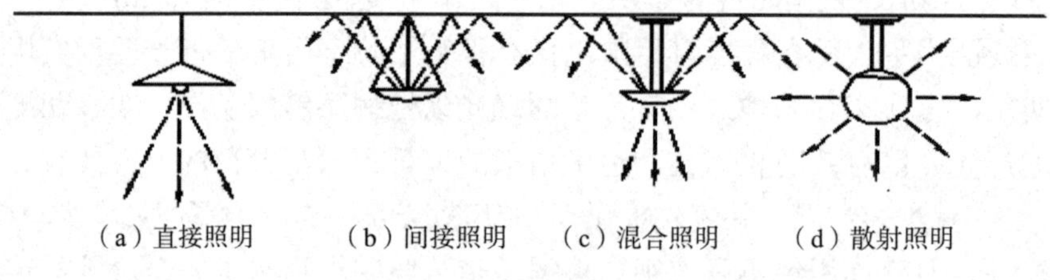


图6-23　照明方式

（1）直接照明

直接照明是最有效的，它能把所有的光线直接照射到工作区。

（2）间接照明

间接照明是把所有的从光源发出的光线都反射到天花板和墙壁上去，光线必须被再度反射到工作区。

（3）混合照明

混合照明又分为半直接和半间接照明。半直接照明把少部分光线射向天花板，大部分光线直接散射到工作区。半直接照明使天花板有较强的光线，而产生一种柔和的照明效果。半间接照明是只将小部分光线直接照射到工作区上。这两种方法的安装和运行费用较高，一般适用于酒吧、鸡尾酒廊等设施的照明。

（4）散射照明

散射照明仅仅是部分光线照射到天花板上，工作区一般仍得到均匀照明。然而，散射照明的安装费和运行费要高出上述几种方法。

### （三）作业现场配电要求

1. 厨房现场的开关柜、配电箱

厨房现场的开关柜、配电箱原则上不允许落地安装，必须采用落地方式时应安装在高于地面300mm的水泥平台或支架上。原料加工区、烹调区、洗消区等用水较多的地区应选用防水型墙壁式配电箱。

开关柜、配电箱应设置在便于操作的位置。箱内电器要有对应控制区域点及设备的编号，箱面上的控制开关要有控制设备的名称。设在易燃气体室内的电气元件必须采用防爆型。

2. 管线要求

（1）护管敷设

电线（电缆）穿管暗敷时，原则上采用金属管。一般管径大于电线外径的40%，如果弯头比较多则考虑大于电线外径的60%。

（2）管线连接

管线之间必须有良好的金属连接。管线通向负载时，应有良好的保护接地螺母，以利于与设备导电部分的外壳连接。

考虑厨房高温多油、潮湿的特征，连接电缆应选择RW型塑料软电缆。对于多根导线的连接，应考虑选用金属包软管过渡；在多水处应选用塑料软管及近金属包塑软管，并加装防水型接头；在多动处，导线的外部应缠绕一层塑料缠绕管。

（3）载流量

连接铜芯导线的载流量，原则上按1mm$^2$通过10A的电流计算，穿管的单芯导线、电缆按实际电流量的1.75倍计算。

（4）标高

地下导线的出口标高，应根据设备的具体情况而定，但最低不得低于100mm。

（5）颜色区分

应用颜色区分出动力、控制、保护等各类导线，根据相关规范，动力线路的三相分别用黄、绿、红表示，中性线用淡蓝色表示，保护接地线用黄绿相间的条纹表示。

3. 厨房电器元件的基本要求

因为厨房特殊的工作环境，所以厨房附近必须装超载保护装置以及其他的电器保护元件。

（1）控制开关

按负载设备电流的 3 ～ 5 倍选择。

（2）过流保护器熔断器

按实际额定电流的 5 ～ 7 倍选择，对于电阻负载按实际额定电流的 1 ～ 2 倍选择。

（3）过热保护器

按实际额定电流的 1.1 倍选择，因考虑厨房为高温场所，可视保护器距离热源的距离，选择高 1 ～ 2 个档次。

（4）操作按钮、开关、信号灯

在箱盘上的操作开关、按钮，应具备防潮功能，在设备近水源处，应选择防水型开关，设备需经常清洗的部位，须装开关、按钮时，应选用防水型。

（5）现场控制、检测元件

应选择密闭型元器件，同时还要进行防水、防尘、防油处理；对有特殊要求的部件，应根据要求用相应的元器件，并作相应处理。

## 二、厨房给排水系统

厨房中用水设备较多，其给水系统相当关键，相对应的排水系统也有相应的要求。

### （一）给水系统

1. 水源的种类

（1）生活用水

生活用水主要由市政管道或饭店的储水箱获取，此水源是厨房中的主要水源，适于生产中的一切用水，在厨房工艺布置中又可分为冷水和热水。

（2）中水

中水是生活用水和部分生产用水产生的废水，如洗脸水、洗澡水、部分洗衣水等经过处理后的水。此水源只能作为厨房内冲洗地面、厕所及中央空调系统的冷却水和采暖系统的用水等。这种水在一般的酒楼、饮食店不能提供，但是大型的饭店应重视对此水的利用。因为饭店的生活废水量大，厨房需要的冲洗用水量也大，无论从经济效益还是社会效益的角度，都应进行合理的回收和利用。在国外，中水系统被广泛使用。但在工艺设计和使用时，要严格控制，以防止被当作生活用水。

**提示：**一般的星级饭店一年需要用水达30万至50万吨，以一般餐饮饭店水价5.0元/吨计算，年水费至少上百万。

（3）饮用水

目前我国饭店提供的饮用水，主要还是将自来水煮沸和过滤之后的水。为提高饭店服务与菜品质量，应大力开发管道纯净水。

所谓管道纯净水是以自来水为原水，通过水处理技术，将处理后的纯水通过专门的管道输送到所需的地方。

管道纯净水不仅能满足厨房中的制冰机、冷热饮机用水的要求，而且用管道纯净水来做菜，可获得更佳的色香味；用纯净水泡茶、煮咖啡、味道更香醇。提高了饭店的服务质量，提升了饭店的品味，与国际水准和潮流相接轨。

**提示：**如果水中含有丰富的铁离子，那么菜肴会显红色。

**知识应用：**如果水的硬度太高，对菜肴的烧制和洗衣房衣物的洗涤会产生什么效果？

2. 用水量

厨房生产随菜品种类和数量、季节、餐厅座位数等诸多因素的变化而变化。

按有关文献厨房总的用水量，可以厨房餐厅的餐座或用餐人数作为计算依据，每人每天15～30L水。

（1）冷水量

各类洗槽容积×2/h，蒸锅水箱容量×1/h，炊饭器（机）炊饭量×5/h，汤锅容积×1.5/h，供餐人数×0.4L/h。

（2）热水用量

洗槽类容积×1.5/h，洗菜机的水箱容积×3～6（8～25L/min），汤锅容积×0.5。如果总体简单估算的话，可采用厨房服务餐厅的餐座数，每座每天为15～20L。

对厨房给水的计算还可以按配水点数量、管径、压力、流量和使用时间来计算，但不管哪种算法，都是一种估算，与实际使用量存在一定的差别。

3. 热水的供应

厨房生产中需要使用热水的，主要有干原料浸泡、涨发、菜肴烹调、食器工具的清洗（40～60℃）、消毒等。厨房热水供应的方式一般有集中和局部两种供水方式。

（1）集中供热水

采用高位、静压水箱集中加热后向厨房供水（或大容量“蒸汽式”快速热交换器），这种方式的水温一般控制在60℃以下，多适用于中央厨房式的用水量大、区域多的厨房，或300座以上的宾馆、饭店厨房地集中供应热水。

（2）局部区域配水

采用快速热水器，向厨房各区域供水。这种方式的水温一般控制也在60℃以下，水温要求提高时，需自带或用再加热装置来提高水温，或单独一次加热到所需水温。此方式多适于300客座以下的宾馆、饭店、一般饮食、快餐连锁店的热水供应。

### （二）排水系统

厨房中原料、烹饪、厨房用具、设备和地面清洗等污水排放及冷冻机冷却水的排放，在厨房内一般采取明沟与干管相结合的方式。由于厨房排放污水中含有较多的泥沙、残渣、碎叶以及油污，明干沟、干管设置时一定要考虑其排放的畅通、防鼠害进入（从沟管进入）以及防堵塞问题。

此外，由于环保的要求，对于餐饮业的污水还要进行相应的处理，方可排放到市政公用污水管道。

1. 排水方式

一般厨房室内排水多为明沟与管排相结合，室外排水采取管排为主。

（1）明沟

明沟排水是厨房内的主要排水方式。原则上每个厨房作业区均需设置明沟（加盖或铁丝网格）。在设计厨房排水系统时，必须标明厨房内明沟的位置、长度、深度及坡度等技术数据。

①厨房内明沟的长度以30m以内为合适（坡度0.5/100 ~ 2/100以内）。

②明沟尽量靠近排水点，减少暗埋管的长度。

③尽量避免明沟与设备位置交叉。

④尽量避免将明沟布置在运输通道上。

⑤排水明沟的宽度应不小于300mm。

⑥明沟的始端深度为50 ~ 80mm，末端及支路各点深度按坡度及排水量计算。

⑦厨房内明沟数量较多时，应分区分段设置沉渣井和接渣筐。

⑧厨房内明沟的流向应遵照较清洁水向较污浊水流动的原则，最后流到隔油池。

**知识应用：**为什么明沟要距离灶台一定的距离？

（2）管排

厨房中管排大多用于设备、设施的排水点与附近明沟的短距离连接，在厨房外一般用于室内管网与室外隔油池及市政排污总管道的连接。

室内管径多在150mm以内（以明干沟为主排水方式时），室外管排管径多在 150mm 以上。其中厨房内排水主管直径应大于 200 mm。

（3）池排

池排一般是指一次排水量大、集中的厨房设备的特定排水方式，主要用于切菜机、球根机、切丁机、洗菜机等原料初加工设备的排水，以及夹层锅、洗米机等加热设备的排水。

池排的方式一般是在厨房地坪以下设置一个地池，将设备置入，池与厨房内的干沟相接：设备使用后的污水直接倒入池中再流入明沟排出。一般地池设在室内以下 80 ~ 200mm 的深度，池的尺寸因设备不同而异。一般考虑操作面与设备外缘尺寸一样，非操作面原则上宽于设备外缘尺寸 100 ~ 500mm 即可。

2. 厨房地面排水应遵循的要求

（1）地势

厨房的地势应高于所在地区下水道，以便排除污水无阻。

（2）地面

应采用光而不滑的地面砖，使用塑料砖或其他硬质丙烯酸砖好于瓷砖。使用红钢砖仍不失为有效之举。

（3）与餐厅的联系

在通往餐厅的路上，不应有楼梯，以避免发生事故。在有高度差处，应用斜坡处理，采用防滑地面，并用不同颜色加以区别。

**知识应用：**为什么厨房的排水管道经常容易造成堵塞？

3. 餐饮污水处理

餐饮业含油污水的产生是由于在烹饪过程中使用大量的动物油和植物油，这些油脂经加热烹炒、高温煎炸后部分进入食物，而在刷洗餐具、油锅以及倒掉残油和残羹冷炙的过程中，大量油脂与厨间生活污水混合进入下水道。

餐饮业含油污水主要的危害有：增加城市污水处理厂的负荷；影响城市排水管网过水能力；恶化水质、危害水产资源；危害人体健康；影响农作物生长；污染大气。

为了防治餐饮业动植物油的污染，国家环境保护局和国家工商行政管理局在《关于加强饮食娱乐服务企业环境管理的通知》［环监（1995）100 号］中强调“污水排入城市排污管网的饮食服务企业，应安装隔油池或采取其他处理措施，达到当地城市排污管网进水标准。其产生的残渣、废物，不得排入下水道。”比如广州市环保部门自 20 世纪 90 年代开始，就要求新开的餐饮业对废水进行混凝气浮处理，近年又出现了技术更先进的电气浮处理系统。

国内针对餐饮废水处理现状，除了使用包含隔油池在内的重力法外，还有混凝土处理技术、磁分离技术、粗粒化法、电凝聚法、吸附法、膜分离技术、生物处理技术等方法。其中生物处理技术又包括活性污泥法、膜生物反应工艺、复合厌氧颗粒床、生物填料塔、三相生物流化床等。

（1）集中处理

在厨房排水管网的末端与市政排污总管之间，制作安装一大型隔油池，将厨房污水沉淀处理去除油污杂物后再排向市政管道。

隔油池根据地形可做成地上式或地下式，一般的结构是经过三级降速、沉淀的处理。隔油池外形尺寸应根据排污水量来计算得出，设计合理的隔油池处理后的厨房污水应能够达到国家规定的排放标准。

（2）分散处理

厨房内、厨房外均没有安放集中式隔油池的位置时，可采用分散处理污水的方法。

采用分散处理法应根据排污水设备的数量制作相应数量的小型隔油箱（图6-24），分别安装在设备的排污口前，使本台设备的污水经过处理后再排向明沟。

小型隔油箱的原理基本与大型隔油池相同，但因箱体较小，污水在箱内的流速还比较高，处理效果不如大型隔油池好。

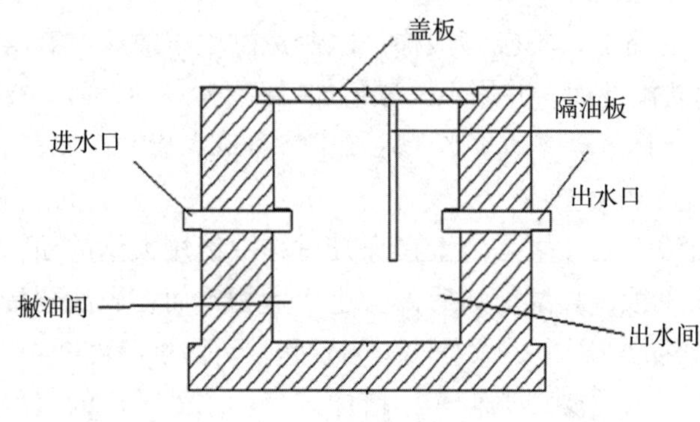


**图 6-24 隔油箱示意图**

（3）集中、分散混合处理

厨房较大而且排水明沟又很长时，应该采用集中处理与分散处理结合的方法来处理污水。这样可口避免污水油污污染较长的厨房内明沟及管道。

具体做法是首先在重点油污排量较大的设备上设置一级小型隔油箱，对油污水处理一次，避免了油污水对厨房内管道、明沟的污染。然后在厨房排污明沟的末端再做一级大型隔油池，对所有厨房污水再进行二次处理。这样的排污净化系统能够很好地解决厨房内、外的污水污染问题，但投入资金较大。

**提示：**目前，将餐饮污水直接通过简单装置制成生物柴油已经变成了现实。

4. 餐饮污水量的确定

不管是排水系统管径的设计，还是隔油池尺寸的设定，都与餐饮污水量的确定有密切关系。根据 GB 50015–2019《建筑给排水设计规范》和 CJ/T 295—2015《餐饮废水隔油器》，污水量的确定可按用餐人数及酒店类型或餐厅面积及酒店类型两种方法确定。相关参数见表 6–7 和表 6–8。

（1）用餐人数及酒店类型

$$Q=N\times q\times k_h\times k_s\times y/1000t$$

式中：$Q$——每小时处理水量，$m^3/h$；

$N$——餐厅用餐人数；

$q$——最高日用生活水量定额，L/（人 · 天）；

$k_h$——小时变化系数；

$k_s$——秒时变化系数；

$y$——用水差异系数；

$t$——用餐历时，h。

（2）餐厅面积及用餐类型

$$Q=S\times q\times k_s\times y/（SS\cdot 1000t）$$

式中：$S$——餐厅的使用面积，$m^2$；

$SS$——餐厅每个座位最小使用面积，$m^2$。

表 6–7　相关参数表

| 项 | 餐饮类别 | 最高日用生活水量定额［L/(人·天)］ | 用水差异系数 | 用餐历时（h） | 小时变化系数 | 秒时变化系数 |
|---|---|---|---|---|---|---|
| 1 | 中餐酒楼 | 40 ~ 60 | 1.0 ~ 1.2 | 4 | 1.2 ~ 1.5 | 1.2 ~ 1.5 |
| 2 | 快餐店、职工及学生餐厅 | 20 ~ 25 | 1.0 ~ 1.2 | 4 | 1.2 ~ 1.5 | 1.2 ~ 1.5 |
| 3 | 酒吧咖啡馆、茶座、KTV | 5 ~ 15 | 1.0 ~ 1.2 | 4 | 1.2 ~ 1.5 | 1.2 ~ 1.5 |

表 6–8　餐厅每座最小使用面积　　单位：$m^2$

| 项 | 餐馆、酒楼 | 饮食店 | 食堂 |
|---|---|---|---|
| 1 | 1.3 | 1.3 | 1.1 |
| 2 | 1.1 | 1.1 | 0.85 |
| 3 | 1 | / | / |

## 三、厨房消防系统

### （一）火灾原因

1. 操作失当

油锅持续高温引发火灾。厨房内油炸、油煎等烹饪制作较为常见。当油锅在持续加温，锅内温度逐渐达到食用油的燃点（315℃左右）后，油锅内的油品便会产生自燃。从试验情况来看，其燃烧蔓延速度较快。油锅起火大约20s后，火势便发展到猛烈阶段。若不能及时有效地扑灭，可迅速引燃厨房内其他可燃物，并且通过风机、风管蔓延，从而引发更大的火灾。

2. 厨房灶台燃料泄漏，遇明火引发火灾

宾馆、酒楼、饭店、学校、餐厅厨房灶具的燃料主要以燃气或燃油为主，一旦灶具或燃料输送管道发生泄漏，遇到明火即发生火灾。

3. 排烟罩及排烟管道油垢堆积，遇明火引发火灾

厨房在使用过程中，其排烟罩及风管会因油烟影响逐步集聚油垢。当烟罩及风管内的油垢遇到明火时，易引起燃烧，并经风机、风管等途径蔓延而引发火灾。

4. 电器故障引发火灾

由于电气线路老化，引发短路或断路，从而引发火灾。

### （二）厨房火灾对消防的要求

1. 法规要求

目前，在西方发达国家有关规范中，规定公共餐饮场所的厨房内应配置厨房灭火系统，特别是在欧美许多餐饮管理集团，规定其下属酒店、宾馆的厨房内必须安装厨房灭火系统后方可运营。

在我国，商业用厨房火灾的预防问题已经引起有关部门的重视。《建筑设计防火规范》修订版中规定：商店、旅馆等公共建筑中营业面积大于500m$^2$的餐厅，其烹饪操作间的排油烟罩及烹饪部位宜设置自动灭火装置，且应在燃气或燃油管道上设置紧急事故自动切断装置。《厨房设备灭火装置》（GA 498—2012），在参考国外产品标准的基础上，又考虑国内厨房的状况，系统地规定了适合于我国厨房现状的灭火装置。此外，由中国工程建设标准化协会发布的《厨房设备灭火装置技术规程》（CECS233：2007）及《细水雾灭火装置》（GA 1149—2014）等相关文件，对于商用厨房灭火系统的设计、施工、安装及验收和维护等作出了详尽的规定。

2. 技术要求

（1）高效灭火

厨房灶台的油锅和油池是最容易发生火灾的地方，在烹调过程中油被加热，一旦油发生自燃，很难将锅内大量油冷却至自燃点以下，另外，由于目前使用的节能锅灶通常会维持锅内的温度，从而更加阻止了锅内油温的降低。因而厨房要求灭火效率高，扑灭高温油火需在数秒钟完成。

（2）防复燃

食用油的平均燃烧速率高于其他可燃液体的燃烧速率，当油自燃燃烧 2 分钟后，火会由初始时接近油面的小火发展到抵达到排烟罩的大火，锅内油的表层温度可达 400℃以上，即使用灭火剂将火扑灭，但油来不及冷却，也会很快再次燃烧；经过对不同温度下的食用油进行采样分析发现，复燃是因为当食用油加热到 350℃以上时，油中会产生一些新的物质，这些物质具有较低的沸点和自燃点，此自燃点仅比初始点低 65℃左右，由此，厨房灭火关键是做到防复燃。

（3）安全环保

厨房里多是食用器皿餐具和食品，灭火剂要求对人和环境无毒无害，且火灾后现场易清洗。

## （三）应用现状

目前应用于厨房灭火装置的灭火剂主要有干粉、泡沫及细水雾等，而由于很多人对厨房设备灭火意识不强，在厨房设备方面应用自动灭火装置的很少。一些酒店、宾馆厨房设备灭火多半以普通手提式灭火器应付消防检查，甚至很多灭火器的配备根本不符合消防规范。

目前，厨房应采用经国家消防产品质量监督检验测试中心检验合格的产品，其装置从结构形式和动作原理大致可以分为气瓶驱动型和贮压型两种。

1. 气瓶驱动型灭火装置

该装置主要由灭火剂储瓶、驱动气储瓶、减压装置、燃料阀、水流阀、喷嘴和火灾探测装置组成。装置的动作原理是：火灾探测装置探测到火灾后迅速关闭燃料阀，切断燃料供给，同时启动气储瓶瓶头阀，驱动释放气体，气体经减压装置减压后进入灭火剂储瓶，推动灭火剂从喷嘴释放。灭火剂喷射完毕后，水流阀打开，向油锅内喷水降温冷却。

2. 贮压型灭火装置

与气瓶驱动型灭火装置相比，该装置没有驱动气瓶和减压装置，驱动气体和灭火剂预先充装于同一个储瓶内，当火灾探测装置探测到火灾后，启动瓶头阀，灭火剂通过驱动气体推动从喷嘴释放。

上述两种类型装置大部分是以湿式化学药剂作为灭火剂，还有一部分是以泡沫和干粉作为灭火剂应用于灭火装置。

从灭火剂种类而言，可分为专用灭火剂和细水雾两种。关于专用灭火剂系统的安装等情况，在《厨房设备灭火装置》和《厨房设备灭火装置技术规程》中有详尽的介绍，以下重点介绍细水雾系统（图 6–25）。

（1）细水雾灭火系统的组成

灭火剂贮存容器组件、驱动气体容器组件、瓶头雾化器、管路、细水雾喷头、单向阀、阀们驱动装置、火灾探测部件、可燃气体探测部件（选装）、控制装置、备用电源等组成的能自动探测并实施灭火的厨房设备灭火系统。

（2）细水雾灭炎系统的功能

①能全天 24 小时对厨房设备的安全进行监控和保护。

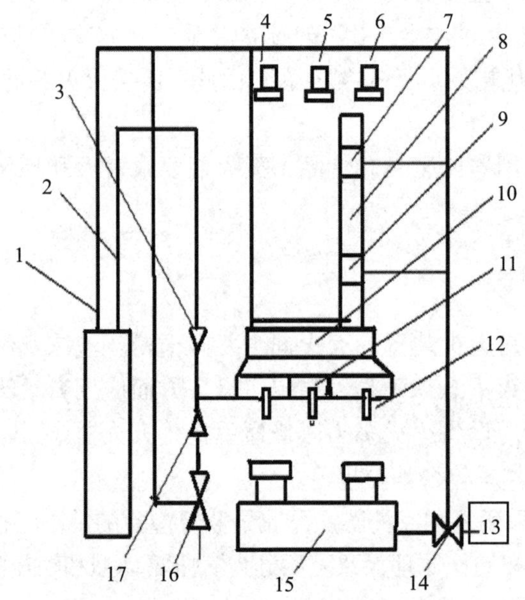


**图 6–25　细水雾灭火系统**

1—电气线路　2—灭火剂输送管　3—单向阀　4—声光报警器　5—甲烷探测器（选装）　6—CO 探测器（选装）　7—风机　8—排烟管　9—防火阀　10—烟罩　11—温度探测器　12—喷嘴　13—燃气输送管　14—电动燃气阀　15—灶具　16—电动水阀　17—止回阀

②当厨房设备发生火灾且温度达到设定值时，系统发出声光报警，切断燃料源及厨房设备电源，并把火情信号传送到消防控制台或值班室。

③完成报警延时设定时间后，系统对被保护对象喷射细水雾灭火。灭火后自动切换城市自来水，将其雾化后持续喷放，以防止火灾复燃。

④系统采用电控和气控相结合的驱动控制方式，具备自动、手动及机械应急启动三种灭火启动功能。

⑤系统还具有可燃气体浓度探测及报警控制功能（选装）。当厨房内因泄

漏而积聚的可燃气体达到设定浓度时，控制装置发出报警信号并自动切断燃气源，以保证厨房内的用火安全。

**知识应用：**对应图 6–25，简述细水雾灭火系统的工作过程。

（3）细水雾灭火系统的维护

①厨房灭火系统交付使用后，使用方应建立、健全并组织实施管理、检测、维护制度。

②使用方应配备经过专业培训合格的人员，负责厨设系统的运行和管理。

③厨设灭火系统应由具有相应资质的单位定期检查和维护，分为月检和年检两种。

月检包括对喷头进行外观检查，外观应清洁、喷孔无堵塞、喷头罩启闭灵活；对灭火剂储存容器、驱动气体储存容器、火灾探测部件进行外观检查，应完好无损；压力表、阀门、管道及附件不应有损伤；灭火剂应不变质，且灭火剂量在规定范围内。

年检是指每年应对厨设灭火系统进行一次全面检查，即除月检查外还应进行一次自动、手动状态的模拟试验检查，查看灭火系统功能是否正常。

④对检查和试验中出现的问题，使用方应及时组织处理，确保灭火系统功能正常。

## 四、调理、储运设备

### （一）调理储存设备

1. 工作台的分类

工作台又可称为“案台”“操作台”或“料理台”。由于烹饪过程操作的需要，厨房配备各式各样的工作台，如双层简易操作台、单星盘工作台、和面台、双或单移门调理台、带架调理台、沥水工作台、带斗调理台、残物台、带有保温柜的工作台、带有冷柜的工作台等。这些工作台可根据不同的用途，采用不同的材料进行设计。

工作台一般是由面板、层板和脚架等部分组成。材料的选用多采用不锈钢材或铝型钢材，也有采用防火优质木料加工而成的。其中有普通工作台（钢板厚度较薄，板材质量一般，价格较低）和高档工作台（钢板厚度一般为 1.2 ~ 1.5mm，板材质量较好，多为磨砂板，价格较高）的区别。

有些工作台可根据工作需要用木料、塑胶板或其他材料加厚面板，达到坚固耐用目的，如砧板台或放置重物的调理台等。工作台选料和制作的原则是要符合烹饪卫生的要求，适应特殊环境，台面光滑，卫生安全，便于清洁和操作，利用率高，易于维修。

2. 典型工作台介绍

典型工作台（图 6–26）有简易工台、拉门工作台、残物工作台和保温工作台等。

（1）简易工作台

简易工作台是餐饮业常用的一种普通工作台，一般是双层结构，上层为面板，多选用厚度在 1.2mm 以下的不锈钢板材制作，主要用于切配加工或摆放烹调原料。底部是用不锈钢方管或较厚的不锈钢板条加工的花格式层面，用于摆放工具或物品。

简易工作台的种类较多，常见的有普通双层工作台、带架双层工作台、三抽简易工作台等，见图 6–26（a）。

（2）拉门工作台

拉门工作台是一种配有储物柜的高档工作台，它的结构比较复杂，主要由面板、层板（抽屉）拉门和脚架等组成，面板一般选用进口不锈钢拉丝板，厚度多在 1.2mm 以上，它的用途除切配或摆放原料外，储物柜还可存放切配工具、烹调器具和各种烹调备用原料。

拉门工作台见图 6–26（b），可分为单面拉门工作台、双面拉门工作台（单通或双通工作台）、三抽拉门工作台等，规格一般是 1800mm × 900mm × 800mm，也可以根据场地情况自行设计。

（3）残物工作台

残物工作台一般由面板、层板、残物桶、脚架等部分组成，常用规格为 1800mm × 900mm × 800mm，钢板材质分普通和优质两种，主要用于预加工过程的深作，操作完毕，残物可由中间圆孔清洁到残物桶内，方便卫生，见图 6–26（c）。

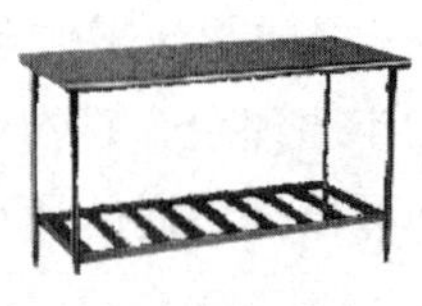

（a）双层工作台

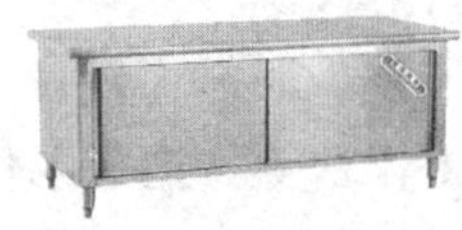

（b）拉门工作台

（c）残物工作台

图 6–26　典型工作台

（4）保温工作台

保温工作台一般由面板、层板（9 ~ 11 层）、拉门、加热装置、温度控制器等部分组成，常见规格为 1800mm × 900mm × 800mm，钢板材质好，厚度多为 1.2 ~ 1.5mm，属于高档工作台，主要用于厨房预加工操作及原料的预热、保温等。

3. 工作台的使用与保养

①工作台由于种类繁多、规格多样、功能不同，所以在使用过程中要详细阅读说明书，合理使用，要符合烹饪卫生标准，专台专用。

②工作台在使用中由于经常同原料接触，所以使用后要及时清理。

③洗涤过程中勿用金属工具清理或擦拭，以免损坏其表面，影响美观，最好用洗涤剂清洁后用软布擦拭干净。

④清洁保温工作台、冷柜工作台时，注意不要将水洒在加热、制冷设备上，以免受潮出现漏电现象，防止事故发生。

⑤使用时要做到专台专用，保持工作台的卫生清洁，用后要彻底清洗去掉污渍，并用干布擦干。

4. 储存类设备

储存类设备分原材料储存、器具储存、成品储存、半成品储存等类别。常用的储存设备有四门储物柜、刀叉柜、锁刀柜、台式或卧式移门纱窗柜、玻璃移门柜、多层货架、点心柜、高身茶叶柜、高身切配柜等。

储存类设备的结构是根据不同的用途和要求，以及厨房布局的特点来设计的。为少占用空间，提高储柜的利用率，一般采用多层间格结构，四周可根据需要采用敞开式、半密封式和封闭式等多种形式。

储存类设备所选用材料主要有不锈钢和铝材，也有用木料制造的，但以采用不锈钢材料为佳。设备的制造要符合食品卫生要求。

## （二）输送工具及设备系统

1. 输送工具分类

在餐饮活动中，餐具、食品、酒水等物品的运送和一些服务的需要（如明档）多数是通过输送工具来完成的。餐馆一般根据不同的用途和要求配备各种规格和形状的输送设备。常用输送工具如酒水车、工作车、粥车、点心车、牛排车、煎炸车、调料车等，这类工具采用的材料多为铝材和不锈钢材质。

（1）工作车

工作车主要用途是在餐前摆台时盛放餐饮器具，以及在经营过程中撤下宾客使用后的各种餐具等。工作车的形状较多，其主要规格一般是高 80 ~ 85cm，宽 45cm，长 80cm。工作车结构一般分两层，也有分三层的。

（2）牛排车

牛排车一般在西餐厅或西餐自助餐厅使用较广，结构上是一个带保温盖的车，在自助餐厅，厨师或专门服务员在此车上为宾客做现场切牛排或其他菜肴。其规格大致与工作车相似，分上下两层。牛排车的质地一般很讲究，大都是镀银的，体现西餐厅的豪华。

（3）烹调车

餐厅使用的烹调车一般是在西餐厅，也有在中餐厅使用的，这种车设有专门放置的小型液化气炉和调味料的位置，用于现场烹制菜肴。结构上一般分两层，规格大体与工作车一致。

（4）甜品车

车上载有各种甜食、蛋糕和水果，供餐厅现场内的各种类型的服务用车的配套使用。

（5）酒水车

酒水车主要用于放置各类酒水，可以灵活运动于各餐桌之间，为宾客提供各种酒水服务。

（6）调料车

调料车（图 6–27）是专门用于盛装各种调料的烹调配套设备，有固定式和可移动式两种类型。固定式的调料车与炉灶组合在一起；移动式的调料车可以根据烹调需要任意安放，又可分为简易调料车和拉门调料车。

固定式调料车的尺寸是根据配套的炉灶规格而确定的，一般宽度为 500mm，其他尺寸与炉灶相同。简易调料车和拉门调料车的规格多为 800mm × 500mm × 800mm。简易调料车主要由折叠盖、格槽和脚轮组成。折叠盖是烹调结束后为防止污染而用于遮盖调料的；格槽是调料车的主要部分，主要用于放置各种调料；脚轮用于调料车的整体移动。

拉门调料车和固定式调料车还设有储藏柜，一般用于储藏备用的调料或其他小的烹调用具。

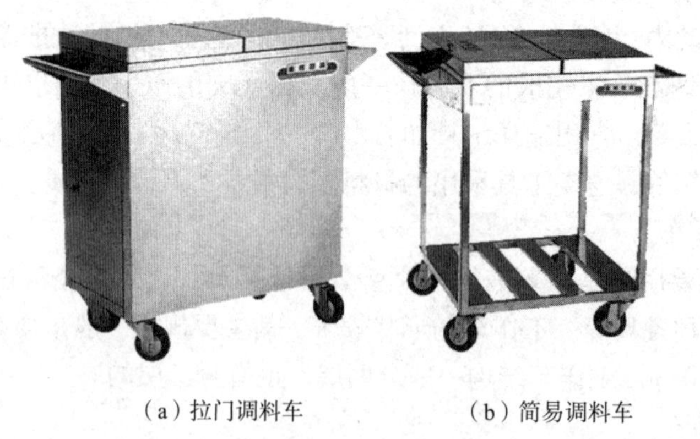

（a）拉门调料车　　（b）简易调料车

图 6–27　调料车

2. 输送工具的使用要求

餐车在使用时注意不能装载过重的物品。多数餐车小巧轻便，应认真履行专车专用的原则，如牛排车只应为宾客切各种肉类服务时使用。另外，餐车车轮较小，在使用时推的速度不能过快。如遇地面不平或厅内地面有异物则容易翻倒。餐车每次使用后一定要用带洗涤剂的布巾认真擦洗，如镀银车辆应定期用专用银粉擦净。

3. 输送系统

输送系统可分为两大类，一类是垂直输送系统，如电梯、自动楼梯、垂直滑道和货运电梯；另一类是水平输送系统。厨房货物和菜式的运送一般多采用专用送菜升降机。下面主要介绍重力滑槽和货运电梯两种输送设备。

垂直输送系统的一个应用是利用重力作用使物体移动的重力滑槽。重力滑槽应用于运送物料和向外运送物体，如运送垃圾废料等。

与重力滑槽相接近的是用于升降货物的传送机械，如旋转碗碟架或送菜升降机等，它能在楼层间运送沉重的货物。

专用作输送货物的电梯叫货运电梯，其中一种叫做送菜升降机。大部分货运电梯是由缆绳、变速箱、齿轮传动和按钮控制器组成。也有应用液压式的货运电梯，这种电梯的运转速度较慢，但比较平稳。

货运电梯的负荷以重量计算，总重量和运载室的面积之间的关系表明电梯的运货等级。货运电梯的控制系统与现代化的客梯系统比较起来要求不需要太高。

## 本章小结

本章主要阐述了厨房辅助设备系统，包括抽油烟系统、通风系统、清洁消毒设备、供电系统、给排水系统、消防系统和储运设备。这些系统是现代化厨房所必备的，是一个餐厅开业的先决条件。

抽油烟系统中重点介绍了现在高档饭店普遍使用的运水烟罩，以及值得注意的抽油烟方法；在通风系统中介绍了通风系统的组成，以及通风系统的工作过程。

清洁消毒设备包括清洁设备和消毒设备。清洁设备主要是洗碗机，特别是商用洗碗机，此外，还有其他一些辅助的清洁设备。消毒设备包括蒸汽消毒、热水消毒和化学消毒及电子消毒柜。重点介绍了电子消毒柜的使用要求。

供电系统主要介绍了厨房对供电系统的要求，尤其是与供电系统直接相关的供电照明系统的要求。

给排水系统中介绍了现在厨房给水的主要方式，其中对中水的利用值得餐饮工作者关注。

消防系统是保证厨房安全所必需的，重点介绍了细水雾灭火系统。

简单介绍了储运设备。

## 思考题

1. 简述运水烟罩的工作过程。
2. 简述一个小型的洗碗机的工作过程。
3. 试比较市场上各种电子消毒柜的特点。
4. 厨房对供电系统的要求是什么?
5. 确定一个厨房供水系统的水量的方法是什么?
6. 看图说明厨房细水雾系统的工作过程。

# 第七章

# 烹饪设备与器具管理

**本章内容：** 介绍烹饪设备管理与器具管理相关知识。

**教学时间：** 4课时

**教学目的：** 理解设备管理的知识，掌握设备的日常管理、设备的选择和评价，设备的使用规定，设备的维修管理和报废更新条件，一般餐饮器具的领用保管、重要餐饮器具的保管等知识。

**教学方式：** 课堂讲述和案例研讨。

**教学要求：** 1.了解烹饪设备管理的内容，重点是其中的经济管理。

2.掌握烹饪设备日常管理和使用管理的要求。

3.掌握烹饪设备维修、更新管理的要求。

4.掌握烹调器具管理的要求。

5.掌握如何做好餐饮器具的管理。

**作业布置：** 1.通过网络检索，观看4D及5S在厨房管理中的具体应用和不同材质餐饮器具正确使用的视频。

2.对现实生活中发生的烹饪设备使用安全事故进行分析。

3.运用经济分析的手段，对设备的选择和评价及更新方式进行评价。

**案例**：据《中国食品报》报道，2013 年 7 月 4 日上午 6 时，老磁器口豆汁店刚开门，45 岁的费大姐和同事们开始准备各种食材。当费大姐使用和面机时，因操作失误，她的右臂一下子被卷进了和面机里，鲜血直流，同事们赶快关机，并拨打了急救电话。随后，消防中队和急救人员陆续赶到。消防员决定对和面机进行破拆，经过两个小时的破拆，费大姐的手臂终于从和面机里取了出来。费大姐的伤情很严重，整条手臂有骨折的迹象，三条伤口血肉外翻，最长的一条伤口足有 10cm 多长。

**案例分析**：以上案例说明，随着大量现代化的设备进入厨房，要对使用人员进行适当的培训，强调安全操作规程和落实使用维护保养要求，才能在保证安全的基础上，充分发挥现代化设备的性能。而这些都属于烹饪设备管理的内容。

# 第一节　烹饪设备管理

我国在 1982 年成立了中国设备管理协会，一些酒店的工程部作为会员也陆续加入了酒店所在地的协会分会，自此，酒店的设备管理工作开始进入轨道。酒店的设备管理工作主要由工程部负责，但按照饭店对设备实行“分级归口、划片包干”的管理原则，厨房既有使用设备的权利，又有管好、用好设备的责任。

烹饪设备管理是由规划、选购、验收、安装、调试、使用、维修、改造、更新、报废等部分组成的全过程管理。一般可分为设备的前期管理、设备的服务期管理、设备的后期管理三个阶段。

## 一、设备的前期管理

设备的前期管理是设备全过程管理的重要组成部分，是指从制定设备规划方案开始，经过选型、订购、安装直到完全投入运行这一阶段的全部管理工作，包括规划决策、选型采购、安装调试、评价反馈四个基本环节。认真做好设备的前期管理工作，可为日后设备运行、维修、更新改造等管理工作奠定良好的基础。一般而言，设备寿命周期费用的 90% 决定于设备的前期管理。同时设备的实用性、可靠性、维修量也决定于前期管理。若规划失误，将导致设备故障率高，维修频繁，使设备的维修费用增高，给企业的经济效益带来巨大损失。

### （一）规划决策

根据企业自身的经济能力和顾客的需求而提出设备购置方案，进行市场调查研究和项目可行性论证，并做出投资决策。

1. 市场调研

（1）企业自身

市场调研中企业自身情况包括现有设备的利用率和潜力情况，安装设备的环境条件，能源和材料供应情况，资金来源，操作和维护技术水平及人员配备，实施的时间和进度等。

（2）设备生产厂家

市场调研中设备生产厂家的情况包括多个生产厂家的历史和技术水平，信誉情况，售后服务情况等。在调研时，应广泛收集产品目录、样本和说明书，通过国内外科技刊物和技术资料获取信息，掌握设备的发展方向和现有的最高水平。

2. 可行性论证

重要设备购置前必须做好可行性论证。可行性论证就是为了获得最佳的经济回报，对投资方案的技术先进性和经济合理性进行全面系统的分析和科学的论证。主要包括以下几方面。

（1）设备与所需要的能源、原料的关系

对保证设备正常运转的水、电、气、蒸汽、油等能源、原材料及配件等物资条件的分析研究。

（2）设备的环境条件

厨房内是否有安放设备的地点、运输条件、地质条件等。

（3）环境保护

设备是否存在废气、废水、废料和噪声污染等问题，并说明治理的方法和措施。

（4）项目的技术方案

阐述设备的主要技术原理、结构、规模等，一般提出几个方案，并说明各自的优缺点，以供选择。

（5）对运行操作人员和管理人员的要求

说明所需人员的数量、专业工种、培训计划等。

（6）设备投资方案的经济评价

这是可行性论证的重要内容，要说明投资额度、资金的筹措、投资方案的经济效益和社会效益，须对多种方案进行比较，选择最佳方案。所谓设备选择的经济评价分析，是指从经济角度，对设备的选择进行评价，分为静态和动态两大类，即是否考虑资金的时间价值。

①寿命周期费用

设备寿命周期总费用是指设备生命周期的费用，由购买设备的购置费用（设备的售价以及运输、安装费用）和维持费用组成。维持费用包括能源消耗费用、劳动力支出费用、维护保养及修理费用、事故发生后的损失费用等。

对不同设备方案的选择可依据生命周期费用总费用大小的比较。

②投资回收期

投资回收期是指设备投入使用后，预计全部回收投资所需要的时间。投资回收期法就是首先计算出设备的投资总额，主要是设备的价格，加上运输费用、安装费用等，然后计算由于采用新设备所带来的新增加的营业额、节约的能源费用、提高的劳动效率、劳动力的节约等。将投资总额与增加收入、节约支出得到的利润进行比较，就可计算出投资回收期。计算方法如下：

$$n = \frac{P}{A}$$

式中：$n$——投资回收期，年；

$P$——设备投资费用，元；

$A$——采用新设备后每年增收节支额，元。

这种方法计算简单，但没有考虑投入使用后的其他费用。

③净现值法

这种方法是将采用新设备后年增收节支额累积后与设备投资费用相比较，若大于零，则可考虑。若两种方案比较，则考虑较大的净现值为宜。净现值计算公式如下：

$$NPV = P + \sum_{t=1}^{n} \frac{A_i}{(1+i)^t}$$

式中：$NPV$——净现值，元；

$A_i$——采用新设备后不同年份的每年增收节支额，元；

$t$——设备使用年份，年；

$n$——设备使用寿命，年；

$P$——设备投资费用，此处为负值，元。

（7）不确定因素分析

旅游市场的变化、国家汇率的变化、原材料价格的波动等因素都会影响经济分析的真正可行性，要做好预测工作。

（8）方案的实施计划

注意保证设备、材料、资金、人力等各方面工作的协调。

（9）可行性论证的结论

综合各项分析，得出结论，选用最佳方案。

## （二）选型采购

广泛收集设备信息，横向比较几家设备生产厂家的历史和技术水平、信誉情况、售后服务情况、设备的规格和技术性能、备件的供应，以及设备的价格、运输费用、安装费用、经营成本、环境保护等，来决定设备的采购。

1. 设备的选择原则

设备的选择原则一般从三个方面着手：比质量——产品的质量、比服务——供货商的售后服务、比价格——同等型号产品的价格。

（1）质量

在同等价格的情况下，选择性能先进、自动化程度高、制造工艺精细、操作方法简明易懂、操作程序简单、节约能源、容易维修、装有防止事故发生装置的设备。

（2）服务

厨房设备所处的环境是高温、高湿的环境，容易出现故障，库房一般情况下不会有备用设备（特殊设备除外），这就要求一旦设备出现问题，必须尽快修好，满足顾客的需要；供货商的售后服务的好与坏，直接关系到设备维修时间的长短，因而在选择设备时必须考察供货商的售后服务情况。

（3）价格

比较同等型号产品，质量相差无几的情况下，选择价格优势明显的产品。

2. 设备订货

设备订货工作主要包括签订订货合同和合同管理。签订订货合同时必须注意供货厂家的信誉与售后服务情况。在检查和审核订货合同时，必须看清条款和条件。设备订货合同一般包括以下几方面的内容。

（1）标的

设备的名称、规格、数量、型号、厂家。

（2）数量和质量

计量单位和数目、设备主机、配件或材料清单、详细的技术指标、内外包装标准。

（3）价款

价格、结算方式、银行账号、结算时间的规定。

（4）履行合同的期限、地点和方式

到货期、运输方式、保险条件、交货单位、收货单位、到货地点、交货和提货日期、商检方法和地点等。

（5）违约责任

违约的定义、处理方法、罚金计算方法、赔偿范围、赔款金额、支付方法。

（6）备件、资料

备件清单、技术资料名称及份数。

（7）人员培训

培训人数、培训费用、培训要求和目标、培训地点和时间等。

（8）安装调试

安装期限及双方责任。

（9）售后服务

售后服务内容、保修期限、保修内容及方式等。

（10）其他约定

不可抗拒力和其他不确定因素的解决方法和防备措施。

（11）仲裁

合同的仲裁机构。

（12）地址及联系方式

双方法定地址、电话号码等。

合同一经签订，就具有法律效力。签订合同时必须注意避免出现自相矛盾之处或出现空档（对某一问题没有明确规定）。

合同管理就是对订货合同、协议书、订货中往返电函、订货凭证等进行妥善管理，以便在订货过程中和掌握合同执行情况时考查，并作为仲裁供需双方可能发生矛盾时解决问题的依据。

### （三）安装调试

安装调试是影响设备运行效果的一个重要的环节

1. 安装

厨房设备的安装应当以方便工作、提高效率、安全可靠来确定设备的工艺平面布置图，将已经到货并开箱验收的设备安装在规定的位置上，达到安装的技术要求，主要包括设备安装前的准备工作、安装地点的选用和安装设施几个方面。

（1）安装前的准备工作

做好设备的动力供应，即水、电、气等线路和管道的施工安装；做好技术准备，即确定安装方案，消化技术资料等。

（2）安装地点的选用

根据设备的工艺要求和安装说明书，确定安装地点，并根据有关规定确定其间距和朝向；方便设备的使用和加工物品的存放、运输并便于清理；应满足设备安装、维修、操作、使用的安全要求。

（3）安装实施

按照安装说明书和有关规定实施。设备安装的质量直接关系到设备今后的运行效果，每一道工序都要认真对待，并做好测试记录。

2. 调试

设备在安装完毕后，必须进行调试，以确保设备的正常运行。调试的内容包括对设备的全面清洗，零部件间隙的调整润滑和试运转。

（1）清洗

在设备装牢的基础上，将所有的污物、水渍、防锈层除去，所有的零件必须仔细清洗干净，设备上的密封件不得拆卸清洗。

（2）注入润滑剂

对所有的润滑点加注规定的润滑材料，并手动转动运动部件数周，确定无阻碍。

（3）试运转

试运转的过程是逐步进行的，遵循的原则是先手动后自动；先空载后负载；先低速后高速；先单机后联机；先附属后主机的原则。

3. 验收

验收分两步，一是设备到货的验收，二是设备在安装调试后的最后验收。

（1）设备到货的验收

设备到达后，及时组织相关人员进行外观和开箱验收，外观检查首先核对相关的标记、标志，确认与合同相符，避免开错箱件，仔细检查内外包装的情况是否符合包装标准要求，一般主要看有无机械破损，有无受潮痕迹，有无重新钉制的情况。开箱检查的内容有检查内包装，核对货物交付的数量，货物的外观检查，货物内在质量的检验等。

（2）设备安装调试和验收

包括设备外观检查记录、开箱检验记录、设备出厂合格证、设备精度合格记录、设备安装验收交接报告单、试运转记录、在安装过程中形成的所有技术文件（包括各种检测记录、故障处理记录等）、图纸归档。制定各种设备的操作规程，并对员工进行培训。

### （四）评价反馈

设备信息反馈有利于及时发现设备初期使用的各种问题，及时联系生产厂家处理并改进今后的设计。主要内容有：

①对安装试运行过程中发现的问题及时联系处理，以保证现场调试的进度；

②按规定做好调试和故障记录，提出分析评价意见，填写设备使用鉴定书，供厂家借鉴；

③检查调试中发现的问题是否可能影响今后设备的运行，如果存在影响今后运行的因素，应及早采取维修措施；

④从设备初期使用效果中总结设备规划采购方面的经验和教训，作为今后工作的参考。

## 二、设备的服务期管理

从设备投入运行开始，到设备因技术上、经济上的原因而需要改造更新为止，这一时期称为设备的服务期，这一时期的管理称为设备的服务期管理或设备的运行期管理。

设备的服务期是设备以最经济的费用投入来发挥最高综合效能的时期，因此设备的服务期管理对提高企业的经济效益尤为重要。设备的服务期管理包括经济管理和技术管理。从设备的技术管理角度看，设备的服务期管理需要保持设备良好的技术状态，包括设备的日常管理、使用管理、维护保养管理和维修管理等内容。

设备的良好技术状态是指具有工作能力（包括性能、精度、效率、运动参数、安全、环保、能源消耗等）时所处的状态及其变化情况。其标准一般包括：设备系统性能良好、设备系统运转正常、设备系统消耗正常。

---

**小知识** 设备完好率

评价某部门某段时间设备管理效果，可用设备完好率计算。

设备完好率 = 完好设备台数 ÷ 设备总台数 ×100%

---

设备的服务期的经济管理要在保证正常运营和满足顾客消费者需求的情况下做好节能管理，减少不必要的能源开支和维修费用。

### （一）烹饪设备的日常管理

烹饪设备与器具，从其规划、选购、验收、安装、调试、使用、维修、改造、更新到报废为止，需要制定出一系列的规则制度，包括建立设备安全操作规程、岗位责任制度、设备技术档案等。做好烹饪设备的日常管理，可有效掌握烹饪设备与器具的实际使用情况，做到全面监控。

烹饪设备的日常管理非常重要，是保障设备发挥正常功效的关键。如果做好了，可以防止设备与器具的损坏、丢失、积压和浪费。

1. 建立规章制度

根据烹饪工艺流程和烹饪设备的特性，建立完整的安全技术操作规程和岗位责任制度，是烹饪设备与器具正常使用和管理的重要保障。

（1）建立设备安全操作规程

根据设备的自身特性，分别建立各类设备安全操作规程，内容一般包括：

①设备正确的操作方法和操作要领；

②设备的清洁、润滑、检查和维修保养的方法和要求；

③设备的主要性能和最大功率；

④人身安全注意事项和遇到紧急情况时的应急步骤。

**小知识** 和面机（卧式）安全操作规程

（1）和面机在开机前应认真检查设备情况及电路情况，确认无误后方可开机使用。

（2）和面机反转时间不能过长，翻斗倾斜到位后应用刀斩断面团，正反转时手必须离开箱斗。

（3）和面机操作人员在机器运转过程中，不能将手放入箱斗内。

（4）和面机操作人员每天应往注油孔内加注润滑油；坚持每天清理，保持和面机清洁，三个月更换一次机油。

（5）每台和面机都应有专人管理、维修。和面完毕需清理剩面时，应先察看是否断电，再进行下一步操作。

（6）因违反安全操作规程发生事故，后果由责任人自负，认真填写设备运行记录。

（2）建立岗位责任制度

明确各班组、个人使用设备的权利与管理责任，一般采取使用人负责制，定机、定人、定岗，对设备做到全面管理。岗位的设置必须是因事设岗，避免因人设岗，必须从工作的实际需求出发，尽可能做到一专多能，避免分工过细。同时，要保证设备处于良好的技术状态，需做到三干净（设备干净、机房干净、工作场地干净），四不漏（不漏电、不漏油、不漏水、不漏气），五良好（使用性能良好、密封性能良好、润滑性能良好、紧固良好、调整良好）。

**小知识** 某饭店厨房对于烹饪设备管理的岗位职责规定

（1）初加工厨师每天对蔬菜货架及蔬菜筐进行清洗、除垢。

（2）打荷厨师负责炊具分类摆放，每天清洗更换调味盅；调料不足及时补充，并为炉灶做好必要的准备；每天整理仓库物品，做好仓库物品的清洁工作。

（3）炉灶厨师每天清洁炉灶：每天开餐前对炉灶各阀门进行检查，防止漏气、漏油、漏水，并清洁炉灶表面；每星期对炉灶各卫生死角进行一次彻底清扫。

（4）砧板厨师负责冰柜的日常保养和清洁卫生，协同工程部定期对其进行维护和保养。

（5）各口主管随时检查负责区域的各种机器设备的使用情况，督促厨师及时清理，谁使用谁负责；如使用过程中发现故障，不要自行修理，应向工程部报修，待机器设备完全修理好后再使用。

2. 建立设备技术档案

烹饪设备种类繁多、数量庞大，在采购、配置完成后，必须建立设备技术档案，做好分类编号工作。

（1）设备分类编号

设备分类编号的方法没有统一的规定和要求，一般根据实际需求来定，可用英文字母、汉语拼音或者纯数字表示。编号方法一般可分为三级号码制和四级号码制。

以三级号码制为例。第一个号码表示设备种类，第二号码表示设备的使用部门，第三号码表示设备的单机排列序号。如烹饪设备中的第二台肉片切割机表示为：R–1–2（其中 R 表示肉片切割机，1 表示厨房部门，2 表示第 2 台设备）。

（2）设备的登记

设备在分类编号后，着手进行登记工作，可用设备登记卡登记。设备登记卡如表 7–1 和表 7–2 所示。

表 7–1 设备登记卡（正面）

| 设备名称 | | 设备编号 | |
|---|---|---|---|
| 设备型号 | | 设备规格 | |
| 安装日期 | | 出厂年月 | |
| 安装地点 | | 出厂编号 | |
| 设备重量 | | 制造厂名 | |
| 设备材质 | | 设备原值 | |
| 保养周期 | | 已提折旧 | |
| 电机功率 | | 设备净值 | |
| 额定电压 | | 设备图号 | |
| 额定电流 | | 使用说明书 | 册 |
| 额定转速 | | 技术资料 | 份 |
| 工作介质 | | 使用年限 | 年，从　年　月始 |
| 附件： | | 备注：<br>填写日期： | |

表 7-2 设备登记卡（背面）

| 检修记录 | | | | | |
|---|---|---|---|---|---|
| 日期 | 维修前存在问题 | 修后情况 | 修理费用 | 检修人 | 记录凭证号 |
| | | | | | |
| | | | | | |
| | | | | | |
| 事故记录 | | | | | |
| 日期 | 事故原因 | 损坏情况 | | 记录单号 | |
| | | | | | |
| | | | | | |
| | | | | | |

设备登记好后，要根据制定的规章制度按期进行清点、核对，做到实物与账面相符。

（3）设备的历史资料管理

设备的档案建立是为了积累设备运行情况的资料，为设备的维护保养及修理做好准备，是提高管理水平的重要标志，设备的每份资料都应归档并填写设备资料归档记录（表 7-3）。

表 7-3 设备资料归档记录

| 日期 | 资料名称 | 份数 | 归档日期 | 编号 | 备注 |
|---|---|---|---|---|---|
| | | | | | |
| | | | | | |
| | | | | | |
| | | | | | |
| | | | | | |
| | | | | | |
| | | | | | |
| | | | | | |

设备档案资料的内容包括历史资料和技术资料。历史资料主要包括：

①设备出厂合格证，检验单；

②装箱单和随机附件、工具明细表；

③设备清点、开箱验收单；

④设备安装质量检验单和试车记录；

⑤设备事故报告及事故修理记录；

⑥设备的维护、保养修理记录表；

⑦设备检查记录表；

⑧设备改进及安装、大修完工报告；

⑨设备登记卡；

⑩设备封存单、启封单、设备报废申请报告和批示等。

（4）设备的技术资料

①设备的说明书；

②设备基础安装施工图纸；

③蒸汽、给水、压缩空气管路图；

④供配电线路图；

⑤设备维修备件和易损件清单、图纸和关键尺寸；

⑥设备操作使用维护规程；

⑦设备零件明细表和组装图；

⑧设备特殊零件加工图；

⑨设备改进或改装设计图纸。

设备档案资料应当由专人管理，定期清点、核实和检查，借阅时必须登记并及时归还，以保证档案资料的完整无缺。

### （二）设备的使用管理

设备的正确、合理地使用，能够极大限度地减轻设备的磨损，保持良好的工作性能，延长设备的使用寿命，以较少的资金投入获得较大的利润回报。设备的使用是否合理，直接影响到设备的使用寿命周期。正确、合理地使用设备，应当做好以下几点。

1. 为设备提供良好的工作环境

为设备提供良好的工作环境是保持设备完好状态必不可少的条件，应当做到设备所处场地干净整洁，设备排列有序，安装必要的防潮、防护、降温、保温装置，配备必要的测量控制和保险用的仪器、仪表和工具，精密的设备需提供单独的工作间。

2. 合理安排设备的工作量

应当根据不同设备的结构性能、工作能力、使用范围来合理安排设备相应的工作量，严禁超负荷运转，避免意外情况的发生，确保操作安全。

3. 加强操作人员的规范化管理

对操作人员进行定期技术培训，不断提高工作人员的操作技术水平，使其做到会使用、会维护保养、会检查设备、会排除一般故障。

4. 建立健全设备使用各项规章制度

建立设备操作规程、设备维护规程、交接班制度、操作人员岗位责任制等一系列规章制度，并严格落实执行。

### （三）设备的维护保养管理

设备要处于正常完好的状态，除了要正确使用外，还要做好维护保养工作，这样可保证设备的正常运转，减少故障和修理次数，延长设备的使用寿命。烹饪设备种类很多，其结构、性能、使用方法各不相同，设备的维护保养工作的具体内容也不完全一样，但其基本内容是一致的，包括清洁、安全、整齐、润滑、防腐。

清洁是指各种设备内外要清洁，做到无尘、无灰、无虫害，保持良好的工作环境。安全是指设备的各种安全保护装置要正常，要定期检查，做到不漏电、不漏油、不漏气、不漏水，保证不出事故。整齐是指各种工具、附件放置整齐，管路、线路完整，各类标志醒目美观。润滑是指某些设备必须定时、定点、定量加润滑剂，保证运行顺畅。防腐是指设备要防锈和防腐蚀。

设备的维护保养方法有很多，可采取三级保养制度。

（1）设备的日常维护保养

设备的日常维护保养是全部维护工作的基础，其特点是经常化、制度化。日常维护保养，包括班前、运行中、班后的维护保养。

安全维护要求检查电源以及电气控制装置安全可靠，各操纵机构正常良好，安全保护装置齐全有效，做好清洁卫生。设备有运转滑动部件的检查是否润滑，认真检查上一班次的交接班记录，填写交接班记录。

运行中维护要求严格按操作规程操作，注意观察设备的运转状况和仪器仪表的工作状态。设备不能带病运行，如有故障应停机检查，及时排除并做好故障排除记录。

班后的维护要求保持设备清洁，工作场地整齐，地面无污渍和垃圾。设备上全部仪器仪表、传动机构、油路系统、冷却系统、安全保护系统完好无损，灵敏可靠，指示正确，无滴漏现象。非连班运行的设备，在完成保养后应回到非工作状态切断电源，认真填写运行记录和交班记录。

（2）设备的一级保养

设备一级保养的目的：使操作人员逐步熟悉设备的结构和性能，减少设备磨损，延长使用寿命，消除事故隐患，排除一级故障，使设备处于正常状态，并达到整齐、清洁、润滑、安全的要求。

设备一级保养的具体内容：包括保养前做好日常保养内容，切断电源，根据设备使用情况对部分零部件进行拆卸清洗，对设备的部分配合间隙进行调整，除去设备表面黄斑、油污。检查调整润滑油路，保证畅通不漏。清扫电器箱、电动机、安全防护罩等，使其清洁固定，清洗附件和冷却装置等。参加一级保养的人员以操作工人为主，维修工人为辅，一般每月一次或设备运行500h后进行，每次保养后填写一级保养记录卡（表7–4）

**表7–4　一级保养记录卡**

| 设备编号 | | | 设备名称 | | 型号规格 | |
|---|---|---|---|---|---|---|
| 复杂系数 | 机 | 电 | 计划工时 | | 实用工时 | |
| 施工要求 | 按一级保养规定内容进行 | | | | | |
| 主要保养内容：<br>操作者：　　保养日期： | | | | | | |
| 验收意见：<br>验收人：　　验收日期： | | | | | | |

（3）设备的二级保养

设备二级保养的目的：使操作者进一步熟悉设备的结构和性能，延长大修周期和使用年限，使设备达到完好标准，提高完好率。

设备二级保养的具体内容：包括根据设备的情况进行部分或全部拆卸检查和清洗，检查调整设备精度，校正水平，检修电动机、线路，对传动箱、液压箱、冷却箱等清洗换油，修复或更换易损零件。参加二级保养的人员以维修工人为主，操作工人为辅，一般应每年一次或运行2500h后进行。每次保养后填写二级保养记录卡（7–5）

## （四）设备的修理

设备的修理是对那些由于损坏而影响正常工作的设备进行修复。修理的目的是修复和更换已经磨损或腐蚀的零部件，使设备的功能尽可能地恢复。

1. 磨损

设备经过一段时间的运行后，会不同程度地产生磨损。磨损一般可分为两种，一种是有形磨损，属于物质上的磨损；另一种是无形磨损。设备有形磨损的局部补偿是修理，无形磨损的局部补偿是现代化改造，两种磨损的完全补偿则是设备的更新。

**表 7–5　二级保养记录卡**

| 设备编号 | | 设备名称 | | 型号规格 | | 复杂系数 | |
|---|---|---|---|---|---|---|---|
| 计划 | 工时 | 实用 | 工时 | 停台 | 昼夜 | 实际费用 | |
| 存在的问题：<br><br>技术负责人： | | | | | | | |
| 实际保养内容：<br><br>操作者：　　保养日期： | | | | | | | |
| 验收意见：<br><br>验收人：　　验收日期： | | | | | | | |

（1）有形磨损

①机械磨损

零件的金属表面在相对运动中所产生的磨擦和疲劳作用的结果。

机械磨损的形式根据不同相对运动零件主要有：氧化状磨损、热状磨损、磨料状磨损、斑点状磨损。

②腐蚀磨损

腐蚀磨损主要有化学磨损和电化学磨损。化学磨损是指金属跟接触到的干燥气体（如 $O_2$，$Cl_2$，$SO_2$ 等）或非电解质液体（如石油）等直接发生化学反应而引起的腐蚀，也叫作化学腐蚀。电化学磨损是指金属材料与电解质溶液接触，通过电极反应产生的腐蚀。

**知识运用：** 为什么铁锅炒菜时，不能用铝铲？

③热磨损

零件直接在高温条件下工作，金属表面会发生剧烈的氧化现象，金属的机械性能和零件的几何尺寸都会受到影响，甚至烧坏零件的表面。

（2）无形磨损

无形磨损也称为精神磨损，主要包括经济性磨损和技术性磨损。

经济性磨损是指由于生产部门的生产费用降低，生产同样设备的价格降低，使设备原价与现价出现的差额造成的设备的贬值。

技术性磨损是指由于科学技术的进步，原有设备在技术上变得陈旧落后，使得设备价值损失。

2. 设备修理的方式

由于设备的结构性能不同，可采取不同的修理方式。

（1）预防性维修

预防性维修包括定期维修和状态检测维修。

定期维修是一种以时间周期为基础的预防性维修方式，在设备经过一定时间的运行后，为了保持设备良好的技术性能，使之恢复基本功能，对其采取一定的技术措施。特点是所需的人力资源、物质资源和时间资源可以计划，间隔时间和进程可以控制。

状态检测维修是一种以设备技术状态检测和诊断信息为基础的预防性维修方式，通过建立设备技术状态检测制度和设备点检制度，获得设备故障发生前的征兆信息，综合分析和计划后，适时采取技术措施。其特点是将修理工作安排在故障将要发生而未发生的时候。

（2）事后维修

事后维修也叫故障维修，是设备发生故障后或设备基本性能降低到允许范围之下时的非计划性维修，适合于价值低且利用率低的设备。优点是能够充分利用设备的寿命，且修理次数较少。

（3）改善性维修

改善性维修是指为了消除设备的先天性缺陷或频发故障，而对设备的局部结构或零件的设计加以改进的维修性工作。

（4）无维修

无维修指产品的理想设计，其目标是达到设备使用过程中无维修的要求。无维修是指某些设备在使用很长一段时间内不必维修，待其出现故障时，其自身的价值（包括物质价值和技术价值）已基本下降到零，不必再进行维修，可对设备做报废处理。

设备出现故障或例行检查时发现问题，要及时报修，并填写维修通知书（表7-6）。

3. 设备修理的种类

设备修理一般可分为大修、中修、小修几种。

（1）大修

大修是一种以全面恢复设备工作功能为目的，由专业维修队伍进行的大工作量的计划维修。这种修理需要对设备进行全部或部分拆卸、分解，更换和修复磨损的零件，使设备恢复原有的性能。

（2）中修

中修是指更换和修复设备的主要零件，以及数量较多的其他磨损的零件，需要把设备部分拆开，使设备能使用到下一次修理。

表 7–6　维修通知书

| 维修部门 | | 日期 | |
| --- | --- | --- | --- |
| 维修地点 | | | |
| 维修内容 | | | |
| 报修人签名 | | 部门主管签名 | |
| 委派 | | 计划工时 | |
| 实用工时 | | 完成日期 | |
| 维修用料 | 数量 | 价格 | 小计 |
| 维修人签字： | 报修部门验收签字： | | 备注： |

（3）小修

小修指小工作量的局部维修，主要涉及零部件或元器件的更换和修复。

**小知识** 设备的点和检

设备的点是指预先规定的设备关键部位或薄弱环节。设备的检是指通过人的五官或运用检测手段进行调查，及时准确地获取设备部位的技术状况或信息，及早预防维修。对设备建立点检制度能减少设备维修工作的盲目性和被动性，能及时掌握故障隐患并及时消除，从而提高设备的完好率和利用率，提高设备的维修质量，并节省各种费用，提高效益。

4. 设备的备件管理

在设备维修工作中，为缩短修理停歇时间而预备的各种替换零部件通称为备件。将与备件的采购、储备和供应有关的经济、技术、物资管理工作称为备件管理。

备件管理的总体要求是保证品种、质量、数量，做到及时、经济、合理。备件是设备维修工作的主要物质基础，备件管理是设备维修工作重要的后勤保障。

备件管理的关键是抓住“三管三定”，即备件计划和定货管理，统计和定额管理，仓库管理；定消耗，定储备，定资金。

（1）按用途特性对备件分类

①常用备件是指在餐厅接待营业过程中和设备维修中经常要使用的需要数量多的备件。

②易损备件是指在设备运行中工作频繁，容易磨损和损耗的零配件。

③事故备件是指为防止设备的关键部位发生突发故障造成停机而准备的替换件。

④修理备件是指在设备修理中经常使用的更换零部件和成套组件。

（2）按占用资金对备件分类

根据备件占用资金大小，对备件进行ABC分类。

①A类备件品种较少，但是占用资金量较大，达70%以上。对此类备件的备件计划是尽量少储，限定最高储存量，维持供应。

②B类备件品种和占用资金适中，其中占用资金15%～25%。对此类备件要保持合理的经济订货量，严格盘点。

③C类备件品种较多，但占用资金较少，占资金5%以下。对此类备件可适当放大库存量和订货量，减少订购和加工费用。

（3）编制备件计划

掌握各种配件的年销耗量及其需求规律，编制所需备件的种类和数量目录表。

对于绝大部分备件，在储存费用和订货费用不明确的情况下，可采用较为粗略的ABC分类法，确定储备定额。

①将备件按单价金额从大到小排列。

②制成价值分析表。如表7–7所示，将占用金额累计达73%的1～5种划分为A类，其品种数约占10%。

**表7–7　某设备零件价值分析表**

| 序号 | 备件名称 | 每台件数（1） | 累积件数（2） | 累计比例 $(3)=\frac{(2)}{\Sigma\ (1)}$ | 备件单价（元）（4） | 每台备件成本（元）(5)=(4)*(1) | 累计成本（元）（6） | 累计成本比例（%） $(7)=\frac{(6)}{\Sigma\ (5)}$ |
|---|---|---|---|---|---|---|---|---|
| 1 | | 2 | 2 | 1.3 | 250 | 500 | 500 | 13.5 |
| 2 | | 2 | 4 | 2.7 | 220 | 440 | 946 | 25.4 |
| 3 | | 4 | 8 | 5.3 | 180 | 720 | 1660 | 44.8 |
| 4 | | 4 | 12 | 8 | 155 | 620 | 2280 | 61.6 |
| 5 | | 3 | 15 | 10 | 140 | 420 | 2700 | 73 |
| … | | … | … | … | … | … | … | … |
| | Σ | | | | | | | |

③制成 A、B、C 分析图。

④确定备件分别属于 A、B、C 中某一类，作出储备定额决策。

（4）做好采购、订货工作

根据备件计划，做好采购、订货的工作。对于少数最重要的和最常用的备件储备，关键是掌握好备件的经济订货量，既能满足实际的维修需要，又不出现备件积压。确定经济订货量的方法有三种：概率型存储问题计算法、类别系数计算法和确定性存储问题计算法。

①概率型存储问题计算是针对实际工作中常遇到的备件消耗量不确定情况，根据数量统计的数学原理来解决最优存储量的问题。

②类别系数计算法是根据设备的重要程度确定备件的定额。针对不同的设备类别选择不同的类别系数计算最佳储备定额。

③确定型存储问题计算法的前提是备件的消耗量、存储费用及订货费用已知，不能缺货，供应及时。则经济订货量为：

$$Q = \frac{2C_2R}{C_1n}$$

式中：$Q$——经济订货量，件；

$C_1$——每个备件一个月内存储费用，包括存储仓库的折旧费、备件减值和资金积压利息、水电费等，元；

$C_2$——每批备件的购买费用，包括采购人员工资、差旅费用等，与每批备件数量无关，与采购次数有关，元；

$R$——每月平均消耗量，件。

每批订货的间隔期为：

$$T = \frac{Q}{R}$$

式中：$T$——每批订货的间隔期，月。

（5）做好备件资料的管理

备件资料包括各种图、表以及说明书等，必须保存好。

（6）做好备件的储存和保管工作

按照规定的周期核对备件，做到账、卡、物一致。

## 三、设备的后期管理

设备使用一段时间后，由于磨损、科技进步或达不到环保要求，必须对设备进行技术改造或报废处理后进行更新，这些均属于设备的后期管理。

### （一）基本概念

1. 更新

更新是指用经济上效果优化的、技术上先进可靠的新设备替换原来在技术上和经济上没有使用价值的老设备。

2. 改造

设备的改造是指通过采用国内外先进的科学技术成果，改变原有设备相对落后的技术性能，提高节能效果，改善安全和环保特性，提高经济效益的技术措施。

设备的更新改造时机是依据设备自身情况和生产是否需要，以企业的经济实力来确定的。适当地进行更新或改造，可以提高工作效率，更好地为顾客服务。

3. 报废

一般设备的改造结合设备的大修进行。设备的更新与报废手续要同时办理，设备报废的原则有：

①国家指定的淘汰产品；

②已经超出使用期限的重要设备；

③损坏严重，修理费用昂贵或大修后性能无法满足要求的设备；

④因自然灾害或事故遭到破坏，修理费用接近或超过原设备价值（特殊进口产品除外）；

⑤无法修复的设备。

### （二）设备更新改造的种类

1. 单机设备更新改造

这是对单机设备采取的技术措施，如烤箱电冰箱的更新改造。

2. 系统设备更新改造

这是针对某一具体特定功能的系统设备性能下降、效率低、能耗高、环保性能差等具体问题采取的技术措施，如空调系统等。

3. 全面更新改造

包括土建环保等项目的设备全面更新改造。

### （三）设备更新改造的程序

对设备进行单机或系统更新改造，首先由使用部门或管理部门提出申请，经相关部门进行综合评定后提交领导批准实施。表 7-8 为设备改造、更新申请表。

**表 7-8　设备改造、更新申请表**

编号：　年　月　日

<table>
<tr><td colspan="2">设备名称</td><td></td><td>改造或更新项目全称</td><td></td></tr>
<tr><td colspan="2">型号</td><td></td><td>要求完成日期</td><td></td></tr>
<tr><td rowspan="3">申请</td><td>部门</td><td></td><td>设计单位</td><td></td></tr>
<tr><td>负责人</td><td></td><td>施工或制造单位</td><td></td></tr>
<tr><td>会签</td><td></td><td></td><td></td></tr>
<tr><td>要求改造或<br>更新的原因</td><td colspan="4"></td></tr>
<tr><td>费用预算</td><td colspan="4"></td></tr>
<tr><td>效益分析</td><td colspan="4"></td></tr>
<tr><td>管理部门意见</td><td colspan="2"></td><td>领导意见</td><td></td></tr>
</table>

### （四）设备更新改造的时机

1. 设备寿命

设备更新改造时机的客观依据是设备的寿命。设备的寿命分为物质寿命、折旧寿命、技术寿命和经济寿命。

（1）物质寿命

物质寿命是指设备从投入使用到自然报废所经历的时间。设备经维修可以延长其物质寿命。

（2）折旧寿命

折旧寿命也叫折旧年限，是指根据规定把设备的价值余额折旧到接近零时所经历的时间。

（3）技术寿命

技术寿命是指设备从投入使用到因无形磨损而被淘汰所经历的时间。它是由科学技术的进步和加工的需要这两个方面所决定的。

（4）经济寿命

经济寿命指设备在投入使用后，由于设备老化、维修费用增加，继续使用在经济上不合算而需要更新改造所经历的时间。

一般来说，由于科学技术和经济的飞跃发展，设备的经济和技术寿命都大大短于物质寿命。设备更新改造的最佳时机往往由设备的经济寿命决定，一般是在设备使用到一定年限时，设备的折旧和维修费用最低，这时就是设备的最佳更新改造时机。理论上，设备的经济寿命为：

$$n=\sqrt{\frac{2\ (P-S)}{I}}$$

式中：$n$——使用的年限，年；

$P$——设备购买的价格，元；

$S$——设备的残值，即设备报废处理后所得的净价值，元；

$I$——设备每年增加的维修保养费用，元。

2. 年度成本在设备更新中的应用

（1）基本概念

年度成本为设备使用一年要付出的全部费用，由年均设备资金恢复费用和设备年度维持费用构成。

$$C_s=\overline{P}+C_W$$

式中：$C_s$——年度成本，元；

$\overline{P}$——设备资金恢复费用，即折旧，元；

$C_W$——年度维持费用，主要包括设备的能耗费用和维修费用，元。

如果不考虑资金的时间价值，即静态下，则：

$$\overline{P}=\frac{P-S}{n}$$

如果考虑资金的时间价值，即动态下，则：

$$\overline{P}=\ (P-S)\ \frac{i\ (1+i)^n}{(1+i)^n-1}+S\times i$$

式中：$\overline{P}$——设备资金恢复费用，即折旧，元；

$P$——设备购买的价格，元；

S——设备的残值，即设备报废处理后所得的净值，元；

$i$——资金年利率。

（2）年度成本在确定饭店设备是否更新时的应用

设备的更新是复杂的非线性工作，更新时间的确定，并不意味着一定要在此时更新。在用经济寿命确定更新时间时，仅考虑了设备自身的经济效益，而未全面考虑饭店的工作需要和外界的设备市场。故而设备是否更新需要全面考虑作出综合判断。运用年度成本，根据设备更新原因，结合饭店需要和设备市场，对设备是否更新进行经济分析，给出算例；前提是考虑资金的时间价值且各种方案都符合饭店的工作需要；但设备的维持费用为平均值，即每年的维持费用都相等，这在实践中是可以近似的。

①对于由物质磨损引起的饭店设备是否更新的分析

设备因长期使用，频繁发生由物质磨损引起的设备故障时，有修理和更新两种解决方法。具体采用哪种方法，可运用年度成本，结合饭店需要和设备市场情况，进行经济分析，使得设备管理工作符合饭店的经济效益。

**知识运用：**某饭店一电烤箱已长期使用，若要继续使用，需花3500元进行大修，可再使用2年，2年后处理可得到残值500元，每年维持费用400元。若此时更新，市场上可用11000元买一新电烤箱，不需大修可确保使用10年，每年维持费用300元，预计10年后残值为1000元。若资金年利率为10%。试确定此时是对电烤箱大修还是更新。

解：如果大修，则：

$$C_s = (3500-500)\times\frac{0.1\times(1+0.1)^2}{(1+0.1)^2-1}+500\times0.1+400=2178.6\text{（元）}$$

如果购买新设备，则：

$$C_s = (11000-1000)\times\frac{0.1\times(1+0.1)^{10}}{(1+0.1)^{10}-1}+1000\times0.1+300=2027.5\text{（元）}$$

可见，如果维修，则10年内年度成本，特别是2年要高于更新的年度成本，所以可考虑对此电烤箱作更新处理。

②对于因精神磨损引起的饭店设备是否更新的分析

这实际上是对设备的经济寿命和技术寿命及设备市场情况的综合考虑。在此方面，可应用年度成本进行经济分析比较，从而得出设备是否更新的结论。

**知识运用：**某饭店立式和面机预计可使用10年，使用了7年以后的今天，市场上出现了欧式的连续式和面机，售价10400元，效率可比旧机提高20%。旧机目前若处理可得1200元，3年后处理可得200元。新机预计可使用10年，10年后残值为400元。若资金年利率为10%，旧和面机完成正常工作的年度维持费用为每年4500元，新和面机完成与旧机相同工作时间的年度维持费用为4200元。试确定此时是否更新和面机。

解：如果继续使用旧和面机，则：

$$C_s = (1200-200)\times\frac{0.1\times(1+0.1)^3}{(1+0.1)^3-1}+200\times0.1+4500=4922.11\text{（元）}$$

如果更新，则：

$$C_s = (10400-400)\times\frac{0.1\times(1+0.1)^{10}}{(1+0.1)^{10}-1}+400\times0.1+4200\times(1-20\%)=5027.45\text{（元）}$$

可见，如果从年度成本的角度看，此时可继续使用旧和面机，而暂不考虑更新。

（3）年度成本在确定饭店设备如何更新方面的应用

饭店设备因经济寿命、使用要求或市场情况而确定更新时，面临如何更新的问题。在此直接应用年度成本对设备如何更新进行经济分析，结出算例，简便又实用，前提仍是设备的维持费用为平均值。

①对于因工作需要引起饭店设备如何更新问题的分析

饭店设备更新有两种方案，在原有基础上增添小型新设备以满足增加工作能力的需求；将旧设备处理，增添相对大型的、先进的新设备。采取哪种方案，可通过年度成本的计算对这两个方案进行经济分析。

**知识运用：**某饭店2年前购买了冷水机组，需改造中央空调系统。原冷水机组现值10万元。方案1是增加一台新型的小型冷水机组与原有冷水机组配套，以满足今后10年的需要。小型冷水机组购买费为20万元，其与原冷水机组的年度维持费均为2万元。方案2是处理掉旧冷水机组，购买一台大的新冷水机组以满足系统需要。其购买费用为30万元，其年度维持费用为3.5万元。设备的残值均为零。资金年利率为10%。冷水机组的寿命均为12年。试确定该饭店如何更新冷水机组。

解：如果考虑使用10年的情况，即10年将全部投资收回，则方案1的年度成本为：

$$C_s = (10+20)\times\frac{0.1\times(1+0.1)^{10}}{(1+0.1)^{10}-1}+2\times2=8.88\ (万元)$$

方案2的年度成本为：

$$C_s = 30\times\frac{0.1\times(1+0.1)^{10}}{(1+0.1)^{10}-1}+3.5=8.38\ (万元)$$

可见如果仅考虑使用10年的要求，则从年度成本的角度看，应将旧冷水机组处理掉，购买一台新的大的冷水机组。

如果按设备的实际使用寿命，即在10年后，小的和大的冷水机组都考虑继续使用，则方案1年度成本为：

$$C_s = 10\times\frac{0.1\times(1+0.1)^{10}}{(1+0.1)^{10}-1}+20\times\frac{0.1\times(1+0.1)^{12}}{(1+0.1)^{12}-1}+2\times2=8.56\ (万元)$$

方案2年度成本为：

$$C_s = 30\times\frac{0.1\times(1+0.1)^{12}}{(1+0.1)^{12}-1}+3.5=7.9\ (万元)$$

计算结果可知此时可采用方案2。

实际工作中，可按该饭店的实际情况酌情处理。

②对于因设备市场价格不同引起的饭店设备如何更新问题的分析

设备在更新时，在满足功能的情况下，会因设备市场的情况对设备如何更新进行分析。只要设备寿命周期符合使用要求的年限，也可用年度成本进行分析。

**知识运用：**某饭店为更新一水泵，市场调查后有两种水泵进入候选。水泵1购置费为15000元，运行维持费每年1200元，寿命周期9年。水泵2购置费为13000元，每年运行费为1500元，寿命周期7年。设备残值均为零。资金年利率均为10%。试确定该饭店如何更新水泵。

解：方案1的年度成本为：

$$C_s = 15000 \times \frac{0.1 \times (1+0.1)^9}{(1+0.1)^9 - 1} + 1200 = 3804.6 \text{（元）}$$

方案2的年度成本为：

$$C_s = 13000 \times \frac{0.1 \times (1+0.1)^7}{(1+0.1)^7 - 1} + 1500 = 4170.27 \text{（元）}$$

显然选择方案1为好。

设备更新活动涉及资金投入和技术可行性论证等多种问题。需要指出的是：设备更新的经济分析并不仅依赖于年度成本指标，需要从多方面、多角度对其进行分析探讨，并且对于年度成本的数学模型假设还需加以完善。同时，在经济分析时，均以不受饭店实际资金约束为前提，而这在实际操作中有时是不能完全做到的。尽管如此，还是可以运用年度成本对饭店设备的更新活动进行经济分析。这种方法概念比较清楚，计算简单方便，易为普通饭店设备管理人员所掌握。

## 四、现场管理体系在烹饪设备管理中的应用

近几年，餐饮行业成功跻身第三大支柱产业，成为了我国的税收大户，在我国的经济发展中占了非常大的比例。人们对饮食的要求，特别是对产品安全性的关注在不断提高。过去，“厨房重地，闲人免进”不仅挡住了顾客的好奇心，同时也遮盖了厨房中的食品安全隐患。餐饮现场管理模式的出现，改变了这一现状，越来越多的餐饮企业选择了半开放式厨房，让顾客近距离地看到了厨房的卫生环境以及菜品制作的过程。

厨房内涉及各类与烹饪相关的设备、设施，存放多种刀具，每天还要进出大量新鲜食材，这些均对烹饪设备的管理提出了很高的要求。厨房中还隐藏着一些危险因素，烹饪设备如没有及时更新，使用或管理不善都有可能威胁操作人员的人身安全或财产安全。5S管理法和4D管理法是现场管理体系的重要组

成部分，将其应用于烹饪设备管理中，可创造一个干净、有规律，并能目视管理的工作场所，是提高餐饮服务位、保证食品安全的有效手段和重要保障。

### （一）厨房的5S管理

5S管理起源于日本，它包括整理（SEIRI）、整顿（SEITON）、清扫（SEISO）、清洁（SETKETSU）、素养（SHITSUKE）五个项目，因日语的罗马拼音均以S开头，简称为5S。通过规范现场、现物，营造一目了然的工作环境，培养员工良好的工作习惯，可有效改善厨房的工作环境、提高工作效率、改善菜肴品质、确保产品安全、提升企业形象。

1. 5S管理的定义与目的

（1）1S——整理（SEIRI）

定义：将工作场所任何必要与不必要的东西进行明确、严格地区分，将不必要的东西尽快处理掉。

目的：腾出空间，空间活用；防止误用、误送；打造清爽的工作环境。

（2）2S——整顿（SEITON）

定义：对整理之后留在现场的必要的物品分门别类放置，排列整齐，同时明确数量，且进行有效标识。

目的：使工作场所一目了然，创造整整齐齐的工作环境，消除找寻物品的时间与过多的积压物品。

（3）3S——清扫（SEISO）

定义：将工作场所清扫干净，保持干净、亮丽的工作环境。

目的：消除脏污，保持厨房内干净、明亮；稳定品质；减少工业伤害。

（4）4S——清洁（SETKETSU）

定义：将上面的3S实施的做法制度化、规范化，并贯彻执行及维持结果。

目的：通过制度化来维持成果。

（5）5S——素养（SHITSUKE）

定义：培养文明礼貌习惯，按规定行事，养成良好的工作习惯。

目的：提升人的品质，成为对任何工作都讲究认真的人。

2. 5S管理的推行

（1）整理的推行要领

对工作场所（范围）全面检查，包括表面看得到和看不到的；制定“要”和“不要”的判别基准；不要的物品清除；要的物品调查使用频度，决定日常用量；每日自我检查，避免因不整理而发生的浪费（包括空间的浪费，使用棚架或柜橱的浪费，零件或产品变旧而不能使用的浪费，放置处变得窄小，无用的东西产生的管理上的浪费，库存管理或盘点的时间浪费等）。

（2）整顿的推行要领

前一步骤整理的工作要落实；需要的物品明确放置场所；摆放整齐，有条不紊；地板划线定位；场所、物品均要标示；制订废弃物处理办法。

（3）清扫的推行要领

建立清扫责任区（室内、外）；开始一次全面的大清扫；每个地方都清洗干净；调查污染源，予以杜绝或隔离；建立清扫基准，作为规范。

清扫就是使场所没有垃圾，没有脏污。虽然已经整理、整顿过，要的东西马上就能取得，但是被取出的东西要成为能被正常的使用状态才行。而达成这样状态就是清扫的第一目的，尤其目前强调高品质、高附加价值产品的制造，更不允许有垃圾或灰尘的污染，造成产品品质不佳。

（4）清洁的推行要领

落实前3S工作；制订目视管理的基准；制订5S实施办法；制订稽核方法；制订奖惩制度，加强执行；高阶主管经常带头巡查，带动全员重视5S活动。

5S活动一旦开始，不可在中途变得含糊不清。如果不能贯彻到底，又会形成另外一个污点，而这个污点也会造成厨房内保守而僵化的气氛。

（5）素养的推行要领

制订服装、臂章、工作帽等识别标准；制订公司有关规则、规定；制订礼仪守则；教育训练；推动各种激励活动；遵守规章制度；例行打招呼、讲礼貌活动。

3. 厨房5S法管理评估标准（表7−9）

## （二）厨房的4D管理

厨房的4D现场管理主要包括四部分工作。第一，整理到位。将非必需的物品清理掉，必需品以最低安全用量明确标示，摆放整齐，做好清洁。第二，责任到位。卫生、设备、服务、安全，责任到人，制度上墙。第三，培训到位。采取多种形式培训新老员工，连续、反复不断地培训和强化，让员工时刻牢记4D，使之深入人心。第四，执行到位。在培训到位的基础上，进行全员互动，用科学的监督系统将4D现场标准长久保持。

1. 组织制定4D规范

（1）1D——整理到位

厨房内的用品分成现场“要”和“不要”两部分，将“不要”的部分移除，使得空间活用。“要”的部分设定固定摆放位置，设置图示或标签。例如，大型设备旁边设置图示，说明设备使用方法和注意事项；常用小件烹饪工具设定固定位置，工具与放置处都贴上对应标签，操作时保证30秒内能找到所用工具；安全通道标示醒目，灭火毯配备到厨房内相应标签处存放，突发事件时，能最快速度拿取。为便于区分，厨房各区域可采用不同颜色标示。

表 7–9 厨房 5S 法管理评估标准表

| 环节 | 序号 | 评定项目 | 评分标准（方法） | 分值 | 满分 | 得分 |
|---|---|---|---|---|---|---|
| 组织 | 1 | 建立、完善“5S”管理体系，保证“5S”工作有效、适宜持续进行 | ①建立“5S”领导小组 | 四项合格（2分），三项合格（1分），其他（0分） | 2分 | |
| | | | ②制定“5S”工作管理制度（文件） | | | |
| | | | ③“5S”检查落实、记录完整 | | | |
| | | | ④“5S”工作列入部门考核，奖惩分明 | | | |
| | 2 | 工作现场无不需要的物品，将破损、废弃的用具、器皿或不需要的物品处理掉或回仓 | ①工作现场不发现明显的不需要物品 | 3分 | 3分 | |
| | | | ②工作现场发现3件（含）以下明显不需要的物品 | 1.5分 | | |
| | | | ③工作现场发现3件以上明显不需要的物品 | 0分 | | |
| | 3 | 有私人物品集中存放的设备、设施，私人物品有序集中摆放，工作场所无私人用品 | ①私人物品集中存放的设备、设施齐全（更衣室、存放柜、水杯、饭盒等集中存放处等） | 三项合格（2分），二项合格（1分），其他（0分） | 2分 | |
| | | | ②私人物品（如水杯、饭盒、衣帽、鞋等）有序集中摆放 | | | |
| | | | ③工作现场未发现私人用品 | | | |
| | 4 | 每天应有班前会（早例会），负责人应有小结 | ①班前会每天开 | 二项合格（1分），其他（0分） | 1分 | |
| | | | ②负责人有开会内容记录及小结 | | | |
| | 5 | 工作现场物品存放有规则 | ①使用频率高放置于外侧或中间层 | 三项符合（2分），二项符合（1分），其他（0分） | 2分 | |
| | | | ②使用频率低放置于低层或高层 | | | |
| | | | ③大体积、大重量物品放置于低层 | | | |

续表

| 环节 | 序号 | 评定项目 | 评分标准（方法） | 分值 | 满分 | 得分 |
|---|---|---|---|---|---|---|
| 整顿 | 1 | 工作场所设置通告板，内容定期更换，保持板面清洁 | ①有通告板（有大标题、分区），并有相应负责人 | 三项合格（1分），①②或①③合格（0.5分），其他（0分） | 1分 | |
| | | | ②通告板内容一星期内有更新 | | | |
| | | | ③板面清洁，无污渍 | | | |
| | 2 | 厨房为无烟区，有禁烟标志 | ①有禁烟标志，且无吸烟现象 | 符合①（1分），其他（0分） | 1分 | |
| | | | ②有禁烟标志，有吸烟现象 | | | |
| | 3 | 工作现场物品摆放有名有家 | ①物品都有清楚的标签（名）和摆放位置（家） | 两项合格（3分），一项不合格（0分） | 3分 | |
| | | | ②分类集中存放（餐具、工用具、原料、半成品、成品等） | | | |
| | 4 | 仓库存放有存档总表及最高、最低量指引，库存原料保持新鲜 | ①仓库物品摆放有标识，并按标识摆放 | 三项合格（2分），二项合格（1分） | 2分 | |
| | | | ②按先进先出原则摆放 | | | |
| | | | ③有存档明细表（库存总表） | | | |
| | 5 | 配备必要的基础设施——食品贮存盒 | ①贮存盒应符合食品卫生要求 | 符合1分 | 2分 | |
| | | | ②贮存盒数量能满足食品原料、半成品等摆放的需要 | 符合1分 | | |
| | 6 | 布局流程安排合理，设置符合要求 | ①加工场所物流按先进先出、左进右出的顺序摆放，并有标识 | 1分 | 4分 | |
| | | | ②各功能间有明显标识，按粗加工—精加工—半成品—成品—售卖流程布局 | 3分 | | |
| | 7 | 厨房工用具集中存放 | ①工用具按方便、实用的原则集中存放，并有明确标识 | 1分 | 2分 | |
| | | | ②摆放整齐，工用具保持清洁 | 1分 | | |

续表

| 环节 | 序号 | 评定项目 | 评分标准（方法） | 分值 | 满分 | 得分 |
|---|---|---|---|---|---|---|
| 整顿 | 8 | 进入操作区域的物品，拆包调料必须用统一或合适的盛器存放并标记 | ①有统一或合适容器存放 | 二项合格（2分），一项合格（1分） | 2分 | |
| | | | ②容器上有标识 | | | |
| | 9 | 仓库内食品与非食品，分区隔离存放，有毒物品分库存放 | ①全部分开 | 1分 | 1分 | |
| | | | ②不能完全分开 | 0分 | | |
| | 10 | 冷库、冰箱、货架内食品原料、半成品、成品，不得混放 | ①冷库、冰箱、货架无混放 | 4分 | 4分 | |
| | | | ②发现混放 | 0分 | | |
| | 11 | 按规定进行有关食品留样 | ①有留样，有记录 | 4分 | 4分 | |
| | | | ②有留样，无记录（或记录不规范） | 2分 | | |
| | | | ③未留样（或留样不全） | 0分 | | |
| | 12 | 盛用具内植物性、动物性食品和水产品等分类存放，不得混放 | ①无混放 | 2分 | 2分 | |
| | | | ②发现混放 | 0分 | | |
| | 13 | 盛装食品的盛器不得直接置于地上，防止食品污染 | 符合要求 | 2分 | 2分 | |
| | 14 | 生熟食品的加工工具和容器应分开使用，并有明显标志 | ①生熟分开 | 二项合格（4分），不符合①（0分），不符合②（1分） | 4分 | |
| | | | ②有明显标志 | | | |

续表

| 环节 | 序号 | 评定项目 | 评分标准（方法） | 分值 | 满分 | 得分 |
|---|---|---|---|---|---|---|
| 整顿 | 15 | 用于食品加工操作的设备及工具要专用，不得用作他用 | ①专用 | 1分 | 1分 | |
| | | | ②不专用 | 0分 | | |
| | 16 | 用于清扫、清洗和消毒的设备、用具应分别放置在专用场所 | ①符合要求 | 1分 | 1分 | |
| | | | ②不符合要求 | 0分 | | |
| | 17 | 干货仓库有通风、防潮、有防盗、防鼠、防尘、防蝇、防毒设施 | ①有设备、效果好 | 二项合格（1分），一项不合格（0分） | 1分 | |
| | | | ②货架离地、离墙角 10cm | | | |
| | 18 | 冷菜间设置上下水、空调、紫外线灯、温度计等设施 | ①设施齐全 | 两项符合（1分），一项不合格（0分） | 1分 | |
| | | | ②设施正常使用 | | | |
| 清洁 | 1 | 垃圾当日清运，时刻保持餐厅内、外环境整洁 | ①符合要求 | 1分 | 1分 | |
| | | | ②不符合要求 | 0分 | | |
| | 2 | 工作现场有足够数量的垃圾桶并保持清洁、加盖 | ①工作现场全部垃圾桶符合要求 | 1分 | 1分 | |
| | | | ②工作现场发现垃圾桶不符合要求 | 0分 | | |
| | 3 | 工作场所（厨房、后勤、前厅）地面无水渍、油渍 | ①工作现场无明显水渍、油渍 | 2分 | 2分 | |
| | | | ②工作现场发现明显水渍、油渍 | 0分 | | |
| | 4 | 除“四害”措施落实，有效果（抽查现场） | ①有相应的有效预防措施及除“四害”记录 | 1分 | 1分 | |
| | | | ②无有相应的有效预防措施或除“四害”记录 | 0分 | | |

续表

| 环节 | 序号 | 评定项目 | 评分标准（方法） | 分值 | 满分 | 得分 |
|---|---|---|---|---|---|---|
| 清洁 | 5 | 洗手消毒规范，洗手有标准图解 | ①有符合要求的洗手消毒设施 | 全部符合（1分），一项符合（0分） | 1分 | |
| | | | ②有洗手标准图解 | | | |
| | 6 | 消灭前厅卫生死角，保持清洁 | 工作柜底、圆桌地面、冰柜顶、空调扇叶等保持清洁，并且无蜘蛛网 | 全部合格（1分），有一处不合格0分 | 1分 | |
| | 7 | 前厅客用餐饮具、纸巾、湿巾、酱、醋调料等符合卫生要求 | 符合卫生要求 | 全部符合（1分），有一处不符合要求（0分） | 1分 | |
| | 8 | 厨房油烟罩、新风管、排烟管，光亮、无油渍、不粘手 | ①目光能涉及的地方，光亮、无油渍、不粘手 | 2分 | 2分 | |
| | | | ②无明显油渍，但粘手 | 1分 | | |
| | | | ③有明显油渍 | 0分 | | |
| | 9 | 厨房工作台、调料台、灶台，台面清洁，物品摆放符合要求 | 台面清洁，物品摆放整齐有序，有标签 | 全部符合（2分），有一处不符合（0分） | 2分 | |
| | 10 | 消灭厨房死角卫生，保持清洁 | 检查排水沟、冰箱顶底、灶台底、柜内内侧等，地漏有防护罩 | 全部符合（2分），有一处不符合（0分） | 2分 | |
| | 11 | 餐具按规范和标准清洗消毒和保洁 | ①设施、设备齐全，并正常使用 | 1分 | 2分 | |
| | | | ②消毒后餐具存放在密闭的保洁柜 | 1分 | | |

续表

| 环节 | 序号 | 评定项目 | 评分标准（方法） | 分值 | 满分 | 得分 |
| --- | --- | --- | --- | --- | --- | --- |
| 清洁 | 12 | 制定清洁计划表，明确责任人 | ①有清洁计划表 | 全部合格（2分），一项不合格（0分） | 2分 | |
| | | | ②有明确责任人 | | | |
| | | | ③按计划表落实卫生 | | | |
| | 13 | 客用洗手间符合卫生规范 | ①硬件符合要求 | 两项符合（1分），其他（0分） | 1分 | |
| | | | ②清洁、无异味 | | | |
| | 14 | 切配工具、墩头应洗净，保持清洁 | ①符合要求 | 1分 | 1分 | |
| | | | ②不符合要求 | 0分 | | |
| | 15 | 冷菜间切配工具、墩头应洗净，保持清洁，用前应消毒 | ①符合要求 | 1分 | 1分 | |
| | | | ②不符合要求 | 0分 | | |
| | 16 | 荤、素、水产品、餐具等清洗水池分开设置，水池应及时清洗 | ①水池分类设置使用并且有明显标识 | 全部合格（2分）。①符合但②不符合（1分），两项不合格（0分） | 2分 | |
| | | | ②完工后水池干净无污物 | | | |
| | 17 | 设备设施天天养护、维护及时有记录（包括消防设施） | ①设备、设施内外清洁，按期养护，确保正常运转 | 1分 | 2分 | |
| | | | ②有维修记录表 | 1分 | | |
| 规范 | 1 | 消毒餐具等符合国家相关卫生标准 | 餐具及时消毒，符合国家卫生标准 | 1分 | 1分 | |
| | 2 | 废弃油脂处理符合规定，烟尘、污水等排放符合要求 | ①废油处理符合规定要求（协议、记录） | 0.5分 | 1分 | |
| | | | ②烟尘、污水排放符合要求，室内烟尘不明显 | 0.5分 | | |

续表

| 环节 | 序号 | 评定项目 | 评分标准（方法） | 分值 | 满分 | 得分 |
|---|---|---|---|---|---|---|
| 规范 | 3 | 采购的食品符合国家卫生标准，索证资料齐全，登记台账清楚，有食品进库验收制度 | ①有食品采购验收制度 | 2分 | 4分 | |
| | | | ②索证资料符合相关部门有关要求 | 1分 | | |
| | | | ③登记台账符合要求 | 1分 | | |
| | 4 | 采用颜色和视觉管理 | 公用具以颜色分类区分用途 | 1分 | 1分 | |
| | 5 | 设立“5S”博物馆，定期进行“5S”检查，做好“5S”考核记录公布 | ①项目有专人进行定期“5S”自查 | 全部符合（2分），①符合②不符合（1分），①不符合（0分） | 2分 | |
| | | | ②做好检查记录，将记录定期公布，明示 | | | |
| 自律 | 1 | 厨房从业人员须持有效健康证及卫生知识培训合格证 | ①厨房从业人员持有有效的健康证及卫生知识培训合格证 | 3分 | 3分 | |
| | | | ②厨房从业人员未持有有效的健康证或卫生知识培训合格证 | 0分 | | |
| | 2 | 培养“5S”意识，做到人人参与、天天检查，定期培训，形成记录 | ①员工了解“5S”基本定义 | 1分 | 3分 | |
| | | | ②“5S”检查进入个人月度考核 | 1分 | | |
| | | | ③有培训计划表，按计划进行培训，有培训记录 | 1分 | | |
| | 3 | 各部门制服、员工仪容仪表有标准，包括衣着、帽子、头发、指甲等，在更衣室设有标准图示及穿衣镜 | ①全员符合公司服装、仪容仪表要求 | 1分 | 1分 | |
| | | | ②发现员工不符合公司服装、仪容仪表要求 | 0分 | | |
| 考评人： | | | 被考评人： | 得分： | | |

同时，清洁厨房各区域的脏乱，保持厨房环境、设备、工具处于干净状态，防止污染的发生。冰箱内按要求摆放，生熟分开，定期清理冰箱存储食材，过期食品及时清理。

（2）2D——责任到人

根据“谁使用谁负责，谁管理谁负责，谁检查谁负责”的原则，把工作流程化和标准化。例如，厨房有专用的各类加工区域，且配备了相应的烹饪工具，各区域负责人应在工作前检查好烹饪设备和工具是否完备，且在指定位置上；工作结束后，应及时检查卫生是否清洁干净，用具是否归位；厨房管理员在发放物品时，应有详细的管理记录，何人何时使用，物品是否无损伤；厨师长应定期检查管理员物品管理记录表，核实现场情况，确认后签字。

（3）3D——培训到位

加强厨师队伍的培训，组织所有厨房从业人员学习4D基本知识、各项4D规范；将厨房管理制度上墙，将4D基本知识与规范印刷成册，分发到各部门，供厨师阅读。通过召开专题大会、班组例会等，采取多种形式进行培训，连续、反复不断地强化，让厨房从业人员时刻熟记4D管理方法。

（4）4D——执行到位

在培训到位的基础上，全员参与，在烹饪操作过程中，通过讲解、示范等多种方式，让负责人员参与执行设备依据流程操作、物品规范摆放等，通过实训，让厨房从业人员进一步学习4D现场管理。建立科学的监督系统，各部门相互监督，厨师长班前对厨房的设备和卫生进行检查，班后再与管理员交接，管理员进行复查，做好反馈和记录。对执行力强、表现突出的部门或个人进行公开表扬，并给予奖励，对未能执行或效果不理想的，要求责任人进行整改。

2. 4D管理在烹饪设备管理中的应用

①厨房设备如冰箱、消毒柜等设备均由专人使用；

②掌握自己所用设备的正确使用方法；

③不经过厨师长的同意，不得擅自使用厨房设备；

④定期对自己使用的设备进行维护、保养，确保设备的正常使用；

⑤班后厨师长要安排专人对厨房所有设备及电源进行检查，确保万无一失，方可离开厨房，并锁好厨房门锁；

⑥发现故障隐患，要及时向厨师长汇报，及时检修。

# 第二节 烹饪器具管理

## 一、烹饪器具基础管理

烹饪器具种类繁多，数量庞大，许多烹饪器具还很容易破坏和损耗，如果在经营中对烹饪器具使用不当或者是管理不善，必然会造成额外的破损，从而使经营成本增加，因此必须加强对烹饪器具的管理，通常可用表格登记的方法来管理烹饪器具。

### （一）制定规范的管理标准

1. 专业化管理

管理人员应当受过专业化培训，对自己管理的各种烹饪器具的使用方法和保管方法应当熟知，如玻璃器皿、陶瓷餐具、银餐具等的使用与保管方法。

2. 制定烹饪器具破损率标准

根据行业情况，一般陶瓷餐具的破损率每年约为0.3%，玻璃器皿的破损率每年约为0.5%，可由此制定本企业的餐饮器具破损率标准，每月进行统计，按照实际情况对员工进行奖励或处罚。

3. 记录各种烹饪器具的使用情况

烹饪器具种类繁多，使用寿命各不相同，可根据记录的使用情况在其接近使用寿命周期时来决定更换的时间。

### （二）落实使用管理的责任，登记入册

烹饪器具管理表格包括出库登记表、烹饪器具分布表、使用状况登记表、个人领用表等。

1. 出库登记表

每个部门每次领用时必须填写出库登记表，应当说明是客人专用还是员工专用，一般由部门主管填写（表7-10）。

表7-10 出库登记表

部门： 日期：

| 类 型 | 名 称 | 数 量 | 领用人 | 使用范围 |
|---|---|---|---|---|
| | | | | |
| | | | | |
| | | | | |
| | | | | |

2. 烹饪器具分布表

库房根据每个部门的出库登记表填写分布表，来掌握烹饪器具的具体分布情况（表 7–11）。

表 7–11　烹饪器具分布表

类型：　　　　　　　　名称：

| 领用部门 | 数　量 | 日　期 | 领用人 |
|---|---|---|---|
| | | | |
| | | | |
| | | | |
| | | | |

3. 烹饪器具使用状况登记表

每个部门根据出库单和实际盘存单填写，以此来采购新的器具（表 7–12）。

表 7–12　烹饪器具使用状况登记表

部门：

| 类型 | 名称 | 出库量 | 存量 | 破损量 | 破损率 |
|---|---|---|---|---|---|
| | | | | | |
| | | | | | |
| | | | | | |
| | | | | | |
| | | | | | |

4. 个人领用烹饪器具表

一些高档烹饪器具和专用烹饪器具必须专人保管，用时填写个人领用烹饪器具表（表 7–13）。

表 7–13　个人领用烹饪器具表

岗位：　　　　　　　　日期：　　　　　　　　姓名：

| 类型 | 名称 | 领用量 | 还回量 | 正在使用量 |
|---|---|---|---|---|
| | | | | |
| | | | | |
| | | | | |
| | | | | |
| 合计 | | | | |

回收人（烹饪器具保管员）：

注：一式两份，双方签字。

5. 交接班烹饪器具登记表

交接班时必须填写交接班烹饪器具登记表（表 7–14）。

表 7–14　交接班烹饪器具登记表

岗位：　　交班人：　　交接时间：　　接班人：

| 类型 | 名称 | 数量 | 破损量 |
| --- | --- | --- | --- |
| | | | |
| | | | |
| | | | |
| | | | |

### （三）餐饮器具破损控制措施

餐饮器具破损时，应立即查明原因，并填写餐具破损通知单（表 7–15）。

表 7–15　餐具破损通知单

| 类型 | 名称 | 破损量 | 单价 | 金额 | 地点 | 责任人 |
| --- | --- | --- | --- | --- | --- | --- |
| | | | | | | |
| | | | | | | |
| | | | | | | |
| | | | | | | |

填表人：

此单一式三份，由部门负责人填写，一份给当事人，一份给收银台或财务部，一份给部门负责人。如果是客人造成的破损则由服务员填写，客人在责任人一栏中签字，送收银台按进价收取费用；如果是员工造成的破损则由部门负责人填写。

**知识运用：**饭店来了一桌客人，要求用银质餐具，程序上应该怎么办？

## 二、常用餐饮器具的使用与保养

### （一）非金属材料餐饮器具的的选用与维护

1. 陶瓷器具

（1）陶瓷器具的选用

陶瓷餐具有不生锈、不腐蚀、不吸水，表面坚硬光滑，易于洗涤的优点，但是陶瓷中含铅也是几千年的制作工艺改进都无法避免的问题。

多年来，国家质量监督部门的有关抽查表明，铅溶出量超标已成为陶瓷餐具的普遍问题。人们用这种餐具盛放水果、蔬菜等含有有机酸的食品时，餐具中的铅等重金属就会溶出并随食品一起进入人的肠胃、肝肾等重要的器官和组织，久而久之，当蓄积量达到一定程度时，就会引发铅中毒。

陶瓷餐具中铅的溶出主要来源是餐具的贴花饰物。由于铅的折光指数高，因此贴花饰物中的铅可以使陶瓷餐具更加流光溢彩。但是一些小企业，为了降低成本，使用铅、镉含量高且性能不稳定的廉价装饰材料，或是抢工图快，随意缩短烤花时间或降低烤花温度，导致铅溶出量超标；一些企业为了提高产量，装窑过密，致使铅不易挥发。另外，装饰面积过大，烤花温度不够或工艺处理不当，同样会引起陶瓷制品铅溶出量超标。

由于陶瓷餐具的溶出量超标主要来源于装饰材料，因此消费者在选购陶瓷餐具时，应注意选择装饰面积小或是安全的釉下彩或釉中彩的餐具，不要选择色彩非常鲜艳及内壁带有彩饰的餐具。釉下彩的花面装饰在釉下，其上好比覆盖了一层"安全膜"；釉中彩陶瓷采用釉中彩花，在1250℃左右的高温中快速烧成，不需要使用含铅、镉等强降温性熔剂原料，而且在烧制过程中，彩料因自身重量会渗到釉面的一定深度。而釉上彩瓷很容易用目测和手摸来识别，其画面不及釉面光亮、手感欠平滑甚至画面边缘有凸起感。因此那些表面多刺、多斑点、釉质不够均匀甚至有裂纹的陶瓷产品，也不宜做餐具。另外大部分瓷器黏合剂中含铅较高，故补过的瓷器，最好不要再当餐具使用。挑选瓷器餐具时，要用食指在瓷器上轻轻拍弹，如能发出清脆的罄一般的声响，就表明瓷器胚胎细腻，烧制好，如果拍弹声发哑，那就是瓷器有破损或瓷胚质劣。如果经济条件允许，还可以选择价格比普通陶瓷餐具贵 3 ~ 4 倍的无铅釉绿色餐具。

（2）陶瓷器具的维护

在此主要以含铅较多的彩瓷食具为例来说明其使用的注意事项。

刚买来的彩瓷食具可用食醋浸泡一段时间。因为彩瓷颜料中的铅、镉易溶于酸性溶液。浸泡后，将食醋倒掉，用清水反复冲洗。也可用 4% 的食醋加水煮沸后，再用清水反复冲洗，这样可以去掉部分铅、镉等重金属。

彩瓷食具不宜用来盛放牛奶、咖啡、啤酒、果汁以及其他酸性食物。

婴幼儿慎用彩瓷食具。儿童处于生长发育期，器官发育不成熟，对毒物最为敏感，铅、镉、砷等对儿童的神经系统、造血系统、肾脏等的损害极为明显，所以婴幼儿要慎用彩瓷食具。

彩瓷食具不宜使用消毒柜消毒。目前家庭使用的消毒柜大都是通过高温灭菌的，在高温下彩瓷食具中含有的铅、镉等重金属容易溢出，会使食品受到污染，危害健康。

（3）陶瓷器具的使用与保管

使用过的陶瓷餐具应当及时清洗干净，对于特别难清洗的污垢可用酒石膏、过氧化氢膏、5% 的草酸溶液除去。不用的陶瓷餐具用纸或稻草包好，放在通风、干燥的库房内。

2. 玻璃餐具

玻璃餐具清洁卫生，不含有毒物质。但玻璃餐具有时也会“发霉”。这是因为玻璃长期受水的侵蚀，玻璃中的硅酸钠与空气中的二氧化碳反应生成白色碳酸钠结晶，它对人体健康有损害，所以在使用时可用碱性洗涤剂清除。

玻璃器皿应当轻拿轻放，整箱搬运时应当注意外包装上标识的向上的标志；新买进的玻璃器皿必须进行耐温测定：一箱可抽取几个玻璃器皿放入 1 ~ 5℃的水中浸泡约 5 分钟，取出后用沸水进行冲洗，如果本身质量不太好，可将其放置于容器内，加入冷水和少量食盐逐渐煮沸，可提高它的耐温性；玻璃器皿的清洗应当先用冷水浸泡，再用洗涤剂洗涤，最后用清水冲洗干净后消毒。玻璃器皿不能与碱性物品长时间接触。不用的玻璃器皿用软性材料分隔开保存。

3. 搪瓷餐具

搪瓷制品有较好的机械强度，结实，不易破碎，并且有较好的耐热性，能经受较大范围的温度变化。质地光洁、紧密，不易沾染灰尘，清洁耐用。搪瓷制品的缺点是遭到外力撞击后，往往会有裂纹、破碎。涂在搪瓷制品外层的实际上是一层珐琅质，含有硅酸铝一类物质，若有破损，便会转移到食物中去。所以选购搪瓷餐具时要求表面光滑平整，搪瓷均匀，色泽光亮，无透显底粉与坯胎现象。

4. 竹木餐具

竹木餐具的最大优点是取材方便，且没有化学物质的毒性作用。但是它们的弱点是比其他餐具容易污染、发霉，假如不注意消毒，易引起肠道传染病。涂上油漆的竹木餐具遇热时对人体有害。

5. 塑料餐具

（1）聚乙烯和聚丙烯餐具

目前市场上销售的塑料餐具大多为聚乙烯和聚丙烯制品，这两种物质都可耐 100℃以上的高温，使用起来比较安全。消费者可挑选商品上标注 PE（聚乙烯）和 PP（聚丙烯）字样的塑料制品。市场上的糖盒、茶盘、饭碗、冷水壶、奶瓶等均是这类塑料。

但是与聚乙烯分子结构相似的聚氯乙烯在 80℃就会释放出有害物质，不宜用于制作食器。摸上去手感光滑、遇火易燃、燃烧时有黄色火焰和石蜡味的塑料制品，是无毒的聚乙烯或聚丙烯。摸上去手感发黏、遇火难燃、燃烧时为绿色火焰、有呛鼻气味的塑料是聚氯乙烯。

许多塑料餐具的表层都有漂亮的彩色图案，如果图案中的铅、镉等金属元素含量超标，就会对人体造成伤害。一般的塑料制品表面有一层保护膜，这层膜一旦被硬器划破，有害物质就会释放出来。劣质的塑料餐具表层往往不光滑，有害物质很容易漏出。因此消费者应尽量选择没有装饰图案、无色无味，或是图案简单、颜色素净、表面光洁、手感结实的塑料餐具。

（2）仿瓷餐具

仿瓷餐具又称密胺餐具、美耐皿，由密胺树脂粉加热、加压铸模而成。密胺树脂，英文缩写 MF，是三聚氰胺与甲醛反应所得到的聚合物，是制造仿瓷餐具不可或缺的原料。

根据国家相关规定，严禁用尿素甲醛树脂替代密胺树脂生产制造仿瓷餐具，因为尿素甲醛树脂在相对较高的温度下，遇到水就会溶解出甲醛，而甲醛是公认的致癌物质。不合格的仿瓷餐具，在蒸食物或用微波炉加热食物时，会释放出三聚氰胺分子，污染所盛放的食物，长期使用可引起慢性中毒还可能会释放甲醛，污染食物。有资料显示，长期接触低剂量甲醛会引起慢性呼吸道疾病、自主神经紊乱、女性月经不调、妊娠综合征、新生儿体质降低以及染色体异常甚至引发鼻咽癌等。相比而言，甲醛对儿童、孕妇和老年人的身体健康危害更大。

①仿瓷餐具的选用

选购颜色鲜艳的仿瓷餐具时，可用一张白色面巾纸来回擦几次，如果有掉色现象，说明产品使用的色料可能为有毒、有害的工业用料，不要购买。最好不要选购颜色鲜艳或颜色深的仿瓷餐具，应尽量挑选浅色的仿瓷餐具。

选购仿瓷餐具时，如果餐具有明显变形、表面不光滑、底部不平整、贴花图案不清晰或起气泡、起皱等现象的，最好不要购买。

购买仿瓷餐具一定要看价格。以成本计算，质量合格的仿瓷餐具一般都较贵，而一些地摊、批发市场、农村销售的只有三四元的仿瓷餐具，大多用的是质量低劣的原材料。此外，消费者购买仿瓷餐具时一定要选择大型商场和超市，购买时要认准生产许可证标志和编号。尤其是儿童，不要使用过于鲜艳的仿瓷餐具。

将仿瓷餐具在沸水中煮过 30min，再捞出来放 1h，如此重复 3 次。如果这个过程中餐具出现发白、发涩、起泡、开裂以及有刺激性气味等现象，就说明餐具质量有问题，可能含有甲醛等有毒有害物质。

②仿瓷餐具的维护

刚买的仿瓷餐具，不要清水洗洗就使用了。应先把仿瓷餐具放在沸水里加醋煮 2 ~ 3min，或者常温下用醋浸泡 2h，以除去有害物质。另外清洗仿瓷餐具时最好使用柔软的抹布、百洁布等。

### （二）金属餐具的选用与维护

1. 铝

用铝制餐具时，不要用刀刮和锅铲刮，刮下的混有铝屑的食物最好不要食用。

2. 铁

一般说来，铁制餐具无毒性。但需要注意的是，铁器易生锈，而误食铁锈可引起恶心、呕吐、腹泻、心烦、食欲不佳等病症；另外，不宜用铁制容器盛食用油，因为油类在铁器中存放时间太久易氧化变质。

铁、铝餐具不宜搭配使用。虽然铁制餐具安全性好，但若与铝制餐具搭配使用，会对人体带来更大的危害。由于铝和铁是两种化学活性不同的金属，当有水存在时，铝和铁就能形成一个化学电池，其结果是使更多的铝离子进入食物。所以，铝勺、铝铲和铁锅等餐具不宜搭配使用。

3. 不锈钢

不锈钢餐具如果使用不当，产品中的有害金属元素同样会在人体中慢慢蓄积，当达到一定限度时，就会危害人体健康。因此在使用不锈钢餐具时，尤其是在烹制和盛放儿童食品时，应该注意以下几点。

（1）不可长时间盛放盐、酱油、菜汤等

因为这些食品中含有许多电解质，如果长时间盛放，不锈钢同样会像其他金属一样，与这些电解质起电化学反应，使有毒金属元素被溶解出来。

（2）不能用不锈钢器皿煎熬中药

因为中药中含有很多生物碱、有机酸等成分，特别是在加热条件下，很难避免不与之发生化学反应，从而使药物失效，甚至生成某些毒性更大的化合物。

（3）切勿用强碱性或强氧化性的洗涤剂

不要使用苏打、漂白粉、次氯酸钠等进行洗涤。因为这些物质都含电解质，同样会与不锈钢起化学反应。

4. 铜

外表华丽、色泽如金，很有气派，例如铜火锅就颇受人们的喜爱。用铜锅烹煮食物时溶解出来的微量铜元素，对人体是有益的。但铜生锈之后产生铜绿（碱式碳酸铜）和蓝矾（硫酸铜）皆有毒，可使人恶心、呕吐甚至中毒。所以，对于有铜锈的铜餐具，应去除锈迹后再使用。

5. 银

银餐具使用前应先浸泡，再用布蘸上银器清洗剂擦去污渍，待其晾干后用干布擦亮，消毒使用。使用过的银餐具要及时清洗，用银器清洗剂擦亮，消毒清点入库保管。银餐具不能用来装蛋类食品，否则会使银餐具表面失色。银餐具一年只需抛光 2 ~ 3 次。

## 三、烹调器具的选用与维护

### （一）锅的选用与维护

1. 砂锅

砂锅在烹饪菜品生产中有重要应用，主要用于煨煮食物。初次使用新砂锅不要烧火过旺，要由低到高逐步加热，避免急火烧裂。广东石湾的“三煲”使用前要先在冷水中浸 4h 左右，使水分较均匀地浸入器壁内的空隙，然后再装冷水煮沸 2 ~ 3 次。这样可以延长使用的期限。煨煮食物时，砂锅外面不能有水，注意不要使锅内的水沸出。砂锅内要保持一定的水量，不能烧干，也不能露出锅底，否则会缩短使用期限。

煨煮块状食物时，可以用竹片横竖各 3 ~ 4 道扎牢作架，在锅内架起所煮的食物，即可避免食物粘结锅底。如果锅底黏结了附着牢固的食物残渣，不要用锅铲等用力铲刮，可用水浸后轻轻除掉。煮好食物把砂锅从炉灶上取下时，最好用木块、竹片等作垫子，避免因冷热骤变引起破裂。用毕洗刷干净后，要放在干燥的地方。

使用日久的砂锅，底部会出现细微的裂纹，一般仍可继续使用，但在搅拌和洗刷时要注意，不要使锅底受力过重。

2. 铝锅

最好选用精铝和合金铝锅。为了防止铝制器具对人体健康造成危害，铸铝锅最好只用于蒸食品或贮存干食品，熟铝锅可用来盛水或蒸食品，煮饭、煮粥可用高压合金铝锅或不锈钢锅。烹调食物（特别是含酸型的食物）需要用不锈钢锅。此外，不能用铝锅打鸡蛋，会发生化学反应。

在对铝锅清洁时，不要使用金属锐器铲刮，可用竹、木片轻轻刮除，然后用软布擦洗干净，这可使不锈钢炊具光亮、清洁、美观，又能延长其使用寿命。

3. 铁锅

（1）铁锅的选用

铁锅的选用与维护对铁锅的使用寿命有很大影响。挑选铁锅时要一看二听三试水。看就是看铁锅内外是否光滑、平整、颜色一致。熟铁锅以白亮者为优，暗黑者较差；生铁锅以色青发亮者为优，暗黑者较差。还要将锅放于地面，看其是否平稳。听就是用五指轻敲锅边，声音应当沉闷而富有弹性。试水是将铁锅底部放进水中，试其是否渗水或漏水。此外还要注意锅中有没有砂眼、裂缝等。

（2）铁锅的维护

铁锅买回来后，先要用砂石蘸水轻磨铁锅内面，直至光滑平整为止。锅磨好后用淘米水或米汤煮开熬煮半个小时，然后洗净。再在火上烧干，用猪肉批均匀地在锅内涂上一层油脂。一般新买回来的铁锅内往往附着了一层黑灰粉和锈斑。应当将其清洗干净。若三五日后铁锅炒菜时仍带黑色，可用醋水刷抹热锅，然后再用清水洗净即可。

铁锅使用时切勿用锅铲乱敲乱铲。空锅加热时间过长后要特别注意不要使其骤然受冷，以免开裂。尽量避免使铁锅外面沾水，铁锅外面受潮，时间一长就会形成一层层氧化脱皮层。每隔一段时期，应将铁锅置于炉上加热烧红，然后铲净外锅底的这层油污和焦灰，以改善锅的受热效果。

铁锅每次使用后必须清洗干净，洗锅的方法主要有干洗法和水洗法两种。干洗法，即用竹帚将锅中油污擦净，再用抹布揩擦干净。此法可使锅中光滑，再使用时原料不粘锅。如遇原料烧焦粘在锅底，可在锅中撒点粗盐，再用竹帚擦洗干净。水洗法，即用水冲洗净后揩干。水洗后的铁锅温度下降，而且总会带有一些水分，再使用时必须先将铁锅烧热使水分蒸干才行。烧汤菜的锅必须水洗，十洗不能洗净汤汁在锅中的残留。

4. 不锈钢锅

用不锈钢锅炒菜时，最好注意以下几点：一是由于不锈钢传热较快，散热慢，刚加热时，火不要过旺，应先小一些，使锅受热均匀，待整个锅体都热后再用旺火炒菜；二是不要在锅底烧红时倒油，以防破坏油中的营养，倒油时可使锅离开火头或火头调小一点；三是不锈钢的保养和保护，如锅底上有食物或调料枯结时，切忌使用金属锐器铲刮，可用竹、木片轻轻刮除，然后用软布擦洗干净，这可使不锈钢炊具光亮、清洁、美观，又能延长使用寿命。

### （二）切削刀具的选用与维护

1. 切削刀具的选用

选择刀具时，首先要注意刀口是否正直、均匀，刀头、刀背有无明显的裂痕、夹砂、夹灰，有无发蓝发黄的地方，若有说明其钢质不纯。再用刀斜压在另一把刀的背部，从刀根主刀口往上推，如刀背上出现均匀的刀印表示刀的软硬适度，如有打滑现象则说明刀的局部过软。另外还要看刀身是否光滑，有无虚泡，刀把是否装牢，手握木柄粗细要适中。

2. 切削刀具的维护

注意刀具的维护能使刀具经常保持锋利不钝。只有这样才能使处理后的原料整齐、均匀、美观，不出现相互粘连的毛病。切削刀具的维护应当注意以下几个方面。

①每次用刀后必须将刀揩擦干净，特别是切咸味或带有黏性的原料，如咸菜、藕、菱等原料。黏附在刀两侧的鞣酸容易氧化使刀面发黑。

②刀使用后必须挂在刀架上以避免其生锈，刀刃不可碰到硬的东西以免损

伤刀口。

③江南的梅雨季节时空气湿度较大，刀易生锈。每次使用后要揩干并在刀口涂抹一层油。

④长期使用刀刃会钝，因此每间隔一段时间就要求进行一次刃磨。

### （三）木质砧板的选用与维护

1. 木质砧板的选用

质量好的木质砧板表面呈微青色，颜色一致、树皮完整，树心不烂不结疤。这些说明是从生长的活树上砍下制成的，其木材质地坚密耐用。相反，若表面呈灰暗色，有斑点，反面出现霉烂点，可断定是用隔了较长时间的死树制成，此材质的砧板质量很差。我国树种较多，通常以橄榄树、银杏树为制作砧板的最佳木材。此外还有皂角树、榆树、红柳树等树种也是制作砧板的良材。

2. 木质砧板的维护

①新购买回来的砧板在使用前必须用盐水涂在表面或浸在盐卤中 3 天，使木质纤维收缩，质地更加结实耐用。再用开水加漂白粉进行消毒处理，然后用水冲洗干净。

②使用砧板时不可长期在一处切，应各面轮换使用，以免出现凸凹不平。如果已经出现凸凹不平的现象，应及时刨平以延长砧板的使用寿命。

③砧板使用完毕后应及时刮清洗净，收干水分并用洁布罩好，不能放在太阳下暴晒。小的砧板应侧向翻转 90° 侧立放置，大的砧板必须用三角架支放，底部要通风透气。不可水平放在木质、石质、钢质的案台上，否则天长日久砧板会发霉腐烂。

④每次切完菜（特别是剁肉馅后），应用清水刷洗，最好能刮去表面的食物残渣，清洗完毕，用布揩干。使用一周后，最好用开水洗烫一遍，然后放入浓盐水中浸泡几小时，取出阴干。这样不但可以杀死细菌，而且可防止菜板干裂，延长使用寿命。

### （四）高压锅的选用与维护

1. 高压锅的选用

购买压力锅，一定要挑有牌号、有厂家、有说明书、质量合格的压力锅。不要购买假冒伪劣产品。压力锅从规格上分，一般有 20cm、22cm、24cm、26cm 四种型号。从热效率考虑，一般以大一点的型号为宜。压力锅从原材料上分，一般分为铝制、铝合金和不锈钢三种，各有特点：铝制的重量轻、传热快、价格便宜，使用寿命可达 20 年以上，但是使用它无疑要增加铝元素的吸收量，长期使用它对健康不利；铝合金的要比纯铝制品好一些，耐用、结实；不锈钢压力锅虽然价格偏贵，但它耐热、美观，不易和食物中的酸、碱、盐发生反应，而且使用寿命最长，可达 30 年以上。

2. 高压锅的正确使用及维护

①初次使用压力锅，必须阅读压力锅使用说明书，认真地按说明书要求去做。

②使用时，首先要认真检查排气孔是否畅通，安全阀座下的孔洞是否被残留的饭粒或其他食物残渣堵塞。若使用过程中排气孔被食物堵塞，则应将锅移离火源，强制冷却，清洁气孔后才能继续使用。否则在使用中食物会喷出烫伤人。还要检查橡胶密封垫圈是否老化。橡胶密封圈使用一段时间以后就会老化。老化的胶圈易使压力锅漏气，因此需要及时更新。

③锅盖的手柄一定要和锅的手柄完全重合，才可放到炉子上烹制食物，否则会造成爆锅飞盖事故。

④不可擅自加压。使用时有人擅自在加压阀门上增加重量，想使锅内的压力加大，强行缩短制作的时间。殊不知锅内压力的大小是有严格的技术参数的，无视这种科学设计，就等于用自己的生命开玩笑，造成锅爆人伤的严重后果，千万不可冒险。另外在使用时，如果锅上的易熔金属片（塞）一旦脱落，绝不允许用其他金属物堵塞代替，应更换同种新件。

⑤使用高压锅放食物原料时，容量不要超过锅内容积的 4/5，如果是豆类等易膨胀的食物则不得超过锅内容积的 2/3。

⑥在加热过程中，绝不可中途开盖，免得食物爆出烫人。在末确认冷却之前，不要取下重锤或调压装置，免得喷出食物伤人。应在自然冷却或强制冷却后再开盖。

⑦使用高压锅很讲究火候，尤其不能大火漫烧。上火加热后，只要锅中的蒸汽从排气管发出较大的“嘶嘶”声时，就可以降低炉温，使限压阀保持轻微的嘶嘶声，直到烹调完毕。这样既安全，又省时间，还节约燃料。

⑧高压锅用后一定要及时清洗，尤其检查安全塞是否藏有食物堆积物、残渣，要保持锅的外观清洁，不要用锐利的器具如刀、剪、铲等铲锅的内外，否则锅易变形成凸凹状或被铲出划痕，有损保护层。

### （五）不粘锅的选用与维护

1. 不粘锅的选用

购买不粘锅时，要仔细看看有没有划伤或砂眼等；再看表面涂层是否光洁均匀，有没有破损现象；锅的各部位的安装是否有松动不牢之处；锅的形状是否周正对称。

2. 不粘锅的维护

使用不粘锅之前，要先在锅内壁上涂上一层食用油，用来保护不粘层的完整无损。

在烹饪时，要注意不能使用金属的锅铲，要尽量使用木的、竹的或硬塑料制成的锅铲或菜勺，以免碰伤涂在表面的不粘层。

使用不粘锅烹饪时，不要用过大的火，要用中火或小火。

烹饪过后不要立即清洗不粘锅。正确的方法是，让不粘锅自然冷却，然后用抹布轻轻擦洗锅内壁。如果锅外壁有污物，可用少量去污粉轻轻擦掉。清洗不粘锅时，不要用腐蚀性过大的洗涤剂，那样容易使不粘层受损。

## 本章小结

本章介绍了烹饪设备器具管理的内容，包括设备的日常管理，设备的选择和评价，设备的使用，设备的维修与更新等。

设备的日常管理包括建立设备的规章制度和技术资料档案，其中对与厨房直接相关的餐饮器具的管理进行了重点介绍（大的设备管理一般由工程部建立档案）。

介绍了不同材质的器具，在使用与保养时的不同要求。

## 练习题

1. 案例分析

一天，员工小李正在使用蔬菜斩拌机切割水果，此时由于顾客的要求急需少量新鲜牛肉糜，小李就图省事，用蔬菜斩拌机斩拌新鲜牛肉，不料没一会儿，斩拌机就停止了工作，无法再启动，找来维修工人一查，发现蔬菜斩拌机的电机已经烧毁，必须更换电机蔬菜斩拌机才可以使用。运用本章所学，谈谈小李的问题出在哪里？工作中如何避免？

2. 计算题

（1）某餐厅的烤箱有 2 种价格，A 为 10000 元，B 为 8000 元。从技术角度看，A 比 B 省电，A 每年电费 300 元，B 每年电费 500 元。试从寿命周期费用的角度对 2 种设备的选择进行讨论。

（2）某饭店餐饮部购买一台 1800 元的食品加工机，每年节省费用 400 元，使用寿命 8 年，残值为 500 元。但使用 5 年后，必须花费 600 元大修。资金的年利率为 10%。试求净现值，并判断该方案是否具有可行性。

# 第八章

# 厨房设计与布置

**本章内容：** 介绍厨房设计布置的相关内容。

**教学时间：** 4 课时

**教学目的：** 了解厨房的功能构成及厨房设计布置的手段与方法，掌握厨房总体和各功能区布局设计要求。

**教学方式：** 课堂讲述和案例研讨。

**教学要求：** 1. 了解厨房的种类与结构及设计的总体要求。

2. 掌握厨房各功能区域设计要点和设备配置要求。

3. 了解厨房平面布置设计的一般方法。

**作业布置：** 针对具体条件，设计厨房各功能区和设备布局，并运用图例的方法进行表示。

**案例：**“可以在这里练脚力”

这是20世纪80年代西方的厨房管理者在参观当时的北京饭店、前门饭店后所说的话。请注意，这句话并不是赞美厨房的宽敞明亮，而是对厨房设计的太大、太高的一种不以为然。相反，当时由美国贝克特公司设计的中国第一家五星级饭店的厨房又窄又挤，灶台和调料台之间只能一个人站立，通道设计得也不够宽，只能两个推车擦肩通过。

**案例评析：**实际上，厨房设计并不是我们想象的那样，以为宽大、明亮、高广即可，厨房的设计中充满了科学，一切都是围绕“出品”（出菜）进行的。

厨房可称为餐厅的工作中心，烹饪加工、原料的初加工、餐具的洗涤和消毒等均在厨房中进行。美国假日旅馆集团创始人凯蒙·威尔逊曾经说过，没有满意的员工就没有满意的顾客，没有使员工满意的工作场所，也就没有使顾客满意的享受环境。由此可见，一个设计合理的厨房是餐饮工作的起点。

## 第一节　厨房的总体设计

厨房设计就是要确定厨房的风格、规模、结构、环境和相应的使用设备，以保证厨房生产的顺利进行。

厨房的设计应当首先从功能设计开始。本节从厨房的基本结构及不同种类的厨房的角度，来考察厨房的功能要求。

**提示：**厨房设计从总体上包括功能设计、建筑设计、厨房布局设计。其中，作为餐饮与厨房工作者，要明确对厨房的功能设计与要求，这样建筑单位和设计施工单位才能对建筑设计与设备的布置设计进行展开。

### 一、厨房的种类

#### （一）按规模划分

1. 大型厨房

大型厨房具有较大的生产加工能力，能提供1000 ~ 2000个就餐餐位。设有许多功能不同的生产工艺操作间和辅助功能间，各操作间分工明确，设备配置齐全。这些操作间都具有很强的加工制作能力，能够协调一致完成大量食品的加工制作。

2. 中型厨房

中型厨房应具有能加工制作500 ~ 1000个餐位就餐产品的人员及设备配置，厨房内设有足够的生产工艺操作间及辅助功能间。

3. 小型厨房

小型厨房多指生产、提供 200 ~ 500 个餐位就餐产品的厨房。小型厨房多将厨房各功能集中设计、设备统一布局，占用面积有限，产品风味较专一。

4. 超小型厨房

超小型厨房是指生产功能单一、服务能力有限的厨房，如餐厅内设置的明档加工间，快餐厅的各种专一食品及风味小吃的厨房间。这类厨房一般设计紧凑、布局合理、外观特色鲜明。

### （二）按功能区分

餐饮产品的加工制作是一项非常繁杂的工作，因此厨房需要有多种加工能力的操作间和大量不同类型的加工设备。

1. 宴会厨房

宴会厨房是指为宴会厅生产服务的厨房。大多饭店为保证宴会规格和档次，专门设置此类厨房。设有多功能厅的饭店，宴会厨房同时负责各类大、小宴会厅和多功能厅开餐的烹饪出品工作。

2. 零点厨房

零点厨房是专门用于生产烹制客人临时、零散点菜的厨房，该厨房对应的餐厅为零点餐厅。零点餐厅是给客人自行选择、点食的餐厅，故列入菜单经营的菜点品种较多，厨房准备工作量大，开餐期间也很繁忙。这个厨房的设计多留有足够的设备和场地，以方便制作和按时出品。

3. 加工厨房

加工厨房主要负责各类烹饪原料的初步加工（鲜活原料的宰杀、去毛、洗涤），干货原料的涨发，原料的刀工处理和原料的保藏等工作。加工厨房在国内外一些大饭店中又称为主厨房，负责饭店内各烹调厨房所需烹饪原料的加工。由于加工厨房每天的工作量较大，进出货物较多，垃圾和用水量也较多，因而许多饭店都将其设在低层出入便利、易于排污和较为隐蔽的地方。

4. 冷菜间

冷菜间是加工制作、出品冷菜的场所。冷菜制作程序与热菜不同，多为先加工烹制，再切配装盘，故冷菜间的设计，在卫生和整个工作环境温度等方面有更加严格的要求。冷菜间还可分为冷菜烹调制作厨房（如加工制作卤水、烧烤或腌制、拌烫冷菜等）和冷菜拼盘出品厨房，主要用于成品冷菜的装盘与发放。

5. 面点房

面点房是加工制作面食、点心及饭粥类食品的场所。中餐又称为点心间，西餐多叫包饼房。由于其生产用料具有特殊性，与菜肴制作有明显的不同，故又将面点生产称为白案，将菜肴生产称为红案。各饭店分工不同，面点房生产任务也不尽一致。有的面点房还包括甜品和巧克力小饼等制作。

6. 咖啡厅厨房

咖啡厅厨房是负责生产制作咖啡厅供应菜肴的场所。咖啡厅相对于扒房等高档西餐厅，实则为西餐或简餐餐厅。咖啡厅经营的品种多为普通菜肴和饮品。因此，咖啡厅厨房设备配备相对较齐，生产出品快捷。

7. 烧烤间

烧烤间是专门用于加工制作烧烤菜肴的场所。烧烤菜肴如烤乳猪、叉烧、烤鸭等，由于加工制作与热菜和普通冷菜在程序、时间、成品等方面的特点不同，故需要配备专门的制作间。烧烤间一般室内温度较高，工作条件较艰苦，其成品多转交冷菜明档或冷菜拼盘间出品。

8. 快餐间

快餐间是加工制作快餐食品的场所，快餐食品是相对于餐厅正餐或宴会大餐食品而言的。快餐间大多配备炒炉、油炸锅等便于快速烹调出品的设备。其成品多较简单、经济，生产流程的畅达和高效节省是其显著特征。

## 二、厨房的基本结构及其功能要求

### （一）储存区

储存区为货物的进料、过磅、验收、登记、存储的场所。货物的进料要有专门的通道和转料场，其大小因各个厨房的不同而异。对于货物的过磅，每个厨房都有严格的规定，以便于成本的核算。经过过磅的货物必须按时验收，一般货物都有验收期限。验收完的货物必须如实登记，以便将来查验。经过这几道工序，货物就可以在仓库存储了。仓库的存储量必须和酒店的供应量挂钩，据统计每人每餐的食品原料平均需求量为 0.8 ~ 1.1kg（酒水除外），所以根据餐厅的餐位数就可以计算出库存量。储存区的设计还必须考虑到合适的推车、磅秤、平板货架、沥水菜架、地架等。

饭店餐饮规模大、经营风味多。厨房生产量大的饭店，为了保证经营的连续性和客人选择范围的广泛性，以及防止原料间相互串味、互相污染，便于仓库管理，大部分本地不易采购和容易断档的原料，仓库都分别给以一定量的库存。如有专门设置的肉类食品库、海产食品库、蔬菜食品库、瓜果食品库、西餐原料食品库、蛋类食品库、奶制品食品库等，这些库房虽不归厨房管理，但为了厨房领料和使用的方便，在进行厨房设计时应作统筹考虑。

### （二）加工区

厨房加工区域包括对原料进行粗加工和深加工及其随之进行的腌浆等工作区域。生鲜原料经过点验和过磅，为保持新鲜度必须立刻分捡和加工。国内的厨房采购的原料很大部分还是粗料，对于这些粗料的加工就称为粗加工，如对蔬菜的挑拣和整理，家禽和水产品的宰杀，畜肉的分档和再加工。而深加工则是厨师按照菜单的要求对经过粗加工的原料进行切配，为烹饪做准备。加工产生的大量废弃垃圾需要及时清运出店。

原料进入饭店时，本身处于冰冻状态的原料需要入冷冻库存放，大批量购进的干货和调味品原料需要进入仓库保管，而厨房日常生产使用数量最多的各类鸡鱼肉蛋、瓜果蔬菜等鲜活原料，都直接进入加工区域，随时供加工、烹制。因此，加工与原料采购、库存同属一个区域是比较恰当的，实践证明这样生产操作也是最为方便的。

### （三）烹饪区

烹饪区是厨房的心脏，几乎所有的菜品都是从这里加工出来的，而对于这里的设计就更为重要了。中餐和西餐的工艺流程有所不同，设备也有很大的差异。中餐主要以蒸、炒、煮设备为主，而西餐设备主要以扒、炸、烤、煮为主。烹饪区还要配置一定量的调理柜，以便于菜品的传递。

烹饪区是厨房设备配备相当密集、种类最为繁多的区域。按生产性质的不同，该区域可以相对独立地分成四个部分，即热菜配菜区、热菜烹调区、冷菜制作与装配区、饭点制作与熟制区。

热菜配菜区，主要根据零点或宴会的订单，将加工好的原料进行主配料配伍。该区的主要设备是切配操作台和水池等，要求与烹调区紧密相连，配合方便。

热菜烹调区，主要负责将配制好的菜肴主配料进行炒、烧、煎、煮、炸、烤等熟制处理，使烹饪生产由原料阶段进入成肴阶段。该区域设备要求高，设备配备数量的确定也至关重要，可直接影响到出品的速度和质量。该区设计要求与餐厅服务联系密切，出品质量与服务质量相辅相成。

冷菜制作与装配区，负责冷菜的熟制、改刀拼盘与出品等工作。有些饭店该区还负责水果盘的切制装配。该区域熟制与成品改刀装盘一般是在不同场地分别进行的。这样可以分别保持冷热不同的环境温度，保证成品质量。

饭点制作与熟制区负责米饭、粥类食品的淘洗、蒸煮，以及面点的加工成形、馅料调制，点心蒸、炸、烘、烤等熟制。该区多将生制阶段与熟制阶段相对分隔。空间较大的面点间可以集中设计生、熟结合操作间，但要求抽排油烟和蒸汽效果要好，以保持良好的工作环境。

### （四）洗消区

洗消区分为洗碗间和消毒间。餐厅用过的餐具通过专用通道送到洗涤区进行清洗，如果条件允许可以选择用洗碗机进行洗涤。餐具洗涤完成后通过专用通道送到消毒间进行消毒和烘干，然后进行储存，其中洗涤间和消毒间可以合用一间，但要把清洁消毒后的餐具与没有洗涤的餐具分隔开，防止交叉感染。

### （五）辅助区

不同规模的厨房会有一些辅助区域，如冰库、更衣间、淋浴间、洗手间等，其中冰库尤为重要，它是食物储藏部分的心脏，但有部分厨房由于面积和其他原因会精简掉冰库，取而代之的就是六门冰箱、四门冰箱、冷藏工作台等。而更衣和沐浴以及洗手间则是厨房工作者的生活空间，设计一定要人性化。

## 三、厨房的工艺流程

了解厨房的分类及其基本结构功能，可以从横向上认识和把握厨房；进一步熟悉和分析厨房的生产工艺流程，则在纵向上对厨房有了全面的掌握。

不论厨房生产规模大小，也不管厨房生产制作什么风味的产品，其生产工艺流程是大致相同的。一般厨房的生产工艺都是由原料及加工阶段开始，到生产制作、熟制阶段，继而到成品服务与销售，为一个流程的终结。

厨房生产流程自然包括菜肴和点心的生产，两者大体相似，只是冷菜的生产流程与热菜生产略有差别。厨房总体上的生产流动线路可见图 8–1。

**提示：**一般垃圾间与加工区及消洗区相连，其面积是洗消间面积的 1/3，垃圾间储藏的垃圾量可按两天考虑。为保证人居环境优良，控制蝇等滋生，对酒店垃圾可采用袋装、冷冻处理的方法，并减少化学杀虫剂的使用。

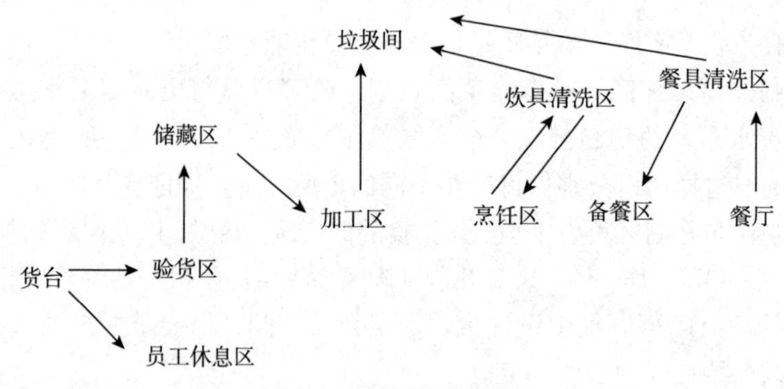


**图 8–1　厨房流动路线图**

## 四、厨房的设计原则

厨房设计是确定厨房的规模、功能、装修风格、设备配套、岗位设置及厨房整个生产系统全面规划的工作。厨房是饭店、酒楼、餐厅的中心，其设计和布局将直接影响菜点制作的质量和效率。一个设计科学、布局合理的厨房有利于生产管理，有利于降低产品成本、增加收入。

厨房设计是一项较复杂的工作，它涉及多种专业知识，需要比较丰富的餐饮经验。

### （一）设计要遵照卫生防疫、环境保护及消防的各种规范

1. 卫生防疫

该工作是餐饮行业不可短缺的重要环节，在厨房的设计工作中，设计者应详尽了解卫生部门对餐饮业卫生防疫的要求，设计中应充分体现生熟分开、冷热分开、污洁分开的基本原则，加工间的洗涤设备、冷荤间的独立空调系统、餐具洗消间位置的选择等都要符合卫生防疫的有关规范。

2. 环境保护

环境保护在厨房设计中也是必须要重视的一环。热加工间的强制排烟设备要设计合理，烟气排放系统要经过净化和降噪设备的处理，其他操作间的全面通风换气要能保证良好的工作环境，污水排放系统必须设置有效的污水处理装置。

3. 消防设施

厨房内安装了燃气、电气、蒸汽及暖通、冷热水等多种管线，燃气设备的明火工作、电加热设备的大电流工作等造成了厨房的高温、高湿、高危工作环境。因此必须配置系统的、合理的消防设施，有条件的最好设置灶台灭火系统。在平面布局时也要按相关规范留出消防通道。

4. 工作空间

厨房员工必须要有合理的工作空间。空间过小或高度不够，人会感到压抑和闷热，易产生疲劳感以致产生疾病。因此，厨房员工在厨房内的占地面积不能小于每人 1.5m$^2$。

### （二）保证工作流程合理顺畅

厨房生产从原料购进、加工切配、烹饪出品是一项连续不断、循序渐进的工作过程。因此在厨房设计时应充分考虑所有作业点、岗位的安排及设备摆放，应与工作流程的每个环节相吻合。要保证生产流线，供应流线，洁、污流线及工作流线设置科学合理，互不干扰。

1. 生产流线

生产流线是最重要的部分。它要求主食、副食两大加工系统明确分开，要严格遵照工艺流程、快捷通畅、无迂回和倒流现象，同时还要做到污、洁分开。

2. 供应流线

供应流线应通过通用大走道将原料粒送到各个操作间中。各类库房设在供应流线的源头，分别靠近相应的加工操作间，使得进货顺畅，尽量减少对其他方面的影响。

3. 洁、污流线

洁、污流线的分流很明确。原料经加工处理后，半成品流向生产线，下脚料和垃圾污染物流向处理线。餐具回收通道一般设在备餐出餐线的一侧，不和其他流线交叉。

4. 工作流线

炊厨员工的工作流线比较简单。一般将员工男、女更衣室设在厨房最后面或者厨房一侧的员工入口附近，有条件的在员工入口与更衣室之间应设置员工洗手消毒设备。

### （三）厨房的位置

厨房安排在饭店的什么位置是很重要的。一方面，厨房产品要尽可能在较短的时间内上桌，才能保证其风味。生产和消费几乎要在同一时间段进行。所以生产的场所原则上不要远离餐厅。另一方面考虑到厨房有垃圾、油烟、噪声产生，厨房的位置还不能完全靠近餐厅。

1. 厨房的位置安排原则

①要保证与餐厅在一起，如果不能，要有专用通道保证上菜的及时和通畅。从形式上来看，厨房与餐厅连接可以有三种形式：一是厨房围绕餐厅，二是厨房置于餐厅中，三是厨房紧邻餐厅。

②要保证进货口与厨房连接，如果不能，要有专用电梯保证货品的及时补充。

③要保证仓库与厨房的距离，保证仓领的渠道通畅。

④要保证污水和垃圾排放和清理的方便性。要尽可能将厨房安排在低楼层，便于货物的运输和下水排放。

⑤要远离厕所，防止滋生蚊蝇。

⑥要离开客房一定的距离，防止气味、噪声干扰顾客。

⑦厨房必须选择在环境卫生的地方，若在居民区选址，30m 半径内不得有排放尘埃、毒气的作业场所。有些城市规定新建小区设立专门餐饮区，要求独立于住宅楼。

⑧厨房必须选择在消防十分方便、相对独立的地方。厨房位置尽量不要在综合型饭店主楼以内或直接建在客房下层。厨房必须选择在便于脱排油烟的地方。厨房的排烟应考虑全年主要风向，应建在下风或便于集中排烟的地方，尽量减少对环境的污染、破坏，避免对饭店建筑、客房住客及附近居民、环境造成的不良影响。

⑨厨房必须选择在方便连接使用水、电、气等公用设施的地方，以节省建设投资。

2. 常见的厨房位置

归纳各种规模和形式的餐饮企业，可以发现厨房所处的实际位置一般有以下三种类型。

（1）设在底层

考虑到垃圾和货物运输的方便以及能源输送的方便，大多数饭店选择这种位置。事实上厨房处在底层的多为有客房的高层酒店，除去能源和垃圾运送便利的因素外，对入住的客人和零散客人就餐都会提供相应的便利。这种类型的厨房多会选择与餐厅在一个层面上。

（2）设在上部

这种类型有两种情况，一种是针对高层的酒店。因为许多高层酒店处在非常优越的地理位置，为不浪费楼顶的资源，设立旋转餐厅或观光餐厅，相应的会有配套厨房。这种在高处的厨房，一般要减少垃圾的产生，只能避免在高层厨房进行初加工，所有的原料采用半成品，而为了安全，炉灶要尽可能使用电加热。另一种情况是针对楼层不高的社会酒楼。这部分社会酒楼（有的缺少一定的客用电梯）为了将更多的便利留给顾客，考虑到让顾客少爬楼及油烟噪声的扰客因素，多将厨房设置在顶楼。这种类型的厨房一般会占据整个楼面，多与餐厅不在一个层面上，这就需要更多的专用传菜电梯和传菜通道。

（3）设在地下室

如果底层面积比较紧张，多数饭店会选择地下室作厨房，这类厨房弊端较多，一般原料和垃圾的运输都是通过电梯，效率不是很高。另外，使用煤气或液化气危险系数会加大，只有具备良好的通风设备才能避免危险的发生。

### （四）设备的布置和布局

较大型的饭店、酒楼菜品种类多、数量大，各类操作间也很多。各操作间若不能合理布局就要配齐多套厨房设备，造成了设备重复设置而利用率不高，很不经济。因此尽可能合并各操作间的相同功能，集中生产制作。可以节省厨房场地、设备投入和劳动力，大大减少基本投资。但是，在厨房设计中，必须要保证菜品出品及时、质量优良，不能单纯追求节省。

因此首先要配置足够的加工设备，如果原料加工、切配相关的设备和人员不足，会造成半成品供应不上，将严重影响下面的工序。其次要保证加热设备的种类和数量，尤其是烹饪间的炒菜灶，数量不够会造成出菜、上菜速度太慢，将影响就餐客人的情绪进而损害餐馆的声誉。

副食烹饪间、主食热加工间、卤水制作间等都设有不同类型的加热设备，在设计时应尽量集中布局，减少燃气管线。这样可以方便排油烟设备的设置，减少不安全因素，降低投资成本。

1. 直线型布局

直线型设备布局适合于长方形建筑结构的厨房。所有炸、炒、蒸、煮等热加工设备依一面墙壁做直线摆放，摆放时将副食烹调设备与主食蒸煮设备分成两段。设备上方安装排送风烟罩，集中吸排油烟、蒸汽。厨房的切配、打荷、出菜等设备与热加工设备线平行地分层摆放，厨师站在热加工设备与打荷台之间。整个厨房线条清晰，流程简单、合理、通畅。

2. 中心岛式布局

中心岛式的设备布局适合于建筑结构接近正方形且面积较大的厨房。布局的方法是在厨房中心线上建设备墙，墙的两侧分别摆放副食热加工设备和主食热加工设备，设备上方分布安装不同类型的油烟排放净化设备。厨师站在设备线前操作，其身后依次排列打荷台、切配平台雪柜、面案操作台及水池、货架等调理设备。

中心岛两侧所对的墙面分建若干个操作间，作为库房、原料加工、面点制作、冷荤制作、餐具洗消等功能间。这种布局的特点是中心岛热加工区城宽敞、通畅、明亮，周边的各功能操作间与中心岛有多条联系通道，厨房宏观上整齐大方。

3. L 形布局

L 形布局通常将设备沿墙壁设置成一个犄角形。当厨房面积较小，其形状不便于设备做直线形或中心岛式布局时，常常采用 L 形设备布局。通常把炒、炸、扒等设备组合摆放在一面墙边，蒸、煮等较大的设备组合在另一面墙边，两边形成一犄角之势，集中安装排油烟设备。

这种布局便于员工兼顾两边的设备，能相对减少操作人员的数量，降低生产成本，在小型酒楼、餐厅经常采用。

4. 分间式布局

分间式布局是将加工、切配、烹调、点心制作、冷菜制作、餐具消洗等分布设计在各自的操作间内，各房间门前设一条较宽的通道。这种方式生产可按专业分工，岗位责任明确，相互影响不大。但也存在厨房空间隔断多、场地浪费大、设备配置有重复浪费的现象。各操作间相对位置设计不当时，可能发生流线的不合理交叉。

5. U形布局

U形设备布局常用于某个功能间内的设备摆放，如点心间、冷菜间、加工间等。布局时将各种设备沿三面墙壁摆放，另一边留门供员工出入及进出原料。为了符合相关卫生防疫规范，有时在墙壁上开窗供原料或产品传送用。这种方式能充分利用空间，员工在中间操作方便，有些火锅餐厅就经常采用这种U形布局。

### （五）厨房面积的确定

厨房面积是指中餐厨房、西餐厨房、特色餐厅厨房、咖啡厅厨房、酒吧厨房等各个区域的面积总和。基本上厨房的面积是由酒店的经营范围和载客量以及国家和地方法规所决定的。厨房的面积通常要与餐厅的面积保持一定的比例关系，通过确定餐厅面积才能确定厨房的面积。

确定合理的厨房面积是保证餐饮生产正常进行的前提条件。如果餐厅过大，厨房过小，会造成厨房生产的拥挤与低效率。反之，餐厅过小，厨房过大，饭店业主不能尽快地创造效益。

1. 影响厨房面积大小的主要因素

（1）厨房设备现代化程度

厨房设备与用具越先进，越具有高效性，厨房的面积就可以相对地削减，如快餐店、蛋糕房等厨房的面积比正常的社会饭店要小得多。

（2）经营的形式和种类

如火锅店是一种专卖形式的餐饮店，经营的风格在于注重切配和调制底汤料，忽略小炒、煎炸类菜肴，可以缩小烹调区。而快餐店使用半成品原料较多，忽略加工，可以缩小加工区。在配比形式上，现代快餐店厨房与餐厅的比一般都保持在1∶（3～4），而星级酒店的比例多为1∶（1～2）。

（3）加工生产的手段

中西餐由于加工生产的手段不同，所以在厨房面积上有所区别，西餐的煎、炸、烤多为主导，炉具设备比较集中，多是共用型的，面积自然要小些。社会餐饮经营的多为大众化菜肴，加工比较简单，易于操作，所需的设备和人员比星级酒店要少，面积的需要也不大。

2. 厨房面积的确定

根据经验确定厨房面积的方法一般可以归为三种。

（1）以餐厅就餐人数为参数来确定

根据就餐人数来计算烹调的空间面积是不准确的，因为这种计算法是依照估算的顾客量来预测的，仅供参考（表8-1）。

表 8–1　不同就餐人数所需厨房面积

| 就餐人数 / 人 | 平均每位就餐者所需厨房面积 /（$m^2$/ 人） | 厨房面积总数 / $m^2$ |
|---|---|---|
| 100 | 0.697 | 69.7 |
| 250 | 0.48 | 120 |
| 500 | 0.46 | 230 |
| 750 | 0.37 | 277.5 |
| 1500 | 0.309 | 463.5 |
| 2000 | 0.279 | 558 |

（2）以餐位数来确定

餐位数是一种不确定数，设计中多数是根据最大负荷的餐位来计算，在实际经营中，餐位数要随着具体要求而变化（表 8–2）。

表 8–2　每类餐厅餐位数所对应的厨房面积

| 餐厅类型 | 餐位数 | 厨房面积 /（$m^2$/ 餐座） | 厨房面积总数 / $m^2$ |
|---|---|---|---|
| 自助餐厅 | 150 | 0.5 ~ 0.7 | 75 ~ 105 |
| 咖啡厅 | 50 | 0.4 ~ 0.6 | 20 ~ 30 |
| 正餐厅 | 500 | 0.5 ~ 0.8 | 250 ~ 400 |

（3）以餐厅和厨房比例来确定

在实际操作中，大部分情况下是使用相关比例来确定厨房面积的。国外厨房面积一般占餐厅面积的 40% ~ 60%。据日本的相关统计，饭店餐厅面积在 $500m^2$ 以内的，厨房面积是餐厅面积的 40% ~ 50%，餐厅面积增大时，厨房面积比例逐渐下降。国内厨房由于承担的加工任务重，制作工艺复杂，机械加工程度低，配套设施差，人手多，加之顾客对菜肴的要求高，创新菜肴多等因素，使得厨房面积较其他类型的厨房面积要大，一般为 1 ：（1 ~ 2）。表 8–3 是上海一些酒店的厨房面积比。在珠江三角洲地区，大部分比例为 4 ：6，即 4 成是厨房空间，6 成是餐厅空间。

其实，厨房面积与餐厅的比例关系只是其中各种比例关系之一，还有许多部门在设计时不容忽视，比如隶属于管事部的洗涤组，隶属于前厅的传菜部（英文为 Pantry，粤菜厨房称班地厘），隶属于财务部的仓库，还有其他的附属设施。这些部门多数是规划到厨房面积中，只有少数是单独规划的。

表 8-3 上海几家饭店的厨房与餐厅面积比

| 旅馆名称 | 厨房面积（$m^2$） | 餐厅面积（$m^2$） | 宴会厅面积（$m^2$） | 咖啡厅（$m^2$） | 后三项合计面积（$m^2$） | 百分比（%） |
|---|---|---|---|---|---|---|
| 上海宾馆 | 2022 | 1565 | 720 | 97 | 2382 | 85 |
| 希尔顿酒店 | 3030 | 2088 | 1053 | 394 | 3535 | 86 |
| 新锦江大酒店 | 2103 | 1507 | 1059 | 433 | 2999 | 70 |
| 扬子江大酒店 | 1990 | 1915 | 535 | 240 | 2690 | 74 |
| 太平洋大饭店 | 1390 | 1125 | 1482 | 372 | 2979 | 47 |
| 贸海宾馆 | 1810 | 1020 | 1040 | – | 2060 | 88 |
| 国际贵都大酒店 | 1716 | 1780 | 573 | 412 | 2765 | 62 |

厨房面积除在布置上考虑工作人员身体活动和设备的尺寸外，围绕某些设备（如冰箱、工作台、灶具等）的使用范围也要认真对待。在有限的空间中，充分向四周发展，这就要求在设计和布局厨房设备的过程中，充分照顾到人体机能，以免给日后的操作带来不便，由此在厨房面积的确定上要多加斟酌。

3. *厨房总面积的功能区分割*

厨房总面积确定后，还应将其分割为若干个功能区。各功能区占用的面积应根据区域所承担的任务、作业量、设备规格和设备数量来决定。厨房各功能区占用面积比例见表 8-4。

表 8-4 厨房各功能区占用面积比例

| 功能区域 | 占用面积比例（%） |
|---|---|
| 加工区 | 18 |
| 配菜烹调区 | 30 |
| 主食制作区 | 15 |
| 冷菜制品出品区 | 10 |
| 餐具洗消存放区 | 12 |
| 库房进货区 | 8 |
| 员工更衣区 | 7 |

## （六）通道设置合理

厨房内的各岗位员工在工作中随时都接触到炉灶、高温液体及刀具等，如果发生碰撞后果会很严重。因此为了厨师的正常工作和安全，厨房要合理设置各类通道，分清员工、货物、菜品的走向。

1. 主加工通道

主加工通道是指原料加工间、面点制作间、库房等与烹任间、热加工间之间的通道，一般应在 1.8 ~ 2.0m。

2. 主出品通道

主出品通道是指烹任间、热加工间一侧出品门外的通道，一般应在 1.6 ~ 1.8m。

3. 大厨烹饪通道

大厨站在此通道，面对炉灶进行烹调作业，回身在打荷台上取材料，此通道太小了不方便弯腰操作，太宽了回身取材料费力，一般应在 0.9 ~ 1.0m。

4. 单人操作通道

单人操作通道是指加工间内一面墙安置设备，员工站在前边操作，身后能走过一个人，设备边沿与对面墙的距离一般应在 1.5 ~ 1.8m。

5. 双人操作通道

双人操作通道是指加工间内两面墙安置设备，员工站两边设备前操作，两人之间能走过一个人，这时两边设备边缘的距离一般应在 2.0 ~ 2.2m。

**知识应用：**厨房的布置设计是越宽敞明亮越好吗？

## 第二节　厨房各功能区设计布局

厨房设计需要遵守商用厨房的一般规范和标准，以及国家和地方的卫生防疫和消防等相关要求，如《餐饮建筑设计规范》《冷库设计规范》《给水排水设计手册》等设计规范，《城市规则与食品卫生监督机构的要求》《燃气用具类标准》《餐饮业食品卫生管理办法》《饮食业油烟净化设备技术要求及技术规范》等卫生防疫和消防的要求。

### 一、初加工区

#### （一）设计要求

1. 应选择靠近库房并便于垃圾清运的位置

原材料购进后，一般是经过验货、入库等收货手续后送进各种库房。在设计初加工间时，最好选择在库房附近的位置，这样初加工间的员工可以很方便地领用各种原材料。

原料的初加工会产生大量的厨房垃圾，这些垃圾的及时处理外运是非常重要的工作。尤其在较热的夏季，不能及时清运将极大影响厨房的卫生状况。因此，在设计初加工间时必须在合理的方位设计一个垃圾清运出口，在没有条件开清运门时，就要专门设计一个封闭性能较好的垃圾存放间。

2. 初加工间应有足够的操作空间和设备

初加工间集中了饭店、酒楼所有原材料初加工的拣择、宰杀、洗涤、分类、切割、腌制及干货涨发等工作，因此，其工作量和场地占用都非常大。为了提高厨房的加工效率、减轻员工的劳动强度、提高厨房的现代化水平，初加工间要配置必要的加工设备。绝不能因场地面积狭小、加工设备的短缺就造成初加工间的能力不足，最后导致在烹调工序时还要进行二次加工。

3. 合理设置原料加工流线上的通道

初加工间承担着各烹调出品操作间所有的加工工作。在这些原料中，大部分是开餐前就到达了各出品操作间；而有些原料为了确保新鲜度，是在客人点菜后才能加工处理的。

要保证出现后一种情况时，第一时间完成原料加工处理和烹饪，再送到客人餐桌上，初加工间与各烹调操作间有方便、顺畅的通道或相应的输送手段是非常必要的。它不仅能保证菜品质量、提高工作效率，同时也能减轻劳动强度。所以在设计初加工间时，就算牺牲一点厨房整体面积也要保证设有足够的通道。

4. 合理分开不同性质原材料的加工场所

根据卫生防疫的有关规定，鱼、肉类材料和蔬菜类原料在加工时应有独立的场所和加工设备。在有条件的厨房里，应分别设置肉类初加工间和菜类初加工间。厨房面积不够时，也要将肉类初加工设备和菜类初加工设备在初加工间内分区域摆放，尤其用于鱼、禽类宰杀的宰杀台，必须设计在单独的角落里，以减少对其他原材料的污染。

5. 配备必要的加热设备

在初加工间承担的工作中，有些干货的泡发和鲜活原料的宰杀、煺毛需要进行热处理，如猪蹄要用火燎、牛筋涨发要长时间焖焐、仔鸡要水烫煺毛等。因此，在有条件的厨房里设计初加工间时最好设置明火加热设备，并配置相应的排烟气设备。

### （二）初加工间的设备配置

初加工间承担着多种原料的加工任务，为了有条理地完成各项工作，各种加工设备应进行合理的布置摆放。常用的方法是按各部分的工作内容进行设备的配置。

1. 领料验货区

领料验货区负责根据菜单或工作单去库房领各种原材料，对领出的原材料进行数量、质量的查验，确认没有问题后收放到初加工间。此区域应配备货物存放架、浸泡水池等调理设备。

2. 蔬菜加工区

根据卫生管理的规范，蔬菜不允许在地上直接进行加工。因此蔬菜加工区要设置适当数量的择菜工作台。一般多选用双层操作台。为完成蔬菜的洗涤工作，还要配备足够数量的各种规格的水池。比较理想的蔬菜洗涤要经过初洗池、消毒池和清洗池三步过程。

为了对有些蔬菜进行改刀、切割，初加工间还应设置适当的砧板台。对于大型厨房的初加工间，为了减少员工体力劳动、提高工作效率，可配备蔬菜多用加工机和其他专用加工设备。

加工后的半成品要存放在洁净的容器内，并分类放置在存放架上待用，所以还应配备足够的存放架。

3. 肉类切割

肉类切割加工区的任务是对各种原料肉进行分割、刀工成形、腌制、上浆等工作。该区城应配备锯骨机、绞肉机、切肉机等炊事机械，还要设置洗涤池、缓化池、工作台、砧板台、存放架等类调理设备。按照卫生防疫规范，最好能配备刀具消毒柜及洗地龙头等配套设备。

有时也将腌制、上浆工作放到烹调间的切配线上进行，由配菜员工负责精细的刀工处理、上浆工作，再根据菜单给烹调工序配主、辅料。如何设计要根据厨房规模、工艺流程来决定。

4. 水产、禽类宰杀区

水产、禽类宰杀区域主要对水产品、畜禽进行宰杀、整理、清洗的工作。此处有大量的皮毛、内脏、杂物产生，腥味重，废弃物多，极易污染环境。必须配备专用的洗涤池并远离其他加工区，有条件时可设计排气设备将异味及时排出厨房。

5. 干货涨发区

干货的涨发是一项技术性较强的工作，工序复杂，需要一定的工作经验。这项工作用水量很大，还需要有热水随时供应。此区域除了必备的水池、工作台、存放架之外，还要配置矮汤灶、砂锅灶及蒸汽夹层锅等加热设备。一般较大型的饭店、酒楼会设置干货涨发区。

## 二、中厨切配烹调间的设计

烹调热加工间是厨房的心脏部位，烹调热加工间的设计水平在很大程度上决定了整个厨房功能的优劣。烹调热加工间里必须配置质量优良、功能齐全的设备，以保证菜肴的品质。

烹调热加工间的构成有两种形式。第一种是单纯地进行产品的烹调热加工，原料的切配工作都在初加工间完成；第二种是具备切配和烹调热加工两个功能。在烹调热加工间的设计中经常采用的是第二种形式，称为切配烹调热加工间。

### （一）设计要点

1. 与餐厅的距离

为了保证厨房的出品及时并符合其应有的色、香、味等质量要求，切配烹调热加工间应和餐厅设计在同一平面上，能紧靠餐厅最理想。

2. 温度和存储

烹调热加工间在工作时，其室内温度较高，为了保证半成品原料的品质，必须配备足够的冷藏设备来储存。除了储存量较大的四门冰柜外，还要设置几台卧式平台保鲜柜，柜台面上可用于切配改刀的砧板，下面柜内存放需保鲜的半成品料，非常方便实用。

3. 保证出菜速度

为了保证出菜的速度，烹调热加工间要配备相当数量的燃气炒菜灶。除此之外，还要设置一定数量的具有蒸、炸、煎、炖等功能的其他设备，以满足菜品日益多样变化的需求。

4. 烹调加热与配菜打荷的配合

配菜员工根据菜单在完成上浆（必要时）、抓菜、配辅料等工作后，应以最快的速度、最便捷的方式传到烹调大厨附近。因此，配菜与烹调的设备相对位置应设计成前后呼应的形式。烹调大厨在烹调设备与配菜打荷台之间，配菜员工在打荷台前操作，即烹调大厨和配菜员工分别站在打荷台两侧，以便捷的形式完成作业过程。

5. 排除油烟

烹调热加工间是整个厨房产生油烟、污浊气体的地方。为了及时将烟气净化、排出，在加热设备上方必须配备有效的强力机械排油烟设备。排油烟设备在排出烟气的同时，又使厨房形成了以烹调热加工间为中心的负压区，阻止了浊气向餐厅的流动，保证了客人良好的就餐环境。

### （二）设备配备与布局

切配烹调热加工间应配备以下一些基本设备。切配烹调热加工间的设备布局摆放应做到烹调设备与水、电、燃气等元素的最佳搭配，使产品工艺流程上的每点都有相应的设备或人员的保证，使整个生产流线清晰、明快、顺畅。

1. 炒菜设备

炒是烹调中最主要的加工方法，必须配备数量足够和质量优良的炒菜设备。

常用的燃气炒菜设备有燃气鼓风双尾双炒灶以及燃气中餐炒菜灶（自然风燃烧器）等。

2. 燃气三门蒸拒

燃气三门蒸柜具有上汽快、汽量大、送取食物方便的特点，一般用它来蒸制海鲜、肉类产品，有些小型厨房也同时用于蒸面点、米饭。

3. 燃气矮汤灶

吊汤是所有中厨必备的工作，燃气矮汤灶就是为此而设计的。它灶面较低，适用于大容量的不锈钢桶，常用的有单眼、双眼、三眼三种规格。按结构有普通燃烧器矮汤灶、鼓风燃烧器矮汤灶和柴油燃烧器矮汤灶三类，可根据需要选用。近些年来，由于自然风普通燃烧器结构的完善，大部分厨房在设计时都选用了这种燃烧器的矮汤灶。

4. 燃气砂锅灶

砂锅类菜品是大部分餐馆常备的品种，为砂锅菜设计的燃气砂锅灶有四头、六头、八头三种规格，一般餐厅厨房可根据需要选用。对有些砂锅菜品种较多的餐厅厨房，有一种异型砂锅灶特别适用。这种砂锅灶在结构设计上打破了一个炉头上摆放一个砂锅的常规做法，用耐热铸铁条组成了砂锅灶面，铁条间有小的缝隙，上面可同时摆放多个砂锅。灶面上中心部分和边缘区有温度的差异，还可以根据加热的需求将砂锅放在灶面上不同的位置。

5. 其他设备

除以上设备外，还应配备制冷设备、调理设备、洗涤设备及其他必要的炊事机械。制冷设备主要有冷藏箱、冷冻柜、平台雪柜和冷库。在过去生产的制冷设备中，冷藏设备和冷冻设备是两种产品。随着产品的升级换代，现在生产的都是冷藏、冷冻功能合为一体的厨房冰箱，它采用了双冷冻机和两套温度控制系统，可根据需要很方便地在两种功能之间转换。常用的厨房冰柜有双门、四门和六门三种规格。

平台雪柜具有冷藏和工作台两种功能。它的柜面具有一定的强度，可在其上进行原料切割的操作。下面柜体内的温度设计在冷藏的温度范围内，可将切好待用或剩下的半成品原料做短时间的保鲜。一般常用的雪柜有 1500mm 长和 1800mm 长两种规格。

调理设备应根据厨房规模配备适量的调理柜、操作台、储物柜和存放架。这些设备在设计时要因地制宜，在外形尺寸上不受标准产品的限制；在数量上以够用为原则，不宜过多。

由于进入烹调热加工区域的都是经过粗加工、洗净的半成品原料，所以对用水量需求不大，一般配备一台双星或三星的水池即可。

## 三、主食面点间的设计

主食面点制作间是厨房的第二大生产部门，在结构上由面点制作和主食热加工两部分组成。它的成品特点、出品时间和次序与菜肴有明显不同，所以主食面点制作间在结构设计与设备选配布局上也有很多自己的特点。

设计主食面点制作间时，要使热加工设备尽量与烹调间热加工设备靠近，既节约资金又便于安全管理。一些较大型的饭店、酒楼的厨房，在设计时将面点制作与主食热加工形成两个既独立在位置上又相邻的关系，既满足了面点制作与主食热加工工艺方面的连贯性，又满足了热加工设备应相对集中而功能隔离的关系。

### （一）设计要点

1. 独立间隔

有条件时尽量将面点制作间独立设置，这样有利于红、白案分开，减少环境对白案员工的干扰，有利于工艺性面点的制作，有利于对面点制作间设备、人员、成本的管理。

2. 设备布局

面点制作间的水池、和面机、压面机等应按生产流程沿一面墙直线排列，既符合工作流程又便于水电工程的配置。

在制作有馅类产品时，应在面点制作间的一角配备搅拌机、拌馅机等专用设备，如用机器制饺子时，应将饺子机放在煮食炉附近，这样可避免饺子的搬运破损。

3. 出品的方便

在厨房里主食面点制作是相对独立的一部分，其位置选定、开门的方位必须全面考虑。一般都将出品门开在红案出品门对面或紧靠各餐间的位置，这样方便红案、白案、备餐、上菜各方面人员的沟通联系。

4. 排烟气

主食面点制作间在生产过程中不会产生烹调间那样的油烟浊气，但其产生的水蒸气是绝对不能忽视的。蒸、煮时产生的水蒸气不仅量大，还具有瞬时性，即在短时间内一下涌出大量的蒸汽。因此，必须设置有效的机械排气设备，将蒸汽及时排出。

### （二）设备配备

主食面点制作间的设备品种多，比较繁杂，设计布局应力求达到功能分明、线条清晰的目的，使设备多而不乱。主要应配备以下专用设备。

1. 和面机

常用的和面机有卧式和盆式两种类型。盆式和面机具有和面、搅拌两用功能，一般在小型厨房中选用，可节省房间面积。

2. 压面机

中餐厨房常用的压面机有立式和卧式两种结构，它们共同的功能是将面团反复压延成片状。换上不同的切面辊还可以将面片切成不同规格的面条，节省了大量的人力和时间，是面点制作间必备的设备。

3. 酥皮机

酥皮机一般在西餐点心房中使用较多，大型的中餐厨房也有选用。酥皮机为卧式床形结构，中间有压辊可将面团反复压延以达到熟化的目的。

4. 多功能搅拌机

多功能搅拌机配有多种搅拌头，适用范围更广泛。更换不同的搅拌头可以完成打蛋液、和面、拌馅、搅打奶油等多项作业。

5. 蒸制设备

蒸制食品包括米饭、馒头、包子及其他花样面食，常用的设备有燃气蒸箱、电热蒸车、燃气蒸炉等。

6. 煮食设备

需要煮制加工的食品有米粥、面条、饺子及其他面食，一般配备燃气大锅灶、燃气饺子炉、电热煮面炉及摇摆夹层锅等设备。

7. 烙制设备

烙制食品有各种烙饼、馅饼等，基本上都采用电热饼档。

8. 烤制设备

烤制食品有点心、肉类、比萨饼等，一般都选用电热的多层烤箱。

9. 醒发设备

有些面点在成形后需要经过醒发工艺，因此要配备一台电热醒发箱，可根据需要选择单门或双门醒发箱。

10. 炸、炒设备

在制作包子或点心馅时可能需要经过炒制工艺，有一些面点要炸制成熟，为此应配备电热炸炉及燃气炒灶。

除此之外，主食面点制作间还要配备常用的冰柜、水池、面案操作台及其他调理设备。

## 四、冷荤制作拼切间的设计

冷荤制作间是将肉类、禽类原料进行卤、酱、烧、烤等热加工的场所，又称为卤水间或烧腊间。

冷荤拼切间的功能是将冷荤制作间出品的半成品进行整理、分切部位、改刀的处理，最后在盘中码放、造型、装饰，拼摆为美观的冷盘成品。

### （一）设计要点

1. 相邻

这两个房间应紧靠，在中间隔断墙上开洞后，安装一套隔离传送窗，用于菜品的传递。

2. 二次更衣间

必须设置二次更衣间，在二次更衣间内应配有紫外线消毒灯和感应式开关龙头的洗手池及更衣柜。

3. 出品

拼切间的出菜窗（门）要与各餐间相邻，明档式的冷荤拼切间应面对餐厅开设出菜窗。

4. 空气调节和消毒

冷荤拼切间内要设有独立的空气调节设备，配有专用的餐具消毒拒，并按 $1.5W/m^3$ 的数值配置紫外线消毒灯。

5. 储存

进入冷荤拼切间的成品都是可以直接入口食用的，绝不能在常温下保存。因此，必须配备足够的冷藏设备将食品分类存放。

### （二）设备配备

1. 冷荤制作间设备

冷荤制作间要有酱、卤、烧、烤的加工能力，为此要配备燃气矮汤灶、燃气砂锅灶、酱卤锅等常用设备。粤菜的冷荤制作间也称为烧腊间，还要配备燃气烤猪炉、粤式烤鸭炉及烤箱等专用设备。

2. 冷荤拼切间设备

冷荤拼切间主要为完成产品拼切、摆盘工作，应配备冷柜、平台雪柜。为符合相关的卫生防疫规范，冷荤拼切间必须配备三槽的洗涤设备，有条件的最好设置一台餐具消毒柜。另外，冷荤拼切不能与其他房间共用通风系统，应单独设置一套空气调节设备。

除此之外，冷荤制作间、拼切间还要配备常用的洗涤设备、调理设备等。

## 五、备餐间的设计

备餐间是配备就餐设备保证客人顺利就餐的场所。备餐间是厨房生产场所与餐厅的过渡区，它既隔断了两者的空间，又联系了两者的功能。在进行厨房整体设计时，应对备餐间给予足够的重视。

### （一）备餐间的作用

一个设计优良、设备配套合理的备餐间，既是创造宾客美好就餐环境的基础，也是确保厨房完好出品的重要环节。

1. 隔离生产与消费区，创造良好就餐环境

在厨房的生产区，不可避免地要产生油烟、噪声和各种气味。如果任其传到餐厅，将极大地破坏餐厅的就餐环境，设计合理的备餐间能很好地解决这些问题。

2. 继续完善厨房生产的成品

厨房生产的许多菜肴在出品时经常需要配带相应的调味配料，供客人根据需求自行添加，以满足不同的口味，如脆皮乳鸽带淮盐、烤鸭带面酱等。

还有一些菜肴应配专用的器具，如白灼虾带洗手盅、上锅仔或明炉配底座、酒精炉等。这些器具也要在备餐间内存放。

3. 合理地控制上菜次序

菜品的上菜有一定的规则和次序，尽管南北方有差异，但基本上都是遵循先冷菜、后热菜，先咸味、后甜味，先炒菜、后汤菜，先甜点、后水果的次序。一旦控制不好乱了次序，将严重影响客人的就餐情绪，除了在打荷台做初步控制外，备餐间就是最后一道控制环节。

4. 完成全套的服务工作

一个管理科学、服务到位的餐饮企业，不仅要给客人提供良好的就餐环境、美味的菜肴，还应配套茶水、小毛巾、冰块等服务项目。这一切都是备餐间应具有的功能。

### （二）备餐间的设计要求与布局

要想尽量发挥备餐间的作用，就应对备餐间进行合理设计。

1. 位置

备餐间应设在餐厅、厨房的过渡地区。备餐间是厨房和餐厅之间的联系桥梁，备餐间的位置，应设在厨房出品集中并且紧靠餐厅入口的地方。这个位置既是厨房出品的必经之路，又要紧挨着餐厅，能有效地缩短传菜距离。

2. 隔离

要想真正在厨房与餐厅之间做到隔烟、隔噪声、隔温，最理想的就是在备餐间门口设置双重门。双重门不仅很好地起到了“三隔”的作用，还解决了客人直接透视厨房的问题（不包括全部明档设计风格的厨房）。

3. 足够的空间和设备

备餐间要有足够的空间和设备。备餐间和厨房间的距离一般都很近，面积不大。因此，设计时更要进行科学、巧妙的布局，充分利用有限的场地。设备的摆放尽量与传菜路线平行，没有或减少线条弯斜。

备餐里的设备一般常设置水池、工作台、茶叶柜、餐具柜、开水器、制冰机及其他对应于餐厅菜品的专用设备。

## 六、餐具洗消间的设计

餐具洗消间属于洁污流线中的一支线，这一支线的端头就是餐具的洗涤、消毒。它在餐饮出品质量和企业综合管理中起着不可或缺的重要作用。

### （一）餐具洗消间的作用

1. 餐具洗消间的工作质量直接影响出品质量

餐具的档次、卫生整洁状况，直接影响了顾客对菜品的满意程度。样式新颖、洁净的餐具无形之中提高了菜品的档次，促进了客人的就餐欲望。

2. 设计合理的餐具洗消间提升了厨房的工作环境

一个设计合理、功能齐全、管理良好的餐具洗消间，应该做到污具、洁具线路分明，餐厨垃圾能及时处理，消毒设备工作正常，餐具器皿分类码放整齐。因为餐具洗消间是厨房中最脏乱的部位，它的卫生状况达标很大程度上保证了整个厨房环境的卫生水平。

3. 餐具洗消间的效率保证了厨房生产和服务的效率

餐具洗消间设计流程合理，员工操作方便，工作效率就能保持在较高水平。而它的工作效率的高低，直接关系到厨房和餐厅餐具运转周期的快慢。如餐具供应不上，厨房配菜缺少器皿，餐厅服务缺少更换、添加的杯盘，将对客服质量产生明显的影响，严重时将造成厨房生产和餐厅服务中断。

### （二）餐具消洗间的设计要求

1. 位置

餐具消洗间的位置以靠近餐厅和厨房的同一平面内，方便传递脏碟具和厨房用具为最佳。这样不仅可节省员工传送餐具的距离和时间，还能减少传送过程中餐具二次污染和破损。

2. 餐具洗消间应开设污碟和净碟两个门

为做到污碟、净碟完全分开，按照餐具洗涤、消毒的流程，餐具洗消间应该设两个门。

污碟收集门应开在面对餐厅，远离出餐门和明档售卖窗的一侧，对于小型厨房也可开设一扇窗户用来传送污碟。净碟门要开在厨房内，它的位置应能最方便地向各功能区传送洁净餐具，同时又远离餐具洗捎间内的污碟。

3 应配备合理的餐具洗涤消毒设备

餐具的洗涤、消毒必须符合有关的卫生防疫规范。实现餐具有效而可靠的洗消有多种方式。

①选用集洗涤、清洗、烘干、消毒各种功能为一体的通道式洗碗机。在较大型的厨房通常如此设计，设备既简单，又能保证效果，但投资较大。

②采用残食台、污碟台、门式洗碗机、净碟台、餐具消毒柜组成一条餐具洗涤、消毒流程线，这是比较合理、有效、投资又不太大的可行方案，常见的中型餐厅厨房经常选用。

③对于小型餐馆厨房，厨房面积及资金都有限，可选用残食台、三星水池、挂墙层架、餐具消毒柜等组成一套简易的餐具洗消设备。选用这样的方案时，必须设置一台三个洗涤池或者三个独立洗涤池设备，以保证餐具的洗涤能满足“去污、药物消毒、清水漂洗”的工艺流程。

4. 餐具消毒与存放

最理想、最安全的方法是所有的餐具存放柜都具有消毒功能，洗涤好的餐具放入柜内消毒，完成消毒后就存放在里面，直到使用时再取出。但此方法投资很大，只有较高档次的星级宾馆才选用。

有条件的厨房最好将餐具洗涤消毒间和餐具存放间分开设置，在餐具存放间安装紫外线消毒灯来保持餐具存放间的洁净。洗涤消毒后的餐具送餐具存放间存放，这样既保证了餐具洁净又减少了投资。

## 七、明档制作区的设计

明档制作包括了产品热加工、技能操作表演、自助取餐等内容，在一定程度上起到了宣传、展示产品、活跃就餐氛围的作用，是目前很多餐馆比较喜爱的设计方案。

### （一）明档制作区的形式

依各餐厅的条件不同，可采用相应的明档制作设计方案，一般经常选用以下的两种形式。

1. 完全明档制作方式

这种设计形式适用于餐厅面积较大的餐馆。将餐厅中靠近厨房的一侧或一角设计为明档制作区，可根据现场情况将明档制作区设计为长方形、三角形、半圆形等不同的形式。因所有的设备和员工操作过程完全展示在顾客面前，对配套设备的档次及员工的着装、素质都有较高的要求。

2. 半明档制作形式

对于面积不太大的警厅，可以采用半明档制作形式进行明档制作区的设计。具体方法是将厨房临近餐厅的一面墙壁的部分改成玻璃墙，并在玻璃墙上部开设适当的窗户。

从玻璃墙开始依次摆放售卖设备线、热加工设备线、备料切配设备线。顾客在玻璃墙外可以欣赏产品制作的部分过程。这种方式设备投入不大，但也具有明档制作的展示功能。

### （二）明档制作方式的作用

无论是哪种形式，明档制作方式对宣传企业、展示产品等都有着别的方法所无法替代的作用。

1. 制作过程透明，提高顾客信任程度

明档制作形式向顾客开放了后厨的产品生产过程。从原料的新鲜程度、加工时的操作方式到环境卫生状况、员工着装整洁与否，完全被顾客看得清清楚楚。这就极大提高了顾客对企业及产品质量的信任度。

2. 生产工艺规范，保证产品质量

面对顾客的明档制作方式，无形中给企业管理和员工素质提出了更高的要求。为此，企业要制定严格的工艺操作规范，倒逼明档区的员工认真执行。这就从制度到实际较完善地保证了产品的质量。

3. 渲染、活跃就餐氛围

餐厅除了满足顾客的就餐要求之外，还应营造出有特色的文化氛围。明档制作很好地活跃了餐厅的气氛，丰富了就餐过程的内容，各地风味食品操作技能的现场表演更是展示了餐饮文化的内涵。

4. 宣传产品，扩大销量

餐厅明档制作活泼生动的形式，吸引了就餐顾客的注意力。展示的一些外形美观、色彩诱人、香气四溢的菜点可激起顾客品尝、购买的欲望，不但宣传了产品，也增加了销售量。

### （三）明档制作区的设计要求

由于明档制作区功能和位置的特殊性，它的设计要求与普通厨房有着明显的不同。

1. 遵循美观、有特色、无粗加工的设计原则

明档制作区的设计一般应突出某种特色产品，在设备配备时，以这种特色

产品为主技能表演内容的，要将表演设备摆放在明显的位置上。

原料粗加工会产生垃圾、散发异味，在明档制作区不能进行粗加工操作，明档制作所需的原料应由后厨提供半成品。

明档制作区的设备摆放、场地装修要整洁、美观、有观赏性，尤其是场地装修、装饰应与产品的特色相互呼应、浑然一体，使顾客既观赏了产品又品味到了饮食文化。

2. 设备以电热为主，减少油烟、噪声

明档制作中的煎、扒、烙、煮工序都需要加热设备，燃气设备性能优良但燃烧噪声很大，影响环境；燃烧产生的烟不但量大而且温度高，很难全部排除出。因此，在设计配备明档制作区设备时，最好以电加热设备为主。

3. 便于观赏方便取餐

明档制作的设计要便于客人观赏，关键、精彩的技能表演场面应尽量充分展现在绝大部分顾客的视线范围内。

顾客自助取餐是明档制作的特点，设计应考虑充分考虑到既能保证客人安全，又能取餐方便。

4. 配备高素质员工

明档制作区的操作员工完全在顾客的目光下进行各项加工操作，这就要求明档制作区的员工必须要有较高的综合素质。员工的服装、服饰应美观、大方、得体，员工整体应干净利落，并能与顾客进行适当地互动。

## 八、零点西餐厨房的设计

随着人民生活水平的提高，对食品种类、质量、品味的要求也不断提升，西餐食品也自然而然地成为了顾客喜爱的目标。为迎合消费者的需求，一些比较大的饭店、酒楼都增加了西餐的经营项目。西餐厅面积的大小不同，所设西餐厨房的规模也有区别，但一般都属于综合性的西餐厨房，从根本上有别于专业经营西餐的大型饭店，严格意义上说应该称为零点西餐厨房。

它所具备的功能是可以满足一般中餐饭店里的两个餐厅的就餐需求，也可适用于单独开设西餐快餐或酒吧厨房的加工需求。

### （一）结构设计

零点西餐厨房的设计着重突出西餐食品的特点，不需追求大而全。设备配备尽量选择多用型的，功能上以完成西餐的基本特色食品为原则。

1. 热烹调区

该区具备了西餐烹调必需的扒、炸、焖、烩、煎的基本功能，能制作一般的牛排、猪排、煎蛋等传统西餐食品，也能完成汤类及烩制的菜品。

2. 西餐包饼房

包饼房主要负责生产西餐中所需要的各种面包及糕点。西餐面包的种类很多，如甜面包、咸面包、软质面包等。它除了直接配餐食用外，还用于制作三明治、吐司等。

面包的制作生产工艺繁杂，对操作水平要求较高，所需设备也很多。建议在较小型的西餐厨房不设置包饼房，如配餐和制作三明治的需要面包，可外购满足要求。

3. 西餐冷菜制作区

西餐冷菜和中餐冷菜的基本属性大致相同，都是用来制作冷盘的。西餐冷盘选用安全、卫生的生料和烹制成的熟料经切割后相互掺杂，拼摆盘中后浇上不同的调味汁。

西餐冷菜主要由生、熟原料和调味汁构成，其中各种生、熟原料应在冷菜制作区加工而成，各种调味汁建议以外购为主，自己调配制作为辅。这样可以减少基本投入及制作的技术难度，较适合于小型西餐厨房。

4. 饮料、酒品区

饮料、酒品是西餐中很重要的一部分，一般与吧台联合设计成一体。西餐饮料以热咖啡制作和冷饮料配制两部分为主。

### （二）西餐厨房设备配置

西餐厨房设备种类繁多，许多进口设备价格相当高。作为简易西餐厨房，选用配备应以实用、多功能、价位合理为原则。

1. 热烹调区设备

热烹调区是西餐厅的主厨房，包括原料加工、切配、热加工等工序。该区的设备有洗涤设备、调理设备、冷藏设备、热加工设备等几大类，其中洗涤、调理、冷藏设备与中餐厨房没有什么区别，可根据实际需要配备。

应注意的是根据西餐产品的特点，在设计冷藏设备时最好配置一台风冷冷藏柜，以满足需要。

热加工设备主要有电热平扒护、电热坑扒炉、电热炸炉、电热面火炉、燃气平炉连焗炉、燃气双头或单头炒炉等常用设备。这些设备一般已够小型西餐厅使用，有条件的再配置一台万能蒸烤炉就更理想了。设计时要根据餐厅规模、主要特色有选择地配置。

2. 西餐包饼房设备

包饼房需要的设备包括常规的洗涤设备、冷藏设备及专用设备。专用设备主要有打粉机、打蛋机、压（揉）面机、面包成形机、醒发箱、木面案板、喷雾电烘炉及燃气单头灶等。如果有需要还可以增加热巧克力机和比萨炉等设备，使包饼房设备更完善、更专业。

3. 西餐冷菜区设备

西餐冷菜区应设有足够的冷藏设备，以保证各种冷菜原料及成品的分类存放。除此之外还要配备制冰机、切片机、三明治工作台、餐具消毒柜及独立空调系统。

如冷菜区是明档操作形式的设计，还要配置冷菜保鲜展示柜、明档挂架及保温切割台等设备。

4. 饮料酒品区设备

饮料酒品一般与吧台一起做明档设计，应有一定数量的酒品展示柜组成展示架。常规的配置主要有咖啡机、双头暖咖啡炉、榨汁机、制冰机、净水器、微波炉、冰桶、香槟桶及冷藏设备、调理设备等。

如有需要还可增加奶昔机、扎啤机、双缸饮料机、雪糕柜、冰水柜等设备。

5. 出品区

西餐厅的出品区是设计时必须重视的。送到顾客面前的产品温度是西餐产品品质的重要指标，在设计出品区设备时应特别注意。一般常配备的设备有热汤池、保鲜展示柜、操作台、台式保温灯、保温切割台等。

以上的设备配置只是常规设计，具体设计应根据餐厅规模、经营内容、资金情况等条件灵活掌握。应避免求大求全，以实用够用为原则。

## 九、员工用房

厨房员工及餐厅服务人员的健康状况与卫生状况会直接影响餐饮产品的质量和餐厅的服务水平，为此应为员工设置必要的休息、更衣等场所。

### （一）更衣室

更衣是员工进入工作区的必要程序，厨房中必须要有一定面积的男、女更衣间。在更衣间内应按员工数量设更衣柜，每人要专用一格。在更衣室内或者门外适当的位置要设有洗手消毒设备，洗手池的水节门最好选用感应开关，以避免交叉污染。

### （二）员工休息室

有条件的厨房中最好能设立员工专用休息室，供员工临时有事或工间休息之用。

### （三）淋浴间

在规模较大的餐馆、酒楼应设立淋浴间，为员工洗浴提供方便。一般按每20人一个淋浴喷头设置，超过25人时应男、女分设。为了上下水及使用方便，淋浴间位置应与厕所或更衣间相邻。

### （四）办公用房

办公用房包括管理人员办公室、厨师长办公室、会议室等。厨师长办公室的位置要靠近厨房或就设在厨房区域，其他房间没有什么特殊要求，可根据实际情况灵活掌握。

# 第三节　厨房平面布局设计的方法和手段

厨房设计涉及到建筑、土木、水电、消防、通信、控制、设备、工艺及管理等多方面的知识，是一个综合性的问题，所以有人提出了“厨房设计学”的概念。不过，本书限于篇幅，本节仅拟就厨房平面布局设计的一般方法和手段作简单介绍。

## 一、系统布置设计（SLP）

自从有了工业生产，就有了工厂设计，也就有了设施布置设计。设施布置设计是根据企业的经营目标和生产纲领，在已确定的空间场所内，按照从原材料的接收、零件和产品的制造，到成品的包装、发运的全过程，将人员、设备、物料所需要的空间做最适当的分配和最有效的组合，以便获得最大的生产经济效益。

### （一）系统布置设计概述

1961年由美国的缪瑟提出了极具代表性的系统布置设计（SLP）理论。以JM摩尔等为代表的一批设施规划与设计学者，较为系统地研究应用计算机技术进行平面布置及其优化的问题，并产生了许多用高级语言写成的平面布置程序，形成了计算机辅助设施布置（CAL）方法，如用于新建设施的CORELAP、ALDEP程序和用于改建布置的COFAD、CRAFT程序。

1. 缪瑟的系统布置设计

这是一种条理性很强、物流分析与作业单位关系密切程度分析相结合，从而求得合理布置的技术，因此在布置设计领域获得极其广泛的运用。国内从20

世纪 80 年代以后引进了这一理论，收效非常显著。

2. 计算机辅助设施布置模型

计算机辅助设施布置方法是利用计算机的强大功能，帮助人们解决设施布置的复杂任务，为生产系统的设施新建和重新布置提供强有力的支持和帮助，节省了大量人力和财力，尤其是对大型项目的布置和频繁的重新布置的支持和帮助更明显。

计算机辅助设施布置软件的建模是计算机辅助设施布置的核心内容。起初，人们根据假设情况（如设备之间的流量是已知的固定数量，布置问题在计划展望期内看作是静态问题，布置的目标仅仅是物流费用最小等）建立了这一类模型。然而，这些假设越来越不符合现代生产系统的现实要求。为寻求改进，人们做了许多工作。一方面，人们根据现实问题发展了许多扩展模型，如实际布置是多目标优化问题且目标间可能相互矛盾，为此近年来构造了多种多目标决策布置模型；由于经营、发展、需求波动以及生产混和的动态特性，设备之间的流量随着阶段的不同而变化，当这些改变是可计划时，可发展为动态布置模型。另一方面，由于目前构造通用的布置模型还很困难，人们又针对特定类型的生产系统（如厨房设计）开发出第三类的模型。

3. 设施布置设计的总趋势

缪瑟的系统布置设计逻辑严密、条理清晰、考虑比较完善。因此，先前的新建生产（服务）系统中最具代表性的 CORELAP 程序就是将 SLP 融入计算机辅助设施布置方法（CAI）中，只是当时的集成比较简单。现在，温拿的战略设施规划（SFP）在发展 SLP 的基础上将其自身更紧密地集成于 CAI 中，这也表明了在设施布置项目向大型化、复杂化方向发展的今天，考虑到时效性，计算机辅助设施布置方法已逐渐成为设施布置设计的主流。在此领域，虽然人们作了众多的探索，并取得不小的成果，但由于布置问题确实是一个复杂并且富含矛盾的优化问题，所以至今仍未真正建立起完善的、得到大家一致公认的软件模型，其算法也有诸多问题要解决。因此，设施布置设计未来发展的总趋势就是：一方面继续发展完善缪瑟的系统布置设计和温拿的战略设施规划，把它们的精髓更完整地渗透、集成到计算机辅助设施布置设计中去；另一方面根据现实情况构建更为完整的布置模型，并结合最新的人工智能技术的发展，提出功能更强大、更为迅捷快速的新算法，最终开发出更通用的计算机辅助设施布置软件。

### （二）系统布置设计在厨房布局中的应用

1. 输入数据和活动

这些数据包括厨房生产能力的计算、设备选择、工艺布置的技术要求等。厨房的生产能力数据包括：每天可供用餐人数，烹调菜肴和面点主食的品种、数量，每天所需有的烹饪原料品种、数量，劳动力的确定。

**提示：**设备选择及工艺布置的要求可参考本书的有关章节。

2. 加工过程图

进行这一步的目的是描述材料的流动情况，也就是用图来说明烹饪原料到加工出成品菜肴或主食的过程，反映了烹饪加工的工艺流程。如图 8–2 所示，但还不够详细，因为其只表达了原料的大致流程，并没有表达出常用的多种原料所经历的不同的操作单元。

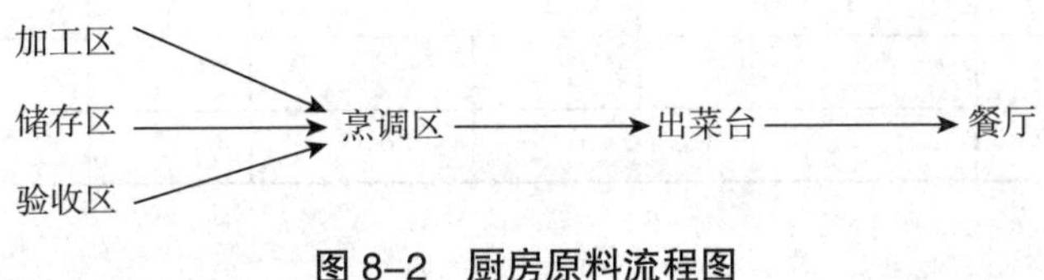


**图 8–2　厨房原料流程图**

比较常用的是多种原料产品加工流程图（图 8–3）。横坐标表示所用烹饪原料的品种，图中用字母（A、B、C、D 等）代表蔬菜、肉、鱼、海产、蛋、禽、米等。纵坐标表示各操作单元，图中用数字分别代表清洗与整理间、切菜机与切肉机（绞肉机）、和面机、饺子机、热菜烹调间、凉菜烹调间、电烤箱、电炸锅、面案间、配餐间、化验室等。而图中各坐标点分别表示出烹调菜肴所用原料的加工过程。

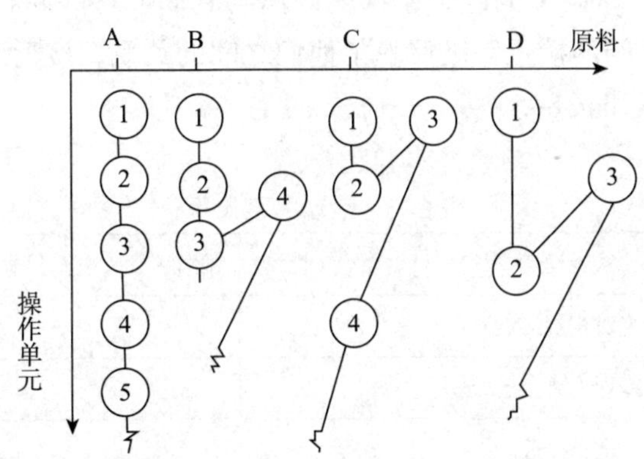


**图 8–3　原料产品加工流程图**

图 8–3 所反映的仅是原料的流动方向和地点，由于流动一般是靠人工运送完成，所以为了表示出人在工艺流程中的活动情况，需要绘制一种“从——至”表。

“从——至”表代表从一操作单元至另一操作单元人员往返的次数，这是根据历史经验数据或拟议的生产量来确定的。必要时往返次数可用产品产量成一些其他因素大小加权。表 8–5 表示的“从——至”表应用于一般厨房的例子。

表 8–5 “从——至”表（每日往返次数）

| | 总厨 | 红案厨师长 | 面案厨师长 | 仓库保管员 | 二炉 | 打荷 | …… | 总计 |
|---|---|---|---|---|---|---|---|---|
| 总厨 | | 3 | 3 | 1 | 1 | 3 | | |
| 红案厨师长 | 6 | | 1 | 3 | 2 | 1 | | |
| 面案厨师长 | 6 | 2 | | 4 | 1 | 1 | | |
| 仓库保管员 | 2 | 1 | 3 | | 1 | | | |
| 二炉 | 2 | 3 | 1 | 1 | | | | |
| 打荷 | | 12 | 6 | | 1 | | | |
| …… | | | | | | | | |
| 总计 | | | | | | | | |

3. 绘制活动关系图

上面所述的两图表，反映了一个饭店或食堂的厨房中主要操作单元或区域，有些区域并没有什么原料和产品流动，如休息室、卫生室等。而这些区域又是组成一个厨房所必需的，并且与其他区域或操作单元均有一定的联系。为反映烹调车间整体布局，则需要绘制活动关系表 8–6。该表表明厨房内各操作单元或区域之间要求接近程度的等级。表 8–7 表示接近程度的代码，等级 A 表示两个区域绝对需要互相靠近为邻，等级 X 则表示两个区域不需要接近，如卫生间与加工区之间是一个等级 X 的组合，这就取消了它们放在一起布局的可能性。各操作单元和区域之间的接近等级反映了他们之间的关系，接近等级则根据图 8–3 原料产品加工流程和表 8–5 “从——至”而定。

表 8–6 活动关系代号

| 接近程度 | 代号字母 |
|---|---|
| 绝对重要接近 | A |
| 特别重要接近 | E |
| 重要接近 | I |
| 一般重要接近 | 0 |
| 不重要接近 | U |
| 不必要接近 | X |

表 8–7　活动关系表

| 序号 | 活动或职能 | 15 | 14 | 13 | 12 | 11 | 10 | 9 | 8 | 7 | 6 | 5 | 4 | 3 | 2 | 1 |
|---|---|---|---|---|---|---|---|---|---|---|---|---|---|---|---|---|
| 1 | 仓库 | U | O | O | U | O | U | U | U | E | U | U | U | U | U | |
| 2 | 清理间 | I | U | O | U | O | U | O | O | U | I | E | E | A | | |
| 3 | 初加工设备 | I | U | U | O | I | O | I | I | I | I | E | A | | | |
| 4 | 热菜间 | U | U | U | A | I | E | U | I | O | U | I | | | | |
| 5 | 冷菜间 | U | U | U | A | I | E | U | O | U | I | | | | | |
| 6 | 冷库 | U | U | U | U | O | U | U | U | U | | | | | | |
| 7 | 面食设备 | U | O | U | U | O | O | A | E | | | | | | | |
| 8 | 油炸、电烤箱 | U | U | U | E | I | I | O | | | | | | | | |
| 9 | 蒸煮设备 | U | O | U | O | O | U | | | | | | | | | |
| 10 | 消毒间 | U | U | U | I | O | | | | | | | | | | |
| 11 | 化验室 | U | I | U | I | | | | | | | | | | | |
| 12 | 配餐间 | U | I | X | | | | | | | | | | | | |
| 13 | 休息室 | U | I | | | | | | | | | | | | | |
| 14 | 办公室 | U | | | | | | | | | | | | | | |
| 15 | 垃圾间 | | | | | | | | | | | | | | | |

4. 绘制布局线形图

根据活动关系图绘制出布局线形图。这里暂不考虑到空间条件，只是平面布局。

布局线形图的绘制方法是所谓“试行错误法”，即在图中先把 A 级的单元画出，并用 4 条直线把它们连接起来，然后 ZE 级用 3 条直线连接，I 级用 2 条直线连接，O 级用 1 条直线连接，U 级不画连接线，X 级用 1 条扭曲线（弹簧符号）连接以表示不必接近。

**提示：**厨房所有的单元区域都绘制出来后，其布局结果并非就是最好的，这里可能有许多错误之处。这时我们再综合本章第一节及其他相关资料所论述的有关布置设计的内容和要求来进行调整。调整时我们可以把这些直线看成是弹性橡皮带的连接，来调整有关单元的位置，直至满意后再把布置的结果绘制出来。

线形图的实例见图 8–4。

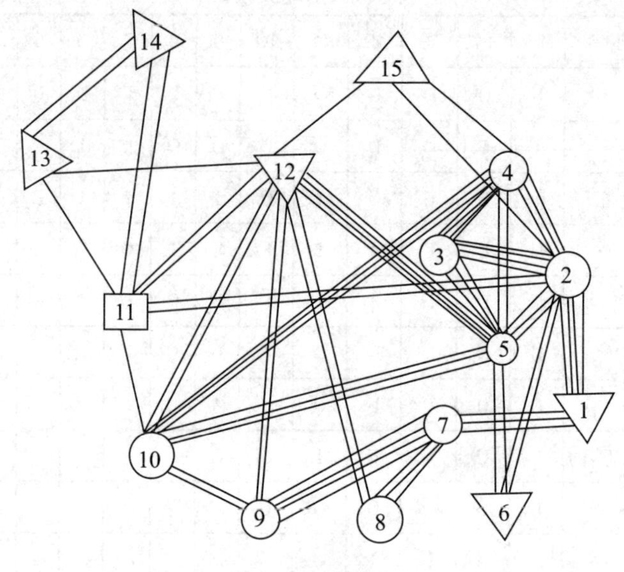


图 8-4 线形图

5. 厨房布置图的绘制和评价

平面布局的线形图确定后，需要就空间的需要量对空间的可用量进行调整。这是最后一次调整，有两个目的：一是布置必须适合现有的建筑物，也就是所用的空间会受到现有建筑物的限制，所以必须调整布局；二是对于新设计筹建的厨房来说，主要限制的是资金预算，这也需要调整布局。

参考实践经验，最后调整的布局图即是反映平面关系的厨房布局（图 8-5）。

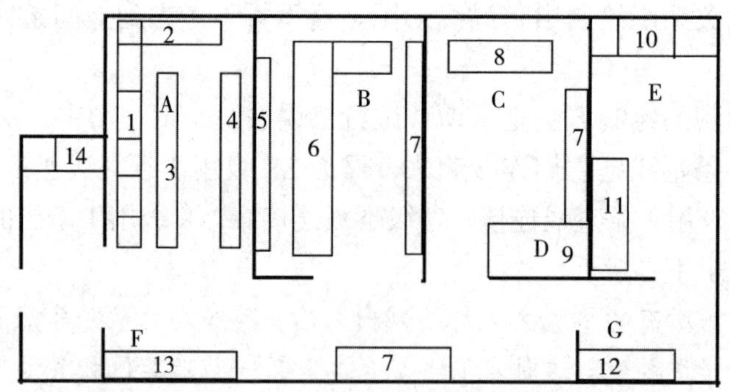


图 8-5 某大众厨房布局示意图

A—烹调区 B—切配区 C—点心区 D—冷菜区 E—洗涤区 F—备餐区 G—初加工区
1—炉灶 2—蒸柜、煲炉 3—出菜台 4—货架 5—出菜窗口 6—砧板 7—冰箱、冰柜
8—点心案板 9—冷菜案板 10—洗碗机 11—碗柜 12—初加工间 13—备餐间
14—电梯房

**提示**：把确定下来的厨房布置图放到实践中去，可能还会遇到意想不到的情况，也就是出现实际的限制，这时要进行小的局部修改。如厨房的布置图拿到实践应用中考察，发现油炸设备的排烟口正对着相邻建筑物——居民楼的窗户，在使用时居民必然对烟气污染提出意见，所以需要对布置方案做局部修改后方能实施。

应用系统布置设计方法所得到厨房布置方案，虽然最终落实到实践中的方案只有一个，但在设计过程中应备有两个以上方案，以便于分析比较，挑出最好的。判断最佳方案应遵循一定的标准，并采取“多项目目标决策的方法”。即把方案的具体标准分项列出，然后根据每项标准的重要程度，确定该项标准的点数（或分数）。评价方案时，逐项对每一方案打分，各项标准全部评价完后，得到每个方案的总分，分数高者即为最佳方案。

应用系统布置设计方法得到的布置方案越多，优选的效果越佳，但全靠人工完成，工作量就大了，这时考虑到应用电子计算机进行布置设计。应用电子计算机进行系统布置设计，已有工厂、车间等各类布置设计程序供采用，如常用的布置设计程序有 ALDEP，CORELAP 和 CRA-FT 等。电子计算机布置设计的优点是可迅速提供大量的供选择的方案，并能迅速准确地优化出最佳方案。

目前，在 SLP 应用于厨房布置方面，一方面需要相关的理论知识，如厨房生产能力的确定、单元操作和加工区域的明确；另一方面，需要开发出适用于厨房布置的计算软件包。

## 二、人机工程学在厨房组织布局中的应用

### （一）提高厨房的工作效率

在厨房布局中，如果将冷菜间放在距离餐厅近的地方，那么在客人等候上热菜的间隙，冷菜可以先上来，节省了时间（当然也可以冷热菜一起上）。将细料柜放在距离加工台近的地方，可以节省工作人员奔走的时间，同时提高了效率。美国贝克特公司给长城饭店设计的厨房比较小，节约面积是一方面，但更重要的是提高了厨房的效率。灶台和调料台（接手台）之间非常窄，这样厨师在烹调的过程中一转身就能取配好的菜或加某种调料，脚下可一步不动。而设计宽大的厨房，厨师回身至少要一两步才能够到东西。不要小看这一两步，一天下来，每个厨师至少要走上千步，不仅累而且降低效率。另外，地方小了，别人不容易通过，那么也就不会有人去干扰厨师的工作了。

厨房布局中应用人机工程学，实际上反映了管理学中的泰勒制在厨房中的应用。根据人的身体、行为规律和习惯把每一个工作步骤，甚至每一步都设计好。将厨房中的设备层层加叠，下面是烤箱，上面是炉灶；下面是冰箱，上面是微波炉；这样下面和上面能取什么、能干什么都要经过准确的测算。就如LSP要求的那样，联系最紧密的一定要放在一起。

**小知识** 泰勒制

美国人泰勒首创的一种加强生产的管理和工资制度。泰勒制的基本内容和方法有：①制定恰当的工作定额，也就是选择合适而熟练的工人，对他们的每一项动作，每一道工序的时间进行记录，并把这些时间与必要的休息时间和其他延误时间综合起来，得出完成某项工作的总时间，在此基础上制定出一个工人的“合理的日工作量”；②培训工人成为“第一流的工人”，即适合于某项工作并且又愿意努力干的工人，使他们的能力与工作相配合，激励他们尽最大的力量进行工作；③在上述基础上实行标准化管理，也就是使工人掌握经过科学手段确定的最经济、效率最高的操作方法；④实行刺激性的工资报酬制度，即根据工时的研究和分析，制定生产规程和劳动定额，实行差别计件工资制。泰勒制的产生，使工厂的生产管理发生了变革，由单凭经验的管理转向了科学管理。

### （二）改善厨房的卫生状况

餐饮质量，卫生第一。如果厨房设计不科学，影响厨房的卫生，那么会直接损伤客人对餐厅的信心。

人机工程学强调在设计时要充分考虑具体的人的行为特性。如排水，有的设计院按照一般工程的计算方法来设计排水量，未能充分考虑到厨房工作的特殊但又经常发生的情况。如有些厨师可能会一顺手把整锅的油倒进下水道，下水道的篦油池设计得不够大，热油冷凝成块，下水道很快就会被堵死。有的厨房地上永远湿漉漉，空气永远臭烘烘，原因皆在于此。

又如，厨房与餐厅之间的门与其他通道的门不一样，不仅仅是完成一般工作场所的人员走动的功能，还要考虑到餐厅服务员在工作中一般是端着菜或餐盘的。所以厨房、茶水间和餐厅之间的门都要设计成双门单向。也就是说，右行前开，其宽度足够一个服务员端着盘子顺畅通过。设想，如果厨房的门设计成双向开，门的两侧的服务员互相看不见，从两个方向推一个门，晚到的一方会被猛然打开的门碰得头破血流，菜洒满地。

**知识应用：**为什么餐厅与厨房之间的通道如果有高度差时，一般采用斜坡处理，并用不同的颜色标示出来？

### （三）优化餐饮服务

餐饮工作与其他工作的一个不同是，客人在餐厅不能看到他不该看到的内容，包括人和事。厨师不能进餐厅，而服务员最好不要进厨房。

要求扛着猪肉的厨师不能从厅堂客人面前走过，就要考虑设计职工通道，而职工通道如果没有按科学的位置、宽度设计好，就可能诱使一些职工犯偷窃的错误。光靠加大警卫力度，增加了管理成本，还很难保证厨房不丢东西。

服务员最好不要进厨房，不仅是卫生需要，也是安全和管理的需要。这时就不能考虑节省空间，而要考虑设出菜口。出菜口一般由值班厨师长负责，对送出厨房的每个菜作最后一道检查。出菜台放一个碗，碗里面放一堆小勺，厨师长可以一次一勺来把关。

## 三、厨房设计实例

厨房设计实例如图 8-6 所示，设备的明细见表 8-8。

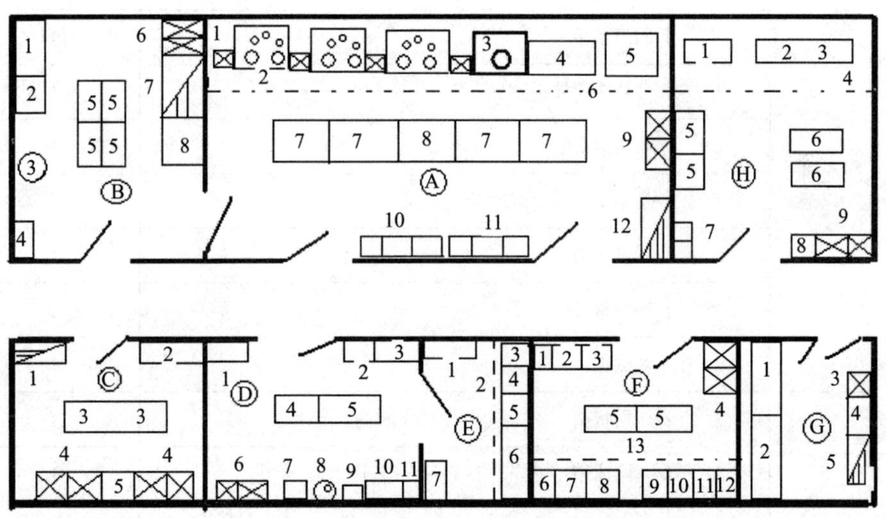


图 8-6　厨房设计实例

表 8-8　厨房设备明细表

| 编号 | | 名称 | 数量 |
|---|---|---|---|
| Ⓐ主厨房 | 1 | 配灶水池 | 4 |
| | 2 | 港式多功能双眼灶 | 3 |
| | 3 | 多功能大锅灶 | 1 |
| | 4 | 多功能矮仔炉 | 1 |
| | 5 | 万能蒸箱 | 1 |
| | 6 | 运水烟罩 | 1 |
| | 7 | 双向移门调理台 | 4 |
| | 8 | 活动台板 | 1 |
| | 9 | 双槽水池 | 1 |
| | 10 | 调料车 | 3 |
| | 11 | 三层餐车 | 3 |
| | 12 | 四层货架 | 1 |
| Ⓑ切配间 | 1 | 六门冰箱 | 1 |
| | 2 | 四门冰箱 | 1 |
| | 3 | 多功能搅拌机 | 1 |
| | 4 | 绞切肉机 | 1 |
| | 5 | 带架单可移门调理台 | 1 |
| | 6 | 双槽水池 | 1 |
| | 7 | 四层货架 | 1 |
| | 8 | 储藏柜 | 1 |
| Ⓒ粗加工间 | 1 | 四层货架 | 1 |
| | 2 | 六门冰箱 | 1 |
| | 3 | 双层工作台 | 2 |
| | 4 | 双槽水池 | 2 |
| | 5 | 沥水台 | 1 |

续表

续表

# 参考文献

[1] 曹仲文. 基于“科学技术工程三元论”认识“烹饪工程”[J]. 美食研究, 2017, 34（3）: 1-4.

[2] 何铭新, 钱可强, 徐祖茂. 机械制图 [M]. 7 版. 北京: 高等教育出版社, 2016.

[3] 范思冲. 机械基础 [M]. 北京: 机械工业出版社, 2004.

[4] 杨公明, 程玉来. 食品机械与设备 [M]. 北京: 中国农业大学出版社, 2015.

[5] 周旺. 烹饪器具及设备 [M]. 北京: 中国轻工业出版社, 2000.

[6] 王仁祥. 常用低压电器原理及其控制技术 [M]. 北京: 机械工业出版社, 2001.

[7] 石一民, 冯武卫. 机械电气安全技术 [M]. 北京: 海洋出版社, 2016.

[8] 陆荣华. 电气安全技术手册 [M]. 北京: 中国建筑工业出版社, 1999.

[9] 李长茂, 李国新. 餐饮设备使用与保养 [M]. 大连: 东北财经大学出版社, 2004.

[10] 任保英. 饭店设备运行与管理 [M]. 2 版. 大连: 东北财经大学出版社, 2002.

[11] 丁玉兰. 人机工程学 [M]. 北京: 北京理工大学出版社, 2005.

[12] 张家骝, 张广印. 烹饪设备与器具 [M]. 北京: 中国商业出版社, 1992.

[13] 杨铭铎. 现代中式快餐 [M]. 北京: 中国商业出版社, 1999.

[14] 曹仲文. 厨房器具与设备 [M]. 南京: 东南大学出版社. 2007.

[15] 曹仲文. 烹饪设备器具 [M]. 上海: 复旦大学出版社. 2011.

[16] 励建荣. 现代快餐技术 [M]. 北京: 中国轻工业出版社. 2001.

[17] 肖旭霖. 食品加工机械与设备 [M]. 北京: 中国轻工业出版社. 2000.

[18] 中国机械工程学会包装与食品工程分会. 农副产品加工与食品机械产品样本 [M]. 北京: 机械工业出版社. 2002.

[19] 小原哲二郎. 食用油脂及其加工 [M]. 日本: 建帛社, 1981.

[20] 李国忱. 食品机械原理与应用技术 [M]. 哈尔滨: 黑龙江科学技术出版社, 1989.

[21] 张建军, 陈正荣. 饭店厨房地设计和运作 [M]. 北京: 中国轻工业出版社,

2006.
[22] 高福成．食品工程原理［M］．北京：中国轻工业出版社，1985.
[23] 姜正候，郭文博．燃气燃烧与应用［M］．北京：中国建筑工业出版社，2000.
[24] 靳文杰，刘赞，张炳炎，等．大气式旋流燃烧器设计问题分析［J］．城市公用事业，2003（3）：38-39.
[25] 姜鹏霖．餐旅设备［M］．大连：东北财经大学出版社，1997.
[26] 姚天国．ZZT2 型中餐燃气炒菜灶燃烧器结构及燃烧性能分析［J］．天津城市建设学院学报，1996，2（3）：24-29.
[27] 陈明，段常贵，侯根富．中餐燃气炒菜灶热效率的提高［J］．煤气与热力，2001，21（1）：20-22.
[28] 斯拉德科夫著，吴训聆译．燃气在城乡中的应用［M］．北京：中国建筑工业出版社，1982.
[29] 胡鹏程，胡颖．厨房电器的原理与维修［M］．北京：电子工业出版社，1997.
[30] 毛竹，肖振江，钱云龙．现代厨用电器速修方法与技巧［M］．北京：人民邮电出版社，2000.
[31] 李满林．肉类加工机械［M］．北京：化学工业出版社，2006.
[32] 梁灿然．现代厨具知识［M］．北京：中国劳动出版社，1994.
[33] 刘午平．电冰箱修理从入门到精通［M］．北京：国防工业出版社，2005.
[34] 李兴国．食品机械学［M］．成都：四川教育出版社，1991.
[35] 王如竹，丁国梁，吴静怡，等．制冷原理与技术［M］．北京：科学出版社，2003.
[36] 谢晶．食品冷冻冷藏原理与技术［M］．北京：化学工业出版社，2005.
[37] 唐婉，谢晶．速冻设备的分类及性能优化的研究进展［J］．食品工业科技，2016，37（23）：362-366.
[38] 岳希举，余铭，崔静．速冻食品及速冻设备的发展概况及趋势［J］．农产品加工（学刊），2012（12）：94-97.
[39] 张国治．速冻及冻干食品加工技术［M］．北京：化学工业出版社，2008.
[40] 赵春苑．厨房设备工程实用手册［M］．北京：中国轻工业出版社，2012.
[41] 宋沐．厨房用油烟过滤器［J］．家用电器，1989（5）：3.
[42] 王瑞琪，丁社光，王红．饮食油烟的污染及治理现状［J］．重庆工商大学学报（自然科学版），2006，23（1）：44-47.
[43] 李成武．宾馆饭店的厨房通风设计［J］．暖通空调，1997，27（4）：56-58.

［44］赵淑珍．公共厨房通风空调设计探讨［J］．天然气与石油，2001，19（4）：60–61.

［45］邓雪娴．餐饮建筑设计［M］．北京：中国建筑工业出版社，1999.

［46］吴业山．酒店餐厅厨房设计［J］．节能技术，2006，24（140）：524–526.

［47］刘永棣．旅馆设备与技术（一）［M］．北京：科学技术文献出版社，1992.

［48］刘永棣．饭店工程管理实务［M］．北京：旅游教育出版社，2001.

［49］郝利兵，张明刚．商用自动洗碗机的结构分析和控制设计［J］．机电产品开发与创新，2006，19（1）：49–51.

［50］仲晓明．电子消毒柜的类型与特点［J］．家用电器，1995，151（3）：9–10.

［51］袁富山．饭店设备管理［M］．天津：南开大学出版社，2001.

［52］赵平建．酒店设备管理［M］．北京：中国商业出版社，1993.

［53］杨铭铎，喻宗鑫．快餐企业设计中的供电设施（设备）［J］．食品科学，2000，21（5）：69–70.

［54］杨铭铎，喻宗鑫．快餐企业中的给排水设施（设备）［J］．食品科学，2000.

［55］曾胜，朱又春．混凝磁分离法处理厨房污水［J］．中国给水排水，1999，15：7–10.

［56］林美强，朱又春，李勇．微电解–电解法处理餐饮废水的研究［J］．环境保护，2003（4）：16–19.

［57］王舒艳，黄海斌，高云升，等．厨房设备灭火装置发展状况及灭食用油火技术［J］．消防科学与技术，2006，25(增刊)，45–46.

［58］陈诗．厨房设备细水雾灭火系统［J］．中国西部科技，2006，20：82.

［59］沈桂林，陈淑冰．现代饭店设备管理［M］．广州：广东旅游出版社 1999.

［60］曹仲文．年度成本在饭店设备更新中的应用［J］．扬州大学烹饪学报，2003，（4）：52–54.

［61］中国国家标准化管理委员会．GB/T 14692—2008，技术制图投影法 [S]. 北京：中国标准出版社，2008.

［62］中国国家标准化管理委员会．GB/T 4460—2013，机械制图机构运动简图用图形符号 [S]. 北京：中国标准出版社，2014.

［63］中国国家标准化管理委员会．GB 16798—2009，食品机械安全卫生 [S]. 北京：中国标准出版社，2009.

［64］中华人民共和国国家发展和改革委员会．QB/T 2174—2006, 不锈钢厨具 [S]. 北京：中国标准出版社，2007.

［65］全国日用五金标准化中心．QB/T 2139.3—1995, 不锈钢厨房设备操作台

[S]// 中国轻工业联合会综合业务部 . 中国轻工业标准汇编日用五金卷（下册）. 北京：中国标准出版社，2011：248–251.

[66] 全国日用五金标准化中心 .QB/T 2139.5—1995, 不锈钢厨房设备存放架 [S]// 中国轻工业联合会综合业务部 . 中国轻工业标准汇编日用五金卷（下册）. 北京：中国标准出版社，2011：256–258.

[67] 全国日用五金标准化中心 .QB/T 2139.7—1995, 不锈钢厨房设备餐车 [S]// 中国轻工业联合会综合业务部 . 中国轻工业标准汇编日用五金卷（下册）. 北京：中国标准出版社，2011：260–262.

[68] 中华人民共和国建设部 .GB 50028—2006 城镇燃气设计规范 [S]. 北京：中国标准出版社，2006.

[69] 中华人民共和国住房和城乡建设部 .CJ/T 29—2019 燃气沸水器 [S]. 北京：中国标准出版社，2019.

[70] 中华人民共和国住房和城乡建设部 . CJ/T 392—2012 炊用燃气大锅灶 [S]. 北京：中国标准出版社，2012.

[71] 中华人民共和国建设部 . CJ/T 28—2003 中餐燃气炒菜灶 [S]. 北京：中国标准出版社，2003.

[72] 中华人民共和国住房和城乡建设部 . CJ/T 187—2013 燃气蒸箱 [S]. 北京：中国标准出版社，2013.

[73] 中华人民共和国电子工业部 . SJ/T 9167.10—1993，微波烹饪设备 . 北京：中国标准出版社，1993.

[74] 中国国家标准化管理委员会 . GB 4706.52—2008, 家用和类似用途电器的安全 商用电炉灶、烤箱、灶和灶单元的特殊要求 [S]. 北京：中国标准出版社，2009.

[75] 中华人民共和国环境保护部 .HJ 554—2010, 饮食业环境保护技术规范 [S]. 北京：中国环境科学出版社，2011.

[76] 国家环境保护总局 GB 18483—2001，饮食业油烟排放标准 [S]. 北京：中国环境科学出版社，2000.

[77] 中华人民共和国住房和城乡建设部 . JGJ 62—2014，旅馆建筑设计规范 [S]. 北京：中国建筑工业出版社，2014.

[78] 中国国家标准化管理委员会 . GB 4706.38—2008，家用和类似用途电器的安全 商用电动饮食加工机械的特殊要求 [S] 北京：中国标准出版社，2009.

[79] 中华人民共和国住房和城乡建设部 . JGJ 64—2017，饮食建筑设计规范 [S]. 北京：中国建筑工业出版社，2017.

[80] 国家环境保护总局 . HJ/T 62—2001，饮食业油烟净化设备技术要求及检

测技术规范（试行）[S]. 北京：中国环境科学出版社，2001.

[ 81 ] 中华人民共和国公安部 . GA 498—2012, 厨房设备灭火装置 [S]. 北京：中国标准出版社，2012.

[ 82 ] 中国工程建设标准化协会 .CECS 233:2007 厨房设备灭火装置技术规程 [S]. 北京：中国计划出版社，2007.

[ 83 ] 中华人民共和国公安部 .GA 1149—2014 细水雾灭火装置 [S]. 北京：中国标准出版社，2014.

[ 84 ] 中华人民共和国住房和城乡建设部 .GB 50034—2019, 建筑照明设计标准 [S]. 北京：中国建筑工业出版社，2019.

# 附录 1

## 烹饪设备常用图例

| 序号 | 名称 | 常用规格 | 图例 |
|---|---|---|---|
| 1 | 燃气鼓风双尾三炒灶 | 2200mm × 1200mm × 1250mm<br>2700mm × 1200mm × 1250mm |  |
| 2 | 燃气简易双头炒灶 | 1500mm × 750mm × 1100mm | 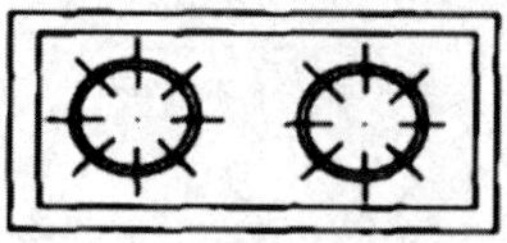 |
| 3 | 燃气鼓风单尾双炒灶 | 1800mm × 900mm × 1200mm<br>2000mm × 1000mm × 1200mm | 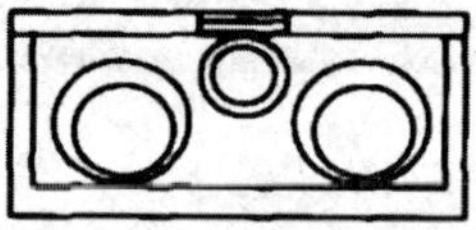 |
| 4 | 燃气中餐三眼炒菜灶 | 1800mm × 900mm × 1200mm<br>2000mm × 1000mm × 1200mm | 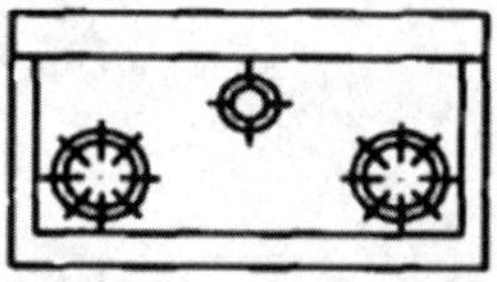 |
| 5 | 燃气鼓风双尾双炒灶 | 2200mm × 1200mm × 1250mm | 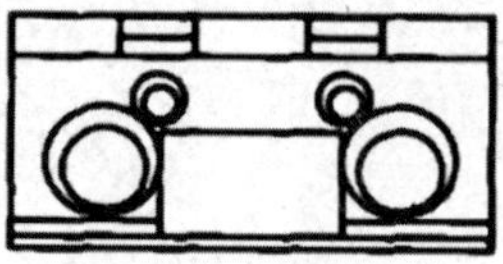 |
| 6 | 燃气鼓风单尾单炒灶 | 1200mm × 1200mm × 1250mm |  |
| 7 | 燃气中餐四眼炒菜灶 | 2000mm × 950mm × 1200mm | 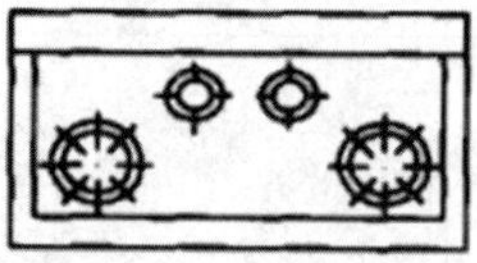 |
| 8 | 燃气双眼低汤灶 | 1400mm × 700mm × 800mm<br>1300mm × 600mm × 650mm | 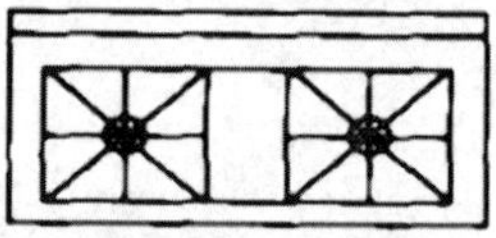 |

续表

| 序号 | 名称 | 常用规格 | 图例 |
|---|---|---|---|
| 9 | 燃气单眼低汤灶 | 700mm × 700mm × 800mm<br>600mm × 600mm × 650mm |  |
| 10 | 西餐杂碎炉 | 1500mm × 800mm × 1200mm |  |
| 11 | 燃气煲仔炉 | 四头：750mm × 750mm × 950mm<br>六头：1000mm × 750mm × 950mm<br>八头：1200mm × 750mm × 950mm |  |
| 12 | 燃气烤猪炉 | 1100mm × 650mm × 650mm |  |
| 13 | 燃气粤式烤鸭炉 | 常用 800mm × 1480mm<br>1000mm × 1600mm | 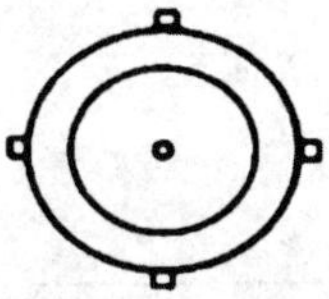 |
| 14 | 燃气大锅灶 | 大锅直径：<br>常用 800mm、1000mm |  |
| 15 | 燃气鼓风三门海鲜蒸柜 | 910mm × 910mm × 1850mm<br>1200mm × 910mm × 1850mm |  |

续表

| 序号 | 名称 | 常用规格 | 图例 |
| --- | --- | --- | --- |
| 16 | 燃气单蒸炉 | 900mm × 900mm × 1200mm |  |
| 17 | 燃气粤式双头蒸炉 | 1800mm × 1000mm × 1200mm | 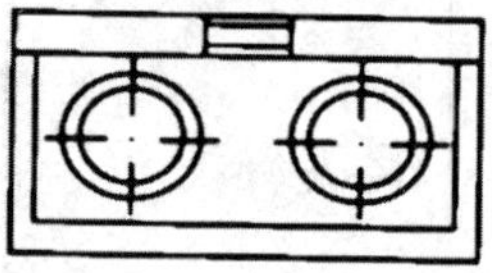 |
| 18 | 燃气蒸炒双头灶 | 1800mm × 900mm × 1200mm | 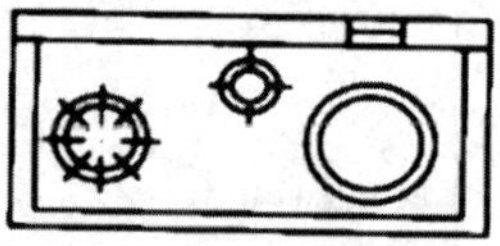 |
| 19 | 燃气鼓风双头煮食炉 | 1800mm × 900mm × 1200mm |  |
| 20 | 十筐面条炉 | 有燃气和电热两种<br>1000mm × 750mm × 950mm | 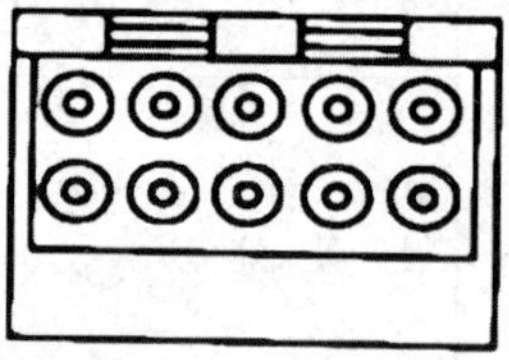 |
| 21 | 燃气蒸饭箱 | 一次蒸制量：<br>常用 25kg、50kg、75kg | 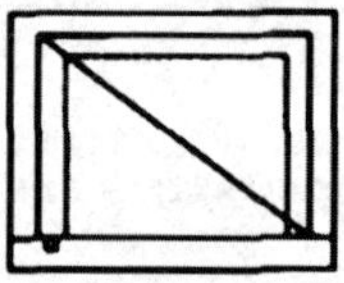 |
| 22 | 蒸汽蒸饭箱 | 一次蒸制量：<br>常用 75kg、100kg、150kg | 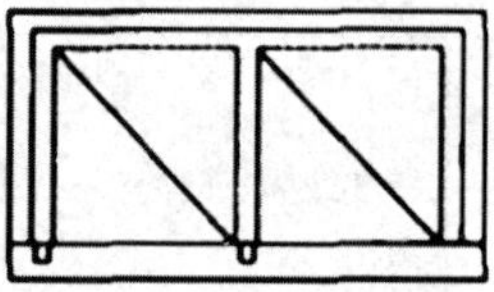 |
| 23 | 双门冰柜 | 容积：$0.4m^3$<br>600mm × 800mm × 1920mm |  |

续表

| 序号 | 名称 | 常用规格 | 图例 |
|---|---|---|---|
| 24 | 四门冰柜 | 容积：0.8m$^3$<br>1240mm × 800mm × 1920mm | 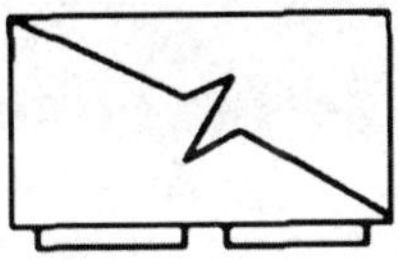 |
| 25 | 六门冰柜 | 容积：1.2m$^3$<br>1670mm × 800mm × 1920mm | 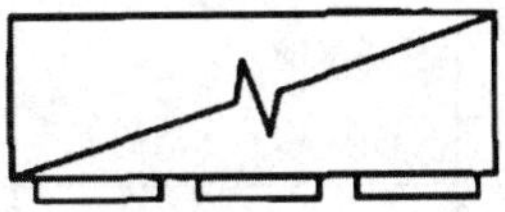 |
| 26 | 平台保鲜柜 | 1500mm × 800mm × 800mm<br>1800mm × 800mm × 800mm | 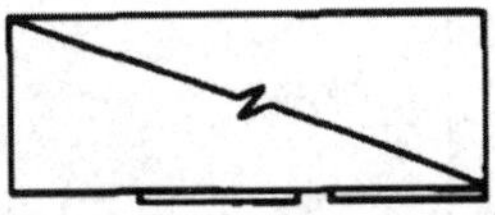 |
| 27 | 带层架平台保鲜柜 | 1500mm × 800mm × 1600mm<br>1800mm × 800mm × 1600mm | 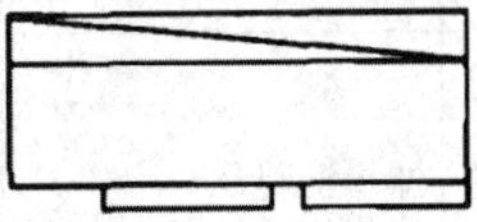 |
| 28 | 三明治保鲜操作柜 | 1800mm × 750mm × 800mm | 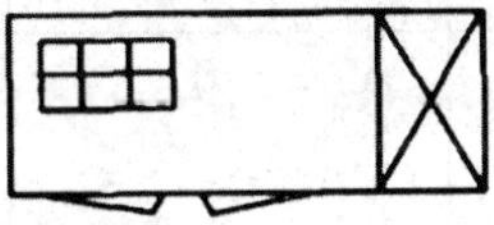 |
| 29 | 洗碗机接碟台（右） | 1500mm × 800mm × 950mm<br>1800mm × 800mm × 950mm |  |
| 30 | 洗碗机接碟台（左） | 1500mm × 800mm × 950mm<br>1800mm × 800mm × 950mm |  |
| 31 | 单星水池 | 600mm × 600mm × 950mm<br>750mm × 750mm × 950mm<br>1200mm × 750mm × 950mm |  |
| 32 | 双星水池 | 1200mm × 600mm × 950mm<br>1500mm × 600mm × 950mm<br>1800mm × 600mm × 950mm | 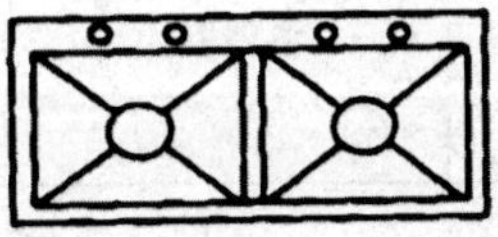 |

续表

| 序号 | 名称 | 常用规格 | 图例 |
| --- | --- | --- | --- |
| 33 | 双星水池 | 1200mm × 750mm × 950mm<br>1500mm × 750mm × 950mm<br>1800mm × 750mm × 950mm | 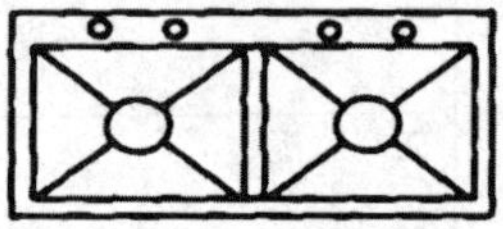 |
| 34 | 三星水池 | 1200mm × 600mm × 950mm<br>1800mm × 600mm × 950mm<br>1800mm × 750mm × 950mm |  |
| 35 | 杀生台 | 750mm × 600mm × 950mm<br>1000mm × 750mm × 950mm | 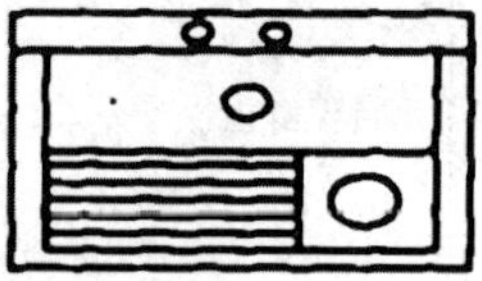 |
| 36 | 单星洗刷台 | 1500mm × 750mm × 950mm<br>2000mm × 750mm × 950mm | 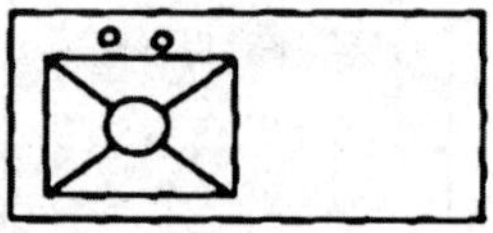 |
| 37 | 双层操作台 | 1200mm × 600mm × 800mm<br>1500mm × 750mm × 800mm<br>1800mm × 900mm × 800mm | |
| 38 | 带层架双层操作台 | 1200mm × 600mm × 1600mm<br>1500mm × 750mm × 1600mm<br>1800mm × 900mm × 1600mm | 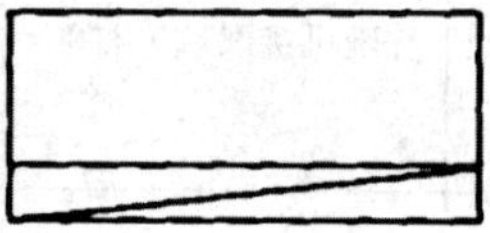 |
| 39 | 单开门调理柜 | 1200mm × 600mm × 800mm<br>1500mm × 750mm × 800mm<br>1800mm × 900mm × 800mm | |
| 40 | 带层架单开门调理柜 | 1500mm × 750mm × 1600mm<br>1800mm × 750mm × 1600mm<br>1800mm × 900mm × 1600mm | 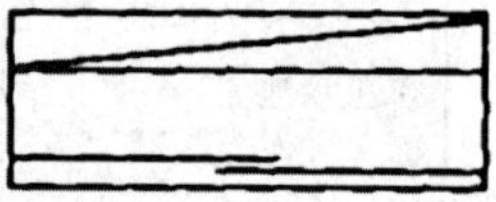 |
| 41 | 双开门调理柜 | 1500mm × 750mm × 800mm<br>1800mm × 750mm × 800mm<br>1800mm × 900mm × 800mm | 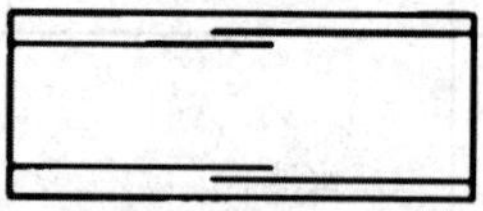 |

续表

| 序号 | 名称 | 常用规格 | 图例 |
|---|---|---|---|
| 42 | 立式储物柜 | 1200mm × 500mm × 1800mm<br>1500mm × 500mm × 1800mm | 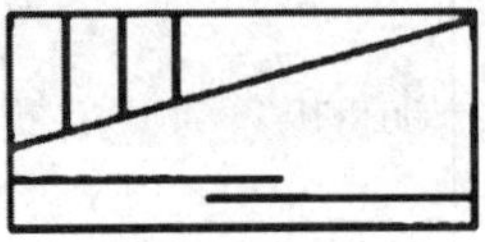 |
| 43 | 四层存放架 | 1200mm × 500mm × 1800mm<br>1500mm × 800mm × 1800mm | 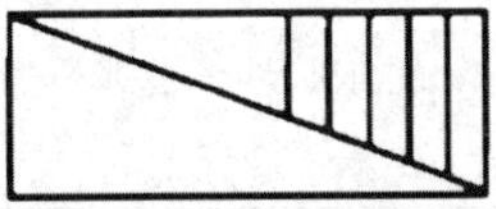 |
| 44 | 调料车 | 720mm × 540mm × 800mm | 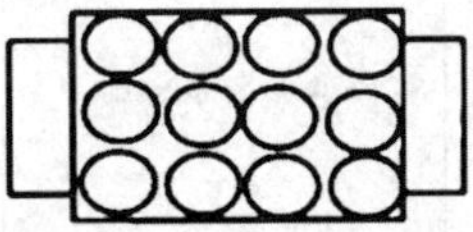 |
| 45 | 送餐车 | 720mm × 470mm × 900mm | 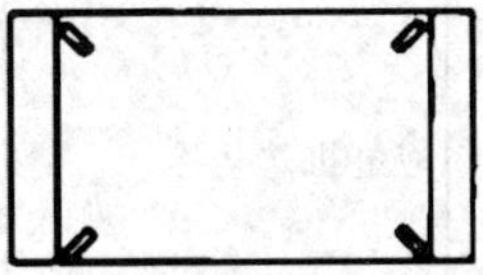 |
| 46 | 面粉车 | 550mm × 650mm × 650mm |  |
| 47 | 茶叶柜 | 1500mm × 750mm × 1600mm | 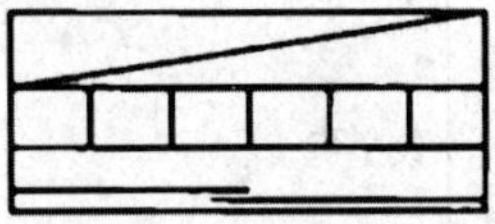 |
| 48 | 残食台 | 1200mm × 600mm × 950mm<br>1500mm × 750mm × 950mm |  |
| 49 | 面案操作台 | 1500mm × 750mm × 800mm<br>1800mm × 900mm × 800mm |  |
| 50 | 带面粉车面案操作台 | 1800mm × 900mm × 800mm | 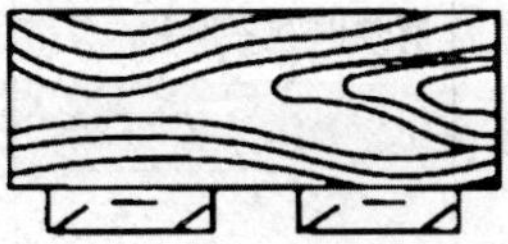 |

续表

| 序号 | 名称 | 常用规格 | 图例 |
|---|---|---|---|
| 51 | 和面机 | 25kg、50kg | 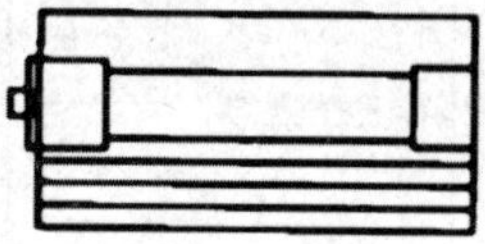 |
| 52 | 轧面机 | 40 型、60 型 | 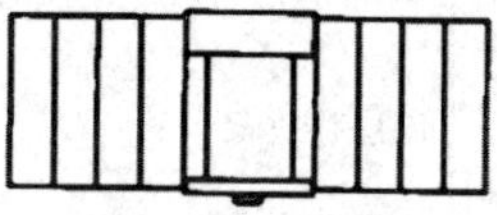 |
| 53 | 可倾式蒸汽夹层锅 | 300L、400L、500L<br>600L、700L、800L |  |
| 54 | 搅拌机 | 20 型、25 型、30 型 | 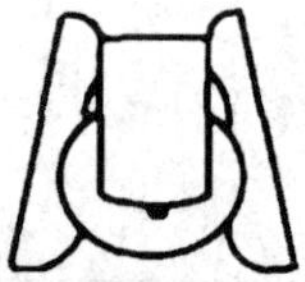 |
| 55 | 斩拌机 | TQ5、TQ30 | 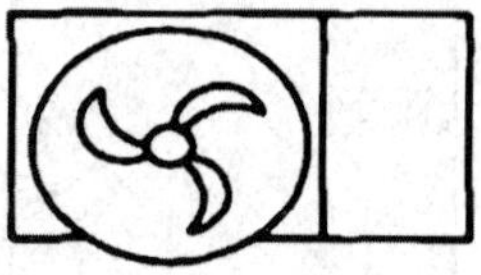 |
| 56 | 饺子机 | JGL120、JGL135、JGL180 |  |
| 57 | 盆式和面机 | 25kg |  |
| 58 | 磨浆机 | 100 型、150 型 | 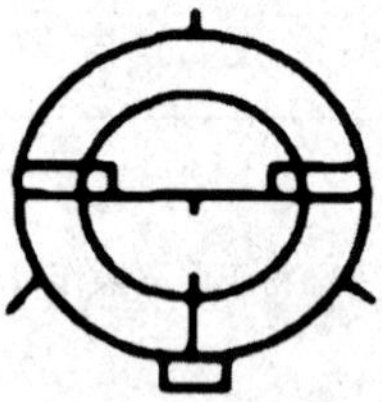 |

续表

| 序号 | 名称 | 常用规格 | 图例 |
|---|---|---|---|
| 59 | 立式绞肉机 | 450kg/h | 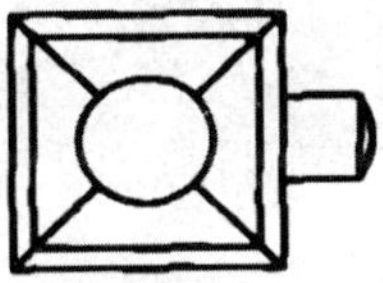 |
| 60 | 台式酥皮机 | TSP520 |  |
| 61 | 台式绞肉机 | TJS12F | 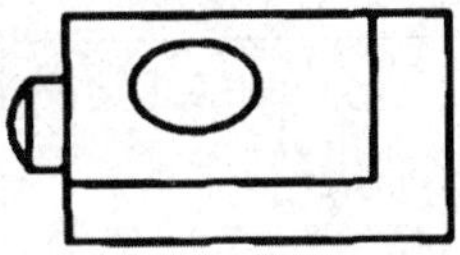 |
| 62 | 切片机 | HB-2S、NFC-385 |  |
| 63 | 提筐洗碗机 | GS502 | 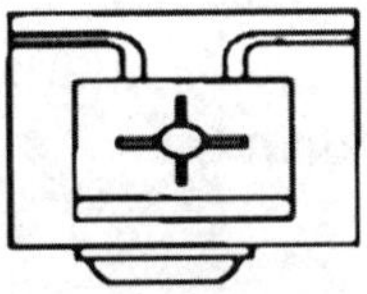 |
| 64 | 电热消毒柜 | 350 型、700 型 | 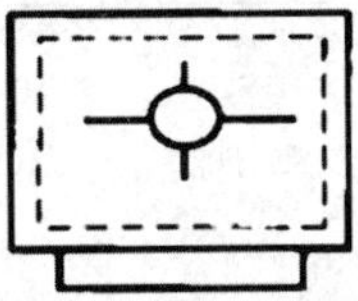 |
| 65 | 电热烤箱 | 双层四盘<br>三层六盘 | 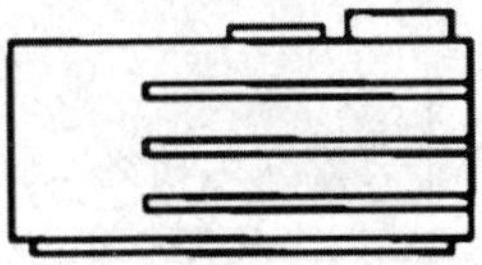 |
| 66 | 电热饼铛 | 台式 40D 型<br>立式 45D 型 | 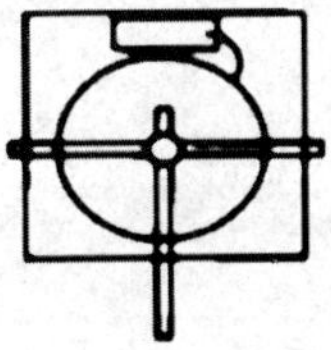 |

续表

| 序号 | 名称 | 常用规格 | 图例 |
| --- | --- | --- | --- |
| 67 | 电热开水器 | 55L、85L、105L | 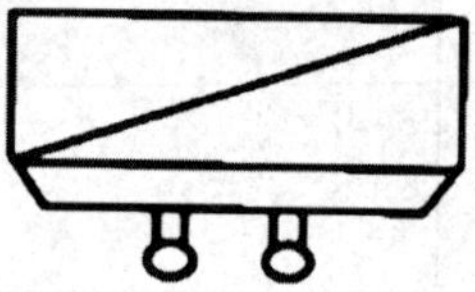 |
| 68 | 锯骨机 | JG300 | 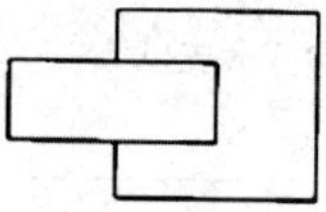 |
| 69 | 平扒炉 | ZH-TG | 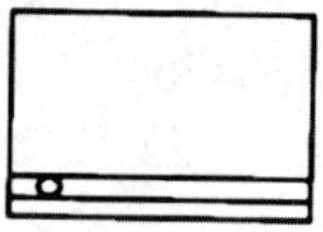 |
| 70 | 双缸冷饮机 | SCOF224、SCOF240 | 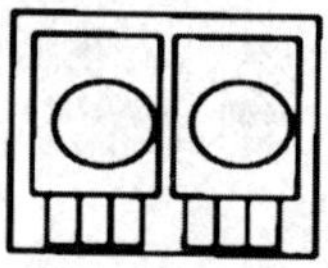 |
| 71 | 四格汁箱 | 异型配做 |  |
| 72 | 双头茶啡炉 | 7413、7416 | 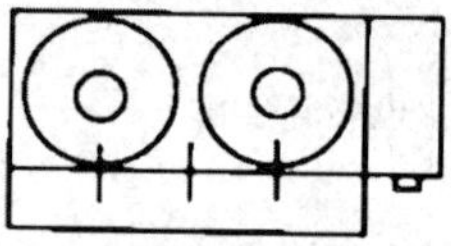 |
| 73 | 榨汁机 | T89、T94 |  |
| 74 | 压力炸锅 | YZ-9-1、YZ-12-1 | 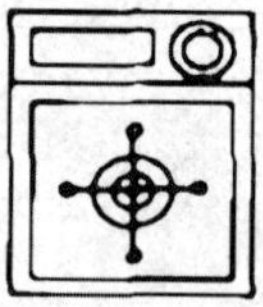 |

续表

| 序号 | 名称 | 常用规格 | 图例 |
|---|---|---|---|
| 75 | 扎啤机 | BM-23 |  |
| 76 | 冰粒机 | 20kg、40kg、70kg |  |
| 77 | 燃气烧烤机 | R-100 |  |
| 78 | 四头电炉 | TZ-4 |  |
| 79 | 台式烤箱 | PL-2 | 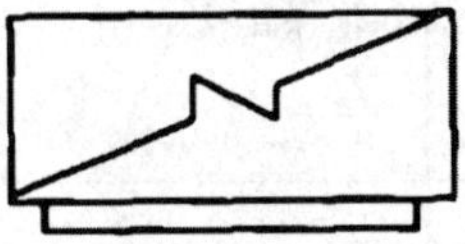 |
| 80 | 微波炉 | 1800W、300W | 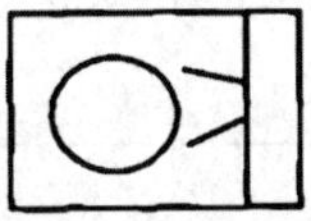 |
| 81 | 四盆热汤池 | 1500mm × 750mm × 800mm<br>2200mm × 750mm × 800mm | 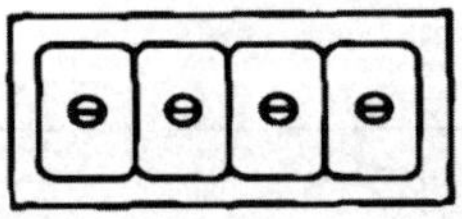 |
| 82 | 万能蒸烤箱 | WR-6-11-L<br>WR-10-11-L | 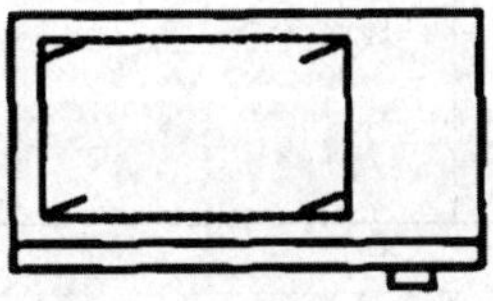 |

续表

| 序号 | 名称 | 常用规格 | 图例 |
|---|---|---|---|
| 83 | 压力汤锅 | ZH-TQ |  |
| 84 | 可倾式炒锅 | ZH-TS |  |
| 85 | 双平炉连烤板 | 异型配做 | 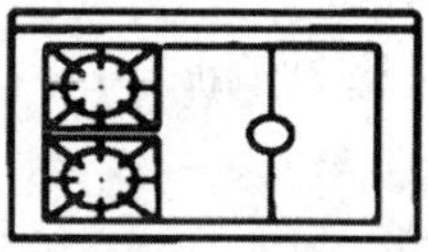 |
| 86 | 面火炉 | AT-936<br>EB-450 | 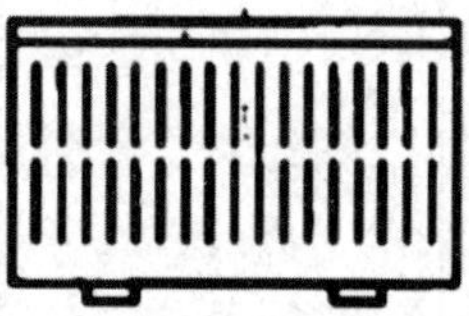 |
| 87 | 汉堡保温柜 | MME520 | 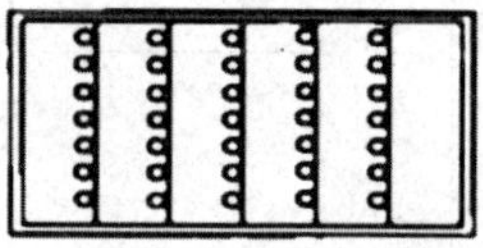 |
| 88 | 主食保温售卖柜 | 1500mm × 750mm × 800mm | 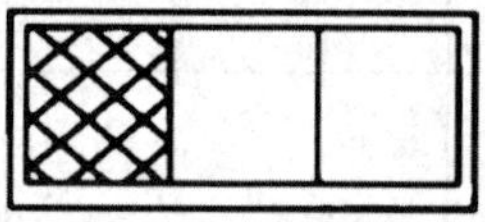 |
| 89 | 电热炸箱 | DZ-1、DZ-3、DZ-5、 | 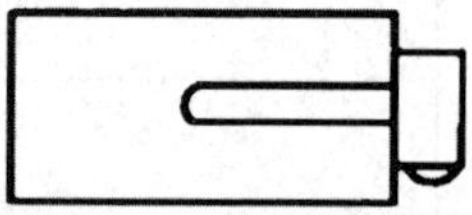 |
| 90 | 四座快餐台 | 1800mm × 1200mm × 800mm | 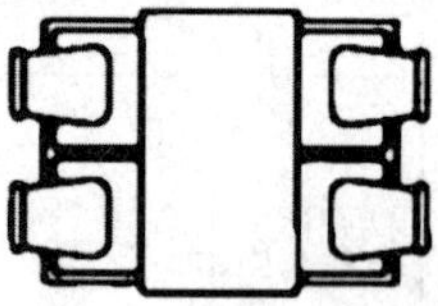 |

续表

| 序号 | 名称 | 常用规格 | 图例 |
|---|---|---|---|
| 91 | 四头平炉连下烤箱 | ZH-RQ-4 |  |
| 92 | 平扒炉连下座 | ZH-RE |  |
| 93 | 12头面条炉 | HH-TM-12 |  |
| 94 | 双缸炸炉连下座 | ZH-TCx2 | 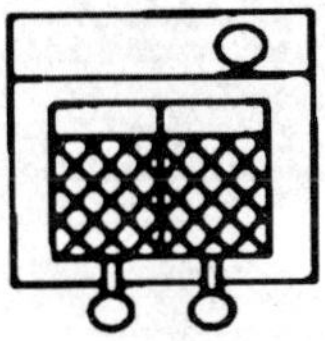 |
| 95 | 羊肉串烤炉 | 异型配做 | 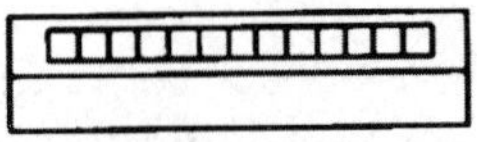 |
| 96 | 中东烤肉炉 | PE-1 | 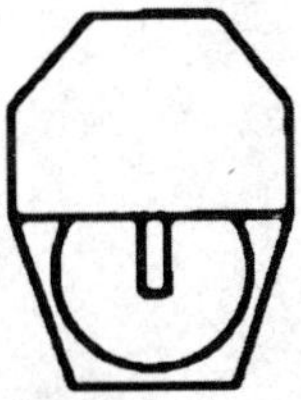 |
| 97 | 豆奶机 | 1200mm × 750mm × 1000mm | 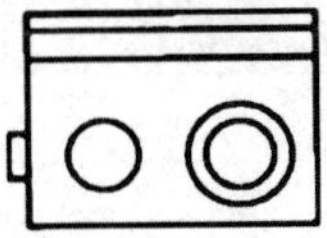 |
| 98 | 洋酒展示柜 | MT-18、MT-38 | 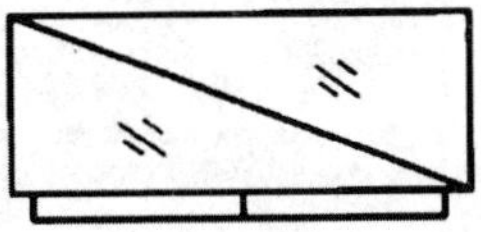 |

# 附录 2

## 常用管道单位长度摩擦阻力表和常用局部阻力系数表

# 附录 2.1　常用管道单位长度摩擦阻力表

矩形钢板通风管道

| 风速 / ( m/s ) | 外边长 $a \times b$/mm　上行风量 / ( $m^3/h$ )　下行摩擦阻力 $R_m$/Pa | | | | | | | | | | |
|---|---|---|---|---|---|---|---|---|---|---|---|
| | 500×320 | 500×400 | 630×320 | 630×500 | 630×630 | 800×500 | 800×630 | 1000×320 | 1000×500 | 1000×630 | 1250×500 |
| 10 | 5760 | 7200 | 7257 | 11340 | 14288 | 14400 | 18144 | 11520 | 18000 | 22680 | 22500 |
| | 2.76 | 2.35 | 2.49 | 1.78 | 1.54 | 1.58 | 1.34 | 2.12 | 1.44 | 1.2 | 1.32 |
| 11 | 6336 | 7920 | 7983 | 12474 | 15716 | 15840 | 19958 | 12672 | 19800 | 24948 | 24750 |
| | 3.31 | 2.82 | 2.99 | 2.14 | 1.85 | 1.9 | 1.61 | 2.55 | 1.73 | 1.44 | 1.59 |
| 12 | 6912 | 8940 | 8709 | 13608 | 17145 | 17280 | 21773 | 13824 | 21600 | 27216 | 27000 |
| | 3.91 | 3.33 | 3.56 | 2.53 | 2.18 | 2.25 | 1.9 | 3.0 | 2.04 | 1.7 | 1.88 |
| 12.5 | 7200 | 9000 | 9072 | 14175 | 17860 | 18000 | 22680 | 14400 | 22500 | 28350 | 28125 |
| | 4.22 | 3.6 | 3.81 | 2.73 | 2.35 | 2.42 | 2.05 | 3.25 | 2.2 | 1.83 | 2.02 |
| 13 | 7488 | 9360 | 9435 | 14742 | 18574 | 18720 | 23587 | 14976 | 23400 | 29484 | 29250 |
| | 4.56 | 3.88 | 4.12 | 2.95 | 2.54 | 2.62 | 2.22 | 3.51 | 2.34 | 1.98 | 2.19 |
| 13.5 | 7776 | 9720 | 9797 | 15309 | 19288 | 19440 | 24494 | 15552 | 24300 | 30618 | 30375 |
| | 4.89 | 4.16 | 4.42 | 3.17 | 2.73 | 2.81 | 2.38 | 3.79 | 2.55 | 2.13 | 2.35 |
| 14 | 8064 | 10080 | 10160 | 15876 | 20000 | 20160 | 25401 | 16128 | 25200 | 31752 | 31500 |
| | 5.26 | 4.48 | 4.75 | 3.4 | 2.93 | 3.02 | 2.56 | 4.05 | 2.74 | 2.29 | 2.52 |
| 14.5 | 8652 | 10400 | 10523 | 16443 | 20717 | 20880 | 26308 | 16704 | 26100 | 32886 | 32625 |
| | 5.62 | 4.78 | 5.08 | 3.64 | 3.13 | 3.23 | 2.74 | 4.32 | 2.92 | 2.44 | 2.69 |
| 15 | 8640 | 10800 | 10885 | 17010 | 21432 | 21600 | 27216 | 17280 | 27000 | 34020 | 33750 |
| | 6.01 | 5.12 | 5.43 | 3.89 | 3.35 | 3.45 | 2.93 | 4.62 | 3.13 | 2.62 | 2.88 |

圆形钢板通风管道

| 风速 / ( m/s ) | 外径 $D$/mm　上行风量 / ( $m^3/h$ )　下行摩擦阻力 $R_m$/Pa | | | | | | | | | | |
|---|---|---|---|---|---|---|---|---|---|---|---|
| | 200 | 220 | 280 | 320 | 400 | 500 | 630 | 700 | 800 | 900 | 1000 |
| 8 | 896 | 1080 | 1754 | 2295 | 3592 | 5621 | 8921 | 11020 | 14404 | 18240 | 22529 |
| | 4.1 | 3.65 | 2.7 | 2.3 | 1.7 | 1.3 | 1 | 0.88 | 0.75 | 0.65 | 0.57 |
| 10 | 1120 | 1350 | 2193 | 2868 | 4490 | 7026 | 11151 | 13775 | 18005 | 22801 | 28161 |
| | 6.26 | 5.58 | 4.14 | 3.5 | 2.67 | 2.03 | 1.53 | 1.35 | 1.15 | 0.99 | 0.88 |
| 12 | 1344 | 1620 | 2632 | 3442 | 5388 | 8431 | 13381 | 16530 | 21606 | 27361 | 33794 |
| | 8.87 | 7.9 | 5.86 | 4.97 | 3.78 | 2.88 | 2.18 | 1.91 | 1.63 | 1.41 | 1.25 |
| 13 | 1453 | 1755 | 2851 | 3729 | 5837 | 9134 | 14496 | 17908 | 23407 | 29641 | 36610 |
| | 10.3 | 9.22 | 6.84 | 5.8 | 4.41 | 3.35 | 2.54 | 2.24 | 1.9 | 1.65 | 1.45 |
| 14 | 1568 | 1890 | 3070 | 4015 | 6286 | 9837 | 15611 | 19286 | 25207 | 31921 | 39426 |
| | 11.9 | 10.6 | 7.88 | 6.68 | 5.08 | 3.87 | 2.93 | 2.58 | 2.19 | 1.9 | 4.68 |

# 附录 2.2　常用局部阻力系数表

| 名称 | ς | 名称 | ς |
|---|---|---|---|
| 蝶阀（全开） | 0.3 | 管侧送口（直通阻力系数） | 0.25 |
| 弯头（90 | 0.39 | 压出三通支管（30 | 0.31 |
| 弯头（60 | 0.15 | 压出三通支管（20 | 0.1 |
| 弯头（45 | 0.11 | 多叶调风阀 | 0.5 |
| 来回弯 | 0.3 | 矩形空气分布器 | 1.2 |
| 圆弧形弯 | 0.5 | 百叶窗送风口 | 3.0 |
| 裤衩三通 | 0.4 | 散流器 | 1.28 |
| 突然收缩突然放大 | 0.5 | 单、双面空气分布器 | 1.0 |
| 大小头 | 0.1 | 带挡板条缝送风口 | 2.73 |
| 侧面吸风口 | 0.8 | 条缝送风口 | 2.6 |
| 伞形帽（排风） | 0.7 | 条缝式槽边抽风罩 | 2.34 |
| 锥形风帽（排风） | 1.6 | 平口式槽边抽风罩 | 1.4 |
| 吸入三通支管 | 1.5 | 伞形排风罩 | 0.2 |
| 吸入三通直管（$D_1/D_2$=1.5） | 0.2 | 吸入三通直管（$D_1/D_2$=2.0） | 0.4 |